中国传统戏场建筑研究

主　　编　王季卿

执行主编　李燕宁

图书在版编目（CIP）数据

中国传统戏场建筑研究 / 王季卿主编 . -- 上海：同济大学出版社，2014.4

ISBN 978-7-5608-5315-4

Ⅰ.①中… Ⅱ.①王… Ⅲ.①剧场—古建筑—研究—中国 Ⅳ.① TU242.2

中国版本图书馆 CIP 数据核字 (2013) 第 245213 号

中国传统戏场建筑研究

主编 王季卿 **执行主编** 李燕宁

责任编辑 荆 华 责任校对 徐春莲 封面设计 张 微

出版发行 同济大学出版社

(www.tongjipress.com.cn 地址：上海四平路1239号 邮编：200092 电话：021-65985622)

经 销 全国各地新华书店

印 刷 上海中华商务联合印刷有限公司

开 本 889mm ×1194mm 1/16

印 张 20

字 数 640 000

版 次 2014年5月第1版 2014年5月第1次印刷

书 号 ISBN 978-7-5608-5315-4

定 价 98.00元

序

联合国教科文组织亚太地区世界遗产培训与研究中心（World Heritage Institute of Training and Research for the Asia and the Pacific Region under the auspices of UNESCO，WHITRAP）是联合国教科文组织的二类国际机构，是建立在发展中国家中的第一个遗产保护领域机构。它服务于亚太地区《世界遗产公约》缔约国及其他联合国教科文组织成员国，致力于亚太地区世界遗产的保护与发展。

WHITRAP 由北京、上海、苏州三个中心构成。其中，上海中心（同济大学承办）主要负责文化遗产保护相关项目，包括城镇、村落保护与可持续发展，建筑、建筑群、建筑遗址保护以及文化景观保护等；北京中心（北京大学承办）主要负责自然遗产保护、考古发掘以及文化景观管理；苏州中心（苏州市政府承办）主要负责职业技术人才培训和以遗产地管理和修复技术为主的研究活动。

中国传统戏场建筑研讨会是上海中心在 2012 年度内安排的最后一项学术活动，为期两天（12 月 21—22 日）的研讨会旨在交流与传统戏场建筑相关的研究经验。它从不同学科视角出发，对这项遗存于全国各地，数以千计的大量不可移动的历史文化遗产，讨论如何进行整理、保护、继承、发扬；从建筑技术方面提出的问题进行交流；以及在建设现代化戏曲演艺建筑时，如何融汇值得继承的传统元素问题。

研讨会在同济大学王季卿教授主持下，获得了海内外学者的支持，共收到论文 24 篇。兹将论文摘要集先分发给与会者，便于在会前了解概况，预作讨论准备。鉴于国内近年这方面已发表的论文及专著数量见多，但我们对许多作者缺乏足够联系信息，未能及时邀请为憾。在讨论会之后，现将本讨论会论文集结成书，以扩大交流范围。研讨会部分现场发言记录，经整理列于本文集之末，相关插图可参阅正文相对照。

同济大学建筑与城市规划学院副院长
WHITRAP（上海）中心主任周俭教授谨识
2012 年 11 月 20 日

前 言

中国戏剧有一个独特的称谓："戏曲"。按《中国大百科全书·戏曲卷》（1983年出版），"戏曲"是宋元以来乃至近代，京剧和所有地方戏剧的总称。戏曲的演出场所的称谓，在不同时期和不同地区各不相同，举不胜举。按《中国大百科全书·建筑 园林 城市规划卷》（1988年出版）的"戏场"条文，将传统观演场所泛称之为"戏场"（Theatrical Building），这是比较确切的泛称。本次研讨会采用了戏场这一术语。戏场和剧场原无本质不同，只是为了与现代化的剧场有所区别。

中国传统戏曲和戏场历史悠久，在世界上独树一帜。戏场又是中国建筑史中一项特殊的类型，流传了千百年之久。传统戏剧及其载体——戏台成型于宋元。实际上，早在唐初玄宗（唐明皇，712—756）时代就设有梨园，兴起戏曲，相当繁荣，已具成熟的景象。可惜留存的演剧记叙图文不多，戏台实物更付阙如。美国 Notre Dame 大学艺术博物馆收藏民间捐赠的唐代四乐女陶俑（图1），各执乐器作表演状。又1994年出土的唐末五代时期墓葬浮雕石刻，展示歌舞场面（图2）。由此两例实物，结合莫高窟唐代壁画展示的戏台图像，可想千余年前舞台表演艺术已具相当规模了。

图1 出土文物乐女唐俑（美国 Notre Dame 大学艺术博物馆收藏。图片载于美国世界大百科书（The World Book Encyclopedia）19卷26页，1990版）

图2 1994年河北曲阳县出土，王处直节度使墓葬的唐末五代时期（924）歌舞伎乐石刻，高82cm，宽136cm；展示了12个女乐伎各执不同乐器所组成的乐队，前有男司仪指挥，右下角有两个小人作伴舞状

戏台作为传统戏曲的载体曾经遍布穷乡僻壤。在一些富庶地区，曾经村村有戏台。逢年过节，以演戏招待乡亲，是民俗文化的重要活动。如今表演艺术的手段和传媒方式日新月异，但是戏曲在传统戏台的演出依然受到欢迎。这些场地没有舒适的座椅，只有几条板凳而已，虽然比较简陋，但是观众甚至伫立也坚持到曲终才尽兴而散。记得2006年4月，我赴浙东象山县爵溪镇考察街心戏台，下午路过该县姜毛庙时，亲历庙内戏台演出越剧热烈的情景。当晚我从爵溪返程时竟然盛况依然。从庙门口张贴的大

红戏码得知演出连续七天，下午晚上各一场，共有14场，各场均列有赞助人姓名（图3）。我们在报刊杂志上也常见到这类演出场面的报道和图片，可见如今戏曲在传统戏台上仍然相当活跃，拥有不少观众。

最近浙江省一份现状调查表明，截至2010年8月全省共有518家民营剧团，其中84%（330家）成立于21世纪，88.8%是个人投资建立的，目前从业人员共有15，201人。19~30岁的演员占31%。2009年共演出85 912场次，主要演出地点在乡村的占66.2%，在城乡交界处的占27.5%（浙江艺术研究院高琦华提供）。可以预见，在即将到来的乡镇化改革大发展浪潮中的文化事业建设，传统戏曲必将占有一席之地。预期造价不高、继承传统而又具创意的新型戏场建筑会将应运而生。

在我关注传统戏场的历程中，还有几件印象深刻的往事。1996年6月，美国《世界日报》每周一篇、连载七篇图文并茂的"中国的古戏台"长文。作者（笔名"举九"）掌握大量文献资料，并在20世纪80年代后期开始作了不少实地考察和摄影。我曾多方查询该作者，试图了解他的后续工作，但未能如愿。又1997年9月河北电视台曾播出八集"中国古戏台"。港地友人曹荣臻先生特地为我送来该片的录像带。后来，我有机会专程去石家庄拜访该片摄制者许伏生。获悉他肩负摄像机，只身奔赴全国各地，独立完成此片。据告，他在中央戏剧学院进修时，是在黄维吾老师建议和帮助下进行的。该片曾获当年广播电视纪录片奖。可见古戏台这项课题在"民间"早已悄悄地受到关注。

近年在大建设高潮下，不少古建筑受到拆毁，许多古戏台也在推土机下消失了。然而民间或地方基层单位，在一些有识之士的努力下，对当地传统戏台作了详细调查。在有限的经济条件下，为维护古戏台作出不懈的努力，殊深维艰。本次研讨会就有浙江宁海、嵊州和新昌三地文管单位介绍他们的经验。因之回溯2005年7月《人民日报》刊文介绍浙江温州瑞安市，为了建设用地需要，拟将建于明

（a）白天演出

（b）晚上演出

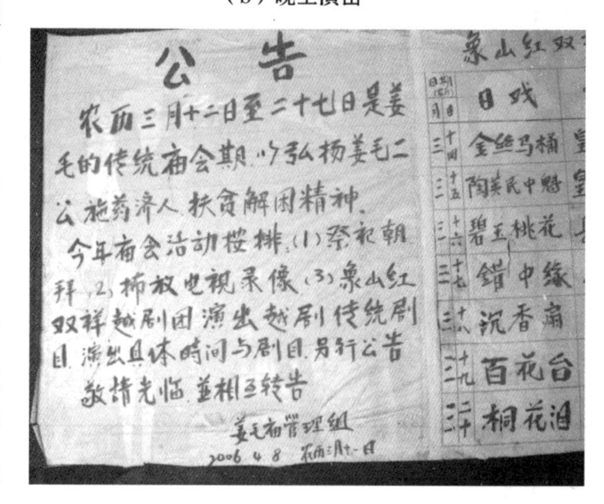

（c）演出海报

图3　浙江象山县爵溪镇姜毛庙2006年4月连演一周14场传统越剧的盛况

（a）

(b)

图 4　（a）浙江瑞安市仙降镇仙皇竹村古戏台，建于明崇祯年（1628）。
（b）2005 年 7 月 17 日浙江瑞安市村民以人力将戏台搬迁至 200 米外重建。

末（1628）的一座古戏台拆除。当地村民为保护古建筑，在缺乏现代化起重运输设备的条件下，以百余人合力扛抬（图 4），把戏台整体移位 200 多米，得以保存修复。可见其对古建筑保护的用心之苦！

1990 年代初，《中国戏曲志》按省分卷陆续出版，各卷将“演出场所”单列一章，进一步阐明全国各地传统戏场的建筑概况。虽然各卷在深入程度上还存在不小差异，但已为深入调查研究传统戏场提供了良好线索。

1997 年出版廖奔所著《中国古代剧场史》，可称当代最早而全面系统论述的专著之一。作者在序言中曾感慨地指出：“必须发挥社会各方面的力量，与建筑研究部门协同工作，进行交叉性的研究，但目前还没有这个条件，而我深深感到不能等待，……”这番话予我激励殊深。我们建筑界的确应该行动起来，包括建筑声学分析之类科学技术的研究。为此，90 年代末我专程趋前拜访，为开展交叉学科的交流登门请教。当年我还拜访了多位在京的传统戏场专家学者，包括已故朱家溍等前辈。

2011 年 9 月 18–21 日，在希腊举行了一次国际性“古希腊剧场建筑及声学研讨会”，报告多达 50 余篇。我受启迪而萌生组织一次有关中国传统戏场的研讨会。2012 年 6 月下旬，我向同济大学建筑与城市规划学院副院长兼联合国教科文组织亚太地区世界遗产培训与研究中心主任周俭教授提出举办“中国传统戏场研讨会” 一事，当即获得大力支持，并指派李燕宁博士共同筹备。经与海内外各方学者联系，皆获积极支持。于 11 月中旬，我们将各位报告人提供的详细摘要预先印发给与会者。为期二天的研讨会于 12 月下旬在同济大学如期举行。会后，由各报告人将报告全文及发言记录修订，编印成册，以扩大交流范围。在筹备过程中，由于对各界信息不足，联系面有限，论文集的出版以补万一。

通过此次会议，不同的有关学科部门初步建立了相互沟通的渠道。对传统戏场保护工作成绩斐然的两个基层单位：浙江省宁海县和嵊州市应邀介绍了他们的经验。会议期间，还举行了宁海县古戏台大幅图片展览。研讨会另一可喜现象是，老中青学者汇集一堂。有来自台、港、美等地的五位学者，通过他们的演讲，扩大了大家的学术视野，并为研讨会增添光彩。近年来，我国传统戏场研究已在戏文、历史、文物、考古、建筑等方面取得很大成绩，出版专著不下数十种，论文数以百计，今后可望向纵深研究方面发展。

对建筑设计工作者来说，更有进一步艰巨的探索任务：即在现代剧场建筑设计中，探索传承与创新的结合问题，如何吸收传统戏场中的优良元素，为现代化观演建筑增添新意。以上虽属本次研讨会的题外之言，在此略表个人的另一愿望。

同济大学教授　王季卿

2013 年 5 月 1 日

目　录

中国剧场史研究的承前启后

廖　奔①

（中国作家协会，北京市朝阳区东土城路25号，100013）

【摘　要】20世纪30年代古代戏台开始被时代注目，五六十年代少数学者在进行筚路蓝缕的探索，80年代以后，新的研究展开，研究新著不断涌现，较完备的学术体系建构亦形成，而大规模田野调查也对全国戏台和剧场资料进行了充分搜集。可喜的是，21世纪伊始，建筑界开始对古代戏台投入越来越多的研究力。经过近一个世纪，几代学人的前赴后继和共同努力，中国古代剧场史的面貌终于能够比较清晰地展现在世人面前了。

【关键词】剧场史发端，时代推进，研究新风，建构体系

最近召开的戏曲学和建筑学界同仁首次聚会的“中国传统剧场研讨会”，表明中国剧场学科领域虽远非热闹，但也已经有了越来越多的志于此者，而30年前我行走在这条路上时，同行者还寥寥可数。我虽然一直在关注本领域，毕竟没有进行新的研究，现今已经略感生疏。我的论文就谈谈对中国剧场史研究80年的推进过程、成果积累及其缺罅的认识。虽然车文明、薛林平在他们的著述中已经有了详细介绍[1]，作为过来人我毕竟有着更为直接的感受，对于前行者的筚路蓝缕之功和开辟期的甘苦也越加珍惜。另外，更重要的是建筑学家王季卿教授还为我提供了21世纪后建筑学界在古代剧场研究领域的重大进展线索。

中国是戏曲大国。宋代以后，城乡剧场逐渐遍布中华大地，但历代戏曲研究者从未有人对之投注过注意力。20世纪后科学史思潮兴起，30年代古代戏台一度被时代注目。吴开英发现，1928年齐如山考证并主持绘制了从元到今12种戏台样式，并一一加以文字说明，是为中国古戏台研究之伊始。但我发现，其中把元代戏台样式绘成了当街临时圈栏撂地作场式，这应该是臆断。或许是受到启发，王国维的学生——著名考古学家、历史学家卫聚贤1931年在清华大学《文学月刊》一卷四期、二卷一期上刊发其家乡万泉县西景村岱岳庙元至正十四年（1354）的戏台及《元代演戏的舞台》一文，开考察研究乡村戏台实物之始。他自称对戏曲和建筑不懂，希望引起大家对古戏台的注意。之后齐如山和一些同仁与梅兰芳、余叔岩创立国剧学会，办《国剧画报》，于是始留意搜集山西等地的剧场照片与资料在画报上发表，这是研究聚焦的开始，惜乎人事和战争的原因阻断了其进程。但那一阶段却形成了一个空谷足音式的成果：1936年，周贻白先生的《中国剧场史》由商务印书馆出版，虽然草创框架尚不完备，但其先觉的眼光和视角使之成为中国剧场史的发端之作，由此学科领域得以划定，社会关注度开始形成，其功莫大焉！

然而此后，社会巨变不断发生，时代在迅猛推进，这一领域却由于与时代的隔膜而长期成为沉寂的地带。20世纪五六十年代的中国，一切都在突飞猛进，戏曲研究也取得长足进展，剧场史领域里

① 廖奔，研究员，中国作家协会。邮箱：liaoben@man.com。

却仅有个别值得尊敬的人，躲在历史的角落里默默地耕耘。一位是晋南蒲剧院副院长墨遗萍先生，这是一位乡贤式老革命，承受着多年来的命运坎坷，高度热情地为家乡四处踏勘搜集记录整理古代剧场材料，点点滴滴记录在他的文章《记几个古代乡村戏台》（《戏曲论丛》1957 年第 7 期）和铅印本著作《蒲剧史魂》里，尽管他搜集的材料缺乏科学数据，我们仍不能忽视一位老戏曲家对于家乡和祖国古老戏台的热情与执着，而他最先开始的对地域现存古戏台的调查，开后来《中国戏曲志》发动的全国戏台田野考察之先河。另一位是中国戏曲研究院资料室的王遐举先生，他幼而习书，1931 年于武昌中华大学肄业，后来成为著名的书法家，但在那个时代却因“学无所长”而只能做一些舞台美术的辅助性工作，寂寞的他一个人茕茕落落地进行戏台考察、搜集材料，冥思苦想地进行孤独的边缘性研究。他的成果，幸而形成了一本十万字的油印本《中国古代剧场》，我于 1982 年进入尘封积柜的中国艺术研究院戏曲研究所资料室，翻开这本纸张黑黄、字迹不清的油印稿本时，感觉是在打开一个从未被人扰动过的历史孔隙。王先生的著作仍然未能建立起中国剧场史的完整体系，历史缺罅还太多，阅读后的我脑海里构不成清晰印象，在那一刻我决定继续完善这项工作。龚和德先生参加 1961 年到 1963 年间由张庚老师领衔的《中国戏曲通史》的写作时，则把清宫剧场作为一项重要内容来研究，取得了可喜成果，是为宫廷剧场研究的首创。

山西有着最古老又数量众多的古戏台遗留，又有着 30 年代被文化界关注的历史，因而“文化大革命”的历史运动中，却结出了一颗奇果：1964 年毕业于北京大学考古专业、在山西古建研究所工作的丁明夷先生，培养起独到而可贵的学术兴趣，在文物考古界第一个把注意力投向古戏台，1972 年形成《山西中南部的宋元舞台》（《文物》1972 年第 4 期）一文，成为首篇综合考察古戏台的论文。丁先生后来从事石窟艺术研究，学术兴趣没有再回来。1983 年出版《中国大百科全书・戏曲卷》，编撰者里王遐举、龚和德和著名建筑学家李道增先生一起撰写了有关词条，进行了对中国剧场史的初步梳理。李道增院士一直从事现代剧场设计与研究，并在清华大学讲授西方剧场史的课程，1959 年曾参与设计当时的国家大剧院草图，90 年代初在美国讲学时完成了《西方戏剧・剧场史》（清华大学出版社，1999）一书，全书包含 150 余万字，1 000 多幅图，实为弘篇巨著。

20 世纪 80 年代以后，新的时代风气酝酿着研究新风，两位戏曲研究生：中央戏剧学院的黄维若和中国艺术研究院的我，不约而同地开始了对中国古代剧场的踏勘。作为学生，我们那时几乎没有差旅费，全靠拖拉机、自行车、双腿加上背包解决考察问题。回味起来，过程艰辛而又甜蜜。其时我侧重于戏曲文物研究，当然也包括古戏台，黄维若则专注于古戏台研究，我们同声相应、同气相求。我自然把剧场史划作黄的范畴，有意不去碰它，开始只把自己研究的剧场限制在宋、元及之前。但后来他的兴趣转向他处，我则经过持续钻研，终于形成了系统的认识，掌握了中国古代剧场发展的脉络。于是在手头其他工作结束之后，开始撰写《中国古代剧场史》，同时也吸收了黄维若的研究成果。

其间，1984 年山西古建筑专家柴泽俊发表的《平阳地区元代戏台》（《戏曲研究》第 11 辑），提出了古戏台形制变迁的有价值的思路，再次引起戏曲界关注，对我的研究有着直接的专业帮助。而 1983 年开始的由张庚老师领衔的《中国戏曲志》工程，动员各省区几千研究人员开展田野调查，对全国的戏台和剧场资料进行了大规模搜集。1987 年李畅教授对于日人冈田玉山《唐土名胜图绘》中所绘伪造北京清代广和茶楼图的辨析[2]，令人信服地破除了中国剧场史研究中的一个误区，使我得以不用耽搁，直接接近了清代茶园剧场的构造实情。此时学者型的研究新著不断涌现，周华斌先生在踏勘基础上写成的《京都古戏楼》（海洋出版社，1993）最先空谷传声，开辟了区域古戏台调查研究的著作先河。可贵的是，他立足都城而展望整部中国戏曲史，已经触碰到了剧场史的许多关键环节并作出有价值的论述，这是 其他所有后来出版的地域剧场史所不及的。李畅先生出版的《清代以来的北京剧场》（北京燕山出版社，1998），则是断代史和演出习俗的专门研究，其可贵之处还在于将范围一直延伸到现当代剧场建筑。

我在 1997 年出版的《中国古代剧场史》，突破了建构体系的诸多难点和薄弱环节，首次建立起中国古代剧场史的完整框架。我的工作首先是结撰体例，根据实际情形与所掌握材料，采用了历史朝代与剧场类别相结合的灵活论述方式，建立起较为科学的著述架构。通常史著会按照朝代先后描述，但对中国剧场发展史则不能拘泥，因为它的不同类别都有自己特殊的线索，时而难以拆分，又常常会缺乏充裕的材料来拆分。例如宋代和元代兴盛天下的勾栏，就无法拆分到两个朝代去分别论述。又如，一些剧场类别在不同的历史阶段不断显隐变化，只有神庙剧场的发展演变贯穿始终，它们无法在相同的时段里对等。采取时代与分类相结合的方法，使我做到了收纵自如，剧场史研究也展开得十分充分。随后，我开始攻克一个个的具体难点，过程中经常会有快意的发现。比如建立起古代剧场的科学分类，其中“神庙剧场”已经成为学界的通用概念被广泛应用。如归纳出汉代百戏演出的三种场所：厅堂、殿庭、广场，它们奠定了后世戏曲场地之源；如在唐代浩繁资料里辨析出剧场史的实际延伸轨迹；如在宋代陈旸《乐书》里发现隋唐演出所用“熊罴案”，完成了露台建筑与舞台演出之间的联姻；如发现宋代汴京大相国寺里观众倚靠大殿殿柱看戏的记载，证明了最早庙戏观者的站立位置；如结合各地明清现存神庙剧场的考察，弄清了神庙剧场（包括祠堂剧场和会馆剧场，二者性质上也都属于神庙剧场）建筑结构的演变过程及其时段；如借用清代鼓词《月明楼》的文献描述，对照苏州桃花坞清代《庆春楼》年画和内蒙呼和浩特无量寺清代“月明楼”图画，捋清了清代酒馆戏园向茶园剧场过渡的情形。还有，依据中国剧场发展具备阶段性的认识反观文物遗存，结合具体考证，辨析否定了汉代百戏陶楼、唐代敦煌壁画演出屋宇为专门的剧场建筑。但著述也留有遗憾，例如中国初期的专门剧场，在历史上曾经兴盛一时的宋元城市勾栏，其建筑造型没有丝毫形象影踪可以追寻，因而只能根据当时人一些描述文字来进行猜测，多年来我一直试图寻找有关图像而未果；又如中国古代剧场与欧洲和日本剧场在某个阶段有着令人惊讶的近似之处，它引起我对彼此之间存在交流和影响关系的猜测，这是一个很让人感兴趣但又有很大证实难度的视角。目前已经有专家对中日戏台进行比较，但中西比较尚无接续者。再如，我当时能够直接考察的明代戏台实例较少，因此著述对于明代神庙剧场体制的变化语焉不详，令人高兴的是，这一点今天已经得到了彻底解决。最后，我当时研究中最大的弱点也是遗憾，在于缺乏建筑学的专门知识，不能从建筑结构上、各种建筑部件的剧场效应上，以及剧场的声响效果上，得出科学数据和结论。我当时慨叹：“按说这个题目本不应该是我个人的项目，它必须发挥社会各方面的力量，与建筑研究部门协同工作，进行交叉性的研究，但目前还没有这个条件”[3]。今天，条件已然具备，建筑学家们来了！

山西师大戏曲文物研究所于 1984 年成立后，集中一批学者进行专项田野考察和资料搜集工作，并开始培养戏曲文物研究生。他们一方面在建筑知识等方面进行补课，一方面调动集体的力量，通过经年累月的劳动，进行了戏曲文物和古戏台的大规模调查，后续成果十分丰硕。杨太康、曹占梅所著的上下卷《三晋戏曲文物考》（台湾施合郑民俗文化基金会，2006）的主要工作，是对与戏台有关的山西庙宇进行著录与考证。而冯俊杰《山西神庙剧场考》（中华书局，2006）则更是集 20 世纪 90 年代对山西古戏台考察的大成，又被列为全国艺术科学“十五”规划项目，得到了尽可能完备的研究挖掘。该书通过归纳总结山西现存古代戏台的众多实例（神庙160余个，剧场180多处），对历代神庙剧场形制，尤其是明代与清代神庙剧场的演进及其类型特征，作出详细描绘，深化了剧场史的认识。车文明在他获得全国优秀博士学位论文奖的《二十世纪戏曲文物的发展与曲学研究》（文化艺术出版社，2001）之后，持之以恒地先后写出了《中国神庙剧场》（文化艺术出版社，2005）、《中国古戏台调查研究》（中华书局，2011），在随同师辈历练本领之后，青出于蓝地独立进行全国范围神庙剧场研究，完成了对全国神庙剧场的类型归纳。

这一二十年间，关注古代剧场的学者日益增多，写出的地域古戏台调研和综合研究著作已经有十余种、论文数十篇。

可喜的是，21世纪伊始，建筑界开始对古代戏台投入越来越多的研究力。建筑学家王季卿先生从1990年代后期开始，在国内外发表系列论文（含合著）约30篇（其中英文十余篇），全面探讨中国古代剧场建筑结构及其音响效果[5-10]。王季卿先生培养博士生薛林平以山西古戏台为研究对象，指导他写成《山西传统戏场建筑》（中国建筑工业出版社，2005）一书，薛林平之后又出版《中国传统剧场建筑》（中国建筑工业出版社，2009）专著，集中研究全国各地的古代剧场。并且在《同济大学学报》和《华中建筑》等期刊发表系列论文（含合著）约20篇。王季卿、薛林平师生研究成果的集中展现，就像在中国古代剧场史研究空中划过一道绚烂的极光。清华大学建筑学院的罗德胤也于2003年写出博士论文《中国古戏台建筑研究》，并且有一系列的后续成果。这些著作的一个显著成绩是将建筑测绘、声学勘测手段用于古戏台考察，得出科学的数据，推进了古代剧场史研究的深化。从薛林平的书里我才了解到，建筑史界的中国剧场史研究起步很晚，一直到21世纪开局出版的五卷本600万字巨著《中国古代建筑史》（中国建筑工业出版社，2001），论及古代剧场建筑时仍错误累累。例如：认为戏台坐北朝南是为了避免演出时产生眩光；元代戏台往往和山门结合在一起；明代戏台结构和元代类似等。薛对之一一作了反驳。

近期一个新的成果是：综合多学科共同攻关的项目——全国艺术“十五”规划项目《中国古戏台研究与保护》（中国戏剧出版社，2009）立项出版了。这是一个集合了戏曲史家、考古学家、建筑史家的团队，其成果因此也醒人耳目。周华斌负责撰写的“中国古戏台的历史演变”章，集中总结了他对于中国剧场史演变的整体看法。罗德胤不仅执笔《中国古戏台建筑形制及类型》章，将他对中国古戏台的建筑学认识集中归纳，而且绘制出70座古戏台建筑测绘图。车文明负责的《古戏台遗存》章，充分展示了他对资料的极大掌握度，他列出的“全国部分清代戏台基本状况一览表”也是当下最为详尽的统计。团队一大幸事是邀请到了山西古建筑学家柴泽俊先生，他再次加盟对古代剧场的研究，使得项目把古戏台的保护与维修引入视野。《中国古戏台匾联艺术》章的承担者吴开英研究员作出了开创性的贡献，拓展了剧场研究的内容，他对古戏台匾联的搜集与论述也别开生面。但古戏台所包含的艺术成分不仅仅是匾联，首先当然是它的建筑艺术，细分的话可以有结构艺术、顶盖艺术、垂檐艺术、斗栱艺术、脊饰艺术、山花艺术、藻井艺术、勾栏艺术等；其次是雕饰艺术，也可细分为木雕、石雕、彩绘等；然后是匾联艺术。这些内容如果要包容进来的话，最好是设立《中国古戏台的艺术构成》章，仅有匾联研究自然是不够的。

总之，经过近一个世纪，几代学人的前赴后继和共同努力，中国古代剧场史的面貌终于能够比较清晰地展现在世人面前了。而今天，戏曲界和建筑界的学者又第一次坐在一起论道，这是时代的进步，也是中国剧场史研究之福。愿学术在剧场史领域里也一样永远生生不息、继往开来！

【参考文献】

[1] 车文明 . 20 世纪戏曲文物的发现与曲学研究 [M]. 上海：文化艺术出版社，2001.

[2] 薛林平，王季卿 . 山西传统戏场建筑 [M]. 北京：中国建筑工业出版社，2005.

[3] 李畅 . 唐土名胜图绘“查楼”图辨伪 [J]. 戏曲研究，1987：22.

[4] 廖奔 . 中国古代剧场史 [M]. 河南：中州古籍出版社，1997.

[5] WANG JQ. Architectural acoustics in China， past and present. Sabine Centennial Symposium[J]. June 1994， Cambridge， 1sAAa2.

[6] 王季卿 . 中国建筑声学的过去和现在 [J]. 声学学报，1996，21（1）：11-19.

[7] WANG JQ. Acoustics of ancient theatrical buildings in China[J]. J. Acoust.Soc. Am.， 106（1999）Pt.2， 4aAA2.

[8] 王季卿 . 中国传统戏场建筑与音质特性初探 [C]，第八届全国建筑物理学术会议论文集（天津），2000：25-26.

[9] 王季卿 . 中国传统戏场建筑考略之一——历史沿革 [J]. 同济大学学报，2002（1）.

[10] 王季卿 . 中国传统戏场建筑考略之二——戏场特点 [J]. 同济大学学报，2002（2）.

中国古戏楼的辉煌与局限

周华斌[①]
（中国传媒大学，北京市朝阳区定福庄东街 1 号，100024）

【摘　要】中国古戏楼的辉煌可以以砖木结构的元明清民间戏楼及清代宫廷戏楼为代表，尤以清代宫廷戏楼最为典型。其主要表现是“精致华丽”，与社会化的、实用的“公众剧场”有一定距离。20 世纪初受西方剧场影响而出现的“新式剧场”，发展为“影剧院”和“剧场群”，即多功能娱乐场所。这是与中国民众的“戏”的观念相适应的。

【关键词】三层大戏楼，神庙戏楼，公众剧场，新式剧场，剧场群

一、中国传统演剧场所的基本模式及文化内涵

“戏楼”是中国传统剧场的代名词。我曾撰《中国古戏楼研究》一文，比较全面地阐论了中国古典剧场：“中国戏曲的演出场所历来有各种称谓：‘戏场’、‘歌台’、‘舞榭’、‘乐棚’、‘勾栏’、‘戏楼’、等等，近代以来又称‘戏园’、‘剧场’。称谓的不同，反映着戏曲艺术演进的轨迹，也反映着戏曲演出场所的复杂情形：一方面是表演艺术的多元，另一方面是演出场所的多样——表演艺术含‘歌’、‘舞’、‘乐’、‘戏’；演出场所有‘场’、‘园’、‘楼’、‘台’。”

传统演剧场所的沿革可概括为如下模式。

中国戏曲的演出方式以流动性的“撂地为场”为起点，走向三种演剧场所：第一种是开放型广场——庙会、露台；第二种是封闭式厅堂——比如说堂会、宴乐；第三种是专业性的剧场——以宋代的“勾栏”作为起点，包括“勾栏”、“乐棚”、“戏园”。这实际是我在美国读到关于印度演剧场所的著作时得到的启发。印度传统的演剧场所，就被概括为“开放”的或“封闭”的。另外，美国哥伦布市剧院院长芭芭拉女士（Barbara Lane Brown，戏剧硕士）跟我谈过：在美国戏剧史上，固定剧场的出现是美国戏剧的里程碑。于是，我对剧场的“固定”有了一些想法。

传统戏楼曾数以千万计，遍及朝野和城乡。常言说：“有村必有庙，有庙必有台”，我认为，包括通俗戏曲在内的中国通俗文艺是一种“庙市文化”。在传统的农业社会里，人们独家独户，世世代代被束缚在自家（或家族）的一方土地上，日出而作，日落而息，鸡犬相闻，老死不相往来。只有庙会和集市是公众交往的基本场所：节庆日的仪典、路歧人的“话本”、民间的“社火、社戏”，都是在作为公众交往场所的庙市周边发展起来的。以庙会和集市为基点，通俗文艺甚至影响到文人、贵族和宫廷。

作为古典建筑物的戏楼，最为辉煌的应该是清代康乾时期宫廷园囿里的三层大戏楼。建筑物的三层，可视为代表人生的“福、禄、寿”观念和宇宙的“天、地、人”三界，这是文化观念。实际上它有五层，包括底层戏台上的“仙楼”和“地井”。

三层大戏楼原本有 5 座，现仅存北京故宫、颐和园的 2 座，以及圆明园、承德避暑山庄的 2 处遗

① 周华斌，教授，中国传媒大学。邮箱：huabinzhou@sina.com。

址。这种三层戏楼在《康熙南巡图》、乾隆《崇庆太后万圣节》的长卷里都有表现。其中画有“草台”，就是临时搭设的戏台。现在发现三层形式的戏楼不仅宫廷有，民间也有。像浙江宁海就有三层建筑的楼阁，山西榆次也有。

除了大型的三层大戏楼以外，清代宫廷园囿还有中型的二层戏楼、小型的单层戏楼（室内戏殿，厅堂式的戏厅），以及形形色色的室内演剧场所。因此，我认为康乾时期的宫中演剧场所是中国传统剧场的标志，可以与同时期法国路易十四凡尔赛宫的宫廷剧院媲美。

二、古典戏楼的“精致华丽”倾向

中国古戏楼的辉煌主要在于它的“精致华丽”——正如中国的工艺美术。宫廷戏楼如此，民间戏楼也如此。古典式传统戏楼有相应的文化内涵，主要体现在戏楼装饰的雕塑、浮雕、匾额、戏联、壁画、藻井、雕梁画栋等方面，而且，越是精致华丽的戏楼越贵族化，与“公众剧场”的实用功能有一定距离。

宫廷戏楼具备“天井”、“角井”、“地井”，甚至表演“栏杆技”的铁杠、能让演员和砌末吊上吊下的铁辘轳、大水法等装置，以及豪华的灯彩、纸扎等实物道具，包括火彩。但它们毕竟主要用于宫廷演戏。

又如较为独特的颐和园“听鹂馆”（听鹂阁）戏楼，若在对面山坡上的“画中游”观赏，天、地、水的自然环境连同楼阁戏台上的歌舞表演尽收眼底，视听感觉确有类似于“环境戏剧”的“画中游”的意境，但它只由皇家独自观赏，并非公众剧场普遍具备条件。正如上述，民间戏楼的文化主要体现在戏雕、匾额、戏联等装饰上。

三、“神庙戏楼”实用功能的变异

关于戏楼，不得不关注“神庙戏楼”以及庙宇文化功能的变异。

众所周知，庙宇是带有宗教性质的，有佛寺、道庙、孔夫子庙，还有民间信仰的巫庙。其中值得特别关注的是道庙和巫庙中的戏楼，所谓“巫道”最具有中国文化底蕴。戏楼普遍建造于道庙和巫庙中，佛寺和孔夫子庙较少建造戏楼。

关于民俗中的“庙”，李畅先生有精辟见解。他说：“民俗中的庙宇有多种文化功能。既是敬神、拜神、念经的地方，又是戏场，还是读书处、慈善会（赈济、施粥）、殡仪馆。”简直是多功能群众活动中心，很多人在这里得到了启蒙。实际上，民俗中的庙宇已不再是原本意义上单一的神庙，在相当意义上已成为公众活动场所。佛教有“色戒”，道教要做道场，它来自于中国的民间信仰。因此道庙中建戏楼顺理成章。在哲理，民俗“侵蚀”了宗教——佛教的观世音菩萨后来居然成了送子娘娘。清代山西的佛教寺院于是也建戏楼。

巫道神庙的戏楼有的设在庙里，面对神殿，有娱神功能。明代以后，戏楼多设在庙宇外围，而且越建越豪华，甚至喧宾夺主，豪华程度不亚于神殿。这说明娱人元素在民众中愈来愈强烈。明代以来经济发展，家族祠堂、同乡会馆往往也以戏娱宾，建有戏厅、戏楼，此类戏楼往往有相当程度的“公众”成分，并由此变异为商业化的茶园、戏院、剧场，这里就不多淡了。

关于民间戏楼，当年我调查北京地区的乡村戏楼时，与北京戏校教师、原河北梆子老演员吴增彦先生同行。他告诉我，当年戏班子游村走乡，与地方上的民间“社”、“会”签约，叫“签会”。签会时，需要对方准备几样东西，是一个顺口溜：

七桌八椅六板凳，里七八外一盏灯。

上台的梯子、铡刀、鼓，擦脸的套子、画脸的油。

其中，大部分用于道具。如，“七桌八椅六板凳”、“一盏灯”（用于《顶灯》等）、“铡刀”（用于《铡美案》、《铡判官》等“铡戏”）、“鼓”（大堂鼓，用于《铁笼山》、《击鼓骂曹》等）。棉花套子和香油则用于化妆、卸妆。

值得注意的是梯子。乡村戏台一般是2米左右的广场高台，没有台阶上下。庙会后，要把戏台封起来，不让闲人们随便上去。过去流浪艺人上台后一般不再下来，晚上睡在后台，因此需要有上台的“梯子”。梯子是北方农家常备的东西，戏班子不必带，村里也不难准备。还有，“桌子”戏班子也不用带，只需要带上桌围子、椅围子就行了。梯子、桌子、椅子，村里都有，村里准备很方便。大堂鼓也好准备，农村都有。

这是戏班子游村走乡的情况。另外，在调查中也可以发现，戏台建筑常常有一些榫孔和石槽的凹痕，那是上板子用的。于是，可以联想到戏曲习俗里的“封台”和“开台”。神庙演剧，开庙才开台。庙宇祭祀活动一过，连带着关庙门，就要封台，免得闲人和小孩子们上去——所以没梯子。只有在庙会期间才开台，有些戏楼是这样的。传统戏班在年节之际“封台”，过完年重新“开台”，这种戏俗就是这样来的。所以，可以从民间戏楼、神庙戏楼来分析戏曲的各种文化内涵。

四、传统古戏楼的局限及“新式剧场”的出现

就公众剧场的使用功能而言，中国的戏场、戏台、戏楼始终限定于“一方空场，上下场门”（演员的来路和去路）。戏曲艺人携带着戏箱和中小道具（砌末）流动演出。流动卖艺是戏曲艺人的基本栖生状态，由此也带来了强调个人表演技艺、虚拟、象征等程序化表演，包括美学上“写意”特征。

近些年来，中央戏剧学院开过剧场专业的国际研讨会，来了二十几个国家，都在说剧场存在着危机，观众进入戏剧剧场的越来越少。但是，中国戏曲不完全是这样。中国戏曲在进出剧场方面没有像西方那样敏感，因为中国传统戏曲的观众老是在剧场里进进出出，可以进去，也可以出来。这是各种“戏场”能够普及戏曲文化的特点。说到戏楼的局限，是就公众剧场的使用功能而言的。

与20世纪初受西方戏剧影响而逐步发展起来的“新剧场”（现代剧场）相比，传统戏楼存在着诸多局限。主要表现为：

（1）传统意识带来的局限——包括尊卑观念（娱神娱人观念，上下观念）、主宾观念、风水（祸福）观念。如：“北面为上”，“男女有别“、无厕所。连吃、带喝、带“品“、带评的”宴乐”传统，以及茶资、小费等。

考察戏台时我往往注意后台，那是演职人员活动的地方。乾隆以后，后台越来越大。在建筑体制上，北京古北口关帝庙戏楼在明中叶以后两次扩大后台。清中叶北京海淀区的东岳庙戏楼，扩建后的后台有两个石槽子，跟我一块去调查的吴增彦老先生说，这是我们调查古戏楼发现的第一个厕所，说明后台已经有了倒脏水的地方和洗漱的地方。其实在山西运城盐池的池神庙三连台戏楼，重新拆建时已经发现了元代的一个石槽，里面有倒化妆水的痕迹。如上所说，中国乡村里的神庙戏楼，戏班演员上台以后往往不再下来，就睡在后台，而且在后台乱写乱画。这是他们的生存状态。这都是传统戏楼在观念方面的局限。

（2）作为砖木结构的传统戏楼带来的局限，如“官座”、“吃柱子”座、扔“手巾把”、蹭栏杆票、兔儿爷摊、倒座，以及采光、音响、防火、“太平门”等问题。

北京大观园建大观园游乐场的时候，项目负责人黄宗汉先生跟我说，他想在大观园里建一个传统戏楼，但是不要柱子。有些专家认为传统戏楼一定得要“台柱子”，否则就不是传统戏楼。能不能不要柱子呢？我说，传统戏楼的台柱子，实际上是砖木结构建筑带来的局限，可以不要柱子。我找了一个例子，比如天津广东会馆戏楼是清末的，就没有台柱子。梅兰芳第一次在上海新式舞台演出时，感觉到没有柱子特别宽敞豁亮。大观园后来建的戏台没用柱子。当然，传统戏楼的台柱也带来了一些戏俗和戏曲文化，比如戏曲舞台上的帘帐、壁画等。我在北京海淀区东岳庙戏楼的梁柱壁画上，居然发现有教堂等形象，可以借此考察它重修的时代。总之，戏楼的砖木结构建筑带来了种种局限，采光就不必说了。

（3）新式剧场的出现，意味着“公众剧场”意识的觉醒及专业化追求。古典戏场原以“屏风”相隔，形成戏楼上“出将”、“入相”的上下场门。新式剧场发展为专业分工的前后台，即演员表演区与观众观活动区。

演员表演区，包括后台的演员沐浴间、化妆室、卫生间；布景吊杆、天幕、附台、转台、升降台；光效、音效、字幕、声光电控制台等。

观众活动区，包括观众休息区、服务区、疏散区、商业区等。

现代剧场是多功能的文化娱乐场所，剧场本身已走向多元化。标志性的“国家大剧院”是“剧场群”，包括歌剧院、舞剧院、话剧院等。民间则有形形色色专业剧场普遍兴起，如环形剧场、小剧场、影视剧场等，北京“繁星戏剧村”便呈现为“小剧场”群，作为文化娱乐场所的，多元化、多功能的剧场，是现代剧场的定位和走向。

【参考文献】

[1] 周华斌 . 美国地区性戏剧的危机及戏剧家们的探索 [J]. 戏剧文学，1987（8）.

[2] 周华斌 . 京都古戏楼 [M]. 北京：海洋出版社，1993.

[3] 周华斌 . 中国古戏楼研究 [J]. 民族艺术，1996（3）.

[4] 周华斌 . 中国古戏台研究与保护 [M]. 北京：中国戏剧出版社，2009.

留住记忆

阮仪三[①]
（同济大学建筑与城市规划学院，上海市四平路1239号，200092）

【摘　要】中国的历史建筑异彩纷呈，那些大型的宫殿、庙宇、宝塔都是优秀建筑的精华，而大量存在的民居却更是丰富多彩，各具特色，生动地反映民族和地方特点，并又表现了中国传统礼仪、伦理道德的风尚以及传统建筑精湛的技艺。文内列举了保护民居遗产的实例，希冀留住珍贵的记忆。
【关键词】历史文化遗产保护，木结构，传统民居，城市记忆

中国各地的民居异彩纷呈，具有共同的文化内涵，它营建了中国传统的阖家团聚的格局，形成睦邻和谐的居住环境，现代居住区的建设抛弃了这种优秀的传统。

中国的历史建筑多为六千年前传承下来的木构体系，造型绮丽，独步于世界建筑之林，它既能体现天人合一，又能抵御地震灾害，现代人们舍弃了它，只会仿古、复古，却不懂得继承与发展。

上海提篮桥犹太人避难地的保护与拆迁的争论，深刻地教育我们留存记忆的重要性。

王先生请我来发表言论，我就想起大学三年级的时候王季卿先生教我课，王先生的夫人朱亚新先生也专门教我课。55年过去了，老先生老当益壮，我也78岁了，所以说我们这些老人老骥伏枥，壮志不已，我觉得我们老先生要比年轻人更好好干才能干出成绩。

因为会议主要以剧场为主题，要我讲一点传统的建筑，我现在只讲三个内容，题目就是呼唤古建筑的回归。

我们中国的古建筑形式多样、内容深邃，独步于世界民族之林。中国的东西就是中国的，因为中国的文化和欧美完全不一样，因此中国的建筑有中国自己的特点。刚刚说到剧场，中国的剧场就和外国不一样，有中国自己的特点，而这个自己的特点是在我们中华民族优秀文化的传统基础之上发展出来，并且也丰富了中国的文化。北京故宫，大成殿，这些都是国宝，都是世界文化遗产，但是我觉得这种大庙，包括北京、上海、苏州、广州的大庙都差不多，形式上有点类似，当然它内部特点完全不一样。但还有一样东西没有引起我们的注意，正像王先生写的一种民居。中国的民居，北京的四合院、南方的厅堂式住宅，这是苏州的厅堂，福建土楼，吊脚楼，以徽州四水归堂为代表的合院式建筑（图1）。这是中国最有特点的

图1　福建土楼

① 阮仪三（1934—），男，苏州，教授，同济大学国家历史文化名城研究中心主任。邮箱：ruanyisan_tj@163.com。

东西，它把房子围了起来，堂屋、两厢或者前厅、后房，这是一种中国人传统家庭生活的具体空间上的反映。而这种具体的反映和西方不一样，我们现在住的都是新公房、洋楼，都是起居室、卫生间、阳台等。这是个人生活的需要。但是把中国传统的那套东西形成了良好的家庭气氛的东西丢掉了。我们的这些传统组成了北京的胡同，上海的里弄，苏州的街巷，这又是一种中国传统的生活方式。这些大户、小户人家都住在一起，没有穷人和富人打架，因此大家是和谐相处的。而我们现在居住的人群分高级住宅区、廉价房区，你看以后肯定要有阶级斗争了。这种传统我们居住的形式，传统形成的居住内容，最典型就是上海的新天地，说是不错，在上海旅游排行榜第一位，外国人看中国式的房子，看上海市的房子，上海式的房子是中西合璧，那种建筑形式可以看，但不能说是文物保护，因为它没有把居住留下来，而是改变用作商业。现在很多地方街区都打着历史街区的牌子，历史文化没有，只剩下商业街区，这一点在我们的现代发展过程中，对传统历史内容的建设，对于有丰富内涵的中国传统富内容也是我们的责任。要建设我们自己现代的，同时又有传统和地方特色的任务很重，但现在都还没有开始。

第二个问题说到古城保护。都知道我们说刀下留城救平遥，当时的平遥都是各有特点，城墙上一个一个的马面和窝铺，72 个马面，72 个窝铺，3 000 个城垛（图 2、图 3）。按规划建造，孔子 72 贤，3 000 弟子。当时我保护平遥的时候周围地区二十几个古城都和它一样，但是都在拆，拆了旧城建新城，那个时候的口号是“汽车一响，黄金万两。”我们现在把平遥留下来了，使平遥成为世界遗产，运用新的规划手段，新旧分开，老城不动建新区，南面是生活商业区，西面是工业区，公路、铁路照样通。不要在老城里面捣鼓，要把它留住，要建新城到外面建，平遥古城就保护下来。这个很简单，是当时老师教我们的，当时就说新旧分开。欧洲出现的古城复兴运动，基本只有同济大学一家在教这个内容，那个时候苏联专家到处跑，我们同济这里请的德国专家，德国专家讲真理，所以有了这个观念我们才有了平遥。但这样基本的新旧分开的观念没有，你看现在的平遥，非常完美，假如这个城市周围的县都留下来，我认为这是世界遗产群，你到欧洲看，历史城市比比皆是，我们中国就只有一个平遥，所以对待历史文化要很好地用现代科技的手段去解决，不要一般的说到保护，只想到了经济利益。

图 2　1980 年代开始的古城保护（平遥）

在中国的传统建筑上，我们说上古以来就讲究人与自然的和谐相处，历史上形成了独具特色的中国建筑体系，创造了独特的木

图3 1980年的平遥南大街

图4 丽江古城鸟瞰

构体系，我们现在把木构体系扔掉了。就在我们上海附近有余姚市河姆渡村的古人六千年前创建的木结构体系——这是复原图。那个时候古人已经发明了卯榫，并且用多个卯榫建造起来，这就是中国传统的木结构体系。为什么出现在多地震地区呢？这样地震来了就不怕了，大屋顶下用斗拱来承担，斗拱是用小木块拼起来的，都是不用钉子的，是用卯榫连接。我们留下来重要的世界文化遗产应县木塔，1056年建，历经八次大地震岿然不动。这就是中国的传统建筑，不会像汶川一样全震光了，汶川是现代建筑房，偷工减料，否则不会震光的。我们的木构体系缺乏传承。我们的文远楼不会塌，只要认真建造就不会塌，但这是欧洲的结构体系，我们中国的这种体系没有存留下来。1995年我们的丽江古城申报为世界遗产（图4），从1991年开始研究。但是1996年年底在伊朗巴姆发生了大地震，5.7级，整个城市毁了，造成8 000人死亡。1997年2月4日，丽江发生里氏7.4级，世界遗产委员会问我们怎么样。巴姆古镇震掉了，你们丽江有地震，怎么样了？我说不要紧，因为唐山地震以后我去看过，当时留下来很深刻的印象，城里的一排排新房子全塌光了，而木构体系的老房子留下来了，丽江的老房子墙倒柱不倒。然后我们请联合国赶快派人来看丽江的破坏情况，证实完全可以修好，我申请联合国拨款过来，我们一下子申请了6.7万美金，用这笔资金很快全都修好了。1997年底，平遥、丽江一举通过世界遗产评审，在世界遗产的评论中写了中国精湛的建筑技艺。

这种经验到了2005年，我接受任务规划四川昭化古城，我一看老房子很好，都是木构的、很好，我说要修一定是木构体系。“5·12”地震来了，只有瓦掉下来。很有意思，古人的瓦是叠堆的，地震一来瓦会响。因为地震先是预震，然后再是大震，再是尾震，预震到大震之间有20多秒钟的时间，屋顶上面瓦一响，瓦怎么能响呢？赶快跑，所以整个昭化古城我们修好的房子中，一个人也没有死，没有修过的房子塌得精光（图5、图6）。当时那些新房子老百姓不肯修，他说他们的好看，我说我们的好看，结果地震一来见分晓，我写的一篇文章在《文汇报》登了，《人民日报》海外版也登了，叫《地震一来见分晓》。中国传统的房子经得起震，现在老百姓盖的房子经不起震，就是这一套传统的木构体系我们没有传下来，我们应该要传。因此，在保护遗产的理念中应该很好地研究木构体系。

图5 “5·12”地震刚刚结束后

图6 地震对砖混建筑的严重破坏

另外针对我们传统建筑认识方面说一个例子。这是介绍提篮桥犹太人保护区，2002年底上海市把这一块划为北外滩的开发区，因此这里房子都要拆掉建高楼，我们去看了，说这个房子怎么能拆呢？因为1934年希特勒上台之后要把犹太人全部赶尽杀绝，不给护照和身份证，当时由国民政府驻奥德利总理事何凤山先生签了一千份到中国的护照，后来有3、4万人来到中国，最后有名有姓可查是3.2万人，就在上海的提篮桥住下。大家当时很苦，他们说沿路过来没有国家收留他们，跑到菲律宾，美国人在那里，把他们赶走了；跑到新加坡，英国人在那里，又被赶走了；跑到日本可以，同意他们住下来，可过两天就把他们送回去，送回去不是送死吗？到了中国没有人管他们。但是中国人很慈悲，都有菩萨心肠，老百姓让小孩子去家里吃饭，吃了饭小孩不肯走，说家里还有爸爸妈妈，就给他们带点走。就是开始那么艰苦的生活，后来这批人全部没有一个非正常死亡，而且这里面出了很多名人。当时就要拆，我说不能拆，那个时候虹口区区政府有人是我的学生，跟我来吵架。我说这个里面有很大的文章，你现在拆了要后悔的。当时伍江（同济大学教授）刚刚去当上海市规划局副局长，我说想办法写个东西，想办法放到韩正市长桌子上。这一点上海的领导很有魄力，那个事情是2002年10月份发生。2003年1月份公布了上海市历史文物保护区第12块——上海提篮桥历史风貌保护区被保护下来了。虹口区到现在为止还有意见，人家都发展了，我们还没有发展，但不晓得背后有重大的意义。2006年是战胜法西斯60周年，我们请了100个犹太人回来，好多老头老太来了，很多人携儿带女，来看看我们的老家。看看老家在，当时的房子在，咖啡馆在，改了样子，摩西会堂都在，看了留了那些房子，但是意义不一样。有一个老头93岁，叫布鲁门萨，他是美国前商业部长、国家银行行长，后来是世界银行顾问。他到这里来以后说：“你们不要带我，我找得到我的家，我当年生活的老街在。”走到家里就激动了，左看右看以后就说我回到了60年前，我那个时候13岁，我们那个时候都活不下来，

图 7　奥斯威辛集中营大门与牢房

图 8　遇难者的鞋子与眼镜

图 9　江南水乡古镇的保护

全是中国人帮忙。一把抓住女儿的手说，“你一辈子要记住，你还得告诉你女儿，没有这些中国人就没有我，没有你，没有我们犹太人的活路，世界上什么人杀我们，什么人救我们。”

我去看过奥斯维辛集中营，它是世界文化遗产，里面展览了什么东西呢？你们看，全是几十万人被杀害的见证，是战后人家去收拾现场找到的遗物。这个橱窗比我们房间还要大，一房子的鞋子，仔细看全是小孩的鞋，他们杀了多少小孩。底下是老头戴的眼镜，是杀死这些犹太人之前拿下来的，因此这些东西很清楚地看到，死亡、悲惨、人类的悲剧、人类的相互残害（图 7、图 8）。而我们这些东西，说的是友谊、人性、光明、和平，所以以色列总领事跟我讲，这块地我们应该命名为提篮桥犹太人的“诺亚方舟”。看起来留了一些房子，包括王老师现在保护的戏台，它的背后有很多很多的故事。问题是这些建筑你留着就会讲故事，你不留，光留个犹太人纪念碑，谁也不来看，所以保护历史文化的意义非常重要。

还有说到江南水乡，这是南浔、同里、乌镇。这是乌镇的水阁房。现在这种诗情画意的做不出来了，我们要留一点，让后人来吸收一点营养（图 9、图 10）。得到普利兹克建筑奖的王澍就是能看懂中国传统建筑的精华，才做出杰出的作品来。所以我们需要留一点东西下来，然后才能创造新的东西，这种东西留下来不能做假古董，好多地方做假古董，你要把真古董留下来。你要把居民的生活条件改善，然后我们才能在联合国得奖，这是给上海领导看的。上海金山、朱家角，他们都保护得都非常好，人家现在正在申报世界遗产。上海人不去报，因为上海人太骄傲，这是有问题的，值得深层研究。

虽然有了保护认识和措施，但很多重于经济，出现许多假古董，导致过度开发。你看我们现在的城市，长沙和兰州一南一北，好吗？有人说很好，很现代化了。但也可以说城市很丑陋，也可以说城市很混乱，这都是国家级历史文化名城，还都是第一批。这是曲阜，曲阜是世界文化遗产地，却在新造汉代的城墙，现在很多地方造城墙都是假的，他说不要乱讲，我们是真的。我说你几岁，他说 40 岁，我说我亲眼看到这个城墙 1979 年拆掉的，现在要建了。辽代古城，这个谁也没有见过，但是大同要建，所以这些都是需要我们思考的。还有乐山大佛边上造一个巴米扬大佛，这个假大佛现在不能对外开放。现在人对于历史文化只晓得拿来做赚钱的工具，而没有看到保护的意义。这是周庄的旅游，什么旅游呢？人都要挤到河里去了，所以这些都是我们现在的问题。

图 10　周庄的水巷

我们对待城市保护问题过程中缺乏资金，缺乏人参与。我申请了一个基金会，全国就一家，运作非常困难，困难的原因包括融不到钱。我们这个事情不是一下子可以看得见，需要一段时间，但我们做了一些事情很有效果。比如我们拿着钱，对全国有些历史城镇进行了调查，马上有一本书要出来，就是被大家遗忘的好东西。我们调查当中发现河南省淅川荆紫关古镇，在运盐古道上有一对古戏台，南面一个，北面一个，都没有人考察过。还有陕西省的漫川关古镇，也是在运盐古道上，在云南我们叫茶马古道，他们这里叫驴道，因为马走不过去。还有云南剑川沙溪镇，还有平遥，都有非常好的戏台，到处都是，有得好研究了，要留住记忆啊！

戏剧艺术管理体例撷英

李　畅
（中央戏剧学院，北京市东城区东棉花胡同 39 号，100710）

【摘　要】新中国建立后，百业俱兴。唯独管理工作因受“无法无天”思想的影响而未形成有效的体系。戏剧演出管理工作亦受其牵累而导致好演出保留不下来，有时又不能普及。自我 1951 年就有多次奉公出差至欧、美、日诸国，也有机会接触他们的戏剧演出管理工作，遂把我所一知半解记录下来，希望戏剧界同行能从中吸取一些经验，对管理工作有所改进。
【关键词】演出管理，保留剧目轮演制，商业戏剧，非盈利剧院

由于科学的日臻发展，人类文明逐渐进步，世界似乎变小了。各国各民族的经济、文化、科技互通有无、择善而从的机会日益增多，包括我国在内的许多国家都在善于学习中崛起。我们的戏剧界也不例外，近十余年来，大剧场愈造愈多。其分布的密度、规模之庞大、投资数量之高，渐渐位列世界前列。但是百善之中也会有所疏漏和遗忘。人们往往容易关注可见的硬件，而疏忽不可见的软件。这似乎是个通病。原清华大学校长梅贻琦先生套用了孟子一句话说：“所谓大学，非有大楼之谓也，是有大师之谓也”。可能是由孟子说的：“所谓故国，非有乔木之谓也，是有世臣之谓也”演变而来。我们戏剧界也是如此，光有大剧场还是不行，还要有好剧本，有真正的好导演、好演员及好戏剧艺术家，更要有好的管理体制才能完善。而最后这一点最易为人们所疏忽。

世界文明国家都有自己的戏剧，有戏剧就必定有管理、经营戏剧演出的体制。由于 1949 年后有 30 年的时间，我国的各个方面，几乎都忽略对管理、经营之法的重视，甚至提倡不科学的“无法无天”。所以在戏剧界也出现了剧场使用率低、剧本复演率低、剧团演出场次低、演员出场率低等妨碍戏剧兴旺的问题存在。再加上我们的戏剧评论，媒体介入有或多或少的限制，就使得我们易于顾盼自雄，整天生活在胜利之中，而疏于反躬自省。改革开放以后，情况好转，所以我不揣冒昧地谈一点古今戏剧管理经营问题的细节，以就教于同行专家。

60 年来我一直在戏剧教育界服务，其间有机会出国工作、学习于东欧、前苏联戏剧界，及英、美及西欧戏剧界。在工作、学习之余，注意到他们的演剧管理、经营方面颇有可资借鉴之处。其中有三个方面特别引起我注意，一个是欧洲大陆剧院“保留剧目轮演制”；第二个是英美国家的商业戏剧；第三个是美国的非赢利职业剧院。这三者各有特点，值得研究。

一、欧洲大陆的“保留剧目轮演制”剧院

审视世界上有名的西方大歌剧院，包括欧洲大陆的话剧院、轻歌剧院，甚至正规的马戏场，他们大都使用“保留剧目轮演制”（以后文中简称为“保留剧目制”）来组织剧院节目的上演，这保证了他们剧坛一百多年来盛演不衰。这种体制要求剧院要有几十个甚至上百个稍事排演就能上台演出的成熟剧目，每年选择其中 20 ~ 40 个剧目作有序的轮换上演。剧院经营部门于年前通过广告向世界发布其准确的上演日期，观众可提前订票。这些剧院（不论是大歌剧、舞剧、话剧、轻歌剧）每年自九月

初到第二年六月尾为演出季，逐日演出（星期日可能增加场次），一年可以上演300场左右。一年中其他两个月作为休假、整休，或检查并改善演出设备、用具之用。值得注意的是在整个东西方冷战时期内，在意识形态上一切都要分一个“社会主义”和“资本主义”的时期内，欧洲大陆的两个阵营中，唯独剧院的上演体制是一样的。苏联的大歌剧院除去多了一个党支部以外，用同样的方式上演和西方基本相同的大歌剧经典剧目，舞剧、轻歌剧院也是双方类似。话剧院在剧本虽有差异，但双方的演出体制基本是一样的。

回忆20世纪50年代初以前，几乎所有的中国各种传统戏曲剧种，也都是上演“保留剧目”的，七十余年前我常被家人携带去老戏园子看京剧，由此我熟悉了许多京戏的保留剧目。1945—1946年，我在重庆北碚读书，看了一年的汉戏和川戏，它们上演的也都是“保留剧目”。1949年进入戏剧界服务以后逐渐才知道清宫内的“南府”、“升平署”里竟有几百部“保留剧目”，演员为老佛爷唱戏，如有丝毫不按老规矩演，就要挨板子。从中外古今的各种剧院来看，似乎“保留剧目”这种方法对剧种、戏剧团和各司其职的剧业人员都有利。

虽然许多不同的戏剧都暗合于“保留剧目”这种方法，但是方法和细节却又有不同，这里面就有着科学与不科学之分了。

我看目前欧洲大陆各剧种的“保留剧目轮演制”体制有以下几个特征：

（1）不论什么好演出，首先意味着要有好剧本，好的导演、演员、舞台艺术班子和音乐家（如果这个戏配有音乐的话），这是人尽皆知的道理。但是好戏还要有时间和历史的检验，一场好的演出不但要当时的人说好，还要几年，甚至几十年以后的人也说好才是真好。有一本很有价值的书叫《1949—1984中国上演话剧剧目综览》（刘孝文、梁思睿编著），统计了中国自建国以来35年中所上演的2 960个话剧剧目，其中除去北京人艺的《茶馆》、《蔡文姬》、《雷雨》、《日出》、《原野》等现在还时常上演以外，其他的两千多个剧本现在只有存放在图书馆里沉默，而不是作为舞台演出鲜活的呈现在观众眼前。读者可以计算一下，这是多大的资源浪费？也许这些演出中，有十分之一的好戏，那么也应该有二百多个可以有可能列入“保留剧目”之中。但是由于我国目前没有“保留剧目”制，或是空有“保留剧目”之名，而并无经常上演之实，那么它们也许只能永远存身于图书馆了。欧洲的现代“保留剧目制”的体制，就避免了这种悲剧的产生。20世纪50年代笔者在前苏联，看到《费加洛的婚礼》、《安娜·卡列尼娜》等七八个戏，导演史坦尼斯拉夫斯基已经过世了多年，但是他的不少戏还活在舞台上。焦菊隐先生已经死了37年，他的作品却只有两部（“蔡文姬”及“茶馆”）活在舞台上，如果“保留剧目”在我们的剧院中实行，会是这个局面吗？我还看了俄国的《萨得柯》、《伊凡·苏沙宁》和西欧的许多大歌剧，他们的作家、舞台设计师已逝世几十年或百年以上，但是作品还活着，这也是“保留剧目制”的功劳。北京人民艺术剧院还是国内经营得较好的，还保存了一些保留剧目，但全国一度曾有过不少的××人民艺术剧院，它们都到哪里去了？由此可见“保留剧目制”对保存演出，对创新演出，对表现着一个国家的戏剧面目是多重要，当然也包括贡献给人民的文化享受是多么重要。有没有经常上演的保留剧目，对剧院的存废也是“性命交关”的事。

欧洲大陆的歌剧院(包括舞剧)，一般有几十个保留剧目，例如西柏林歌剧院有歌剧保留剧目70个，芭蕾舞保留剧目65个。维也纳国家歌剧院有保留剧目的歌剧是78个，从意大利到法兰西，及东欧、西欧、北欧的歌剧院里，莫扎特、贝多芬、唐尼采蒂、罗西尼、普契尼、威尔第、柴可夫斯基、穆索尔斯基、瓦格纳、比才的作品，还有众多话剧作家，从希腊悲剧、莎士比亚、莫里哀、歌德、易卜生等人的剧本以及新作家的剧本都在欧洲天天上演，它们都被容纳在保留剧目里，在舞台上生龙活虎的存在着。可是我们现在想看到曹禺、夏衍、郭沫若、老舍的剧目出现在舞台上，很难！也许要等待等几个月，也许要等几年也未必能看到。其他的剧作家如宋之的、陈白尘、李健吾、杨村彬、张骏祥的剧本则久矣乎不见于舞台了。那些世界级大师的外国剧本也有不少是与我们久违了的。如果我们实行了长期的保留剧目制，肯定不会有这种状况。

当然，保留剧目中不止是只保存过去的杰作，尤其在话剧院，欧洲的“保留剧目制”剧院中上演着许多新作家的剧本，包括荒诞派的剧目。在那里任何一个保留剧目表都不是死的、固定的。它们也有吐故纳新，也与时俱进。一方面对过去好的戏有保留，一方面有序的、有准备的按宣布的时间上演。

（2）为了一年上演几十个剧目（大约300场次），剧院必须实行剧团和剧场的合一制，因为没有剧场的剧团，好像是没有根据地的游击队，不能长期存在，即使存在也缺乏生气。没有剧团的剧场，只能像个空壳子。假如几天就要接待一个新剧团，二者刚刚配合得熟一点，就得分手，再找一个新对象。如果剧团、剧场是两个业主，肯定谁也做不到一年演300场，几十个剧目。以目前我国的情况看，一个剧团如果租一个场子，演三场戏，平均大约必须租剧场五天至六天（布景、装台、走台共两天，加演出三天，再加卸台一天），依此数量，一年360天，可以出租给60个剧团，如果每个剧团只演三场，一年只能演180场。而欧洲的剧团、剧场合一制每年能休整两个月，还可以演出300甚至300多场。显然出租剧场的效率比团场合一的剧场要低得多。那么剧团、剧场合一制为什么可以不必用掉装台、卸台的时间呢？这是因为他们剧目的安排是演一部戏，大约安排连续演出三至五场，然后换戏，再演出三至五场，如此循环下去。因为是在自己的剧场中演出，每次都在换戏之前的上一场演出结束以后利用夜间装台、换景，做第二天新戏的一切准备工作，又由于每个工作人员对自己在换戏中的工作非常熟练，一般有大布景的戏有3至4个小时的装台也就够用了。有些大型的布景，很难移出舞台和运输，就干脆永远放在舞台的角落里，或是利用舞台顶上的空吊杆贮存布景很方便。演任何一部戏都是不可能整天时间用满的，那就可以抽时间把第二部戏的布景事先吊上（因为剧场是自己的，有时饭前饭后半小时也可以在舞台上抽空工作，这是在租赁剧场中绝对办不到的）。我认为对工作人员而言，保留剧目制剧场像是他们自己的家，他们做什么工作都轻车熟驾，工作时间也可以见缝插针。而在租赁的剧场中，剧团犹如住旅馆，缺什么东西都得到外面去买、去运。剧场的舞台又不像旅馆标准间，每个都不完全一样，每个舞台都可能是生疏的，装台计划都要有因地改变。如此，工作效率就不可能很高。这一里一外，差距就大了。再如法定休息日，有许多欧洲剧院在这一天的白天专为儿童演出，儿童戏的辎重必然少，布景简单，可以早场演完了用两个小时拆上一部戏的布景，装下一部戏的布景，时间也就够用了。上下午各演一场儿童剧，时间绰绰有余。20世纪50年代和90年代我曾在匈牙利、奥地利、德国、苏联、捷克斯洛伐克等诸国的舞台上操作、观摩和亲身操作，对此有亲身的体会。深悉剧团、剧场的合一制确实给双方双利、共赢。在这种情况下，剧团和剧场就都使用了一个名字如莫斯科大剧院、巴黎巴士底歌剧院、米兰大歌剧院。不像我国，如北京人艺，剧场是属于它的，也由它专用，但是却叫“首都剧场”。现在北京国家大剧院的体制和经营有逐渐靠近欧洲大型剧院的趋势，经营也较为成功，希望他们能充分利用保留剧目制的优点，当然这需要长期的经验积累、总结和保存保留剧目。下面的参数表格是一位德国同行给我的，请读者参阅表1。

表 1　　　　德国、奥地利几个剧院一年的演出场次统计

剧场名称	上演场次（场）						上座率
	歌剧	舞剧	话剧	轻歌剧	外来剧	总计	（%）
德国纽伦堡话剧院			284			284	75.7
德国斯图加特大剧院	208	65			16	289	92.1
德国斯图加特小剧院			310			310	80.3
德国杜塞多夫莱茵歌剧院	239	45				284	94
德国法兰克福话剧院			312			312	66.5
德国慕尼黑巴伐利亚州立歌剧院	262	53		11	5	331	92.4
德国慕尼黑广场歌剧院	204	35		74	1	314	85.2
德国塞尼黑小剧院			321			321	不明
德国汉堡歌剧院	234	64			5	303	94.8
德国柏林歌剧院	249	50		13		310	89.3
德国柏林席勒剧院			313			313	72.5
奥地利林茨大剧院（歌剧及话剧）	95		48	94	23	260	77.5
奥地利维也纳歌剧院						300	不明
德国萨克森州得绍市大剧院						280	不明

注：表中数据由德国慕尼黑巴伐利亚州立歌剧院提供，笔者译。

（3）由于保留剧目制剧院要保证那么多优秀剧目在一年之中演出300场，就必须保证具有庞大的人力资源、物质资源和艺术资源的支持，他们甚至还要做些能有形无形地去影响观众、组织观众的工作。凡是这一类的剧院，在资本主义国家中往往也是属于国家所有、市政所有，或有一些官方背景。但是在艺术的范围内，官方并无任何干涉。在艺术方面他们自有艺术委员会来管理，各个业务部门如作曲、文学、导演、舞台美术、乐队指挥、艺术行政诸方面，都有威信很高的各门类的艺术家来领衔工作（并有总导演、总艺术家等头衔），他们没有"制作人"、"演出者"之类的名称，这些名称是英语地区专用的。歌剧类的剧院中有歌剧团（或队）、舞剧团（或队）、乐队、舞台美术制作、保管工厂、剧场、行政、经营部门。话剧院除了没有庞大的音乐部门外，其组织也类似歌剧院。由于他们的一部戏有可能演出多年，所以他们的原始艺术资料、文字资料、技术资料保存得特别细致而完整。这是和我国绝大多数剧院保存资料比较马虎不同的。由于保留剧目会长期保存，所以许多部门的工作人员也都是长期任职，因为那百十来个保留剧目，不但有实物、艺术资料的保存，而且这些也或多或少要保存在所有工作人员的身上和头脑中，缺了他们，演剧就会受影响，这一部分人的职位有点铁饭碗的味道。所以人员编制也是个很大数量。如慕尼黑歌剧院中，迁换布景的工人有160个，运输布景的专职人员有20余人，服装管理人员约50人。乐队人员大约分成三管乐队（约100人以上），双管乐队（80人左右）。我在匈牙利国家歌剧院见到了五位画景师，他们在一起工作了20多年。这一类职业的人几乎是终身在一个剧院工作（表2）。演员更是如此，因为所有剧目的角色都分散在他们身上。每部戏的同一角色都由两人到三人同时担任，以防有意外情况不能到戏时，另一个演员立刻可以顶上。这些剧院也像我国传统戏剧演员一样，偶尔也有约请客串演员的，一来是为了票房增收，二来是为了艺术交流。

表 2　　几个德国大剧院人员编制表　　单位：人

剧院名称	艺术指导（包括文学指导、导演、指挥、舞台设计等）	独唱演员	合唱队	芭蕾舞蹈演员	乐队	话剧演员	技术人员（全部布景、灯光、服装、道具的制作及台上工人）	行政人员	剧场人员（包括经营、领票、维修等）	共计
斯图加特国家剧院（包括一个歌剧院一个话剧院）	59	44	122	61	108	45	401	66	103	1 009
法兰克福国家剧院（包括一个歌剧院一个话剧院）	68	32	69	32	104	37	369	56	123	890
慕尼黑王子歌剧院	40	31	100	59	139		409	33	148	959
慕尼黑巴伐利亚州话剧院	18					48	201	19	49	335
汉堡歌剧院	39	36	83	60	132		334	50	100	834
汉堡德意志话剧院	25					40	173	37	59	334
柏林德意志歌剧院	43	53	113	52	138		358	58	85	900
柏林席勒话剧院	31					90	223	35	82	462

注：表中数据尚不包括各剧院临时约请的客座歌剧、话剧、芭蕾明星、客座乐队指挥、导演，由慕尼黑巴伐利亚州话剧院提供，笔者注。

这类剧院除去像企业一样在收入、支出方面精打细算之外，每年都接受政府、议会的拨款，有的还接受私人大企业的捐助。也有向剧院捐款的个人，但不如美国那样盛行。表 3 列出了 8 个德国、奥地利大剧院的经济收支情况。

表 3　　几个德国大剧院经济收支情况表　　单位：马克

项目 \ 剧院	斯图加特国家剧院（一歌剧院，一话剧院）	杜塞多夫话剧院	杜塞多夫歌剧院	慕尼黑巴伐利亚州歌剧院	汉堡歌剧院	汉堡德意志话剧院	柏林德意志话剧院	柏林席勒话剧院
艺术家薪金	23 897 000	7 020 000	20 729 000	29 018 000	23 878 000	6 576 000	28 776 000	9 073 000
技术人员薪金	16 648 000	9 660 000	8 866 000	14 215 000	10 825 000	6 837 000	14 676 000	10 873 000
行政费	2 528 000	2 367 000	2 180 000	4 952 000	2 908 000	1 934 000	2 559 000	1 538 000
其他人头费	310 000	101 000	1 894 000	121 000	4 276 000	189 000	98 000	59 000
退休基金	1 370 000	42 000	565 000		1 413 000	709 000	2 562 000	1 098 000
演出用费	10 040 000	5 271 000	6 486 000	8 710 000	11 653 000	4 325 000	5 447 000	3 037 000
还贷费	568 000	380 000	985 000	98 000	3 354 000	223 000	87 000	533 000
建筑维修费	1 855 000		441 000	196 000	1 187 000		4 798 000	50 000
总支出	57 216 000	24 841 000	42 146 000	57 310 000	59 521 000	20 973 000	59 003 000	26 558 000
收入票款	4 218 000	1 243 000	1 325 000	8 520 000	4 319 000	1 989 000	4 086 000	1 248 000
捐助（企业或个人）	3 110 000	982 000	1 358 000	2 743 000	4 754 000	931 000	2 421 000	
给儿童剧捐款						244 000		
参观		687 000	782 000	2 337 000	591 000	111 000	1 149 000	1 007 000
衣帽间	175 000	270 000		301 000	381 000		317 000	173 000
电视传媒	118 000			139 000	27 000	321 000	168 000	348 000
旅游团	2 173 000	2 399 000		328 000	638 000	288 000	79 000	140 000
剧场租金		70 000	5 000	59 000	2 032 000	341 000		
节目单	469 000	168 000	219 000	513 000	380 000	101 000	452 000	163 000
其他收入	1 128 000	348 000	903 000	359 000	2 195 000	194 000	65 000	44 000
总收入	11 391 000	6 167 000	4 592 000	15 299 000	15 317 000	4 520 000	8 737 000	3 123 000
国家补贴	45 825 000	18 764 000	37 554 000	42 011 800	44 204 000	16 273 000	50 266 000	23 435 000
补贴折合人民币	219 960 000	91 129 120	183 263 520	205 013 680	215 715 520	79 412 240	245 298 080	114 362 800
国家补贴百分比	80.1%	75.2%	89.1%	73.3%	74.3%	78.3%	85.2%	88.2%

注：本表由慕尼黑巴伐利亚州话剧院提供，作者译。

曾任奥地利维也纳国家歌剧院副经理的托马斯·诺沃拉德斯基先生告诉我："国家或议会给大剧院高额补助已成定例，实行了近百年，但是20世纪末已有老百姓向政府质疑，认为富人看戏多，应该由他们捐钱。全民补助剧院太不公平。但此呼声并不高。"政府补助太多总是一项保留剧目剧院的软肋，不知其前景如何，还待观察。

（4）从对演剧艺术的作用来看，保留剧目制是有利的：第一，从艺术领导者、演员、职员到每一个工作人员，在这类剧院中，从早到晚都要应付演出工作。当日不演出的演员，一般会安排排练新戏（或准备新戏的角色），绝大多数人都得在岗位上工作，逢年过节工作更忙。第二，对演员来说，每天或每周能生活在舞台上，常常面对观众，是对演员最好的砥砺和磨炼。我国剧团中有不少人几个月，甚至几年不上台（此类人不少），等到他（她）上台时早已忘记怎么演戏了。这种情况在保留剧目制剧院中绝对不会发生。演员和舞台的关系犹如鱼和水，鱼水分离结果可知。第三，几个人共演了一个角色，虽然导演只是一人，但每个演员有自己的风格，各有所长，有了相互学习，相互切磋的机会而能成长，岂不妙哉。在这个过程中，有时竟会发现平常无法发现的演剧奇才。北京人艺有名的一位演员林连昆，前半生演戏机会不多，在大约过了四十岁后，突然在话剧《天下第一楼》和《狗二爷涅槃》的轮演中大放异彩。如果北京人艺是一个全天候的保留剧目制剧院，可能他早就有机会被发现了。中国传统戏曲，如京剧中能够名角辈出，也是因为它的演出体制是保留剧目轮演制，像谭鑫培、梅兰芳一辈的演员，会唱一百出以上的戏是常事，因为他们整天生活在舞台，他们能吸取一百甚至两百个剧目中的精华。当然比现在会唱三四十出戏便可成名的演员机会好得多了，而归戏科班训练演员，都是上午练功、唱戏，下午上台演出，哪有演员不上台的？只有新中国的国营剧团有此怪事。作为我的舞台设计同行的欧洲大剧院中，一个设计师一辈子能设计一两百个剧目非常平常。像斯沃博达那样的大师，一生能够设计三百多部戏，而我国大型剧院中的同行能一生有机会设计四五十出戏就很难得了。能够赋予各种艺术家以大量实践的机会页证明了保留剧目制的长处。

作为一个国家的戏剧界，总有自己独特的面貌。如果一个外国观众问我们，你们国家的经典名剧是什么？现在在哪里演出？我们怎么才能看到？我们如何回答呢？

二、英美地区商业剧院

英语地区的剧院类型似乎比欧洲大陆更多，固然他们的大歌剧院也大都实行与欧洲大陆一样的"保留剧目轮演制"，但这类剧院究竟是少数。世人对英美剧坛更熟悉的是像伦敦西区的剧场群，纽约百老汇的剧场群，日本东京银座的剧场群。在哪里都有几十个剧场比邻而立，百老汇剧场最多时到过一百多个剧场（目前也只有三十几个了）。但它们音乐剧的影响的确是世上少有的。它们的话剧演出也颇著名。这些地区的剧场大都是19世纪末和20世纪初所建，所以比起欧洲大陆来，剧场往往小得多。1980年代初，美国著名华裔设计师李名觉告诉我说，百老汇的剧场很小，尤其是舞台小（大都在10米左右深）观众前厅小，观众席却很大，能容较多的观众，表现出十足的商业特色（只有当地林肯中心的几个剧场类似欧洲的规模，有一个"无线电城剧场"大，能容5 000名观众）。一开始，我们还不相信，后来去了当地，才知道他们的情况的确如李名觉所言。

这个地区的商业剧场全部是属于私人的，而且只有独立的剧场，几乎少有剧场附属于剧团的。几十个剧场都供出租，而且都能够租出去。一部分兼有新、老知名剧目（如《俄克拉荷马》、《国王与我》、《猫》、《歌剧魅影》、《西贡小姐》等），都在演。观众很难现场买到票，不早订票买不着。我们这些临时过客，只能在后台买票，找舞台同行买票。百老汇和伦敦西区，好像一个大筛子，不受欢迎的演出，早早就被筛出去了。观众喜欢的戏，几百场、甚至几千场的在一个剧场里接着演。据说英国名侦探小说作家克里斯丁的名剧《三只瞎老鼠》演出长达二十余年。像音乐剧《音乐之声》、《俄克拉荷马》、《猫》、《歌剧魅影》、《演艺船》、《国王与我》、《悲惨世界》等剧目都演出过2 000场以上而长盛不衰，现在已经传到世界各地。许多音乐剧起自英国（也有出自美国的剧作家），他们一个戏能够在每日连续上演的条件下演出上千场，也就是要在一个剧场里连续几年不衰，说明他们有一种特殊的魅力。例如，一个有好故事的好剧本，有百听不厌的音乐、歌唱和舞蹈；有多场的能快速切换的好看、神奇的布景；有好听的独唱、重唱、合唱，以及漂亮的演员（不能让主演长得像大歌剧里肥胖的主角）。他们也用美声唱法，但是唱得要漂亮、潇洒、温柔，比大歌剧的唱法“轻一些”。总之，要使一般的观众能为其吸引，看了一遍还想再看。它不一定要思想很深刻，但是也总要有一定的深度。它必须美而不能俗，它不一定要艺术家们都有自己特定独立的风格，但必须是社会各阶层的观众都能看懂接受，都愿意接受的。戏剧因素中非常有效的，如：误会、巧合、冤屈、正义、申诉、打抱不平、孤苦、离别、生死关头、男女之情、嫉妒和奋勇，这些能吸引观众的戏剧诀窍都可以而且是必须使用的。但别使人看了前面就知道后面的，别使人看出是老套路。一定要使观众常常出其不意，但又要合情合理。一句话，要做到人人爱看，千万别教训人，千万别把音乐剧当成实验剧和宣传剧，千万别有使人不懂的情节、寓意、象征、符号、自命清高等因素。它不是一本圣经，它是一件可爱的商品。

为了做到这些，制作音乐剧也和制作大歌剧、话剧工作流程不一样。制作人要负责资本运作，再委托一个制作团队领头，帮助作家从各个方面审视修改，最后成为一个人人喜爱的剧本。同时导演、作曲家、舞台艺术家（也许还有特定的主演）等，分别从各自的工作部门做计划、设计。音乐和导演恐怕是现在最重要的部分了。这个制作团队所有的成员一定是有才华的本门专业的专家。由他们集体研究出的剧本定稿，音乐的作曲一定要达到估计能长期上演的水平，才会住手。

然后，或是制作人自己，或是他委托的舞台监督，及制作团队一起，研究对各方面人才的聘请和签订合同，在美国现在在制作人之下往往并没有成型的剧团。因为只为制作一部戏，配齐剧团就是一种不节约的方式。剧目的制作，常常是一个萝卜一个坑，有多少工作聘请多少人，除去最主要的角色会请两个重复的人以外，多一个人都不聘请。制造布景，演出时工作的技术人员，工人都可以找专业的公司代劳，由于所有的参与者都是职业的，专业的人员。这就比专业的剧团要节约很多，因为它一个闲人也不养。当然还聘用专门联系新闻媒体的人，甚至聘用设计剧本的纪念品，玩具的销售的人员或公司。因为上述所有的专业人员和公司，一切都社会化、商业化、合同化了，就把前面所说的“保留剧目”制剧院的那几百人员及政府多少钱的补助的大包袱都甩掉了。按习惯每个音乐剧大约要换十次以上的布景，百老汇剧场的舞台又那么小（当然这些困难都在舞台设计师，灯光设计师等人的设计中解决掉了），但我还是佩服百老汇舞台工人和他们的工会。他们组织工人迁换布景的技巧的确是世界一流的。从技术上来说，欧洲、亚洲的舞台工人技巧都比不上他们，我看了他们的小舞台，再看了他们的布景，觉得他们简直都是魔术师，那才是真正的专业人员。

如果装台、灯光、连布景迁换都顺利（大约四五天），新戏都是在星期四晚上演员准时彩排，星期五会在剧场中招待新闻媒体，星期六早报上就会有对新戏的报导评论见报，星期天晚上就会进行首场演出。如果观众反应正常，由星期日就开始了正常演出，一直演下去。如果新闻界反应不好，观众也会冷淡，这个戏就可能很快结束，上演前的投资就会大赔本。但如果成功，这戏就一直演下去，几乎演到地老天荒。等到它有了世界级的名声，就有别的城市，尤其是别的国家的剧团或剧院来买上演权了。当然上演权很贵，而且你买去上演时，从剧本、音乐、布景、灯光到导演计划，包括演员的长相身材都必须和原版的差不多，甚至租一整套美国演员去演出。这种演出模式的音乐剧《猫》、《美女与野兽》、《妈妈咪呀》都已在上海、北京出现了，该花钱的地方大把花钱，但又十分讲求实际。例如最重要的舞台设备“吊杆”，在欧洲、甚至中国的县级剧场里，都渐渐改成电动或液压的。而美国全国 90% 剧场中都还要用人工手动的，他们只求好用、保险、安全、便于检修，绝不像我们有些市政官员那样图虚名，总想在全国争第一。大多数美国剧场中不用欧洲剧场中笨重的升降台、转台、品字形舞台。要用，就用美国式的轻型机械，又便宜、又多样化、又便于运输。

在欧洲的演出，我们这些外国同行可以破格上舞台参观，甚至研究。而百老汇的舞台在演出时，你绝对不能上去，他们有很多保密的绝招儿（所谓 know how），不给你看，我和美国资深舞台设计师爱尔顿·爱尔德一同去看《歌剧魅影》，有些舞台特技他也不知道怎么做的，只能摇头不止。

百老汇剧院的演出季和欧洲大陆主流剧院相像的是，一年演 300 场戏，也是九月份开始演出季。

三、美国的非盈利剧院

美国的演剧模式绝对不止百老汇的商业模式这一种，20 世纪 90 年代，我有机会去美国教书，近三年中在大学的戏剧系里，接触了许多非盈利剧院。最初我也觉得奇怪，百老汇很少演英美原有的经典剧目，那里有许多戏像是改编的，如《俄克拉荷马》改编自《紫丁香花开》、《罗密欧与朱丽叶》。《歌剧魅影》、《悲惨世界》是法国小说改编的；《窈窕淑女》是由英国作家萧伯纳的剧本改编的。那么英美的莎士比亚、萧伯纳、莫里哀、拉辛、歌德和易卜生的戏剧，都在哪里演出呢？后来才发现原来在美国的各州、各城中还有许多艺术水平很高的剧院，都属于非赢利剧院之内，它们分散各州、各市、各大学内。如哈佛、耶鲁大学的戏剧系都有对外演出的剧场。另有一些非赢利剧院是由某些基金会支持的，这类剧院有些是所谓的同仁剧院，是由志同道合的职业剧人自己组织的；也有专门由少数民族艺术家组织的以少数民族语言演出的剧院（如黑人剧院，墨西哥裔剧院）；有一些有志者为了服务于戏剧事业而组织的专业剧院（如专演初次创作剧目的新作家作品的剧院）；有专演以莎士比亚剧目为主或古典剧目的剧院；也有实验性剧院，这一类剧院在全美国各州有几百个，水平也参差不齐，剧院的追求往往彼此不同，但它们又有共同之点。

（1）也是实行剧团剧场合一制，但是大小剧场的形式多样，有镜框台，有伸出台，有中心舞台，有可变舞台。舞台条件一般不是特别讲究，但绝对很实用。剧团的规模也大小不等，但以小剧团为主。

（2）每个剧院的目的十分明确，有特点，能吸引观众。有大量粉丝，所以它能长期存在。

（3）有自己特殊的演出季，由后文所举的例子中，可以看出他们的不同。虽然不同，但仍然十分有规律，有顺序。

（4）有少数的此类剧院有保留剧目，但剧目每年都有更换。许多这类剧院的艺术性很强，有的剧院演员、导演水平很高。在这样的剧院中往往可以看到在流行性演剧界看不到的好演出。

（5）所有这样的剧院都开放对社会专门的业余戏剧服务，这也值得我们借鉴。他们都开办对群众的戏剧知识讲习班，派人帮助业余演剧人士排戏、指导，他们的服装、布景，有时也出租、出借。举办戏剧观后讨论会。对老人、残疾人有经济折扣票，优待学生、组织义工等。

（6）最重要的一点是这类剧团必须不以商业为目的。如果赚了钱，一定要为剧团扩大再生产所使用，不能瞒产私分，这一点已定为法律。所以称为“非赢利职业剧院”。这类剧院中的艺术家薪金，有工会协助保障。没有听说过业主赖账。

下面例举几个这样的剧院作为例证。

1. 阿拉巴马州，莎士比亚节日剧院

地点：阿拉巴马州，安尼斯顿市。

剧场：自有剧场，有伸出式舞台，观众席950人。

演出季：每年九月份至来年四月份（每星期三至星期六有晚场戏）。上座率约60%，有时旅行演出。

保留剧目：《奥赛罗》、《威尼斯商人》、《私生活》、《驯悍记》、《麦克白斯》、《错误的喜剧》、《十二夜》等。

赞助人：2 411人。

社会服务：有表演培训班，多种戏剧专业训练班，并为阿拉巴马大学戏剧系提供戏剧类课程，组织与戏剧有关的讲座和工作室。

2. 阿特兰塔儿童剧院

地点：乔治亚州，阿特兰塔市。

剧场：自有剧场两个，一个为镜框形舞台，观众784人；一个为可变舞台剧场，观众200人。

演出季：每年十月开始，至第二年五月止（每周二至周日演夜场戏，周六至周日演日场戏），上座率86%。

赞助人：8 776人。

保留剧目：（话剧、音乐剧、舞蹈节目）《音乐、诗歌晚会》、《圣诞述异》、《老虎尾巴》、《安妮·弗兰克日记》、《驯悍记》、《美女与野兽》、《侠盗罗宾汉》、《形子盒》、《彼得·潘》、《奥赛罗》、《万圣节树》。

社会服务：演出实习练习，演出课程，协助学校演剧，各种折扣票，组织演出后讨论会，舞台朗读，组织志愿者。

3. 伯克来舞台公司

地点：加利福尼亚州，伯克利市。

剧场：自有剧场，可变舞台剧场，观众席99人。

演出季：每年十月份至第二年五月份（每星期三至星期日演晚场戏），上座率77%。

赞助人：734人。

剧目：本剧院只演没有上演过的新剧目，有的演出中演员可以手执剧本上台。偶尔也演出布莱希特、荒诞派的剧本。每星期有独幕剧演出。

社会服务：提供实习演出的技术协助，协助学生演剧，组织演出后讨论，组织舞台朗诵，安排各种减价票。

4. 中心舞台

地点：马里兰州，巴尔提摩尔市。

剧场：有标准的伸出式舞台，500 座观众席，上座率 88%。

演出季：每年十月至来年五月（每星期二至星期六演晚场，星期三、星期六及星期日有日场戏）。

赞助人：12 909 人。

上演剧目：《再见人民》、《对手》、《跑路人的障碍》、《生于昨天》、《圣诞述异》、《你不能拿走它》、《一报还一报》、《你好，你好》。

5. 克利夫兰话剧院（1915 年成立）

地点：俄亥俄州，克利夫兰市。

剧场：自有三个剧场，得柔瑞剧场，镜框舞台，515 客座；布罗克斯剧场，镜框舞台，160 客座；77 大厅剧场，伸出型舞台，560 客座。上座率 82%。

赞助人：9 526 人。

上演剧目：《巨大的期待》、《布拉格之春》、《小狐狸》、《浪漫者》、《俱乐部》、《挑剔挑剔》、《奥德赛》。

社会服务：表演职业训练班，戏剧行政职业训练班，学习演出技术，演出设备课程组织，演剧讨论会，演出工作室，舞台朗诵，演讲术，演剧物资出租，组织义工。

6. 达拉斯剧场中心

地点：得克萨斯州，达拉斯市。

演出季：每年十月至第二年八月（星期二至星期六晚场演出，星期三、星期六日场演出）。

赞助人：10 518 人。

自备剧场：汉弗瑞剧场，伸出式舞台，516 座；镜框舞台，56 座。

上演剧目：《无效想象》、《三人骑一马》、《看火的人》、《皇门家族》、《抽烟的人》、《白雪公主》、《汤姆沙耶历险记》、《仲夏夜之梦》、《泰克萨斯州三部曲》、《如愿》、《回忆》、《魔鬼将军》。

社会服务：表演、导演、舞台设计职业教育，儿童戏剧课程，组织学生演剧，演剧讨论，演剧工作室和舞台朗诵，客座讲座，演讲术。

7. 市中心卡巴来特舞剧院

地点：康尼狄格州，桥港市。

演出季：一月至十二月（每周星期四至星期日晚场，星期六日场）。

自备剧场：镜框形舞台，300 座。

上演剧目：主要演出 19 世纪末巴黎的卡巴来特舞，及 20 世纪 30 年代至 70 年代怀旧舞蹈及音乐。

8. 罗道・布罗克剧院（属于奥克兰大学）

地点：密歇根州，罗切斯特市。

演出季：每年九月至来年五月（星期二至星期六夜场，星期三至星期日有日场演出）。

剧场：自备剧场，镜框台口，608座，上座率94%。

赞助人：14 300人。

上演剧目：《向凯旋者折腰》、《野餐》、《绿色的谷子》、《暴风雨》、《跑路人的障碍》、《雄性动物》、《围着月亮的圆圈》、《死亡游戏》、《史嘉本的诡计》、《柏林到百老汇的歌舞》。

社会服务：大学内的正规戏剧科目，儿童剧在州内巡演，演出后讨论会，剧场出租。

9. 新美国剧院

地点：伊利诺伊州，罗可福德市。

演出季：每年九月至来年六月（每周三至周日晚场戏，周六有日场戏）。

剧场：自备剧场，伸出舞台，270座。

赞助人：1372人。

演出剧目：《俄亥俄州的威尼斯堡》、《谁都能吹口哨》、《好医生》、《生于昨天》、《消防队的习俗》、《人质》、《野餐》、《人鼠之间》、《凡隆那二绅士》、《太太学堂》、《白木兰花骑士最后的会见》、《鸭子的变种》、《恋人们》。

社会服务：儿童表演训练班，业余表演训练班，组织学生演出，有各种廉价票，有巡回演出，演出后讨论会，演讲术班，组织义工。

10. 好人剧院（成立于1925年，是著名的话剧院，多次获奖，曾在百老汇多次巡演）

地点：伊利诺伊州，芝加哥市。

剧场：自备好人剧场，镜框台口，683座；拉丁学派剧场，伸出台，300座；鲁斯帕基剧场，镜框台口，200座。

演出季：每年九月至来年六月（星期二至星期日晚场，星期四至星期日日场），上座率73%。

赞助人：15 626人。

上演剧目：《圣女贞德》、《海鸥》、《工作》、《依瓜那之夜》、《皆大欢喜》、《布拉格之春》、《亲儿子》、《圣诞述异》、《创造力》、《假日》、《岛屿》。

社会服务：儿童戏剧课程，演出实习（包括戏剧艺术，戏剧行政，演出技术），协助学生演出，演出后讨论会，演出工作室，舞台朗诵，客座讲授，演讲术，演出纪念品商店，剧场出租，组织义工。

11. 新剧作家剧场（1949年成立，目的是鼓励、培养美国新剧作家）

地点：纽约市。

剧场：自备剧场，伸出式舞台，100座；工作室小舞台，40座。

演出季：每年九月至来年六月，年报订阅者6 000人。

上演剧目：均为入选至青年新剧作家之作品，布景均为积木式的中性布景，可服务于任何剧目。演员可以手持剧本上台。

社会服务：演出艺术，技术课程及演出行政课，演出后讨论，舞台朗诵，客座讲座，诗朗读，编写戏剧新闻简报，出租剧场。

12. 固斯瑞剧院（这是美国最早的一个完备的、现代化的伸出式舞台的正规剧场，发起这个剧院建造的是英籍名导演泰伦尼·固斯瑞）

地点：明尼苏达州，明尼阿波力斯市。

剧场：伸出式舞台，1441 座，上座率 80%。

演出季：六月至来年二月（每周星期六至星期日晚场，星期三至星期六日场）。

赞助人：18800 人

上演剧目：《屈服于征服者》、《私生子的月亮》、《猫戏》、《白色魔鬼》、《圣诞述异》、《觊觎王位者》、《男孩遇见女孩》、《你好，你好》、《哈姆雷特》、《结婚》、《乞丐的歌剧》。

社会服务：为业余者的戏剧课程，艺术戏剧课，演出行政课，技术方面的演出实习课程，指导学生演出，旅行演出，演出后讨论会，舞台朗诵课，出版杂志，剧场出租，组织义工活动。

剧场艺术离不开剧院，剧团，剧场，和广大观众。自古至今，这几个组成部分千变万化。但目前的情况是研究编剧、导演、表演、舞台美术、经营、剧场建筑分项者多，研究综合戏剧各种分项因素的总体体制者寡，这不能不说是一种遗憾或欠缺。笔者年迈，风烛残年已难自保，如能借此机会提醒剧界精英，扩大研究视野并增其万一，则幸甚幸甚。

【参考文献】

[1] 沈林．舞台—2000[M]. 沈阳：辽宁教育出版社，2000.

[2] 卢向东．中国现代剧场的演进 [M]. 北京：中国建筑工业出版社，2009.

[3] Oscar G. History of the theatre[M]. Brockett，Boston MA：Allyn & BACON.Inc，1968.

[4] Gerald Bordman. The OXFORD companion to american thertre[M]. Oxford：OXFORD University Press，1984.

我国古戏台（传统剧场）保护面临的问题及其对策

吴开英[1]
（中国艺术研究院，北京西城区护国寺街 9 号，100035 ）

【摘　要】我国戏曲历史悠久、影响深远。而专门用于戏曲表演的古戏台，是见证我国戏曲产生、见证并促进我国戏曲发展、辉煌的宝贵实物。从全国情况来看，目前古戏台的保护却存在很多问题，概括地讲主要涉及维修技术和管理工作两个方面，而这两个方面又以管理工作方面存在的问题最为突出。本文还将站在国家的角度，谈谈保护古戏台目前重点要做好的工作。
【关键词】古戏台，管理，保护

我国的戏曲和古戏台（传统剧场，下同），其悠久的历史、深远的影响、神奇的魅力在世界上享有很高的声誉，占有非常独特的地位。而专门用于戏曲表演的古戏台，则可谓是大千世界的缩影，是见证我国戏曲产生、见证并促进我国戏曲发展、辉煌的宝贵实物，也是我国宋代以来一种特殊类型的建筑遗存。我国之所以能够形成世界上独特的“高台教化”文化传统和旧时“一厢情愿”的婚姻习俗，从一个侧面证明我国的古戏台所凝聚和折射出的中华民族的文化特征，正是我们民族赖以生存和发展的精神根基。若失去古戏台，就意味着中华民族将失去一部分历史。就世界范围来讲，只有中国至今仍完整地保存有万余座百年以上的古戏台，这万余座古戏台分布之广、受众之多、建筑之美、影响之巨在世界戏剧艺术史和人类文明发展史上均可堪称奇迹。因此，我们有责任保护好这份宝贵的全人类共有的历史文化遗产，有责任在新的历史条件下开发、利用好这些宝贵的历史文化资源。否则，我们将愧对祖先，也愧对后人。

我国现有 1 万余座古戏台，建国初期文献资料记载是 10 万座，从 10 万座到 1 万座，其损坏的数量和速度是相当惊人的。我们课题成果推出的时候，《中国文化报》一个叫汪建根的记者，又做了一些跟踪调查，调查成果在《中国文化报》上发表，结果跟我们提供的数字一致，他说从建国以后到现在我国古戏台的损坏程度是十之八九，这就是从 10 万座到 1 万座，就是这个数目。我们在几个重点省市做调查，如山西省都说有 2 000 多座，事实上这个数字是虚夸的，现在准确的数字应该是 1 000 余座。陕西解放初期是 2 000 多座，我们去核实只有 120 余座，各省情况大同小异，大概就是这样的比例。边远的南方地区损失更多了，因为南方的建筑不便保存，维修的时候因为维修观念不同，追求大，追求新，所以大多都很随意地拆掉了。

从全国情况来看，目前古戏台的保护存在很多问题，概括地讲主要涉及维修技术和管理工作两个方面，而这两个方面又以管理工作方面存在的问题最为突出。

① 吴开英，中国艺术研究院研究员，国家社科基金艺术学“十五”规划项目“中国古戏台研究与保护”主持人（该项目被评为 2009 年度全国社科基金艺术学优秀科研成果，并荣获 2010 年第三届中华优秀出版物奖），邮箱：kaiyingwu@163.com。

（一）古戏台的保护工作在政府机构里没有明确的主管部门

这个跟古戏台独特的建筑形制有一定的关系，首先它是附属建筑，一些历史悠久的戏台所依附的主建筑没有了，单独留下一些戏台，或者在村庄的入口或者广场上，这部分古戏台是独立的。但是因为它小，它在建筑作为不可移动文物当中不引起人们注意。

长期以来，由于古戏台所依附的主建筑因其功用不同而涉及的管理部门有文化、文物、宗教、园林、建设等多个部门，还有许多属于私产。从总体上看，凡古戏台被列为省级以上文物保护单位的，大多数保护工作都做得比较好，基本上都做到了四有：有被列为文物保护单位的标志、有管理机构、有管理制度、有维修经费。而未被列为文物保护单位以及产权属私有的古戏台，其保护工作都普遍较差。

浙江宁海的保护工作做得非常到位，他们将全县范围10座有代表性古戏台作为古戏台群申请为国宝单位并获得成功，是一种很独特的保护模式。不过从调查情况看，全国大量没有被列入文物保护单位以及产权属于属于私有的古戏台，其保护工作普遍比较差。

（二）缺乏政策和制度保障

由于国家没有出台专门或相关的法规和政策性文件，各地对属于私产和未列为各级文物保护单位的古戏台及其所依附的古建筑被随意拆除、改建和出售的现象仍经常发生。国家文物局古建专家组组长罗哲文早于2000年3月20日在北京大学正大国际会议中心举行的“历史文化名城、村镇和民居保护”论坛上，曾讲过这样的情况“皖南、江浙一带，许多老房子被拆掉，精雕细刻的部分没用了，被砍了当柴烧，这很可惜……”这些可是了不起的财富，五千年文化、文明的积累，传统民俗、民风、戏剧都在那儿了。我在江西省调研考察时也发现类似事件：江西省乐平近年来曾有人以每座戏台（含祠堂建筑）20万元的价格，将4座清代戏台及其所依附的祠堂出售给外省商人。然而，购买者并非是为了保护古建筑，他们看中的只是戏台及其祠堂部分老的建筑构件，所以付款后很快就将所需要的那些木质和砖瓦等构件拆下运走。历经几百年沧桑岁月，曾经承载过几代人情感并清晰地记忆着历史细节的古戏台，眨眼之间就在村民无奈的眼光中永远地消失了。而除拆毁、出售之外，各地还普遍存在着改造性破坏的问题，比较典型的是由于没有相关保护制度以及缺乏保护意识和技术力量，在维修中只是简单地采用现代建筑材料和工艺，对损坏部位和墙头、檐口等处进行“仿古”处理，结果是经修饰、美化后的部位不伦不类，与原建筑极不谐调。

（三）维修资金短缺

目前各地乡村中的古戏台，大都是依靠村民自发集资修缮，无论是维修技术还是资金保障都有很多困难和问题，而且经济欠发达地区每年还有许多古戏台因年久失修濒临坍塌亟待维修却没有资金来源，遇到刮风下雨和破坏性强的地震、台风等自然灾害，只能眼巴巴地看着任其倒塌。

在我主持开展古戏台综合研究课题的4年当中，以及从课题结题到现在的4年间，前前后后共8年，或当面向有关领导反映，或在有关会议上呼吁，或向有关部门递交书面报告，但都没有起到任何作用。一句话，就是政府有关职能部门文化部和国家文物局不重视、无作为。这种状况如果还是这样继续下去，有关领导如果还是这样无动于衷、麻木不仁，要想有效地保护好这份宝贵的历史文化遗产可以断言是痴人做梦。这绝对不是危言耸听。

尽管我已经竭尽所能，该说的已经说过，该做的也已经做了，但为了保护祖先留下的这份珍贵的历史文化遗产，有些话我还是想借此机会再说一说。

站在国家的角度来看，要保护好古戏台，我认为目前需要重点做好以下四项工作：

（一）在政府机构中明确其主管部门，尽快制定和颁布保护法规

由文化部或国家文物局牵头，会同国家相关的职能部门，组织专家就古戏台这一戏曲建筑文化遗产保护的特殊性、必要性和宏观管理上的职能分工问题进行专项调研，尽快确定其主管部门并着手制定和尽快颁布《古戏台保护工作条例》或《古戏台保护工作暂行办法》，为古戏台保护提供法律和政策保障，从根本上防止各种人为损坏现象的发生。

体制问题是多年积累下来的，但并非不是没有办法解决的，目前只有颁布古戏台保护和管理办法，才能够从根本上解决或者防止各种人为破坏现象的发生。如果没有这个尚方宝剑，一切都无从谈起。

（二）尽快建立保护古戏台工作机制，加大保护古戏台的宣传力度

在尚未明确行政主管部门之前，可在国家文物局相关的处室增加一项古戏台保护工作的职能，对全国古戏台的保护工作进行宏观管理、检查和指导，对各地涉及需要维修、迁移和拆除的古戏台开展评估鉴定，组织进行古戏台的学术研究等项工作，或者授权中国历史文化遗产研究院，或者授权中国艺术研究院戏曲研究所和中国民族民间文化保护工程国家中心其中的一个单位，来具体承担上述工作。由国家财政拨付专项工作经费，从组织和资金上保证各项保护工作落到实处。同时采取多种方式，大力开展保护古戏台的宣传工作，不断提高人民群众的保护意识，自觉爱护古戏台，管理和利用好古戏台。

（三）加大财政投入，确保保护资金来源

从中央到地方，各级政府应将古戏台保护与维修所需经费，纳入年度财政预算，为古戏台的保护和维修提供必要的资金保障。特别是对年代久远、有较高的历史和科研价值的古戏台，当地政府应给予充足的维护资金，包括正常维修、平时看护、管理人员所需的经费，应一并从财政中列支。对古戏台遗存较多的县（市）确因城乡建设、民居改造等方面需要将几座古戏台整体迁移设立博览区而当地经济又欠发达，上级政府或中央政府有关部门应予以特别关注，经考察和审核，若方案可行，应在资金和技术上给予支持、帮助。乡村庙宇、祠堂中的古戏台以及一些独立的万年台，因为多种原因有许多未列入文物保护范围，国家住房与城乡建设部实施的古城镇、古民居保护工程能够覆盖的也为数很少，这些既不列入文物保护单位又不在建设部确定的古城镇、古民居范围的古戏台及其所在的庙宇或祠堂，其产权所有者是没有能力维修的，就是被列为县一级文保单位的也基本上没有维修经费。从全国范围看，目前国家财政收入已有显著增长，在行政主管部门尚未明确之前，可暂时归口由国家文物局向财政部提出古戏台保护的专项经费申请报告，或向财政部申请在年度文物保护经费总额中增加古戏台保护专项经费，并制定该项经费使用管理办法，以确保有限的经费能用在刀刃上。

（四）加强科学研究与专业人才培养

艺术研究院（所）、戏曲博物馆和高校等科研教学机构，应加大业务工作力度，以带动和促进全社会保护、研究古戏台工作。希望古戏台遗存较多的省、市可借鉴山西师范大学的做法，在高校中开设相关专业，收集、保护散落于民间的有关文物，进行这方面的人才培养和开展科学研究，使研究、保护形成一体，以此促进古戏台的保护工作。实践证明，加强科学研究，全面揭示并大力宣传古戏台的历史、艺术和科学价值，为古戏台保护提供理论支撑是做好古戏台保护工作极其重要的一环，对此各级文化文物部门、艺术研究机构和高校相关的教学科研单位以及有关专家学者都应予以高度关注。

以上四点，是我经过深入调查、多方听取意见并深入研究后归纳出来的。因为第四点涉及各地各有关单位要立足本地本单位实际开展研究和保护工作，故在此再简要说明一些相关的情况。

客观地讲，我国戏曲虽然起源很早，且戏台建筑自宋金以后形成较为完整的形制也已近千年，但

遗憾的是学界对戏台的研究起步却很晚。现在能够查到最早有意识地研究戏台的，是民国时期著名的戏剧理论家和剧作家齐如山。齐如山于1924年至1929年期间为配合梅兰芳访美演出，专门撰写了《梅兰芳》、《梅兰芳歌曲谱》等书和几十篇关于梅兰芳表演艺术及中国京剧的文章，其中有一篇是论述中国剧场的。我们在出版课题成果时曾以《中国剧场》为题收入《中国古戏台研究与保护》附录之中，该文论及历代戏台形制、性质、功用、演戏观戏习俗等方面，尤其论及农村及城市庙宇会馆饭庄戏台平常演戏皆为庆贺赛神、剧场皆为民众公共娱乐场所等内容，具有很高的文献价值。尤难能可贵的是，此文还译成英文并配有他本人考证的元、明两代剧场演变和他所见过的清代及民国时期共12种剧场图谱。齐如山此文及其绘制的戏台图谱于1930年2月在梅兰芳访问美国演出期间展出，后收入《齐如山全集》。这是目前所知道的我国研究古代剧场最早的一位学者。

此前学术界普遍认为最早关注和研究古戏台的人是时在中央研究院任职的卫聚贤，但查阅卫聚贤发表在清华大学中国文学会《文学月刊》第二卷第一期上的《元代演戏的舞台》一文，其日期是1931年12月15日，整整晚于齐如山文两年。此外，齐如山还于1931年在北京与梅兰芳、余叔岩、张伯驹等成立北平国剧学会，创办《戏剧丛刊》、《国剧画报》，在《国剧画报》连续登载古戏台照片并撰文予以介绍，这于古戏台研究也属开拓性的工作。至1936年，周贻白出版《中国剧场史》，这是我国第一部研究古戏台的专着，作者首次对我国戏台起源、衍变的轨迹进行探究，并将寺庙戏台区分为四种类型。

现在看来，由于搜集资料困难、出土文物较少、社会环境和研究条件较差等原因，齐如山、周贻白当时的一些看法和观点自然难免有其局限性，但他们的努力曾促使人们对古戏台予以更多的关注，为后人开展研究奠定了很好的基础，在某种意义上他们也为古戏台的保护作出了宝贵的贡献。老一辈研究者以及近些年来在这一领域作出贡献的科研和高校教学机构、专家学者，他们的实践也充分证明，科学研究和有效保护是相辅相成的，犹如车之双轮鸟之两翼，只有学术研究不断取得新的突破并培养出大批本领域的后备人才，才能有效地促进其保护和开发利用。由此来看，古戏台的研究与保护工作的确任重道远，需要各个方面继续进行艰苦不懈的努力。

2009年我与周华斌先生、罗德胤先生等共同完成国家社科基金项目“中国古戏台研究与保护”，并于同年出版。这个课题在8个方面有新的进展。①是以戏曲史为主线，以古戏台建筑艺术和古戏台保护、维修为重点，第一次对我国古戏台进行综合研究。②是吸收了世界戏剧史领域认同的新的学术观念，将中国演剧场所的历史性研究与国际性剧场研究接轨。③是从建筑学的角度对各种类型的古戏台建筑进行了系统全面的考察，对戏台的形成与发展过程以及不同时期的古戏台建筑特征进行了梳理和分析、比较，发现并归纳出我国古戏台建筑具有形象华丽和依附性强两个特征，并深入分析导致这两个特征的因素。④是对全国现存有代表性的古戏台进行实地考察和测绘，共绘制了200多幅建筑测绘图。这些图纸是非常珍贵的第一手研究成果，也是科研机构、高等院校进行古戏台研究和国家实施保护工作的基础资料。⑤采用科技手段对颐和园、德和园的大戏楼和湖广会馆两个剧场进行声学测试，并应用测试获得的科学数据分析其声学特征。⑥第一次将戏台的匾联艺术纳入到戏曲和戏台文化研究的范畴，从戏台匾联内容、形式、文化内涵等方面解释了戏台匾联深刻的历史文化价值，完成了我国著名戏曲理论家齐如山先生生前想做但终未完成的愿望，并由戏台匾联切入首次深入考证了我国匾联文化的历史渊源。⑦以我国古建筑保护维修的法律法规和技术规范为指导，第一次从理论与实践的接合上全面系统地总结了我国古戏台保护工作和科学修缮的经验，有针对性地提出了古戏台的修缮保护的基本方法和工程程序。⑧结合查证文献资料和对山西等重点地区进行拉网式调查，第一次比较全面准确地查清了我国现存的古戏台数量，并对各地保存古戏台好的做法，以及现存古戏台的状况进行了分析和描述，同时绘制整理了70座不同年代，不同类型古戏台共400多幅实测图，对在新形势下如何加强保护和开发利用提出了建议，为国家制定政策，实施保护，提供了科学依据。

鉴于国家有关职能部门目前体制不完善，且有关领导不重视，以及古戏台保护刻不容缓的状况，我想特别建议此次与会的全体人员共同签名发布一封公开信，并将此信邮寄中央新一届政治局和现任国务院总理，呼吁尽快采取行之有效的措施，切实做好古戏台的保护工作。

历史的车轮已经驶入新的世纪，中华传统文化也随着时代的发展在不断地延伸和拓展。古戏台，这一典型的中国传统建筑和近千年积淀所形成的鲜明的民族特色文化，乃是我们中华民族生生不息之根柢。抚今追昔，溯本追源，我们没有任何理由不去认真研究和保护好这份珍贵的历史文化遗产。我们国家现在社会安定，经济发展，国力强盛，全民保护历史文化遗产的意识在日益增强，这为古戏台乃至历史文化遗产保护工作提供了良好的社会环境和经济条件。各级政府只有顺乎民意，工作到位，该花的钱舍得花，于国家和民族有益的事努力去办好，这样才能够使人民群众切身地感受到人民政府是真心为民谋利益的政府，从而凝聚民心，砥砺民志，淳化民风，更好地保护好我国的历史文化遗产，更好地建设我们共同的家园。

宁海古戏台的保护和研究探索

徐培良[①]
（宁海县文化广电新闻出版局，浙江省宁波市宁海县跃龙街道塔山路8号，315600）

【摘　要】浙江省宁海县境内保存着125座古戏台，建筑精美，构造合理，有的仍在使用，上演传统剧目，成为戏曲艺术和乡风民俗等非物质文化遗产的承载物。宁海古戏台以祠台和庙台为主，建造年代大多为清中后期，其独特之处在于戏台藻分为单藻井、双连贯藻井和三连贯藻井戏台，建造精工细作、装饰华丽，为国内罕见，宁海古戏台中的10座2006年公布为全国重点文物保护单位，2010年宁海县被命名为“中国古戏台文化之乡”。宁海古戏台的保护得到了政府的重视和社会各界人士的大力支持。

【关键词】宁海，古戏台，保护

一、宁海古戏台的历史与现状

1. 宁海古戏台概况

宁海县位于浙江省东部沿海，是宁波市的市辖县，面积1 880km^2，人口58万。历史上宁海境内戏剧活动鼎盛，号称戏剧之乡，明清以降，宁海地方戏“平调”长期活跃于县境内，京剧、越剧、乱弹等演出频繁。宁海诗人王梦赉有“元宵演剧到春残，共道经年辛苦甚 ，乘兴何仿日日看，三时工作一时欢”的诗句。随着经济的发展，繁荣的戏剧活动催生了众多的分布于全县各个乡村的戏台，据统计，宁海境内鼎盛时古戏台多达600多座，可以说是村村有戏台。虽经过多次的文化洗礼，到2011年底，宁海县境内古戏台尚存125座，其中10座在2006年被公布为全国重点文物保护单位，17座被公布为县级文物保护单位和县级文物保护点，2010年5月，宁海被命名为“中国古戏台文化之乡”。

2. 宁海古戏台分布情况

宁海县有18个镇乡、街道办事处，宁海的古戏台散落在全县各个镇乡及街道，现存古戏台最多的乡镇为西店镇和深甽镇。此两个乡镇历史上经济条件较好，占现存古戏台的三分之一，10座全国重点文物保护单位古戏台中5座在这两个乡镇。20世纪70年代至80年代经济发展较快的乡镇古戏台消失较快，很多乡村拆了宗祠和戏台建了村综合办公楼和大会堂。例：老城区原有古戏台30多座，只剩下一座宁海城隍庙古戏台。

3. 宁海古戏台的分类

宁海古戏台分为庙台、祠台和街台三种，现存的庙台16座，祠台108座，街台1座。宁海登记古戏台时，按戏台藻井的形制分成三种类别，分别为三连贯藻井古戏台、双连贯藻井古戏台、单藻井古戏台。我县现存三连贯藻井古戏台有三座（图1—图8），分别是西店崇兴庙古戏台、岙胡胡氏宗祠古戏台、樟树孙氏宗祠古戏台；双连贯藻井古戏台10座，分别是大蔡胡氏宗祠古戏台、下浦魏氏宗祠古戏台等；其余为单藻井古戏台，分别是龙宫陈氏宗祠古戏台、马岙俞氏宗祠古戏台等。

① 徐培良，文博副研究馆员，宁海县文化广电新闻出版局。邮箱：1092248794@qq.com。

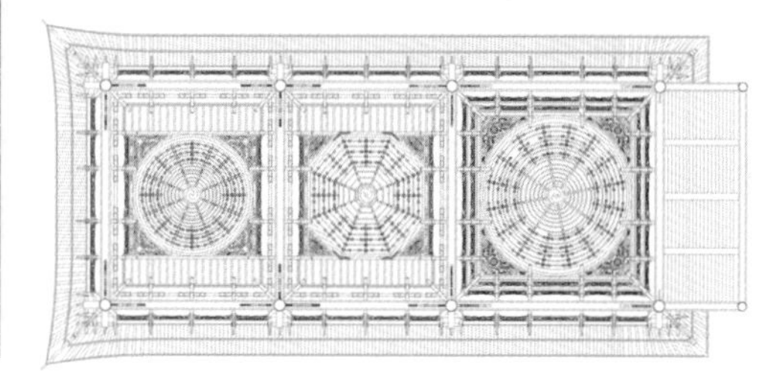

图 1—图 5 崇兴庙古戏台

图 6　岙胡胡氏宗祠古戏台

4. 宁海古戏台的建筑风格和工艺特点

宁海古戏台的建造的一大特色是因地制宜就地取材。戏台是庙宇和祠堂的组成部分，宁海的庙宇和祠堂一般都选择在村口附近，都是因势而建，有的依山面海（图 9），有的溪流环绕。宁海古戏台的建筑材料均采用本地的木材和石材，建造时工匠们因材而用、各尽其材。宁海古戏台的第二大特色是结构精巧、装饰华丽（图 11—图 15）。古戏台建筑融合了木雕、泥雕、贴金等民间工艺于一体，具有与众不同的地方风格，建筑装饰富丽堂皇，特别是精美的藻井建造技术，辅以雕刻和彩绘艺术使古戏台更趋完美。其次是别具一格的“劈作做”习俗。宁海乡村在古戏台建造中引入竞争机制“劈作做”，在建造前精心挑选当地著名的工匠队伍二班，然后来建造一个古戏台项目。一般是沿中轴线分开两支工匠各做一边，在建造

图 7　三连贯藻井古戏台

图 8　双连贯藻井、单藻井古戏台

图 9　依山面海的潘家岙村

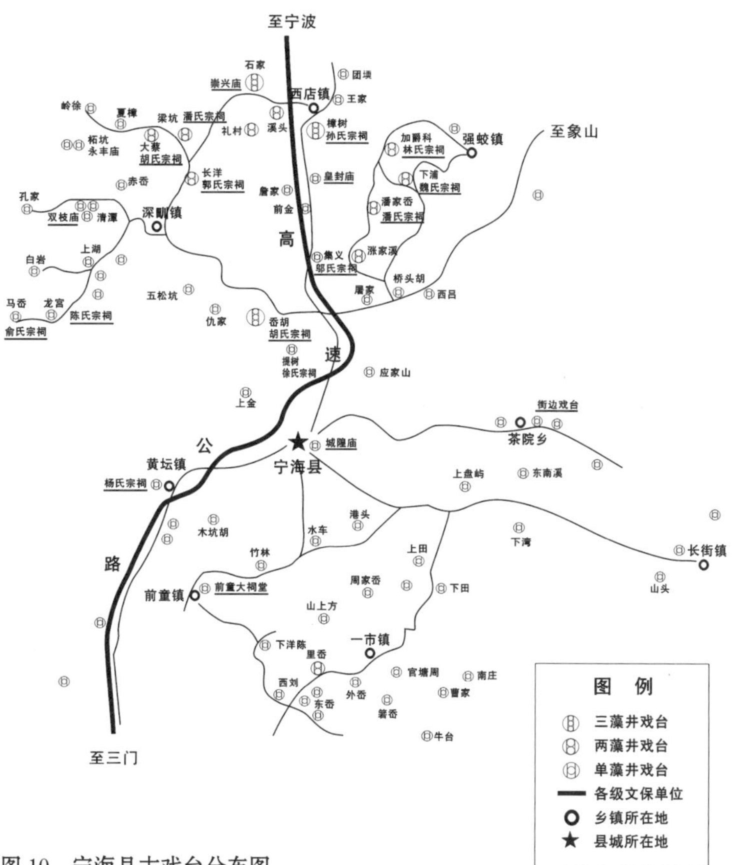

图 10　宁海县古戏台分布图

图 11　戏台牛腿

图 12　戏台藻井局部

图 13　岙胡胡氏宗祠古戏台藻井

图 14　岙胡胡氏宗祠五凤楼局部雕刻

图 15　古戏台彩绘和雕刻

图 16　保护凸现古戏台的文化元素

中相互比拼，各自把工艺技术发挥得淋漓尽致。宁海10座全国重点文物保护单位古戏台中“劈作做”的有4座，“劈作做”的东西厢房风格各异，古戏台的藻井左右构思巧妙、争奇斗艳。有的可以细分到一块匾两支队伍各做一半。

二、夯实基础，古戏台保护工作有序推进

1. 在保护中突现古戏台的文化元素

宁海古戏台保护起步较晚，虽不及河北、山西等地，也不及省内的绍兴等处。但意识到古戏台的重要性后，系列保护措施紧步跟上，2000年的普查统计全县有价值的古戏台仅为30余座，2000年有两座公布为第一批县级文物保护点，是作为精美祠庙建筑公布的，2003年2月5座古戏台公布为县级文物保护单位，10座古戏台公布为第二批县级文物保护点，这时从公布县级文物保护单位名称到对外宣传都以古戏台的名字出现，当时没有直接申报公布众多的宗祠和庙宇，回避了宗教和迷信等敏感话题，从而把古戏台从宗祠和庙宇中显现出来，凸现了古戏台的文化元素，宁海古戏台开始进入人们的视线（图16）。

2. 抓实基础工作，保护工作有序推进

宁海县在古戏台的保护上做了大量的工作，特别是最近几年，政府、集体、群众三位一体，为保护古戏台齐心合力（图17—图19）。

宁海县从2000年把崇兴庙和皇封庙列入宁海县第一批县级文物保护点名单。2003年2月又公布了五处古戏台建筑为县级文物保护单位。2006年5月，宁海古戏台成功申报为全国重点文物保护单位后，主要做了以下几项基础性工作。2006年8月宁海县文物办与宁波大学签订了宁海古戏台建筑测绘合作项目意向书，已完成测绘和后期图纸制作；2006年11月，宁海县文物办申报的“古戏台”商标被国家商标局受理注册；2007年委托浙江省古建筑设计研究所《宁海古戏台保护规划编制》，已完成初审稿；2007年6月，10座宁海古戏台保护标志碑安放完成；2007年6月，县文管会与全国重点文物保护单位古戏台所在地乡镇签订了安全责任书，并落实安全责任人管理，规定保护措施及制订相关的保护条例。2008年8月《宁海古戏台保护规划》通过省文物局组织的专家组的论证。2008年，成立宁海古戏台研究中心。2009年3月公布10处古戏台建筑为第二批县级文物保护点。2009年12月，宁海县完成古戏台专题调查，宁海县境内共登录古戏台125座，27座分别公布为各级文物保护单位。

3. 做好宣传工作，营造良好的保护氛围

2006年6月，“宁海古戏台图片展”在宁海城隍庙展出。展出宁海古戏台图片近百幅，系统地向人们介绍了宁海古戏台的基本情况。《今日宁海》连载宁海古戏台的图片和基本情况介绍。2006年12月，《宁波日报》刊登《宁海古戏台：散落中的聚合》专版；2007年10月，《中华遗产》杂志发表“宁海古戏台演风流”专题报道；2007年1月，由宁波市文化广电新闻出版局主办，宁海县文物办、宁波市天一阁博物馆承办的“一个摄影家眼中的宁海古戏台”在天一阁进行为期一个月的展出。在首个“中国文化遗产日”期间，向社会散发宁海古戏台宣传册6 000多份。2009年推出了电视专题片《戏台春秋》、《宁海古戏台》。自后，宁海在文化宣传中，加入不少古戏台文化元素，一者贴近生活层面，二来互为载体，提高宁海文化的宣传，收到很好的效果。

图 17　徐氏宗祠戏台从拆除到迁建

图 18　做好保护和维修工作

图 19　古戏台维修后开台戏

三、合理开发，打造古戏台文化品牌

1. 做好保护和维修工作

最近几年，我县共投入古戏台保护经费 2 000 多万元，形成了国家、集体、群众共同参与保护古戏台的良好局面。全县有近百名业余文保员活跃在古戏台保护的第一线。2006 年因重点工程西溪水库建设而迁建的徐氏宗祠古戏台竣工，共投入迁建、维修经费 200 多万元，体现了政府与群众在古戏台保护上的共识。西店邬氏宗祠古戏台完成修复，投入经费 250 多万元。2007 年，大蔡胡氏宗祠古戏台、下浦魏氏宗祠古戏台、岙胡胡氏宗祠古戏台、梁坑潘氏宗祠古戏台得到抢救性维修。部分古戏台周边环境整治工作已经完成。2007年，10座全国重点文物保护单位古戏台完成了白蚁防治，县财政从文物保护专项经费中拨专款完成10座全国重点文物保护单位古戏台的电路改造。2008年，默林街道五松村朱氏宗祠古戏台、深甽镇岭下村徐氏宗祠古戏台分别集资20多万元，完成维修工程。2009年，深甽镇龙宫村等7座古戏台集资100多万元进行经常性维护和局部维修。2011年集资80多万元维修强蛟镇下浦村魏氏宗祠等10座古戏台。

2. 推进古戏台文化的研究

宁海古戏台被公布为全国重点文物保护单位后，引起了社会各界的高度关注，全国研究古戏台方面的专家学者纷纷慕名来宁海实地考察和研究，均给予高度的评价。2006年清华大学建筑系教授、乡土建筑专家陈志华、李秋香一行考察宁海古戏台，并把宁海古戏台内容编入所著的《宗祠》和《中国乡土建筑初探》之中，同年，中国古戏台保护与研究课题组组长吴开英研究员和山西师范大学戏曲文物研究所所长车文明教授一行来我县考察调研宁海古戏台。2007年1月，中华书局出版徐培良、应可军著的《宁海古戏台》。全书20多万字，图片160多幅，分十七章，全面介绍了宁海古戏台的情况。2008年8月，中华书局的《文史知识》月刊发表徐培良“宁海古戏台漫步”一文。2008年11月，文物出版社的《东方建筑遗产》发表徐培良的论文“宁海古戏台建筑风格和工艺特色”。2008年3月，宁海县文物办与宁波大学合作的古戏台研究中心成立。一批专业论文相继发表，宁海古戏台建造技艺申遗工作也在进行之中。通过几年的努力，古戏台重新焕发勃勃生机，现存的125余座古戏台仍然上演着传统剧目。宁海也形成了“政府重视、社会关注、群众参与”的良好氛围（图20）。

3. 提升古戏台的文化品牌

宁海县在做好古戏台保护工作的同时，全面打造宁海古戏台的文化品牌，一是总结回顾宁海在保护古戏台工作中所取的成功做法；二是通过艺术创作，提

图20　推进古戏台文化的研究

炼古戏台的文化内涵；三是通过媒体宣传提升古戏台的知名度。2008 年 10 月，中央电视台《走遍中国栏目》拍摄了宁海古戏台并播出，2010 年，宁海被中国民间文艺家协会授于“中国古戏台文化之乡”。

2011 年 5 月，由中华文化促进会、宁海县人民政府联合举办的“中国木作（古戏台）文化高峰论坛”，在宁海梅林街道岙胡村胡氏宗祠内举行。专家们指出：宁海县名副其实地拥有诸多传统古戏台。这些古戏台保存完整，修建精美，让人叹服。作为村落祭祖、娱乐、文化中心，这些古戏台至今仍发挥着作用。政府极其重视该项工作，具有保护意识、挖掘意识和发展战略。当前，我们研究古戏台不仅局限于它的建筑，同时还要加强在美学、文化人类学、宗教学以及民俗学等诸多方面的研究。为我县保护和研究古戏台指明方向。确实古戏台为宁海打造了一张靓丽的文化名片，同时也提升了宁海古戏台的文化品牌（图 21、图 22）。

图 21　古戏台上演出非遗“平调耍牙”节目

宁海古戏台的保护存在着保护人员少，保护经费不足，管理机构不到位等诸多问题，这有待于我们在今后的工作中多以克服和改进。

图 22　提升古戏台的文化品牌

【参考文献】

[1]　徐培良，应可军. 宁海古戏台 [M]. 北京：中华书局，2007.

比较视野中的中国传统戏场

翁敏华[1]
（上海师范大学，上海市徐汇区桂林路100号，200235）

【摘　要】中国传统演剧经历了广场式演出、戏棚（乐棚）演出、露台演出、勾栏瓦舍演出、伸出式舞台演出、厅堂演出、园林演出等几种形式。中国传统戏剧的性格，很多程度得之于戏场形式：闹热、写意、夸张的程序动作、浓重的面部扮相、灵活的时空调度、与观众的不隔绝表演等。与西方戏场比较，东方戏剧是写意的戏剧观，而西方戏剧是写实的戏剧观。西方戏剧在它的发展过程中变化较大，但是写实的意味在这一百年里达到了登峰造极的地步，产生了幻觉主义、“三一律”、“第四堵墙”的理念等，而“第四堵墙”的理论就是剧场理论，建立在镜框式舞台的一种理论。与日本能乐比较，中国的戏曲舞台是三面观众，日本能乐舞台可以说是两面半的观众，还有半面就是让“桥挂”占了。戏曲剧场的观众席是马蹄形的，而能乐的舞台是曲尺形的。舞台形制和出场形式在中日古典戏剧的不同，正是娱神还是娱人戏剧观不同造成。与日本歌舞伎比较，中国戏曲的剧场舞台是朴素的，听觉性的，农耕文化的。而歌舞伎舞台是花哨的，视觉性的，工业文明的。同时，日本的机关布景对中国近代戏曲也有着一定影响。

【关键词】传统演剧，戏场，戏剧，能乐，歌舞伎

一、中国传统戏场的形成与演变

戏剧的通行定义是：由演员扮演剧本中的登场人物出现在观众面前、并在舞台上凭借形体动作和语言所创造的一种艺术。或谓：“由演员扮演角色，在舞台上当众表演故事情节的艺术形式”。其中的表演场所是戏剧三大要素之一。英语“Theatre”一词，源于希腊语 thertron ，即观看的场所，指希腊古剧的剧场。剧场或谓戏场甚至是戏剧分类的一项标尺：如：室内剧、野外剧、广场剧、圆形剧场剧、中国伸出式舞台，日本的“座”的观众席（所以喝倒采是“甩座垫”）、能乐的“桥廊”和屋顶下的屋顶式剧场、歌舞伎的“花道”剧场，等等。还有现代的“镜框式舞台”、当代的“小剧场剧”。所谓“室内剧”，是指到人家家里的厅堂里演出的戏，在中国叫作“唱堂会”。韩国戏剧有一个词叫“强儿”（音译），若写作汉字就是“场”，其强调戏场的含义不言而喻；日本的一个关于戏剧的传统名称叫“芝居”，意译作汉语则为“坐在（居）草坪（芝）上”，传统戏场及观戏画面历历在目。

中国传统演剧经历了广场式演出、戏棚（乐棚）演出、露台演出、勾栏瓦舍演出、伸出式舞台演出、厅堂演出、园林演出等几种形式。

中国传统戏剧的性格，很多程度得之于戏场形式：闹热、写意、夸张的程序动作、浓重的面部扮相、灵活的时空调度、与观众的不隔绝表演等。

① 翁敏华，上海师范大学，教授。邮箱：wmh49@shnu.edu.cn。

二、与西方剧场比较

如果和西方的戏场比较的话，在世界各个民族所创造的艺术样式中间，戏剧是最具有民族特征的艺术品类，而包含在戏剧中的种种内在和外在的民族特征又必须在比较中最有显见。中国戏曲可以说是东方戏剧的一个代表形式，与活跃在欧美各国的西方戏剧，主要是话剧，可做比较的题目很多。戏剧手段、戏剧观念，两者就有很大的区别。简而言之，东方戏剧不营造生活幻觉的，也就是说是写意的戏剧观，而后者营造生活幻觉，即写实的戏剧观。西方戏剧在它的发展过程中变化较大，但是写实的意味在这一百年里达到了登峰造极的地步，产生了幻觉主义、“三一律”、“第四堵墙”的理念等，而“第四堵墙”的理论就是剧场理论，建立在镜框式舞台的一种理论。

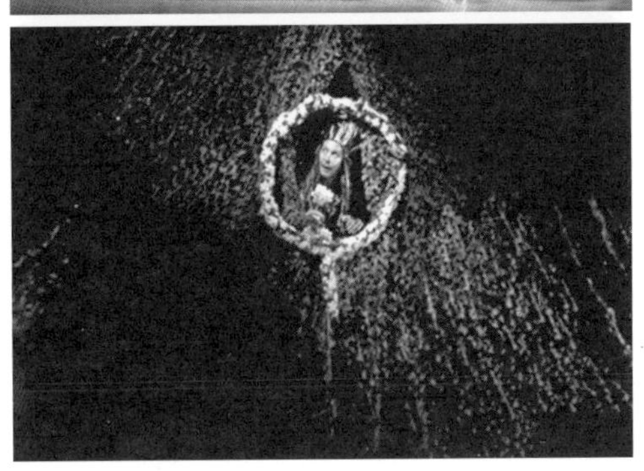

图 1 《仲夏夜之梦》舞台剧照

而中国三面开放的伸出式舞台，舞美工夫都是下在演员身上，将规定性情景“背”在演员身上，以演员的歌、白、模拟性动作来勾勒环境。当然 12 世纪到 19 世纪，在欧洲广大地区盛行的也是开放式舞台和广场演出，马车剧团的简单布景，也有“自报家门”式的不与台下分隔的表演。西方一百年来，也就是 19 世纪以后的欧洲舞台写实性布景流行起来，追求舞美历史的真实和地域季节的真实，达到了惊人的地步。当时他们的这种演出，比如像英国《仲夏夜之梦》，演的是莎士比亚的戏剧，和莎士比亚时代的莎士比亚戏剧表演就很不一样。大幕打开的时候映入观众眼帘是一片森林，就像这一《仲夏夜之梦》图像这样非常繁复的森林感觉，森林的氛围浓绿浅翠，山岩和湖水掩映在森林里，草地上鲜花争奇斗艳，这些花甚至可以采到手里，更令人叹为观止的是林间的草丛中还有许多真的兔子在窜来窜去。所以当时欧洲舞台的求实、写实登峰造极，真马也会牵到舞台上去，真兔子也会放到舞台上去（图 1）。莫斯科艺术剧院演出的《凯撒大帝》大兴考据，派人专门到罗马城考察，增加舞台装置，把舞台处理成恺撒时代的罗马城的样子。他们就是追求历史的真实。但是任何国家民族，任何流派的戏剧说到底只能是一种虚拟，一种假设，西方戏剧也不能例外。即使让仲夏夜的森林里面跑出活的兔子，但是在处理哈姆雷特自杀的时候却不得不动假，以假死来演真死。

所以东西方的戏剧这方面的区别就是：是否承认这一个假的本质。中国戏曲不仅承认作假，而且利用这一点为自己创造了绝对自由的艺术创作天地。当西方话剧在一味求真的道路上越走越狭窄，不得不高呼“Let play be play”、“打破第四面墙”的时候，回头一看，中国写意虚拟的戏曲艺术已发展到炉火纯青、无与伦比的地步。所以西方人后来不得不惊呼古老而新鲜的艺术是他们梦寐以求的梦想，将会给他们带来戏剧形式的革命。所以西方后来学了东方很多东西，特别是中国戏曲很多东西。

三、与日本能乐戏场的比较

中日两国戏剧演艺从远古祭坛逐步走向剧坛，这两者是一样的。但是中国戏剧和日本戏剧还是有很大的不一样，似近而实远。中国戏剧其实也不是说把娱神名义完全取消掉。我们中国民间小戏、社

图2　日本能乐舞台

戏依然打着娱神的旗号，或者以娱神的名义达到娱人的目的。但是作为古代戏剧样式，比如像昆曲等已经摆脱了娱神的原始状态，全然以娱人、表现人、给人以美感为己任。

日本的能乐和中国走不一样的道路，它就保留在娱神的层面，也就是说娱神还是他们的核心目标，将娱神的核心目标保留下来。中国戏曲特别是昆曲追求是“流丽悠远”，而能乐是“幽玄”美，同样是一个“YOU”，我们的“悠”充满了人间味，他们的“幽”则带有神鬼气。这样的戏剧观念、形态的区别，首先表现在戏剧的存身空间，也就是戏场上。中国戏曲和日本能乐舞台（图2）都是伸出型的，开敞型的，但是两者又有很大的不一样。观众在下面都是几面围坐观看，演员除了正面有戏，也非常强调侧面和背面的戏。这一点我们梅兰芳先生就是非常强调他背上也有戏。要注重背上的戏，就是因为它是三面、多面的观众，这与西方戏剧镜框式强调第四堵墙很不一样。中国戏台在宋代甚至有观众四面围观的露台，演员与观众很少隔绝，具有融融冶冶的氛围，很像今天在世界各地十分流行的小剧场戏剧。一般中国戏台是三面观看，另外一面有着帷幕或者一堵墙（图3）。观众的出入口在元代的时候叫“鬼门道”或者“古门”，也就是说这些舞台上出现的都是做了鬼的人士，这一点请大家一定要非常关注。元代连剧作家和演员生平事迹记载也叫《录鬼簿》，非常强调这个鬼字。但是到了明清昆曲传奇剧的时代，演员的出入口改为“出将”、“入相”。这是一般中国人的最高理想，极具官本位色彩，我们上海三山会馆（图4）就是这样的。

图3　宋代戏台

图 4　三山会馆

日本能乐舞台与中国的伸出式舞台有一点点不一样，中国的伸出式舞台可大可小，所以没有规定的面积，但是日本的能乐舞台都是 6 米 ×6 米，而且都是桧木制造的，有一个四角翘起的亭顶，上面是剧场的屋顶，所以这个叫屋顶下的屋顶。它必须有亭柱，因为日本的能乐是戴着假面具，戴了假面具以后视野很狭窄，所以必须盯着走到第几根柱子的时候要停下来，这个柱子不能没有。相当于中国天幕的地方能乐舞台叫镜板，上面画有一棵苍松，舞台左侧有一条长“桥挂”，翻译成汉语就是桥廊。桥廊边上设有三棵松树，一棵比一棵小，渐远渐小，而桥廊的尽头是一方“扬幕”，扬幕里面是神圣的“镜间”，后台还有“乐屋”，这些都是客人们不能张望的地方，是神圣所在。这一点和中国闹哄哄的后台很不一样。比如中国看戏的时候可以到后台见见演员或者献花、谈话都可以，但是在日本能乐舞台是不行的。

这个和中国伸出式舞台最大的不同就是在舞台的左侧，这个地方刚才说了“乐屋”、“镜间”在日本的戏剧观念里，不仅仅是演员休息静心，集中精神，酝酿感觉的地方，而且主角戴上面具在那里要否定自己的肉身，比如我要去演能乐，戴上面具以后我就在后面精心否定自己的肉身，我就不是翁敏华了。如果我今天演的是杨贵妃，那就是杨贵妃的幽魂，这个时候就是要否定生身来实现一个抽象，就是变身，有点像巫术里的附体，他们认为能乐出现的形象都是神鬼的幽魂，由人扮演，所以要在扮演前要有一个过渡来否定人的肉身，来突出精神领域的神圣元素。所以，从这一点来看，能乐舞台的“扬幕”有点类似于中国元代舞台的“鬼门”或谓“古门”。而能乐演员出了鬼门到达人间，还有一条很长的路要走，就是桥廊。“扬幕”加上“桥挂”，正好是中国的“鬼门道”的意思，这也是元代的一个术语。而且走法也是与人间的走法绝不相同，演员要屏息静气，两个手贴近裤缝，脚上要穿着白足袋，以不能离开地板一丝一毫的步子缓缓地出来。运步极慢，表明是从彼岸来的，或者从天上下凡来的。

中国的戏曲舞台是三面观众，而能乐舞台可以说是两面半的观众，还有半面就是让“桥挂”占了。戏曲剧场的观众席是马蹄形的，而能乐的舞台是曲尺形的。戏曲舞台可大可小，比较自由。京东大学的赤松先生曾经有篇论文介绍，昆曲剧曾经在能乐舞台表演没有障碍，而能乐即使到海外演出也必须要严格按照规制重新搭台，能乐剧不能在中国的昆曲舞台上演出。舞台形制和出场形式在中日古典戏剧的不同，正是娱神还是娱人戏剧观不同造成。明清时代早已人化的戏曲，其出场形式也是人气十足。剧中角色无论是歌唱着出场，或者一个背身突然亮相，或者是奔跑着出场，翻着筋斗出场都让观众与自己是同类来接受，而不会想到他们原本都是从“鬼门”或者从另一个世界来的。

日本有两个国剧，除了能乐之外还有一个歌舞伎，歌舞伎舞台纵深处有一个双层台面，而且上层台面和下面完全可以纵向翻转 180° 。舞台正中央有一个圆形转盘，可以横向旋转 360° 。舞台上还有一个大台穴，一个小台穴，剧中人或道具可以从里面忽出忽进；正面舞台有两个花道伸到观众席，而花道上也有两个小穴，双花道，还可以根据剧情有的时候带一个“活步板”，横向跨过观众席，来表演空中飞人的场景，剧场的空中还设有若干个安全索道来表演空中飞人。能乐是祭祀戏剧，歌舞伎是市民戏剧。进入 20 世纪，日本工业发达了，所以歌舞伎剧场渐渐构造新奇，产生了机关布景，花样百出，营造了奇异幻变的效果。而中国戏曲的时空依然坚守着一桌两椅的概念。我们也有空中飞人的表演，但主要是靠水袖功来演绎，所以戏曲的剧场舞台是朴素的，听觉性的，农耕文化的。而歌舞伎舞台是花哨的，视觉性的，工业文明的。当然日本的机关布景对中国近代戏曲也有影响，比如说上海，海派京剧，特别是连台本戏也拥有机关布景，让观众在舞台瞬变中惊奇不已，这与上海当时工业化程度很高都有关系。

关于现在的中日韩在新世纪前后的剧场状况和互相影响，我想介绍一下东京小剧场。东京小剧场虽然出现得很早，在 1924 年就有“筑地小剧场”（图 5），但是真正兴旺发达是 20 世纪 80 年代，这和日本经济的发达也有关系。韩国小剧场也很多，但是韩国到了最近几年觉得光是小剧场对于演员和导演来说有很大的局限，所以他们又造了大剧场，比如说他们的土月剧场就是一个大剧场（图 6）。中国现在的状况是这样的，中国进入新世纪以后随着经济大发展，各地新建剧场剧院也很多，都和经济有关，跟日本 20 世纪 80 年代很像。北京比如说以 450 亿来建造和改造剧场，打造了国际演艺中心，北京有一个东城的天坛演艺区，还有西城的天桥演艺区，所以现在首都核心演艺区渐渐浮出水面。与北京有异有同的上海，主要以改造为主创造新型剧场。其中最典型就是文化广场，各位如果这次有机会应该去看看文化广场，文化广场果然是和我们中国的文化有关。我记得我读中学的时候，文化广场给我的印象最深就是专门斗“走资派”的地方，这和“文化大革命”有关。而现在我们的时代不是“文化大革命”时代，是文化大建设的时代。到了文化大建设时代又被成功转型为以演出音乐剧为主的“远东百老汇”，非常漂亮。而“下河迷仓”是民间演艺力量的结晶，是旧仓库改造的戏剧梦工厂，也是非常值得看的。还有一个值得一看就是宝钢大舞台，原来是上海第三钢铁工厂的一个车间，抬头可以看到有五层楼高的天花板上硕大的航车铁轨还在，鼓风机还

图 5　1924 年东京“筑地小剧场”

图 6　韩国艺术殿堂——土月歌剧剧场

在，如今被改造成一个拥有 3 500 个座位，适合群众性演艺表演的场所。世博会期间这里几乎天天都演出。这些都是非常成功的例证。所以东亚戏剧的同根异花，剧场建设形制方面也是这样的。这些成功经验应该属于东亚戏剧共同的文化资源。

【参考文献】

[1]　（日）河竹登志夫 . 戏剧概论 [M]. 杨国华译 . 北京：中国戏剧出版社，1983.

[2]　翁敏华 . 中国戏曲 [M]. 上海：上海古籍出版社，1996.

[3]　叶长海 . 世纪转台 [M]. 上海：上海三联书店，2009.

瓦子与勾栏片议
——在中日古代演剧空间文化比较之语境下

麻国钧[1]
（中央戏剧学院，北京市东城区东棉花胡同39号，100710）

【摘　要】作者通过对瓦子缘起及勾栏的意义的梳理，论述作为演艺空间的勾栏的四种形态。并引用中日两国古今大量史料、图片以及本人在日本实地考察的资料，结合古籍文献，展开中日古代演剧空间的文化比较。

【关键词】瓦舍，勾栏，中日古剧场，演剧空间

引言：瓦子缘起以及勾栏的意义

迄今，人们对瓦子的认识与解读不太统一。尤其是“瓦子”这一称谓，缘何而得？其实，宋人已经透露了其中原因，只是不十分透彻而已，从而给后人带来认知上的小麻烦。宋人吴自牧说：“瓦舍者，谓其来时瓦合，出时瓦解之义，易聚易散也”。用“瓦合”、“瓦散”来说明瓦子的时聚时散，是很形象的。然而，吴自牧没有说清何谓“瓦合”，何谓“瓦解”？原来，“瓦合”、“瓦解”的说法来自古代的制瓦工艺，是对制瓦过程中两个阶段的说法。

宋代市民文化的兴起，市民文化消费需求，以及市民文化赖以展示之空间的空前繁盛，对中国古代演出艺术的发展、演出形态的多样化、演出艺术本体的变异、演出体制的变革，甚至演员的训练与提高，具有重大意义。市民文化之中重要的一项是演出艺术，演出艺术构成要素之一是展示空间，需要一个演出者与观众共在的空间，于是勾栏应运而生。

在长久的时期内，宫廷、寺院、神庙以及广场等，是古代演出艺术展示空间的主体，在那里驱傩禳鬼，敬祭神灵，供奉佛祖，愉悦诸神，愉悦人主兼及大众狂欢。“打野呵”式的“撂地儿”以及田头地脑的演出，虽然存在且随时发生，但终不成气候。勾栏则一反旧态，其与从前的演出空间根本区别在于它的商业性质。勾栏的出现，使得包括戏剧在内的演出艺术作为商品而隆重推出，勾栏自然也诠释了它的“商场”属性——演出艺术的买卖场。

作为琳琅满目的演出艺术大卖场，其意义无疑是多方面的。

其一，勾栏在瓦子中云集，继承、强化、发展了古已有之的“百戏杂陈”传统，杂陈各种技艺，“总追四方散乐”于一处，既符合观众的欣赏习惯，客观上也为各种民间技艺的交融与借鉴，推陈出新奠定了基础。或许，绵延数千年的“百戏杂陈”式的传统，成为中国古典戏剧高度综合各种艺术因素为一体的客观缘由之一，其意义何其重大。

其二，作为商业活动，各种演出互相竞争，以高标准的、观众喜闻乐见的、或新颖的艺术品为号召，争取观众。在这种竞争中，艺术品无论在数量上还是在质量上，必然得到极大提升，形态上也容易发

① 麻国钧，中央戏剧学院，教授。邮箱：maguojun48@sina.com。

生变化。

其三，各种演出团体，即各种艺术班社的艺术高超者，得以从冲州撞府的流动状态解放出来，安顿下来；得以在一个相对稳定的环境中，从事艺术活动，切磋技艺以提高艺术水平。鲁迅先生在《坟·宋民间之所谓小说及其后来》早就指出："（临安）瓦舍的技艺人也多有，其主意大约是在于磨炼技术的。"名班、名优借此脱颖而出，繁荣了艺术市场的同时也锤炼了艺术本身。

其四，大量不同的艺术品种集中于市井，催生了社团组织的诞生，各种以"社"为名的行业组织如雨后春笋般出现。"社"的出现，必然在一定程度上规范了演出市场，多少也能维护演出团体的权益，对艺术团体以及从业者无疑是有益的。

郑振铎《中国俗文学史》第一章："（讲唱文学）后来渐渐地出于庙宇而入于'瓦子'（游艺场）里。"在一定意义上说，寺院神庙的功能曾经有类于瓦子。走出寺庙，走进瓦子的不仅是说唱文学，许多演出艺术都经历过这样的路径。瓦舍中的勾栏大发展之后，庙宇原本所具有的游艺、大众狂欢的功能并没有消解。总之，戏剧如果不走进城市，接受市民文化的洗礼，进而获得商业属性，而作为神灵的供品永远沉溺于寺院神庙作祭礼的陪衬，或蜷缩在宫中为少数人取乐，那么她大约就不能完美自己而获得完全独立的艺术品格，戏剧在勾栏等商业大卖场中获得新生。

而勾栏在瓦子中。瓦子虽大小不一，但无不是综合性的场所。所谓"综合性"，如孟元老所说："瓦中多有货药、卖卦、喝故衣、探搏、饮食、剃剪、纸画、令曲之类"[①]。瓦子是一个商业活动的渊薮，一个恣情游乐的天堂。

说起瓦子，人们的认识似乎不太统一。尤其是"瓦子"这一称谓，缘何而得？其实，宋人已经透漏了其中原因，只是不十分透彻而已，从而给后人带来认知上的小麻烦。宋人吴自牧说："瓦舍者，谓其来时瓦合，出时瓦解之义，易聚易散也"。用"瓦合"、"瓦散"来说明瓦子的时聚时散，是很形象的。然而，在数万汉字中，缘何单单拣出一个"瓦"字？吴自牧也没有说清何谓"瓦合"，何谓"瓦解"？这其中必有缘由。原来，"瓦合"、"瓦解"的说法来自古代的制瓦工艺，是对制瓦过程中两个阶段的说法。

在中国，瓦的制作很早，比制砖还早，称为"瓦作"。其制作方法大致为："埏泥造瓦，掘地二尺余，择取无沙粘土而为之。百里之内必产合用土色，供人居室之用。凡民居瓦形皆四合分片，先以圆桶为模骨，外画四条界。调践熟泥，叠成高长方条。然后用铁线弦弓，线上空三分，以尺限定，向泥□（这里有一字，上下结构，上"一"，下"个"，读音"趸 dǔn，三声"，为景德镇古方言，意思是砖状的坯。）平戛一片，似揭纸而起，周包圆桶之上。待其稍干，脱模而出，自然裂为四片。"[②]当未剖之前，陶泥在圆筒上时，是为"瓦合"。当然，"瓦合"也有其他解释，如有临时凑合的意思，因而不能坚牢。《资治通鉴·晋武帝太元十年》："秦晋瓦合，相待为强，一胜则俱豪，一失则俱溃，非同心也。"元代胡三省注："瓦合，言其势不胶固，触而动之，一瓦坠碎，则众瓦俱解矣。"[③]宋杨侃辑《两汉博闻》："郦食其谓高祖曰：'足下起瓦合之卒。'师古曰：'谓如破瓦之相合，虽曰

① 《钦定四库全书》（文渊阁）史部·地理类·杂记之属，宋·孟元老《东京梦华录》卷二；上海人民出版社，迪志文化出版有限公司出版电子版。
② [明]宋应星《天工开物》中卷《陶埏第七卷》，明崇祯刻本。
③ 《钦定四库全书》（文渊阁）史部·编年类《资治通鉴》卷一百六。

聚合，而不齐同。’”[①]围在圆筒之外的陶泥，本来就是临时的，待其微干成型后取下，阴干以备入窑烧制。宋代的商买、游乐之所，白天，人们从四面八方临时聚合，用“瓦合”来形容很合适；夜深辄分散，各自他去，用“瓦解”来形容也非常贴切。在总体上，把这样的场所称为“瓦子”，再自然不过。瓦可剖为两片，名为“筒瓦”，亦可剖为四片、六片，称为“片瓦”。而片瓦，即四剖的瓦最为常用。或者，“瓦子”之别称“瓦肆”，也由此而起？此外，“肆”字除了数字“四”的意思外，还有多种意思，很早以前便有作坊、店铺、市集的意思，《论语·子张》：“百工居肆以成其事，君子学以致其道。”《后汉书·王充传》：“家贫无书，常游洛阳市肆，阅所卖书，一见辄能诵忆，遂博通众流百家之言。”在这个意义下，瓦子也称为瓦市。瓦肆，也叫“瓦子”。瓦子，原本也有碎瓦片的意思，用来指众多商铺、勾栏林立于相对集中之地，也很贴切。

如上所述，瓦子名称来自古代瓦作，应该没有问题。

在解决了瓦肆的寓意之后，我们进而讨论勾栏。在这里，我们将在中日古代演剧空间文化的背景下展开讨论，将用古有甚至尚存的日本演剧空间的生动材料来诠释中国古代曾有而尽失其形象文献的中国古代勾栏之种种样态，原因很简单，中国古代演出空间的多种形态被日本全盘吸纳，虽有变异但其灵魂甚至形象依稀可辨。

一、“勾栏”的本义及一般应用

勾栏，又作“构栏”、构阑、拘欄、拘拦、勾肆，实际上就是栏杆，勾栏以木造、石造为常见。在某种意义上，勾栏又叫乐棚，简称棚。名之为“棚”的勾栏，后面将有说明。

勾栏一词很早就出现了，古人早有考证。晋代崔豹撰《古今注》卷上：“拘拦：汉成帝顾成庙有三玉鼎，二真金炉，槐树悉为扶老拘拦，画飞云龙角于其上也。”[②]这种勾栏实际上是围在槐树周边的栏杆。明代沈自南《艺林汇考》卷九《栋宇篇》：“阑有遮拦之义，古字多通用，兰、阑、拦皆一也。拦槛之板为兰。《子虚赋》云：‘宛虹拖于楯轩’。注云：‘楯轩之兰，版也’。张平子《西都赋》曰：‘伏棂槛而俯听’。薛综曰：‘棂，台上栏也，为轩槛可以限隔高下，故名之为拦，是皆阑干之阑也。’”[③]

其他一些称谓，如栏楯、栏槛等，使用不普遍，但可以作为勾栏的别称。清人陈元龙《格致镜原》：“汉袁盎传：‘百金之子不骑。’衡注：‘如淳曰：骑，倚也，衡楼殿边栏楯也。’《史记》：‘建章宫后阁重栎中有物，状似麋。’注：‘重栎，栏楯下有重栏处也。’”[④]遮拦也好，限隔高下也罢，设勾栏的目的主要在于安全，不是对被拦之物（如花草等）的安全，就是对人的安全，总之安全的对象都在勾栏之内。

这种意义下的勾栏被广泛地运用。如药栏，即芍药之栏。南朝·梁·庾肩吾《和竹斋》：“向岭分花径，随阶转药栏。”唐·杜甫《宾至》诗：“不嫌野外无供给，乘兴还来看药栏。”久之，勾栏也泛指花栏。着眼于勾栏的颜色、材料、形状等不同，遂有玉栏、朱栏、雕栏、木栏、回栏等等。沈自南还说：“联木以邀遮禽兽为阑。上林之赋：校，猎也。颜师古注曰：校，以木相贯穿，总为阑。”[⑤]

① 《钦定四库全书》（文渊阁）史部·史钞类，宋杨侃辑《两汉博闻》卷一。
② 《钦定四库全书》（文渊阁）子部·杂家类·杂考之属，晋·崔豹《古今注》卷上。
③ 《钦定四库全书》（文渊阁）子部·杂家类·杂考之属，明·沈自南《艺林汇考》卷九《栋宇篇》。
④ 《钦定四库全书》（文渊阁）子部·类书类，清·陈元龙《格致镜原》卷二十。
⑤ 《钦定四库全书》（文渊阁）子部·杂家类·杂考之属，明·沈自南《艺林汇考》卷九《栋宇篇》。

图 1　汉代陶楼

图 2　汉代陶楼

图 3　山西洪洞广胜寺明代飞虹塔三层北面雕饰

说得很清楚，“联木以邀遮”，“以木相贯穿”者即为“阑”，亦即勾栏。

因为安全，勾栏被广泛使用，随处可见，常用于楼台、水榭、高塔、舟船、车辇等（图 1、图 2）。车辇勾栏下面将有论述。勾栏一律设在这些建筑物或运载工具的接际处。汉代的陶楼，在二层的边处沿建有勾栏。

楼、塔的边沿设置勾栏十分普遍，不胜枚举（图 3）。

二、作为演艺空间的勾栏

勾栏在演出空间上的使用是本文的论述重点。实际上，勾栏被用在多种演出空间之中，由于所使用的场合不同，情形也有许多不同。

图4　明正统九年刻圣迹图

1. “车辇＋勾栏”式

古代的车辇，名目繁多，如金辂、玉辂、象辂小舆、进贤车、指南车、四望车、记里鼓车等，都设置勾栏。勾栏设在车辇的四周边沿或前后左右，也有仅在车辇前沿的。如宋代的记里鼓车，《续通典》：“记里鼓车一名大章车，赤质，四面画花鸟，重台勾栏，镂栱，行一里则上层木人击鼓，行十里则次层木人击镯。”①玉辂则装饰华美，“上下设银螭首二十四，四角勾栏”②。一般车子虽然不像宫中车辇那样华丽，但往往也设勾栏（图4）。

生活中车辇无疑有勾栏之设，那么用于演艺的车辇是否也设置勾栏呢？汉代有所谓“山车”、“戏车”，二者名虽不同，其实一也。从字面上看，所谓“山车”意思是装饰得像山一样的车。戏车，即以车为表演场。不过，山车可能还有更深层次的意味。传说山车还是一种自然祥瑞之物，帝王圣德，山车才会出现。明孙瑴《古微书》卷二十八：“虞舜德盛于山陵，故山车出……王者德泽，流洽四境，则出山车者，山藏之精也，不藏金玉，山则以时通山海之饶，以给天下，则山成其车。”③可见，用山车出游来彰显帝王的圣德，是古代山车戏大为盛行的根本原因。

古代帝王车辇有五辂之制，殷代的大辂又名“山车”，大约就是为了彰显帝王圣德而设置的吧。《太平御览》：“山车者，金车也，故殷人制为大辂，金根之色也。”④大辂即玉辂，《尚书全解》：“大辂为玉辂，五辂之长，故曰大辂也。”⑤古代五辂如玉辂、金辂、象辂等，大约都在车上设置勾栏，《元史》：“桓周朱漆勾阑，云拱地霞叶百七十有九，下垂牙护泥虚板并朱漆，画瑞草，勾阑上玉行龙十，碾玉蹲龙十，孔雀羽台九，水精面火珠七，金圈焰铜照八……”⑥。

这些勾栏，几乎一律朱漆。迄今，日本的山车大都也涂以朱漆，似乎沿袭了其传入地，即中国的古老传统。五辂之外，其他车辇如进贤车、指南车、明远车等，无不用勾栏。车辇所置勾栏或重台勾栏，或重檐勾栏，或单勾栏，其制不一。

以上所说的山车，固然还不是用作演出的山车。然而，从汉代开始，模拟用于礼仪的山车而发展为用于演艺的山车，随着其功能的变化，名字也有所变化，相应出现“戏车”的称谓，甚至“山车”、“戏车”并用。

演艺所用的山车在行进中，其上设置一个表演空间，在这个表演空间的四周，以安全为计，可能安装有勾栏。汉代李尤《平乐观赋》：“戏车高橦，驰骋百马，联翩九仞，离合上下。”⑦描绘了一

① 《钦定四库全书》（文渊阁）史部·政书类·通制之属，《钦定续通典》卷六十二《礼嘉·天子五辂》。
② 《钦定四库全书》（文渊阁）史部·政书类·仪制之属，《政和五礼新仪》卷十一。
③ 《钦定四库全书》（文渊阁）经部·五经总义类，明·孙瑴《古微书》卷二十八。
④ 《钦定四库全书》（文渊阁）子部·类书类，《太平御览》卷七百七十三。
⑤ 《钦定四库全书》（文渊阁）经部·书类，宋·林之奇《尚书全解》卷三十七。
⑥ 《钦定四库全书》（文渊阁）史部·正史类，明·宋濂等修《元史》卷七十八《志》第二十八《舆服》一。
⑦ 费振刚等《全汉赋校注》，广东教育出版社，2005年9月，第578页校注。另据《钦定四库全书》·子部·类书类《御定渊鉴类函》卷一百八十七《杂戏一》，该赋题为《长乐观赋》：“戏车、山车兴动雷。”再，《钦定四库全书》子部·类书类《说略》卷十一：“戏车、山车兴雨动雷。激水转石，嗽雾扛鼎。”谓：“见李尤《长乐观赋》”。三者题、文互有奇异。

图5　日本祇园祭山车

幅山车上演出百戏的精彩画面，山车戏与其他百戏同时献艺。宋代陈旸《乐书》：“山车戏：北齐神武平中山，有鱼龙烂漫、俳优侏儒、山车巨象、吞刀吐火、杀马剥驴、种瓜拔井之戏。”①《资治通鉴·唐肃宗至德元年》：“初，上皇每酺宴，先设太常雅乐坐部、立部，继以鼓吹、胡乐，教坊、府县散乐、杂戏，又以山车、陆船载乐往来。”元胡三省注：“山车者，车上施棚阁，加以彩缯，为山林之状。陆船者，缚竹木为船形，饰以缯彩，列人于中，舁之以行。”②这种山车或称戏车的演出空间形式，自汉代以来，历代延续不断，至今仍可见到，不过名称不再叫“山车”罢了，而易名为“花车”，而“陆船”即今天所谓“旱船”。

山车的演出空间形式连同它的名称一并传入日本，活跃在日本的民间祭礼演出的队列中，从古迄今，未曾中断。山车上有彩扎，除了彩扎或偶人之外，还有乐器演奏或小型的演出，甚至发展为屋台。日本历史悠久的祇园祭以山车大游行闻名遐迩。山车彩扎依据各种历史故事或神仙传说，有日本的，也有一些采自中国的历史人物或典故，如伯牙、白乐天、孟宗等，仅看名称就知道取材于中国人物事件。祇园祭现在的山车数量大约有31辆，如：芦刈山、油天神山、绫伞鉾、霰天神山、岩户山、占出山、役行者山、郭巨山、函谷鉾、菊水鉾、北观音山、黑主山、鲤山、净妙山、铃鹿山、太子山、月鉾、螳螂山、木贼山、长刀鉾、鸡鉾、伯牙山、白乐天山、桥弁庆山、八幡山、船鉾、放下鉾、保昌山、南观音山、孟宗山、山伏山。这里选择一幅日本京都八阪神社祇园祭山车古绘，名为“岩户山”（图5），反映日本“记纪神话”中天照大神岩户开的故事。

图6　秩父夜祭屋台

山车上有乐队在吹奏，在乐队后面立着一个偶人，即天照大神走出岩户，天下一片光明的刹那。山车的四周边沿所设置的低矮栏杆，日本用汉字书为“高栏”，实即勾栏。屋台是山车的另一种形式，日本著名的秩父夜祭使用屋台（图6），祭礼程序中

① 《钦定四库全书》（文渊阁）经部·乐类，宋·陈旸《乐书》卷一百八十六《乐图论·俗部》。
② 《钦定四库全书》（文渊阁）史部·编年类，宋·司马光撰，元·胡三省音注《资治通鉴》卷二百一十八。

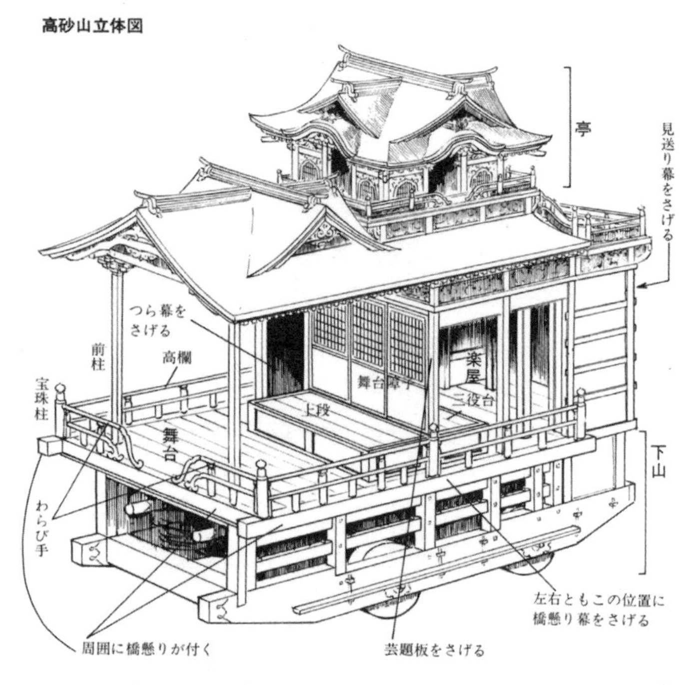

图 7 日本高沙山车立体图

必有屋台大巡游。有的屋台挂满灯笼，有的屋台上有乐队演奏，还有的在屋台上单独设置一小型舞台，专供孩童演出歌舞伎。

此外，如日本琦玉县的“冰川神社祭”、大阪府“岸和田地车祭”、东京都日枝神社的“山王祭”、富山县高冈“御山车祭”、岐阜县“高山祭”等，都有山车游行。典型的山车如“高砂山立体图”，山车上设舞台与乐屋两大部分，中间用“障子”相隔，分成表演区与后台。表演区内靠近“障子”有一矩形平台，是演出时乐队专用之所。舞台与乐屋的四周，用勾栏围拢。日本山车所设置的勾栏，大都为朱漆，我想这或许也是沿袭了中国古代五辂车辇勾栏的色彩制度吧？山车顶为亭式建筑，车的底部有轮，可以拖行（图 7）。

2. “露台 + 勾栏”式

露台作为中国古代称之为“台”的演出场所，发端较早且影响巨大。最初的露台应该是用土、砖、石或木等材料垒高的方形平台，台面上没有其他任何设置。

值得注意的是，露台没有一成不变，随着演出艺术的丰富与发展，露台也在相应地改进以适应这种发展。其总体发展脉络应该是这样的：露台→舞亭→舞楼（乐楼）→庙台。舞亭、庙台以及遍及全国的古老戏台几乎都是以露台为根本，经过各种变化，丰富、发展而来，只要去掉诸多可以视为辅助部分的装饰与雕琢，最终仅剩露台式的方形建筑。而从露台向前发展的第一步，可能就是在露台的四周边沿围以栏杆——勾栏，姑且称之为“露台式勾栏”或“露台 + 勾栏”式演出场所。

露台从古老的坛台一路走来，从敬神到演艺，脉络清楚。而露台之上用勾栏

圈定的具体样态，可以从出土文物以及敦煌壁画中获得。“1999 年 7 月在太原市晋源区出土的虞弘墓中，精美的石椁雕刻艺术是其代表。虞弘墓为隋鱼国人虞弘夫妇的合葬墓，这座墓中的石椁内外的浮雕和绘图，有宴饮图、乐舞图、狩猎图等，内容丰富。”[1]79 在这些雕刻中，有一幅引起我们的关注（图 8）。该书编者说：“此幅虞弘墓椁壁浮雕位于椁内左壁南部，高 95.5 厘米，宽 58 厘米。画面分两部分，上部占三分之二，呈竖长方形，下部占三分之一，呈横长方形。在上部大图案中，有一精雕细刻的高大台座，用石板砌成；中部用圆柱或束腰莲花柱间隔分开，

图 8 虞弘墓勾栏浮雕

中饰一个大圆环；上部栏杆也向外撇，有许多粗圆短柱。台上栏杆内，从左至右并列三人，手臂相接，蹲腿屈膝，正在欢快起舞。”[1]82

这是一份宝贵的古代演剧史文物，首先它是一场在露台上演出的、脱离了宗教羁绊的世俗歌舞演出，其次它的舞台是“露台 + 勾栏”式的，是露台从最初状态向与勾栏相结合形态发展演变的有力证明，而且时代较早。此外，从画面的质地上看，这座舞台是石砌而成。露台用石砌似乎成为传统，元代的露台便有石砌的。元杂剧《刘千病打独角牛》第二折《尾声》曲：“可叉则一拳，打下那厮班石露台。”日本现尚存数座石砌的舞台，虽名为“石舞台”，实际上就是露台。这个问题下面还将提到。

图 9　敦煌榆林窟经变勾栏舞伎

敦煌榆林窟《经变舞伎》壁画，舞者在露台上持琵琶起舞，乐队 8 人分坐露台两侧，在露台的前面边沿处明显地设有勾栏，勾栏中间是台阶，从而证明这个表演场的确是露台，而且是“露台 + 勾栏”式演出场所（图 9）。

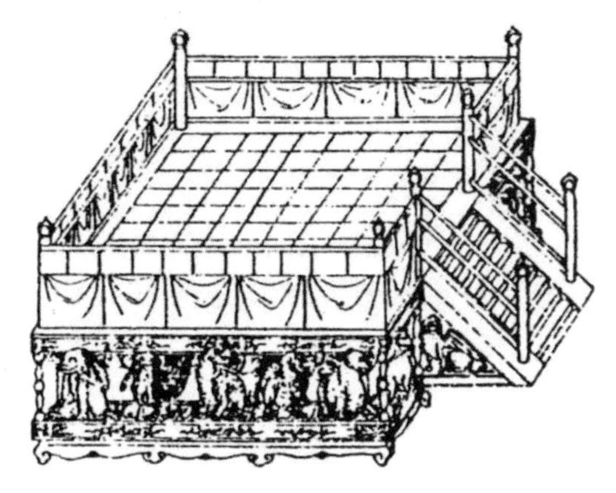

图 10　《乐书》熊罴案

这种舞台样式，宋代陈旸《乐书》有一幅插图（图 10），在这幅图之下有一段文字，曰：“熊罴案十二，悉高丈余，用木雕之，其上安板床焉。梁武帝始设十二案鼓吹在乐悬之外，以施殿庭，宴飨用之。图熊罴以为饰，故也。隋炀帝更于案下为熊罴貙豹腾倚之状，象百兽之舞，又施宝幰于上，用金彩饰之，奏《万宇》、《清月》、《重轮》等三曲，亦谓之十二案乐。”①从文字上分析，所谓“案”实即正方形木制高台，在高台四周雕刻“熊罴貙豹”，故谓之“熊罴案”。名称不重要，我们重视的是它的形制。这种形制的舞台不知何时传入古代朝鲜半岛，名之为“轮台”而被用于宫中演出（图 11）。“轮台”，顾名思义，大约在方形舞台下面安装车轮以便移动。又从图片上看，正方形轮台是由两半矩形高台以及四组台阶组合而成，便于分合亦便于移动，是一种临时舞台。这种由两个矩形方台组合为一个正方形高台的舞台形制，同样被日本古代高舞台所采用（详见后文）。由此，我们猜想，韩日的古代高舞台恰恰继承了中国隋唐时期的“熊罴案”之类的舞台样式，在继承基础上，可能有所变化与发展。

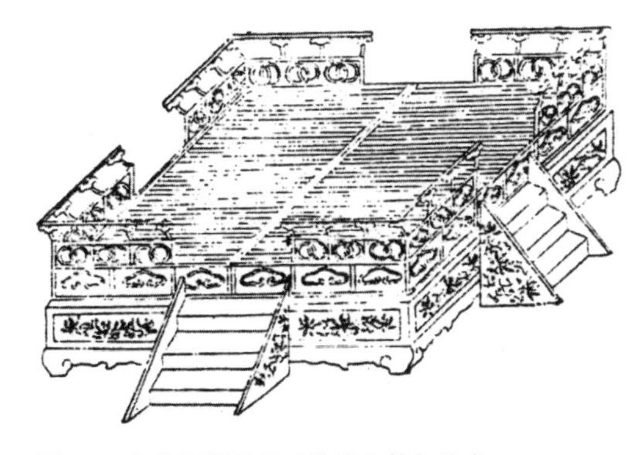

图 11　古代朝鲜半岛《进馔仪轨》轮台

上述图文足以断定它是古代“露台 + 勾栏”演出

① 文渊阁《钦定四库全书》经部·乐类，宋·陈旸《乐书》卷一百五十，见上海人民出版社、迪志文化出版有限公司出版电子版。

图 12 《营造法式》重台勾栏

图 13 《营造法式》单勾栏

用舞台的基本样式。

宋代李诫《营造法式》有勾栏建造法式："造钩阑之制：重台钩阑，每段高四尺，长七尺。寻杖下用云栱瘿项，次用盆唇，中用束腰，下用地栿。其盆唇之下，束腰之上，内作剔地起突华版。束腰之下，地栿之上，亦如之。"（图 12）重台勾栏之外，另有"单勾栏"，《营造法式》："单钩阑，每段高三尺五寸，长六尺。上用寻杖，中用盆唇，下用地栿。其盆唇、地栿之内作万字，或作压地隐起诸华。若施于墁道，皆随其拽脚，令斜高与正钩阑身齐。其名件广厚，皆以钩阑每尺之高积而为法。"[2]①（图 13）如图所示，"重台"基座为两层，每层高 4 尺，长 7 尺，总体比较高大。"单"即单层基座，长与高的尺寸相对略小。前文说到的虞弘墓椁壁露台浮雕以及《乐书》所谓"熊罴案"，实际上采用的都是单勾栏建造法式。

从中国传入日本的演出艺术，据目前可见的数据显示，伎乐最早，时在七世纪初叶，即公元 612 年。伎乐演出没有固定式的舞台，它以游走行进演出为主，也停下来演出，但是即便停下来，也没有固定场所。大约一百年后，在当时堪称美轮美奂、充满异国风貌的舞乐从大陆传入。传入日本的不但有《兰陵王》、《胡饮酒》、《打球乐》、《钵头》、《苏幕遮》、《昆仑八仙》、《纳曾利》等舞乐，还有这些舞乐赖以呈现的演出空间形态——"露台 + 勾栏"式舞台。

唐代传入日本的舞乐所使用的舞台，就是"露台 + 勾栏"的样式。这样的舞台被视为正式的舞乐舞台。这样的舞台迄今仍有许多例证，其中有古代绘画，也有现存之物。它的基本形态依然保留着传入之始的原本面貌，而没有发生根本改变。在此前提下，可能融入了某些日本文化元素。恰恰是某些日本本民族文化因素的渗入，才成就了能舞台以及后来的歌舞伎舞台。笔者认为，能舞台是在舞乐舞台的基础上变化发展而成的。甚至，演出"舞台"这一理念，也是在舞乐及其演出场所输入日本后，方才形成。可见，舞乐舞台即"露台 + 勾栏"式舞台的影响何其深远。

我们称之为"露台 + 勾栏"的演出空间形式，在日本叫作"高舞台"。日本的高舞台由三个部分构成，为地铺、敷舞台、高栏。以上三者合并一处，使得舞台高出地面，故名"高舞台"。

地铺，也称"荐"，其来源于中国古代的"舞筵"。舞筵即在地上铺毛毯作为演出场所，又称为"锦筵"，亦即所谓"红氍毹"。公元 550 年在位的梁简文帝《有所思》诗："寂寞锦筵静，玲珑玉殿虚。"②可见，舞筵的使用是很早的。这种毛织的舞筵从西域传入，古波斯尝遣使大唐，所献方物中就有舞筵。《唐会要》："自开元七年至天宝六载，凡十遣使朝贡，献方物……（至景龙二年）夏四月，遣使献玛瑙

① 据 1933 年《万有文库》版重印。
② 文渊阁《钦定四库全书》子部・类书类，明・王志庆《古俪府》卷三，见上海人民出版社、迪志文化出版有限公司出版电子版。

床，九载献大毛绣舞筵，长绣舞筵，无孔真珠。”①舞筵遂成为唐代宫廷通常的演出场所。《新唐书》卷二十二：“云韶乐……舞者在阶下设锦筵。”②唐代元稹《立部伎》：“胡部新声锦筵坐，中庭汉振高音播。”③日本平安时代的演出，经常使用地铺。日本须田敦夫《日本剧场史研究》断定，日本平安时代的演出用地铺形式，是模仿唐朝的舞筵，锦筵改为倭锦制成，他说：“《新仪式》之〈上皇御算奉贺〉条：铺地敷二枚，其上敷四幅帛，备舞踏所。”[3]116 它是舞踏演出时所使用的，也可以作为舞乐演出最为简单的“舞台”。在正式的舞乐演出时，地铺敷在“敷舞台”上面。

图 14　日本七觉山三派神事

敷舞台，用桧木制作。须田敦夫《日本剧场史研究》：“《乐家录》：‘以桧作之，自乐屋隔二间半或三间许。’”他说：“敷舞台高七寸或一尺许，而四方三间作之，但自中断作二，以并敷之也。”[3]114 也就是说，敷舞台是由两个高尺许的长方形木箱合并为一个正方形舞台，总面积三间，约为十八尺见方。在日本古绘中，我们找到了敷舞台的例证。

图 15　日本御宫舞乐

图 14 是“七觉山三派神事图”，图 15 是“御宫舞乐图”。二者是典型的敷舞台。日本这种敷舞台实际上就是中国古代的露台，仅从直观上便一目了然，无须多论。在敷舞台的四周边沿设置栏杆，便形成“露台 + 勾栏”式的舞台演出空间。

高舞台则是地铺、敷舞台以及勾栏三者的组合，是三者依次叠加而成的。当我们在得出上述判断的数月之后，在中国人民大学一篇硕士论文中，论文名《舞乐 < 兰陵王 > 在日本的传承和流变》，作者在日本搜集材料时，看到日本鸟谷部彦辉所绘制的日本“雅乐的舞台”（即舞乐舞台）。鸟谷部彦辉便是将其分为两层三个部分：敷舞台、高舞台，而没有关注勾栏这一重要的构成（图 16）。如果加上勾栏，则与笔者的见解完

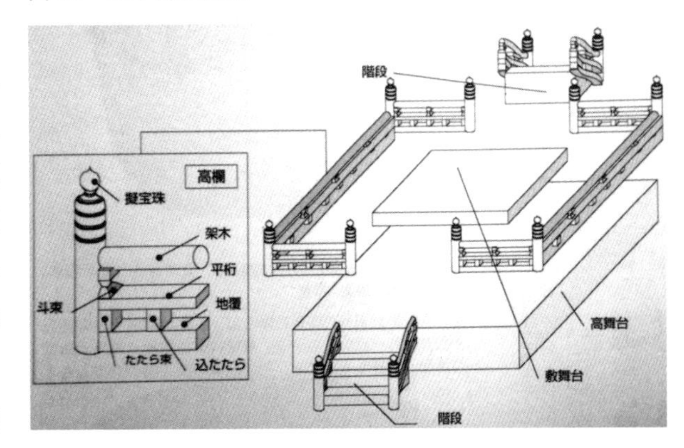

图 16　日本舞乐高舞台

① 文渊阁《钦定四库全书》史部·政书类·通制之属，《唐会要》卷一百，见上海人民出版社、迪志文化出版有限公司出版电子版。

② 文渊阁《钦定四库全书》经部·乐类，宋·陈旸《乐书》卷一百八十八，见上海人民出版社、迪志文化出版有限公司出版电子版。

③ 文渊阁《钦定四库全书》集部·别集类，唐·元稹《元氏长庆集》卷二十四。

图 17 《源氏物语绘卷》红叶贺

图 18 奈良春日大社高舞台

图 19 大阪四天王寺石舞台

图 20 大阪四天王寺舞乐舞台

全一致。此外，该图片所绘与前引须田敦夫《日本剧场史研究》的说法不太一样。须田敦夫把地铺、敷舞台以及勾栏三者的组合合称为“高舞台”，而鸟谷部彦辉所谓“高舞台”即须田敦夫所说的“敷舞台”；鸟谷部彦辉所说的“敷舞台”，在须田敦夫的著作中，叫做“地铺。名字虽然不同，但是日本的舞乐舞台由地铺、敷舞台以及勾栏三者组合而成只一点却是相同的。

高舞台是正式的舞乐舞台，即在正规而隆重的场合演出舞乐，要使用高舞台。高舞台的样式，无论在日本古代绘画中，还是在现今尚存的实物中，都有许多例证。古绘如《天狗草纸》、《源氏物语》之“红叶贺”部分（图 17）《大阪四天王寺圣灵会》的高舞台等，实物如广岛严岛神社、奈良春日大社的高舞台（图 18）等，举不胜举。

看到春日大社这座古老的“露台 + 勾栏”式舞台，我们立刻会想起王建《宫词》中“风帘水殿压芙蓉，四面勾拦在水中”诗句，二者之间如此相像，大约不无根由。这些迄今尚存的用于舞乐演出的高舞台，在平时不演出的情况下，不铺地铺，以防在露天情况下地铺遭风吹雨淋而损毁。

有的甚至连勾栏都是演出时临时搭建上去的，比如大阪四天王寺的“石舞台”（图 19），实际上就是石砌的露台，勾栏以及所有装饰物如五色幡、竹竿子以及名为“曼珠沙华”的鲜红大圆球等，只有在举行仪典演出时才装饰上去（图 20），成为演出时使用的舞乐舞台，亦即“露台 + 勾栏”式演出空间形态。

在中国，“露台 + 勾栏”式演出场所再前行一步，在方形露台的四角竖起立柱，加一个顶儿而成为中国古代所谓“舞亭”、“舞楼”等，戏台成熟以后，在舞台前沿及两侧加勾栏的情况则大量存在。我们通过间接途径，即民国间《国剧画报》看到宋代一座戏台的图片，齐如山先生为此作《宋朝戏台图志》：“此图乃由清明上河图影来，虽非极坚固之建筑物，然与现在临时所搭建之戏台亦有分别：前台顶棚，完全系一布帐；

后台与台之根基，则稍近建筑式矣。按此图为南宋张择端，摹想北宋汴京风物绘成者，必为当年极流行之形式。据余十余年搜罗所得之古今戏台图式，此为最古者，洵为极可宝贵之图式也。此图台前为四根细柱，两边有半人高之栏杆。台上所演者，似霸王别姬。最特别者，系六个音乐师，皆围近于脚之旁，想亦系彼时之规矩，此节容另述之。”[4] 该图出于别本《清明上河图》，因影印之图极为漫漶不清，这里不能复制插入本文，而笔者又无缘看到原本，略感遗憾。不过，从图片大体看来，这个戏台建筑还比较简单简陋，尤其是表演区部分“完全系一布帐”。我们关注的则是“台前为四根细柱，两边有半人高之栏杆”，说明勾栏成为舞台建筑的组成部分。而与前述“露台 + 勾栏”式的舞台演出空间不同的是，该戏台整体用木柱顶起，形成高台，以适应广场演出的需要。

图 21　元代潘德冲石棺线刻演剧图

元代戏台继承宋代的传统，在露台上直接立柱加盖屋顶而为“钟楼模样”的戏台，有的也在舞台边沿设置勾栏。山西芮城永乐宫潘德冲墓石棺上线刻的杂剧演出图与此大致相同，在伸出式舞台三面边沿设有低矮的栏杆（图 21），可以视为勾栏在成熟戏台上的存在。而这种存在一直延续到后代，它始终没有消失在我们的视线中。现存可见的元代戏台大都看不到左右及台口的勾栏，那可能因为勾栏一般为木制，因年久而损坏？亦未可知。

在日本，“露台 + 勾栏”式演出场所再前行一步，在方形露台的四角竖起立柱，加一个顶儿，则能舞台的基本形态已经出现。此时只要解决演员上下场的一条通道，能舞台便基本完成。能舞台所展现的为神、男、女、狂、鬼五类故事，这些“人物”不是从彼岸就是从它界而来，要表现他们从远处徐徐走来的样态，于是在左后方加上一条“桥廊”。那立在“桥廊” 前面的三棵松树由低渐高，形成一种由远及近的透视感，这条桥廊与本舞台成钝角而斜向左后方延展，也有助于透视感的形成。

3. 缚“栏”为“场”

勾栏的另一种形式迥异于前者，它将栏杆勾连起来，把场内、场外隔离开来从而形成一个场域；场内设置舞台、观众席、神楼等；场外的人需要买票才能进入场内观摩演出。这个场域也称为“勾栏”、“缚栏”，是勾、缚“栏”以成“场”也。这个意义下的“勾栏”又称“游棚”，或单作“棚”。

南宋绍兴六年（1136），曾慥编纂《类说》有云：“（党进）过市，见缚栏者，问：‘汝何言？’优者：‘说韩信。’进怒曰：‘汝对我说韩信，见韩信即当说我。此三头两面之人。’即命杖之。”①[29] 同在绍兴间，江少虞编《宋朝事实类苑》卷六十四，在《谈谐戏谑》（二）则直言：“缚栏为戏”。淳熙九年（1182）后不久，黄庭坚撰《山谷集》说：“党在许昌，有说话客请见，问：‘说何事？’曰：‘说韩信。’即杖之。左右问其故，党曰：‘对我说韩信，对韩信亦说我矣。”②[30] 三家说法略

① 文渊阁《钦定四库全书》子部·杂家类·杂纂之属，宋·曾慥《类说》卷五十三，见上海人民出版社、迪志文化出版有限公司出版电子版。
② 文渊阁《钦定四库全书》集部·别集类，宋·黄庭坚《山谷集·别集》卷十三，见上海人民出版社、迪志文化出版有限公司出版电子版。

异，而曾慥、江少虞、黄庭坚三家虽不能说同代，但在世之年相差不多，三家之言或有转录之可能，亦未可知。而三家所说党进的事情，发生在北宋初年。综合三家之说，可以得出以下结论：所谓“缚栏”、“缚栏为戏”，正是我们所说的“勾‘栏’为‘场’”式的演出场所。“说韩信”则是所谓“说话客”所说的内容，这项演出就是宋代的“说话”艺术。《辍耕录》：“胡仲彬乃杭州勾阑中演说野史者，其妹亦能之。”①[31]可见，勾栏也是说书艺人献艺的场所。

无名氏的《汉中离度脱蓝采和》比较形象地描绘了元人杂剧演出的“缚‘栏’为‘场’”之勾栏形态。该剧同时告诉我们，这样的勾栏在元代城镇中被实际使用。该剧一折净扮的王把色有云：“我刚才开了勾栏棚门，有一个先生坐在乐床上。我便道：‘先生，你去神楼上或是腰棚上那里坐，这里是妇女每做排场的坐处。’他倒骂俺。”证之以元代早期人杜仁杰《庄家不识构阑》及陶宗仪《辍耕录》“勾栏压”的材料等，我们可以明确如下信息：勾栏有门，有神楼，有腰棚，有乐床。有门必有围墙，遂称“场”；围栏之内有“钟楼模样”的戏台，戏台或为简单的露台，或为“露台＋勾栏”式样，或为有顶棚的舞楼、乐亭、舞亭等不同式样的舞台；戏台的对面“神楼”则是神庙正殿的微缩版，以不忘演艺是神灵的供品这一原始属性，当娱人的渴求成为主导，赚钱成为主要目的之后，神楼变为最高级的“包厢”；而设立在戏台两侧的“腰棚”则是二等坐席，可能以女眷或携带女眷、女友的人士为主要观众。以人的两腰来比喻看棚，很形象，也使我们更明确地知道，腰棚一定建在勾栏的两侧，斜对着戏台。在戏台、腰棚、神楼三者围拢的中间，可能是一片空地，观众可以席地而坐，后排的观众也可能坐“高櫈”，应该说，这里是低等级的席位。

须田敦夫《日本剧场史研究》提到：“我国江户时代的文人直接模仿宋代以来语言的不少（《唐土奇谈》、《独语》、《南岭遗稿》、《戏场图绘》、《乐屋图会拾遗》）。其中最普遍的是戏场、勾栏、院本，等等。戏场指歌舞伎剧场，勾栏被用来指称‘操剧场’，即木偶净琉璃剧场，赋予了其特殊意义，其实勾栏不过是俗称所谓栏杆而已。‘院本’也同样离开了本义，变成本邦戏剧史术语了。”[3]其实，在中国古代，勾栏是一种泛称，栏杆是它的原本含义。后来，其指称的范围扩大了，不但杂剧剧场称为勾栏，诸多百戏的表演场都可以称为勾栏，甚至连戏班子、演员、妓女有时也称为勾栏。明代张宁《方洲集》有《唐人勾栏图》诗，诗中描绘的勾栏演出就有院本、傀儡、触剑、吞刀、吐火以及跳傩等等。无论张宁所说的勾栏是不是唐代的勾栏，对我们的论题来说都有意义，至少可以明确地说，古代勾栏中上演的节目是多种多样的。明人吴伟业《望江南》：“江南好，茶馆客分棚。走马布帘开瓦肆，博羊饧鼓卖山亭，傀儡弄参军。”②似乎也透漏同样的消息。不但如此，我们还可以在日本的古绘中，看到勾栏之内多种演艺。日本国宝级别的长卷《四条河原游乐图》描绘的就是四条河原一带热闹的场景，在几个勾栏中分别上演驯兽、射垛、木偶净琉璃、歌舞伎等。四条河原在京都，即现在的鸭川一带。江户时代，四条河原两岸建有许多茶屋，本来是妓院藉以招揽游客的地方，在茶屋中招揽到客人之后，再带到妓院去。茶屋中有各种吃喝，当然也有茶饮。久之，商买兴隆，游人往来不绝，艺人们也前往凑热闹，四条河原成了各种艺术争奇斗艳的场所，新兴不

① 文渊阁《钦定四库全书》子部·小说家类·杂事之属，明·陶宗仪《辍耕录》卷二十七，见上海人民出版社、迪志文化出版有限公司出版电子版。

② 文渊阁《钦定四库全书》集部七·别集类，明·吴伟业《梅村集》卷十九，见上海人民出版社，迪志文化出版有限公司出版电子版。

久的带有色情味道的歌舞伎也大放异彩。阿国以“劝进”的名义，把带有柔美、色情、挑逗风貌的歌舞伎带入寺院，然而寺院实在不是歌舞伎演出的合适场所，而四条河原才是它的主场。我认为，江户时代的四条河原与宋元时期的瓦子没有任何分别，因此《四条河原游乐图》虽然是 17 世纪初叶之物，却完全可以用以反观中国宋元时期的瓦子以及勾栏之形态。

《四条河原游乐图》存世 6 种版本，以堂本家本、静嘉堂本最为著名。我们在这里选出如下几个演出场所为例加以介绍。其一为歌舞伎演出场，表现的是“游女歌舞伎”（即“妓女歌舞伎”）的歌舞场面（图 22）。

图 22 《四条河原游乐图》局部

静嘉堂本描绘的这座歌舞伎场的入口上端有“橹”（一种长方形的小屋，无顶，用布幕围起来），橹上置数杆“毛枪”，大红色的帷幕上绘着白色的富士山和“一”字。正对着舞台的是“橹”，意义相当于宋元时代勾栏中的“神楼”。场内也有位于戏台两侧的看棚，相当于“腰棚”。可以断定，该图实际上描绘的的确是一座妓女歌舞伎的勾栏。

图 23 《四条河原游乐图》局部

日本江户时代的歌舞伎勾栏入门处的上方置“橹”，橹上必有“毛枪”，“毛枪”相当于许可证，用来表示该戏班演出得到各个衙门的允可。另外还竖立“梵天”，以引神下降，甚至表示“神灵在此”。此外，还有一个重要的道具，一盘大鼓被置于橹中。从表面的作用来看，在演出前击鼓以为号召，周知四围游人演出即将开始。但是，其深层的意义却在于，“鼓”作为雷神的象征，鸣鼓意味着雷神在此。雷神是阴阳双合的神明，有雷神在此震慑，则以木、草搭建的勾栏不致被火焚毁。看到江户时期歌舞伎勾栏在橹中置鼓，我们又想到《辍耕录》那条“勾栏压”，文中说：“每闻勾栏鼓鸣则入”。它明确地告诉我们，元末明初前后，勾栏也有置鼓的习俗。是否可以说，二者有着承袭关系呢？[5]

这里介绍的另外两座勾栏，看上去比较简陋，分别上演“驯兽”（图 23）、“射垛”（图 24）。在驯兽的勾栏内，驯兽的演员有两人，其一人正在训练一只小狗钻圈，另外一人在持扇歌舞，似在配合小狗钻圈。在射垛勾栏内，远处置两个垛并一个靶子，靶子上悬一枚铜钱状物，四人正在射

图 24 《四条河原游乐图》局部

箭比赛。在图绘的左侧，有一人击鼓，为射箭者助威，或击鼓为节。观众则散落地坐在四周。此外尚有数座勾栏，这里不再引证。

中日古代勾栏中有“棚”，虽非全部，例证也不少。棚也称“游棚”，这个称呼多少带有贬义。宋·周密《武林旧事》卷六：在列出众瓦子之后，有云：“北瓦羊棚楼等，谓之游棚。”①清代厉鹗《东城杂记》卷下：“绍兴间，殿帅杨和王因军士多西北人，是以城内外并立瓦舍，招集伎乐，以为军士暇日嬉游之地，贵家子弟因此破坏尤甚于汴都也。”②这一席话解答了何以称勾栏为“游棚”的原因。日本把此类场所称为“游里”，其意思大致相同。

而所谓“棚”，有时主要指观众席。汉代平乐观观看百戏，皇帝所张“甲乙帐”可以视为其滥觞。隋炀帝时代，四方散乐在通衢大道上演出，文武百官、贵戚商贾“起棚夹路”而观之。唐人段安节《乐府杂录·驱傩》：“事前十日，太常卿并诸官于本寺先阅傩，并遍阅诸乐。其日，大宴三五署官，其朝僚家皆上棚观之，百姓亦入看，颇谓壮观也。”[6] 据此可知：棚为观傩棚，属于观众席，且设在太常寺之内，而非设在市井勾栏之中。在唐代，棚作为观众席已不很陌生。

各种勾栏形式的演出空间出现之后，将“棚”置入其中，形成一个良好的观演空间，再自然不过，也再完美不过。由此，是否可以说，在中国演艺空间的发展历程中，观众席的发展与成熟要早于戏台呢？愉悦他人者与被愉悦者的等级差别，由此可见一斑。也许基于这种差别，作为观众席的“棚”成了整个演出场所“勾栏”的代名词。如宋孟元老《东京梦华录》卷五“不以风雨寒暑，诸棚看人，日日如是。”[7] 该书卷二：“街南桑家瓦子，近北则中瓦，次里瓦。其中大小勾栏五十余座，内中瓦子莲花棚、牡丹棚；里瓦子夜义棚、象棚最大，可容数千人。”[7] 勾栏、棚二者被交换使用。

棚，有时也指作乐、作舞、演戏的舞台。宋代张商英诗：“乐棚垂苇席，灯柱缚松梢。”③用灯来照明苇席搭建的棚，应该是演出的乐棚。孟元老《东京梦华录》卷六：“开宝、景德、大佛寺等处皆有乐棚，作乐燃灯。”[7]“诸门皆有官中乐棚，万街千巷，尽皆繁盛浩闹，每一坊巷口无乐棚去处，多设小影戏棚子，以防本坊遊人小儿相失，以引聚之。”[7] 专设“小影戏棚子”以聚拢小孩儿，为的是防止小孩子们走失。在诸棚中，竟也有演出小儿影戏的专用棚。元·王恽《秋涧集》有《浣溪纱·赠朱帘绣》一首，有云“满意苕华照乐棚，绿云红滟逐春生，卷帘一顾未忘情。”④此处之“乐棚”显然是演出杂剧的场所。

① 文渊阁《钦定四库全书》史部·地理类·杂记之属，宋·周密《武林旧事》卷六。
② 文渊阁《钦定四库全书》史部·地理类·杂记之属，清·厉鹗《东城杂记》卷下，见上海人民出版社、迪志文化出版有限公司出版电子版。
③ 文渊阁《钦定四库全书》子部·类书类《御定分类字锦》卷三，宋·张商英《平阳道中过上元诗》。
④ 文渊阁《钦定四库全书》集部·别集类，元·王恽《秋涧集》卷七十七，见上海人民出版社、迪志文化出版有限公司出版电子版。

4. 全棚式勾栏

在元明之际，是否出现了全棚式勾栏？这一点，至今学界存有争议，不能定论。这里，笔者试着对文献再做解读，以图得出在元末明初之际，我国已经出现此种演剧场所的结论。

陶宗仪《辍耕录》记载一则勾栏观众席倒塌死人的事件："至元壬寅夏，松江府前勾栏。邻居顾百一者，一夕梦摄入城隍庙中，同被摄者约四十余人，一皆责状画字，时有沈氏子，以搏银为业，亦梦与顾同，郁郁不乐，家人无以纾之，劝入勾栏观排戏，独顾以宵梦匪贞，不敢出门。有女官奴习讴唱，每闻勾栏鼓鸣则入。是日，入未几，棚屋拉然有声，众惊散，既而无恙，复集焉。不移时，棚、阽压，顾走入抱其女，不谓女已出矣，遂毙于颠木之下。死者凡四十二人……"①时至今日，我们仍然对该条资料所记述的勾栏是否为全棚，是否有棚顶而疑虑，元代能有封闭式的全棚勾栏剧场么？然而，如果我们对这段文字细加斟酌，或许可以打消这些疑虑。突破点在"棚、阽"、"棚屋"、"颠木"及"凡四十二人"之数。在这次"勾栏压"的祸事中，死亡人数多达 42 人，逃出者可能更多于此书，则看戏人之总数应该更多。42 人死于"棚、阽压"及"颠木之下"，这里的"棚"、"阽"所指当不同，"棚"在建筑物的顶部。"阽"字左侧的耳刀偏旁本为"阜"字，阜作左边偏旁，楷书写成"阝"，其本义为土山，加"占"字，合起来表示"壁危欲堕"。于是，我们可以知道，"棚、阽压"是顶棚及墙壁倒塌。"颠木之下"的"颠木"，是建筑物顶部的木。那位姓顾的人去到勾栏中本来是救他的女儿，不想女儿已经逃离勾栏，而他却被棚顶掉下的木头砸死，从而才与顾、沈二人的梦境相合。如果我们透过文中的神秘色彩，而关注我们所讨论的问题的话，可以明显地看到这座勾栏是有棚的。可能有两种情况，其一，倒塌的是腰棚；其二，倒塌的是勾栏全棚，包括墙壁与顶棚。而我们倾向于后者，否则不太可能一下子压死 42 人。

元末明初人汤式在其散曲集《笔花集》中，收录《新建构栏教坊求赞》一组【北般涉调】套曲，全套共 10 支曲，【七煞】【六煞】【五煞】直接夸说构栏的气势，其中【六煞】有云："上设着透风月玲珑八向窗，下布着摘星辰嵯峨百尺梯。俯雕栏目穷天堑三千里，障风檐细粼粼檐牙高展文鸳翅，飞云栋磅可可檐角高舒恶兽尾，多形势！"[8] 如若窗户不开在屋顶，何言"八向"？这座新建的勾栏，高耸宏巍，雕梁画栋，其为教坊所有，当属皇家风范。汤式与陶宗仪都是元末明初人，二人在世年代可能相去不远。"明成祖在燕邸时，（汤式）曾侍从左右，宠遇甚厚，至永乐间，恩赉常及。"[8] 或者，这座勾栏恰在汤式居京时所建？而其应京师教坊之求而为赞？亦不无可能。

遗憾的是，在我国没有发现具备全棚勾栏的形象资料。

在日本，把有全棚的剧场称为"全盖剧场"。日本郡司正胜《歌舞伎入门》在谈到"歌舞伎剧场构造的展开与性质"时，有如下论述：

歌舞伎的剧场建筑，在原有的剧场基础上取得了飞跃性的进步，也就是在舞台与观众席上面盖上了一个房顶，形成了今日所谓的"全盖剧场"。据文献记载"全盖剧场"的设置是在享保二年（1717）。这一年的"评判记"有"今年官方允许安置屋顶，从此无有濡事"的记载，这个将遮风挡雨与演技程序的"濡事"相联想说成俏皮话的评论在当时很是流行。歌舞伎"全盖剧场"的确立从阿国在京都的郊外演出歌舞伎的庆长年间（1596–1614）算起经历了百余年。有记载说元禄初年剧场曾经一度设置

① 文渊阁《钦定四库全书》子部·小说家类·杂事之属，明·陶宗仪《辍耕录》卷二十四。

过可以遮风挡雨的简陋的房顶，但是由于正德四年（1714）的“绘岛事件”，幕府下严令拆毁了屋顶，因此又走向了逆行之路。[9]

我们整理一下郡司正胜给出的时间表：

元禄初年（1688），歌舞伎剧场有简陋屋顶。

正德四年（1714）因“绘岛事件”①而严谨屋顶。

享保二年（1717）官府许可歌舞伎剧场屋顶。

据此，日本最初出现全棚歌舞伎剧场的时间在1688年之后不久，时在中国康熙二十七年，去明亡不久。而服部幸雄等《绘本梦的江户歌舞伎》在介绍江户三座时说：“江户时代有著名的“江户三座”，中村堪三郎座就是其中之一，江户三座是幕府正式允许营业的三大剧场，分别是中村座、市村座和森田座。除了大型的公演之外，还有在神社、寺庙内，或者聚集在两国桥附近的广小路，浅草的奥山等地的小剧场，那里举办小型的演出。也就是说，江户三座的规格和规模都是那些小剧场所无法比拟的。三座中，最早向幕府提交演出申请的就是中村座，并且是最早被批准的一个，所以是最传统、最正式的剧场。中村座的演职人员总是自负地说，我们中村座才是江户歌舞伎的中心。”[10]《绘本梦的江户歌舞伎》一书绘制有中村座的外部俯瞰图（图25），从这幅图可以清楚地看到中村座是一座全棚的歌舞伎剧场。中村座是日本宽永年间的剧场，宽永为公元1624—1647年，时在中国明代天启四年至清顺治四年间。可见，全棚剧场的记述年代，《绘本梦的江户歌舞伎》一书比《歌

图25　歌舞伎中村座，宽永年间（1624-1647）

图26　歌舞伎中村座江户博物馆 原大复建

① 日本正德五年（1715）正月，绘岛代表月光院参谒芝增上寺，回城的路上与代参上野宽永寺的同僚——女中宫路一起，停留在“山村座”看戏，且与歌舞伎男优生岛新五郎熟识，产生了一段有悖当时伦理的恋情，及至私通。演出结束后，绘岛迟迟未归，甚至错过了大奥的门禁时间。绘岛被人告发，被判处死刑。经月光院的请求方免于一死，改为流放，同年3月遣送至信州高远藩内藤家。生岛新五郎则被流放三宅岛（一说八丈岛）。受事件的牵连，绘岛之兄白井平右卫门胜昌被判死刑。剧团“山村座”被毁，1 500名关系人员遭受处罚，成为当时的大事件。

舞伎入门》要早。无论如何，日本在 16 世纪中叶已经建造了全棚式的歌舞伎剧场。在本文付梓前的 2013 年 3 月间，笔者再访东京江户博物馆，拍下该馆按照宽永年间中村座原有尺寸复原的中村座（图 26），插图于此，以飨读者。

最终，笔者的意见是，位于松江府（现上海）这座倒塌的是一座有顶棚的勾栏，一座包括舞台、腰棚等设施在内的大勾栏。在元末明初之际，具有现代建筑意义与规制的剧场已经出现。

“勾栏”一语的指向越来越多样，戏班子、优人甚至妓女都有呼“勾栏”者，它们离开了本文要讨论的范围，止笔于此。

本文对瓦子与勾栏作了如上论述，一孔之见，请寓目者批评指正。

【参考文献】

[1] 张明亮 . 图说山西舞蹈史 [M]. 太原：山西出版传媒集团三晋出版社，2010.

[2] [宋] 李诫 . 营造法式 [M]. 一册卷三 . 北京：商务印书馆，1954.

[3] （日）须田敦夫 . 日本剧场史研究 [M]. 东京：相模书房刊，1957：116.

[4] 国剧画报 [M]. 第一卷，第十三期 . 影印版 . 北京：学苑出版社，2010：49.

[5] 麻国钧 . 刍议勾栏橹的原型与意义 [J]. 戏剧 . 1996（3）.

[6] [唐] 段安节 . 乐府杂录・驱傩 [M]// 中国古典戏曲论著集成 . 一 . 北京：中国戏剧出版社，1959.

[7] [宋] 孟元老 . 东京梦华录注 [M]. 卷五，邓之诚注 . 北京：中华书局，1982.

[8] 俞为民，孙蓉蓉 . 历代曲话汇编 [M]. 明代编第一集 . 合肥：黄山书社，2009.

[9] 郡司正胜 . 歌舞伎入门 [M]. 李墨译 . 北京：中国戏剧出版社，2004.

[10] 服部幸雄，一の关圭 . 绘本梦的江户歌舞伎 [M]. 东京 : 岩波书店，2001.

传统戏台空间形成的时空结构、运动模式及表述程序

高琦华[①]
（浙江省文化艺术研究院，杭州市西溪路525号（浙大科技园C8楼），310013）

【摘　要】历史地看，中国戏曲有两个发生源：一个是即上古时期的神殿祭仪，这是原初性的带有巫术性质的空间实践；一个则是上述的秦汉以降遍及民间的各种娱神乐人的祭赛报社歌舞活动。前者给中国戏曲提供了一个与神有关联的视域；而后者则使中国戏曲在被驱逐出正统的神殿之外的同时而深深地扎根于民间土壤，并作为岁时节令的演剧而融入民众日常生活的节律之中，具有民间性与世俗性的品格，由此获得其深厚而持久的生命力。因此，中国戏剧是一种具有现世精神的戏剧。由于主体在长期的社会实践中形成的思维习惯与文化心理的不同，不同民族戏剧其艺术时空的内在构成及构成要素之间的运动模式是不同的，从而各自形成其独特的审美形态。因此，基于传统戏台空间形成的中国戏曲舞台的时空结构、运动模式及表述程序呈现出独特的时空与文化特性，其表述方式主要从时空构成、节奏模式及其声色之美与感官之娱的世俗性与“乐”本位的思维模式表现出来。
【关键词】传统戏台，空间，时空结构，表述程序

由于主体在长期的社会实践中形成的思维习惯与文化心理的不同，不同民族戏剧其艺术时空的内在构成及构成要素之间的运动模式是不同的，从而各自形成其独特的审美形态。因此，基于传统戏台空间形成的中国戏曲舞台的时空结构、运动模式及表述程序呈现出独特的时空与文化特性，其表述方式主要从时空构成、节奏模式及其声色之美与感官之娱的世俗性与“乐”本位的思维模式表现出来。

一、时空同化，道器一体

在以观演关系为基础上所形成的戏剧时空的背景上去关注舞台的时空，从而审视、把握戏剧样式与特性，这是在二十世纪初才有的事。但是，无论在西方还是东方，戏剧从其母体走出来后，一直按照其自母体带出来的一种先天要素与原则发展、延续着自己。

戏剧是一种“高度困难”的艺术样式，它以极其有限的时间与空间去构筑起一个虚拟的现实世界，表现主体对现实人生的认识与理解。因此，相对于美术与音乐来说，戏剧是一种时空艺术。在戏剧中，所谓的时空可以有两个层次的包涵：一是指由观演关系所形成的时空，可以称之为剧场时空；一是指剧情所内含的时空，也就是舞台或曰剧情的时空。两者互有包容。观演关系很重要，正如英国人爱德华·戈登·克雷在《论剧场艺术》中所说的，所说的“决定观众在戏剧中所起的作用——究竟是旁观者还是创造者——意味着在很大程度上解决了当代与未来剧场的整个结构问题”，但这毕竟只是涉及演剧样式，对戏剧来说它还属外在的显性的一面。某一类戏剧样式的独特构成，不仅在于其演出空间，更是在于在这个演出空间中表现出的内在结构的时空诸要素的生成及其互动。这里我们主要探讨后一种内在于戏剧构成中的时空。

① 高琦华，浙江省文化艺术研究院，研究员。邮箱：high227@163.com。

时间与空间作为事物存在的显现形式与方式它们相辅相成，须臾不离，但各自个性不同：三维的空间相对固定，而时间的一维性却意味着它的动态与变化。因此，在戏剧艺术中，时空在其构成性的结构及其运动变化规则如果不同，就会造成完全不同的审美形态与表述方式：西方戏剧以空间制衡时间的变化，其时空是团块式地纠缠结构着的；而中国民族戏剧——戏曲却显现出在时间的一维性上展开变化的无穷展延性与开放性。前者的剧情展开被约束在一定空间里，具有一种严格对称的均衡感与体量感；而后者却把剧情在时间的维度上平面化地铺延开来，在时间的展延中展示出如行云流水般的变化。

在西方，自从亚里士多德在《诗学》中提出“就长度方面，悲剧尽量把它的跨度限制在‘太阳的一周’或稍长于此的时间内”[1]的论点以来，关于戏剧的时间就进入了戏剧理论的视野。由于时空的不可分割性，相应的，戏剧的空间也被纳入了人们的视野：表演的时间与所表演的事件的时间要求大体上的一致限制了戏剧的时空的弹性。十六世纪意大利学者卡斯特尔维屈罗对此有很好的阐释：戏剧事件的发生“是在一个极其有限的地点范围之内和极其有限的时间范围之内发生的，这个地点与时间就是表演这个事件的演员们所占用的表演地点和时间”。[2]在这里，可以说时间的限度制约了空间的有限性，但反过来看，恰恰是空间（地点）的有限制约着时间变化的模式，如易卜生的《娜拉的出走》。把男女主人公长时期生活中的冲突与个性的冲突按照“太阳的一周为限”的原则集中起来，在一个家庭客厅里展开，以强烈而集中的矛盾冲突形成戏剧空间的巨大张力——空间在这里并不是被动的，恰恰是它的集中性凝滞了事件在时间维度某一点上的集中，从而引发强大的爆发力，造成巨大的戏剧冲突，以达到震撼、“净化”[1]63的审美目的。这种倾向在古希腊戏剧就已基本形成——《俄狄浦斯王》所创造的“闭锁式”戏剧空间结构为西方戏剧结构创造了典范。在这里，剧情所涉及的时空结构呈团快状、闭锁式，或者说 是以空间为肌理来撷取事件的时间片断加以梳理组织，从而构成各种事件错综交织的情节结构。虽头绪繁多，却有十分对称和谐谨严的结构，具有一种庄严雄浑的风格。也就是说，在这里，在时空结构中起根本性作用的还是空间，是以空间的“静”来凝固时间的“动”，把时间的韵律凝固在空间的“静”中，可以把它称为限制性的“时空同构”。

从另一方面来说，空间具有一种可把握性，它是可视的，因而也是具体的，有体量感的。因此，在西方戏剧中，人物活动其间的空间的真实感营造始终是戏剧目的之一。“戏剧表演的目的在于利用那不自然的、有限的、框架式拱形舞台的空间，来给观众造成自然空间的幻觉。”[1]23。

时空的特性在中国民族戏剧——戏曲中却显现出完全不同的表征。它以时间来统领空间；剧情在时间的维度上展开，在人的活动中去展开环境空间——不追求舞台空间的真实感，不在乎它是否合乎生活的真实尺度，在合乎“情理”（而不是事理）的前提下无拘束地在行动进程去表现行动的空间，“境由心生”，景随人出。这表现在两个方面：一是情节线索的组织；二是戏剧行动（时）与环境空间（空）的关系。

试以《琵琶记》为例，它的演出程序是这样的：第一出副末开台，传述剧情大意；第二出“高堂称寿”出生、旦、外、净四角色；第三出“牛氏规奴”，出末、净、丑、贴四角色。至此，从角色来说生旦净末丑（贴、外属角色加扮，贴为旦外再贴一旦）已出尽。这叫出角色。此后，第四出“蔡公逼试”，第五出“南浦分别”，至此，男女主人公的命运花开两朵，各表一枝：蔡伯喈上京赶考，赵五娘在家奉养公婆；蔡伯喈高中状元入赘相府；荒年的赵五娘以米饭供养公婆，糟糠自咽；赵五娘卖发葬亲、描画了公婆遗容，身背琵琶上路，去京城寻夫，蔡伯喈与新夫人荷池赏秋，商议接父母，牛相不容……两种场面轮流交替呈现，最后以赵五娘入相府作佣与牛小姐相见，终至夫妻相会为结。

在旧时戏台上，戏曲的文本也是场上艺术的场记本。从上面的分析实际来看，传奇以“双线并行”——以男女主人公、一般是生旦的各自行动来结构戏剧的情节线索，在开放性的时间维度上展现人物的命运。从而形成一有完整的故事的开头、发展（中间）、结束。艺者则分角色行当、各自以本门应功，用唱、念、做、打；身、眼、手、法、步的动作来扮演人物，呈现故事；生旦净末丑——这是最基本的场上体制。“双线并行”是指男女当事人“（分）离”后各成一条戏剧行动线，并不断地分别轮流出场。故而称之为“双线结构”。这种开放式的以双方人物行动为依据的双线并存式线索推进在剧情进展的每一个时刻，男女主人公以各自之所为，不断地轮流呈现在观众面前，。这样，在整个过程中，男女主角同时在不同地点处境下的各种情形会以强烈的对比轮番呈现在观众面前，也就是说空间事件随时间的流逝而轮番流转呈现，如《琵琶》一边是蔡伯喈杏园春宴，一边是赵五娘义仓求赈，一边是相府花烛再婚；一边是赵五娘吃糠。这是我国传统戏剧特具的一种戏剧性矛盾的展开。这种开放式的情节结构比单一的团块式的闭合空间能容纳更广泛的生活内容，所反映的社会面更为扩大：上可以至宫廷相府，下可以至市井里巷。从而把当时普通人家家庭伦理关系及其悲欢离合与封建社会诸阶层结构及其利害关系结合在一起，构成一个宏大的社会面。这是单一的闭锁式的空间无法达到的。

在时间维度上展开的线索结构决定了中国戏曲对空间的组织不可能是凝聚于某一个时间剖面上来布局矛盾的纠葛交缠，而必须在时间的一维性上以连贯的串联事件的方式来展开情节线索与事件空间，这就是中国戏曲的“出”——“出”既是中国戏剧的显在的戏剧结构，又是构置事件发生发展的情节线索。中国古典戏曲在没有任何装置的空台式的戏台上创造性地运用了“出”的手法——即以人物的空场来界分时空。所谓的“出”并不是剧中人物“上场下场、入而复出”的“分场”，而是以人物的“空场”——演出场上无一人物为界分的。只要不出现空场，无论多少人物多少次的上下场、入而复出，都是在同一“出”戏内。如《琵琶记》赵五娘筑坟：先是空场，五娘上场，筑坟，困睡，神鬼上场筑坟后又下，五娘独场，接着张大公偕小二上场，同下，空场了，才为一“出”。下面蔡伯喈牛氏等上场，为另一“出”。这里的“出”从其本原来看，其所指与能指有一个渐至转化的过程。最早其功能是用“出”与“出”之间的断续表述剧中时间、空间的变换，相当于一段语言陈述中表示一个停顿的句号，所以“出”与“出”之间隔以空场是必定的。后来它成为戏剧行动在时间意义上的一个空间单位。一般来说，一“出”戏所包含的是在一个规定空间、一段连续时间内的戏剧行动。其下一“出”则在另一规定的空间、另一段连续时间内的戏剧行动。由于“出”更多的是时间意义上的规定，因此，有时一“出”也可以因一个戏剧行动的时间连续而转移空间的。如《梁祝·十八相送》即所谓“举步千里”的自由的时空表现。

这里，我们很明显地看到了时间统辖了空间，空间的“静”融入时间的“动”——变化上。从戏剧的时空运动来看，戏曲结构起主导作用的是时间的因素，采用的是在把“空间契入于一种富于建设性的时间维度之中”，在时间的维度上形成点线式的结构。空间的变化完全系之于场上演员身上：随人物的活动而形成戏剧情景。其空间的组织随时间而动，从而形成了有如行云流水的空间流转感：如前举的《琵琶记》，忽而陈留蔡家；忽而京城相府；前一场还是赵五娘义仓乞赈，后一场就是蔡伯喈花烛相府。全然没有西方戏剧在空间真实感营造上所遇到的那种滞涩感。在这种结构中，时间是结构组织的主线，而“出”则成了其中一个个枢纽，表现出戏曲时空结构在时间维度上展开的延展性与开放性的特征。

那么，为什么中国戏曲会形成如此毫无拘束、自由自在的时空结构；其间充溢着怎样的中国人的审美体验与生命意识。德国人格罗塞曾如是说："艺术科学的目的也不是为了应用而是为了支配艺术生命和发展的法则的知识"。[4] 对我们来说，透视戏剧的时空同样也是为了挖掘"支配其艺术生命与发展的法则"。

时空作为事物存在的显现形式与方式它是客观的，是存在所得以发生的必然条件，但是从主客体审美着眼，人们对它的感知与体验却是因人而异的，从大的方面来说，它与思维模式有关，从审美的个案着眼，却又因人因时因境而异，当然这是另一个题目了，不为本文所及。这里，我们仅对中国戏曲所表现的这种泛时间意识加以分析。

以时制空、时空相融的艺术审美泛见于我国古典艺术中，如中国绘画中的散点透视，把对象的每一个方面（形）置入一个平面里层层铺衍，由静入动，打破造型艺术因"绘形"而形成的时空对立与界限，而形成一种时空序列的含混不清、错综交叠。从根本上说，这种审美方式是历史主体在长期的社会实践中形成的，透视出中国民族文化独特的宇宙意识与生命意识。

中国历史的一个重要特点是在迈进文明时代的过程中，并不如希腊社会那样比较彻底地由地缘政治取代了氏族血缘政治，因此，无论是其制度层面还是精神层面都带有氏族文化的遗存。表现在思维层面上就是将初民观物取象的表象思维朝精深微妙发展，形成了中国人独特的思维方式与审美方式，其基本法则就是人与自然的"不隔"，在古人看来，人与自然处在同一个旋律与变化的节奏中，而"天道"的演运变化无穷无尽，在一个无限延续的时间维度上进行。孔子曾以"天何言哉。四时行焉，百物生焉！"，以四时的运行，来说明充溢在宇宙运行创造性中的旋律及其节奏与和谐，而循天道而行则为人事之首要。这是一种基于农业——宗法社会的农业生产周期与自然四时往复变化——也就是时间的推演之上而形成的观念。由此，中华先民在感知自然的"生生不息"、无穷演化的同时就不可能象《旧约全书·创世记》与古印度吠陀创世说那样为时间确定一个确切的空间边界，而只能把它看作是一个无穷变化着的开放的过程。因此，与希腊人的研物究理、以逻辑的推理、数理的演绎、物理学的考察去求知自然的规律、从客观之物在空间上的点、线、面、体出发以网罩万物形象，终至由外在结构而深至物之内在的结构的思维路数比较①，中国人是"在天地的动静、四时的节律、昼夜的来复，生长老死的绵延中，感到宇宙是生生而具条理的。"[5] 也就是说，是把空间融入于时间之流中，在时间中感受宇宙的氤氲大化与生命的过程。这里，起主导作用的是动态的时间因素，以时化空，把静止的有限度的空间化为生生不息时间之流中动态的变化着的客观现象。孔子在川上曰"逝者如斯夫，不舍昼夜"②充分表现出中国人如此的人生态度与精神境界：在时间的流逝中、在大千世界的迁移中"观

① 古希腊最早提出宇宙图式的是柏拉图，在《蒂迈欧篇》里他说，"世界造成了一个球形"、"其在各个方向的端点与中心的距离是相等的"。其后，亚里斯多德继承乃师的观点而有所发展，在空间中引入运动（时间）的观念，他认为天空"被赋予一种圆形的躯体，基本质就是永远在圆形的轨道上运动"（亚里斯多德《论天》）。"太阳、星辰和宇宙是永恒地运动着的。"（亚氏《形而上学》）；伊壁鸠鲁则又从天体运动的角度出发来肯定宇宙在空间上无限性"宇宙是无限的，因为有限的东西总有一个边界，而边界是靠比较才显示出来的……说宇宙无限，是从两个方面来说的，一是它所包含的形体无限多，一是它所包括的虚空无限广"（伊辟鸠鲁《致赫罗多德的信》）。很明显，在古希腊哲人那里，时间与空间是两分的，并以空间的"广"来界定物体的"动"（即时间），充其量可以称之为时空同构，而不可能是时空同化，生机自在。同样是讲宇宙生成与运动，《周易》的《彖传》在解释干卦经文"元、亨、利、贞"时，是这样说的："大哉干元，万物资始，乃统天。云行雨施，品物流形。大明始终，六位时成，时乘六龙以御天。干道变化，各正性命。保合大和，乃利贞。首出万物，万国咸宁。"这里没有截然两分的"时""空"，故创物过程是无止境而没有尽头的；也没有截然两分的"因"与"果"，没有人格神式的造物主，而是天道自然衍生宇宙万物，其过程是内发而非外成的，故可称之为时空同化。

② 《论语·子罕第九》。

吾生，观其生”（易观卜辞），把握生命、体验生命。这“生生不息”，既是天地运行的大道，也是中国人立足于有限的空间（此在）对无垠的时间之流（彼在）的生命体验。这里没有一个确切的造物主与上帝，也没有本体意义上确切之物，而只有一个如老子所说的“有物混成，先天地生，寂兮寥兮，独立而不改，周行而不殆”、难以为名而强之以名的“道”，或曰“大”[①]。老子与孔夫子虽然一为道家，一为儒家，学术不同，但面对无垠的宇宙与生命之流时两人的思维却走到了一起。可以说，各民族的文化——包括时空意识——在其形成之初，就已确立了自已的型范与走向。

生生不息，氤氲大化，在古人看来，既是一切现象的体与用，又是形而上的道与形而下的器，体用合一，道器一体。由此，“与天地同参”（《孟子》，化实相为空灵，就成了中华艺术的灵魂，不仅具体体现在书法绘事抒情文学里，而且也具体体现在叙事的表演艺术——戏剧里——其如行云流水般的时空同化的戏剧结构。

二、虚实相生，游刃于虚

通过遗貌取神对具体的物象作虚拟化的艺术处理，以程序化的技巧以“形”写“神”、表现人物的喜怒哀乐表情与形体，从而达到揭示其心理活动与感情的起伏波动——由此形成中国戏曲独特的线性的节奏流动变式。这是中国戏曲的又一独特的审美表现。

节奏是隐含于时空之中的一个广泛存在的客观要素，对戏剧来说，所谓的节奏主要体现于人物的行动节奏上。但是，由于审美心理的差异，在节奏的构成与组织上却会显示出差异来。

阿道夫·阿庇亚曾经把自已的那些设计称为：“有节奏的空间”。尽管所指的是戏剧舞台的视觉形象，但却指明了一个体系——西方戏剧——的目的是（运用语言、声音、色彩、灯光、场景、种种听觉与视觉性语汇）以对比、交叉、递进、强弱、停顿、重复等“可衡量的变化”形成节奏的起伏跌宕，从而建构起强烈的包括社会、心理、命运、情势……等冲突并揭示其间的力量。在西方戏剧里，我们比较多地看到这类以空间元素来外化心理节奏的模式。

由于文化心理定势的作用，中国戏曲的舞台节奏则更多地表现出时间维度的线性特征，其舞台节奏明显地受制于人物情感表达的需要，呈现出显着的主观特征：可松可紧，可收可放，存乎有限与无限之间、运动于有形与无形之间。时间上的随意性不仅打破了戏曲艺术时间上的严整性，也增添了情节的散漫。但是却深入地展现了人物的内心活动。总的来说，戏曲的舞台节奏的变式是由人物的心理活动而定，随着心理活动的强弱与内在力量的消长而出现张弛有致、有话则长、无话则短，与生命体合一的节奏变式。看似随意，却是有机一体，体现出心理活动时间意义上的“持续性的接续的秩序”，而不是具体的某一事件（行动）的“空间的广延性和并存的秩序”。前者是偏重于情感的，而后者是侧重于事件的。昆剧《十五贯》“访鼠测字”这一段戏的舞台节奏带有十分典型的行为与心理节奏的特征。

对戏曲来说，其节奏变式主要依赖于人物心理，其整个舞台节奏的核心也就落在表演节奏上。而中国戏曲的表演又是一种程序化的歌舞表演，因此，戏曲的节奏其实有两重：一是内部节奏，即人物的心理节奏；另一个则是外部节奏，即程序化表演中所需要的场面上的动静得宜、冷热相捋的处理。

---

① 《老子·第二十五章》。

在戏曲舞台中，这两者经常是水乳相融，不分彼此表里地结合在一起的。比如，在戏曲表演中，常常可以看到在激烈的武打场面中，演员会突然来一个亮相，时间仿佛于惊诧之际屏息而立，那刹那的瞬间似乎被无限放大，在动与静、壮美与优美的反差对比中，彰显人物内在的精神气质。也有在时间的流逝中，把人物的活动一一呈现，如一幅传统的中国山水长轴。如《四进士·盗书》中，宋上杰在安排两个公差睡下后，拨门、盗书、拆书，又把书信内文一字不漏地抄下来再送回原处，演员做戏做得从从容容，一丝不苟；书信到手，场面上立即响起四更，稍一静场，鸡鸣天晓，行贿的与告状的各奔前程。这一段该细的极细，该一笔带过的直截了断，毫不拖沓。舞台节奏安排得张弛有致，极为紧凑。尤其是那个静场，可以说是用得出神入化——在节奏变化上起到了一种呼吸停顿与点龙画睛的作用：如果书信到手时已是天色大亮，就会显得在行动上显得过于仓促匆忙，表现不出一个久经官场历练的刑房书吏的干练老辣，沉稳机智。可见，在戏曲程序化的表演中，人物的心理节奏决定舞台的表演节奏，两者水乳相融，呈现出一种线性的流动的趋势。其实，反过来看，一个好的演员也能利用程序化的外部表演深入地刻画人物的内心情感，达到完美的内外结合。两者之间是一种相辅相成的辩证关系。

从方法论上来说，以程序化的手法仪貌而取神来表现生活，这是远古先民观物取象的表象思维在传统文化心理上打下的烙印，但它却给戏曲舞台带来了无穷的流动的神韵。“歌（唱）”属声乐，为时间的艺术，而“舞”为空间的造型艺术之一，在西方它们是分隔的，但在戏曲里，它们却水乳相融。形成了一个充溢着生命节奏与韵律的、活泼泼的具有充分的审美自由的写意的时空，“止之于有穷，流之于无止”，在空间的流动中体现出活泼泼的生命的节奏。这说明戏曲舞台节奏的处理，从根本上还是基于人物的心理行动。反过来说也是一样，是人物的行动与性格决定了舞台节奏的变式。需要时工笔描绘，一丝不漏，该省略处又极省略，疏密浓淡，完全按照人物表现的需要来安排设置。这种时间上的可收可放、可张可弛说明戏曲的舞台节奏以时间的线性为其前提。

由此，戏曲的空间节奏有一种时间意义上的自由，呈现出一种线性的飞逸流动之美。这条线，是运动的线，不仅如上所述体现在剧本结构中，更是鲜明地体现在舞台表演中，它有一种如古人所说的动与静、起与伏的 变化之“势”，刘勰曾有阐“势”：“势者，乘利而为制也。为机发矢直，涧曲湍回，自然之趣也。圆者规体，乘势也自转；方者矩形，其势也自安；文章体势，如斯而已。”①刘勰以自然的“机发矢直，涧曲湍回”来说明“势”与“自然之趣”的关系，这说明 “势”的“动”与“静”是一种相辅相成的关系：静态中有其动势，而“乘利而为制”则说明“势”又为“静”所制约。得其势者，即是对于自然万物之静态的动态把握——即所谓的动静得宜、开合有度、变化有序、曲折有致的节奏与韵律。在虚为主，实是客的戏曲舞台上，如何在“得势”的动态中、捕捉人情物态之“自然之趣”，得“势”成韵就显得格外重要。从整体来看，戏曲表演始终处于一种线性流动状态中，似乎处处能得“势”，却又处处难得势。因此，就有必要出现一种相对静止的状态，在动静相得中，才能突出其强烈的动势，从而创造出“有如细纱面幕，垂佳人之面，使人在摇曳荡漾，似真似幻中窥探真理，引人无穷之思”[5]的意境。这既是人物表现的需要，也是审美的需要，从形式美感来说，一味的动与一味的静都易形成审美的疲乏，动静得当，虚实相生，直指人心，显现了人的心灵深处的情调与律动的节奏才是最有生命力的。“美的形式的组织使一片自然或人生的景象自成一独立的有机体，自构一

① 刘勰《文心雕龙·定势》。

世界。”[5]也就是所谓的“一花一菩提，一沙一世界”，正如宗白华先生所说“形式之最后与最深的作用，就是它不只是化实相为空灵，引入精神飞越，超入幻美。而尤在它能进一步引人‘由幻即真’深入生命节奏的核心。世界上唯有最抽象的艺术形式——如建筑、音乐、舞蹈姿态、中国书法、中国戏脸谱、钟鼎彝器的形态与花纹——乃最能象征人类不可言状之心灵姿势与生命的律动。”

中国戏曲的线性节奏隐含着中国传统文化的变异观，以及其在“体”与“用”、“道”与“器”的相互关联中呈现出的独特的视野。“天以健为用者，运行不息，应化无穷，此天之自然之理。”干，即是天之体，又是天之用。而坤，“乃顺承天，坤厚载物”、“广远象地之广育”，“坤至柔而动也刚，至静而德方……承天而时行”[6]。《周易》被称为“六经之首”，它集中体现了上古时期中国人的宇宙生成与变化观。可见，在体与用、器与道之间，中国文化更注重于其“道”与“用”，并把“体”（器）纳入“用”（道）之中，道即是体，用即为器，强调变化以及万物的变化节奏（包括生命）与自然节奏的和谐无间。这与西方自柏拉图以来所形成的二元对峙的宇宙发展观形成鲜明的对照。体现在戏剧舞台节奏的生成上，东西方戏剧一个重在利用速度、强弱、递进等来表现空间的节奏变化，一个则以人物的心理节奏变化来控制舞台节奏的生成与变化。一个重在空间的多重织体，一个立足于时间的线性变奏，旨趣全异。凯瑟林·乔治女士曾从声音（包括单词、短语）的重复、讲话人的交替和台词的长度、语言策略的重复、态度的模式化、风格、有限的场景递进、象征性的姿态等角度对西方戏剧中单一场景与多场景舞台、全景舞台中的节奏构造进行了分析。虽然她把由这些因素形成的节奏称为“节奏波”，但从其构建来看，却是在一个有限的空间中进行的。东西方戏剧也因此而大异其趣[7]。

三、和而不同 圆融浑成

戏剧的母体是宗教祭仪。世界各民族戏剧都曾经历过与神分离的世俗化的过程，只是它们各自所依循的路径不一样。在希腊，在同一个神的祭仪中分蘖出具有不同价值取向与风格的悲剧与喜剧。西方戏剧视悲喜如水火，把悲与喜两种成分离析为二，创造了排斥喜剧成分的悲剧与拒绝悲苦成分的喜剧，悲剧与喜剧成分壁垒森严的两大阵营一直是西方戏剧文化的基本格局。“世俗来自拉丁文“Profanum”，意为圣殿之前的地带，以及圣殿之外。世俗化即指将神圣的东西移之于圣殿之外，在宗教之外的领域。”[8]崇高与滑稽；理性与感性；庄严与卑俗——由“繁复而趋向单一”——多重合一因素终于趋于“裂而为二”——悲剧与喜剧。这是一种二元背反的美学结构。而中国戏剧从上古祭仪经宋金杂剧至金元杂剧与宋元南戏，走得却是一条不断综合、不断吸收、各种成分不断浑融合一的“综合、繁复”化的过程。因此，不论在形式层面还是其意趣旨向上都体现出一种圆融浑成之趣。[4]

戏剧的审美形态有“繁复”与“单纯”、离析与综合之不同。西方戏剧基于其文化传统中分析的思辨的眼光使戏剧由其母体最终分化出悲喜二途，走得是由繁复趋向单纯的离析之路。而中国戏剧却刚好相反，以综合为上。中国戏曲的综合化程度之高是无与伦比的。就艺术构成成分来看，它集文学、音乐、美术、舞蹈、杂技、武术、工艺于一身，在舞台表演上则集唱念做打于一炉，表演技巧高度繁难。可以说是包诸所有，体现出一种综合性的思维与圆融合一的艺术精神。但是这种综合性并不是消泯个性，而是保持着自己鲜明的艺术个性。这也是中国戏曲为什么会形成如此多的“做工戏”或“唱功戏”——以突出某一方面演技为目的——的原因。在另一方面，艺术家们又精益求精，致力于每一个亮相，每一个动作，每一句唱腔，包括服化道美的每一个方面的同时，竭尽全力地让戏曲“集众美于一身”。多种艺术元素及多种表现手段被综合融入于戏曲艺术之中，经过长时期的磨砺，由宋元始而终至在明中叶，在士大夫与民间社会，戏曲艺术以其“众美兼备”而获得社会各个阶层的喜爱，而雄踞各表演艺术之巅，与诗文并而列于世界艺术之林。这种综合圆融之美给观众提供了极大的审美空间。这种圆融之美即便是在现在的戏曲舞台上也依然体现出其强烈的艺术个性。

首先是其声色之美与感官之娱的丰富性。戏曲以程序表现生活，程序来源于包括现实生活在内的大千世界，但又不尽然，戏曲的舞台程序在由生活动作进入艺术表现范畴时，是经过了种种复杂的综合过程才形成与发展起艺术与技术上的格律与规范。生活之外各种材料，诸如诗词舞蹈、民歌说唱、书画雕塑、武术杂艺、鸢飞鱼跃、花开花落、行云流水直至轻烟袅袅之动态皆可入戏，通过演员的体验或摹其形，或摄其神化为规范化的表演程序，再结合人物的表现，由形而入神，从而“使观听者如在目前”，以致“谛听忘倦，惟恐不得闻”，得到多方位的审美享受。元代胡祇遹曾就戏曲演员的表演提出“九美”说：其中有对演员姿容仪态的要求，有对演唱的要求，有对人物表演的要求，更有对表演创新“日新而不袭故常”、“以新巧而易拙，出于众人之不意，世俗之所未尝见闻者”（《紫山大全集·优伶赵文益诗序》）所提出的高标准的要求，从而使“一时观听者多爱悦焉”。由此我们可以得见中国戏曲形式美所能达到的高度、其所包涵的内容的丰富多彩与形式之美，可以说是姿质浓粹，光彩照人。即如“云手”这样一个在表演中作为一种装饰性、辅助性的程序化的动作，一个好的演员也能把它的美发挥到极致。戏曲舞台以程序为中心的综合是多方面的，它以舞台表演艺术为中心形成了多方位的舞台程序，如身段表演动作、舞台调度程序，以及服饰、脸谱、唱腔、器乐等，无论从哪一个方面看，都有自己独立的审美价值、意义，但又有机地融合在一起构成了一完整的舞台艺术体系。

其次是以“礼乐”为本位的审美趋向。我国传统思想中乐与礼占据同等重要的地位，“乐者，通伦理也”（《礼记·乐记》），“大乐与天地同和”（同上），乐是“礼”之“节”，是礼的具体显现。通过“乐”之有序化的仪式昭显“礼”之内涵与规范社会行为。中国戏曲综合融聚的各种成分如诗、歌、舞、曲（器乐）在先秦时期都是作为“礼乐”的身份出现。不仅对戏曲本体的形成产生过最初的影响，而且在后来的发展中，也以其“礼乐”精神影响制约着戏剧的思维，主要表现为戏剧内容上的以礼节情，从不让感情趋于极端，也就是注重世俗伦理中的人情世态的表现。所谓“夫曲之为道，达乎情而止乎礼义也”。将创造主体的心志情感直觉与想象联想尽量纳入既定的日常的道德伦理的仪轨。注重现实人生，不仅将人们的思想视线引向人自身，引向以亲情为纽带的人际关系，而且引向人的内心——特定情感的世俗伦理与日常心理。这是儒家思想人本精神在戏曲文化中的渗透。综观中国戏曲，无论是宋元南戏，还是金元杂剧，都是把现实的世俗生活中的日常伦理作为表现的内容与对象。在情节结构与人物的塑造上迎合百姓大众喜团圆、好热闹的世俗心理，不求事件的“事”真，但求情理的“理”真。从而形成一种“悲喜合沓”的审美倾向。古典戏曲大多都富有团圆之趣，善有善报，恶有恶报，好人必有好报。这种团圆之趣首先体现在先悲后喜、先离后合的情节结构的设置。《琵琶记》之所以在戏曲史上被称为“曲祖”、“南戏鼻祖”。就在于它在“荆刘拜杀”等宋元戏文的基础上，以其双线式的以男女主人公为主体的“主—离—合”的结构为中国戏曲提供了一个完整的“戏剧性的‘结构体制’”。这个结构体制在戏曲史上势奄数百年，不仅明清传奇不脱其窠臼，直到今天仍有很大的市场。

这种审美倾向形成于观众与舞台之间长期的互动。中国戏曲向来没有剧作家与版权之说，同一个故事谁都可以拿来写，而且可以各种不同的样式来写，学者称其为 “无定本”的传统，最后因为谁写得最好，就被社会各界所承认，形成一个观众与曲界都认可的“文本”。很显然，在这个过程中，观众的取舍是第一位的，只有得到观众的认可才能得以确立，反过来说，剧作家也是以观众的认可为前提进行改编加工的。高则诚的《琵琶记》即为典型的例子。作者摒除特殊性，写出了当时社会中一群‘普通性格的’的人的命运。写出了其‘理应如此’的结局。对此，早已有学者定评：“《赵贞女》之成为《琵琶记》，实际上围绕着赵五娘故事，为了要使善良的赵五娘有个好结局，从而引起一系列全面的、质的变动”，这个变动的内在动力与依据就是观众的审美抉择。《琵琶记》之所以能“冠绝诸剧”，得到社会各阶层的共同赞赏，不仅在于其文章，更是在于在“独擅胜场”的场上戏。从而广泛演出于社会各阶层。不仅宫廷里敷演，官府豪宅、文人圈子里演出，民间更是无班不演《琵琶记》，无脚不以能演《琵琶记》为荣。

从距今5 000年的良渚文化礼器至《楚辞·九歌》与绍兴战国铜屋模型所模拟的乐舞场景，我们可以看出其天人感应、人神相通的氛围，人们引入天地自然观念使人与自然有了深度沟通，展现出如（《庄子·知北游》）所说的“原天地之美而达万物之理”。这种与“天地通”的审美取向作为思想材料沉积在中华民族的思维与文化心理中。历史地看，中国戏曲有两个发生源：一个是即上古时期的神殿祭仪，这是原初性的带有巫术性质的空间实践；一个则是上述的秦汉以降遍及民间的各种娱神乐人的祭赛报社歌舞活动，属于一种继发性的“空间实践”。如果以昆德拉关于神话与圣文的观点来看，前者给中国戏曲提供了一个与神有关联的视域：与神的先天的关联性，中古时期广泛分布于民间的祭赛报社活动即其余响；而后者则使中国戏曲在被驱逐出正统的神殿之外的同时而深深地扎根于民间土壤，并作为岁时节令的演剧而融入民众日常生活的节律之中，具有了民间性与世俗性的品格，由此获得其深厚而持久的生命力。因此，中国戏剧是一种具有现世精神的戏剧。它强调矛盾的消解，关心的是人的此在的幸福与家庭日常伦理的合秩序性；其演剧空间与一个民族的生存空间水乳交融：中国老百姓生活中最重要的事——婚嫁丧娶、最重要的节日庆典都与中国传统戏剧的演出不可分割；它表现的是一种对生存幸福的祈求，表现出一个群体对族类生存与发展的一种本能的文化诉求。它深深地介入了中国人的生老病死的生命过程。在这里，我们看不到如西方戏剧那样悲与喜、神圣与世俗、理性与感性的扞格，而是充溢着活泼泼的平实的生命流动。呈现出天人合一、人神同乐的团圆之趣。因此，就其审美价值而言，它并不比西方戏剧“理性的超验”要低，而是具有自己独特的文化品格与审美价值。

【参考文献】

[1] 亚里斯多德．诗学 [M]. 北京：商务印书馆，2002.

[2] （意）卡斯特尔维屈罗．亚里斯多德《诗学》的诠释 [M]. 西方美学史资料选编．上海：上海人民出版社，1987.

[3] （英）斯泰恩 JL. 现代戏剧理论与实践 [M]. 第 1 卷．北京：中国戏剧出版社，2002.

[4] （德）格罗塞．艺术的起源 [M]. 中译本．北京：商务印书馆，1998.

[5] 宗白华．天光云影：美学的散步 [M]. 北京：北京大学出版社，2005.

[6] 周易正义·十三经注疏 [M]. 卷一．杭州：浙江古籍出版社，1998.

[7] （美）凯瑟林·乔治．戏剧节奏 [M]. 北京：中国戏剧出版社，1992.

[8] 彭兆荣．西方戏剧与酒神仪式的缘生形态 [J]. 戏剧艺术，上海戏剧学院学报，2002（3）.

[9] 高琦华．中国戏台 [M]. 杭州：浙江人民出版社，1996.

中国古代剧场类型考论

车文明[①]
（山西师范大学，山西省临汾市尧都区贡院街1号，041000）

【摘　要】中国古代的剧场大致有以下几种类型：商业性剧场，主要有出现在宋元时期大城市的瓦舍勾栏与清代中后期一些大都市的茶园酒楼以及戏园子；神庙剧场，包括遍布广大城乡的各种庙宇剧场、祠堂剧场、会馆剧场等；宫廷剧场，包括历代宫廷里的各种剧场；王公贵族私家园林剧场，主要是历代王公贵族建于私家庭院及园林里的剧场。临时性剧场，主要指在广场街道或旷野临时搭建的舞台，用毕拆除。当然，中国戏剧具有无处不歌舞的特征，举凡厅堂、舟船、街道、广场、院落，均可以撂地做场，但因为这些临时借用的场所没有相对固定的演出与观剧设施，一般不把它们作为专门性剧场来研究。其中，中国神庙剧场是中国古代剧场中绵延不绝、范围最广、数量最多的剧场类型。不同的剧场类型对戏曲的剧种、风格的形成有一定的影响。

【关键词】中国，古代剧场，类型

剧场（theatre），指观众观赏演出的场所，舞台与观众席是构成剧场的两个基本要素。由于其词源希腊文“theatron”中还有剧场艺术之义，所以一般的西方剧场史都包含剧场艺术史。本文所指之剧场为前一含义。

中国古代的表演艺术源远流长，早期有原始时期的歌舞、先秦时的乐舞，以及秦汉以后的百戏，隋唐时又名散乐，还有历代宫廷的优戏等。百戏、散乐是对各类乐舞、杂技以及初级戏剧等表演技艺的总称。这些表演或在露天广场，或在宫殿庙宇，但基本没有专门的场所。

宋金（11—13世纪）时期，中国戏曲形成，表演舞台的建设也随之开始，真正的剧场正式出现。中国古代的剧场大致有以下几种类型：商业性剧场，主要有出现在宋元时期大城市的瓦舍勾栏与清代中后期一些大都市的茶园酒楼以及戏园子；神庙剧场，包括遍布广大城乡的各种庙宇剧场、祠堂剧场、会馆剧场等；宫廷剧场，包括历代宫廷里的各种剧场；王公贵族私家园林剧场，主要是历代王公贵族建于私家庭院及园林里的剧场。临时性剧场，主要指在广场街道或旷野临时搭建的舞台，用毕拆除。当然，中国戏剧具有无处不歌舞的特征，举凡厅堂、舟船、街道、广场、院落，均可以撂地做场，但因为这些临时借用的场所没有相对固定的演出与观剧设施，一般不把它们作为专门性剧场来研究。其中，中国神庙剧场是中国古代剧场中绵延不绝、范围最广、数量最多的剧场类型。

一、勾栏溯源

宋元时期，在城市里建筑的商业性游艺场所叫做“瓦舍”（或“瓦子”、“瓦肆”、“瓦市”），瓦舍里设置的演出场所称作“勾栏”（或“勾阑”、“钩栏”、“构肆”）。

灌园耐得翁《都城纪胜》曰：“瓦者，野合易散之义也。”[1]吴自牧《梦粱录》说：“瓦舍者，

① 车文明，山西师范大学，教授。邮箱：chewenming@126.com。

谓其来时瓦合，去时瓦解之义，易聚易散也。”[1] 这是宋人的解释。今人康保成考释瓦舍一词来自汉译佛经，与佛寺戏场有关[2]。勾栏的本意原为曲折的栏杆，用在亭台楼阁中作防护栏，同时也可增加美观。宋元时期“勾栏”的名称被用来专门指称瓦舍里设置的演出棚，大致因为舞台台沿围以栏杆，故而将演出棚称为勾栏，所谓“勾栏棚”。康保成先生认为“‘勾栏’是佛教所谓夜摩天上的娱乐场所”，故而被借为演出场所[2]。

北宋时的勾栏记载似乎只见于汴京，可资考证的史料只有《东京梦华录》一种。南宋由于宋室南渡的缘故，首先将瓦舍勾栏的设置带到了行都临安。随着时间的推移，临安的瓦舍勾栏设置逐渐被周围 其他城镇所效仿，因而南宋中期以后江浙一带的城镇很多都建设了瓦舍勾栏 。

汴京瓦舍中，桑家瓦、中瓦和里瓦三个瓦舍，有“大小勾栏五十余座”，平均每座瓦舍有勾栏十七座以上。临安每个瓦舍里的勾栏数量可能要少一些，因为宋代西湖老人《繁盛录》说它的瓦舍中，“惟北瓦大，有勾栏一十三座”。另外临安还有一种“独勾栏瓦市，稍远，于茶肆中作夜场”。[1] 入元以后，随着北杂剧的风行大江南北，瓦舍勾栏也遍及到了全国各地城市中。

每座勾栏都有自己的名字。宋代已知的除了上述汴京莲花棚、牡丹棚、夜叉棚、象棚以外，临安北瓦里也有莲花棚。

勾栏是棚木结构建筑，这从勾栏都以“棚”为名可以看出。虽然有研究者认为勾栏是封顶而不露天的剧场，但是，从文献中还不足以完全证明是这种样式，很可能是周边搭顶，中间露天的格局，类似于今天的奥林匹克体育场。勾栏棚开有一个木条门，一般门头悬挂用彩色纸书写的招子，以招揽观众。勾栏里面用于演出的部分是戏台。戏台后部有戏房，戏台上设有乐床用来放置乐器。观众席分为神楼和腰棚。神楼一般认为是居中正对戏台而位置比较高的看台。腰棚是从戏台开始向后面逐渐升高的看台，它对戏台形成三面环绕的形式（因为戏台后部有戏房，所以不可能形成四面围观的局面），其后排座位可能一直高到接近勾栏棚的顶部。

每座勾栏的大小也不一致。《东京梦华录》卷二说，汴京“中瓦子莲花棚、牡丹棚，里瓦子夜叉棚、象棚最大，可容数千人。”[1] 这确实是一个惊人的数字，一般理解为一个勾栏容数千人，即使把它解释为四个勾栏一共能容几千人，依然令人惊叹。

勾栏演出一般是白天，通常一演就是一整天。勾栏实行商业化的演出方式，正式向观众进行售票。这时，中国剧场的正式形成期才来到了。勾栏演出具有很强的竞争性，有利于促进表演艺术的发展与提高。由于勾栏设在瓦舍里，而瓦舍技艺除了杂剧、影戏、傀儡等戏剧艺术外，还有诸如：“舞旋”、“小儿队舞”、“筚篥部”、“大鼓部”、“笛色”、“细乐”、“清乐”、“舞番乐”等十几种乐舞艺术；“小唱”、“嘌唱”、“叫声”、“鼓板”、“吟叫”等数种歌唱艺术；“筋骨”、“上索”、“顶橦”、“杂手技”、“球杖”、“踢弄”、“上杆”、“弄椀”、“烧烟火”、“变钱儿”、“小儿相扑”、“掉刀”、“蛮牌”、“弄虫蚁”、“商迷”等 60 多种杂技艺术；“讲史”、“小说”、“说公案”、“诸宫调”、“唱耍令”、“缠达”、“说诨话”、“学乡谈”、“合生”等近 20 种说唱艺术，可谓艺术大杂烩、大盛会。在这样一种文化场域中，各种艺术自然会互相学习、互相竞争、尽可能彼此吸收对方的长处，这就为作为综合艺术的戏曲的形成、发展提供了极好的外部环境。

由于勾栏演出过分依赖于都市的商业繁华和士人百姓的冶游习俗，一旦社会环境与风气发生变化，失去生存土壤，就很容易衰落。所以，当明初以后外界条件发生变化，它就很自然地走向了没落。从明代中期以后，勾栏就基本销声匿迹了。

另一种商业剧场就要算戏园了（图1）。因其早期主要设在酒馆、茶园里，所以也叫茶园酒楼。

酒馆茶园演戏（或其他曲艺）助兴代不乏例，文物中亦有反映，山西繁峙县岩山寺金大定七年（1167）壁画中即绘有一幅酒楼演唱图[3]。如果在酒馆内建立专门的演出场地——戏台，则酒馆剧场即宣告诞生。明代是否有酒馆戏园，目前还不能确定。有资料显示，清初在北京出现了酒馆戏园①，据廖奔先生考证，现存酒馆演戏画《月明楼》描绘的很可能是清代康熙年间北京酒馆演剧场面[6]，虽然其演出场地还是二楼楼廊，并不是专门化的戏台，但从整体布局看，已非常接近酒馆戏园了。乾隆时戏曲家蒋士铨《戏园》诗中所描绘的酒馆戏园已是“三面楼起下覆廊，广庭十丈台中央”了②，这已与一般的茶园剧场基本一样了。茶园剧场不设酒席，只供应茶水、点心、瓜子，其主要功能是演戏，所以也叫“戏园”（图2）。

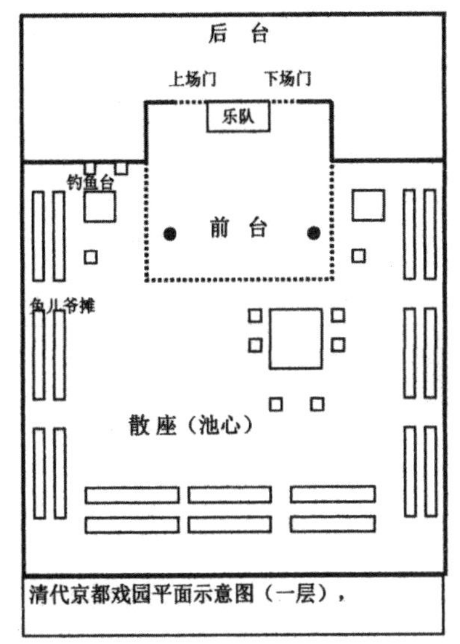

图1　清代京都戏园平面示意

图2　近人绘清代茶园内景图

从清代乾隆末年开始，北京出现七大名园：肉市街广和楼、大栅栏广德楼、庆和园、同乐园、庆乐园、三庆园、中和园。天津在清代中后期有四大名园：金声茶园、庆芳茶园、协盛茶园、裘盛茶园。上海开埠后，十里洋场市面日盛一日，咸丰元年（1851），在原上海县署西首四牌楼附近，出现了上海第一个营业性的戏园——三雅园，也称山雅园。上海第一个京戏戏园约建在清同治年间，是一位英籍华人罗逸卿在上海石路（今广东路、福建路一带）营建的一座仿京式的戏园（当时仍称为茶园），名之为“满庭芳”。1867年又有巨商刘维忠在上海宝善街（今广东路、福建中路附）建造了丹桂茶园。同治中叶至光绪末年上海开设的京班戏园不下50个，如升平轩、金桂轩、同桂轩、大观园、天仙茶园、

① 从“康熙十年禁内城开设戏馆”的禁令中也可看出当时已有戏馆之设。[4-5]
② 《忠雅堂诗集》卷八“京师乐府词十六首·戏园”，乾隆二十七年刻本。

图 3　光绪茶园演剧图

新丹桂、留春园、咏霓园、一洞天、四美园等。苏州茶园始建于清雍正年间，广州的茶园、戏园出现于清道光年间，开封戏园，兴盛于同、光之际。其他省会与大城市在清末以及民国初年都出现了戏园。但是，在内地州县以及广大乡村，戏园这种商业性剧场从未出现，目前仅见关外奉天（今辽宁等地）在晚清有乡镇戏园[7]。

戏园之结构与某些封闭式会馆剧场如出一辙。现存北京平阳会馆约建于清初，戏台坐西面东，正对东面之正殿，前台三面敞开，东、南、北三面设二层看楼，中间为池座。东面二层看楼上有三座挑檐顶阁楼，为贵宾席。整个观众席上方加盖顶棚，构成封闭式剧场。平阳会馆与其他会馆最大的不同是观众席封闭，改变了传统的开放式祠庙剧场形制。建于道光十年（1830）的北京湖广会馆剧场、同治十年（1871）的安徽会馆剧场均是这种封闭式格局。戏园之结构基本上模仿了上述会馆剧场形制，在一座方形或长方形的封闭式大厅内顶端建有一座伸出式戏台（一般前台为一间，近方形），戏台亦有上下场门，顶部照样设藻井或天花，前檐角柱上常有对联。戏台前方大厅中间为“池座”，其间摆设许多条桌，为平民百姓观戏所。周围三面为二层看楼，下层为“散座”，一般有桌子，观众围桌而坐；上层靠近戏台之处设“官座”，以屏风相隔，一般每侧三四个这样的包厢，这是最高规格的座位，观众不光看戏，同时还“狎旦”。官座后边空余之地亦摆一些桌子形成散座。正对戏台的一面“正楼”不设座位。此外，还有官座与散座后放高凳供仆从或 其他散客的“兔儿爷摊”及戏台上下场门与后楼的“倒官座”（因只能看到演员背面，故云）。清代中后期，北京的戏园非常兴盛，据周华斌先生统计，从乾隆三十二年（1767）到光绪十九年（1893）120 多年时间里有近 30 家之多[8]。遗憾的是戏园今天已没有遗存了，20 世纪 50 年代仍可寻迹的三庆戏园、庆乐戏园也早已改建，面目全非了。现存光绪间茶园演剧图 、广庆茶园演剧图描绘的情形与文献记载基本相符（图 3）。

戏园投资者（园主）大致有独资、合资两种，园主一般不是班主，个别时候戏班班主也参股经营戏园，但这种情况比较少见。经营管理上设经理 1 名，副经理 2 名以及账房、执事等 其他管理人员若干名。戏园与戏班关系密切，早期是戏班轮流到各处戏园演出，大约 1 900 年后，在北京变为一个戏班久占一座戏园演出的局面。

戏园是都市商业文化催生的产物，具有独特的意义，是都市娱乐文化的一种典型代表。相对固定的有较高审美能力的观众、激烈的竞争、文人雅士的参与，从戏园里孕育出众多杰出的戏曲表演艺术家，极大地提高了戏曲的艺术品位，终于使以京剧为代表的花部登上了大雅之堂。

二、神庙和祠堂戏场

神庙剧场是指在神庙里建立戏台，并有观剧场地的场所。最早在神庙里所建的固定演出场所是正殿前之露台，之后在露台上加顶盖，成为乐棚或舞亭之类，再以后演变为更加专门化的戏台——舞楼、舞庭、乐厅、乐楼、戏楼等。需要说明的是，古人对神庙戏台的称谓很不统一，有舞亭、舞厅、舞楼、乐厅、乐楼、戏台、礼乐楼、乐舞楼、歌舞楼、山门戏台、山门舞楼等 30 多种。

宋代舞亭已无迹可考，现存金元戏台有十几座，全部集中在山西省。建筑上大体为地面设方形台基，其上四角立柱，上搭屋顶的形制，屋顶一般为单檐歇山顶，个别十字歇山顶。面阔进深大致一间，面积在 40 ～ 50 多 m^2，其中最大的 84.35m^2，最小的仅 20m^2。戏台已有前后台之分，后台一般占 2/3 左右。北方明代戏台的规模与结构有了明显的增加与变化。面阔多数变为三间，屋顶除了单檐歇山顶外还出现了重檐歇山顶、硬山顶、悬山顶等。大体而言（图 4、图 5），北方明代戏台建筑面积在 45 ～ 90m^2 之间。明代江南戏台现已无存，从遗留下来的清代戏台看，前台面阔进深各一间，一般在 5 ～ 6m，小者 4m 多见方，大者 6m 多见方，建筑面积 30m^2 左右。后台一般为三间，面积反而大于前台。明代戏台当不至于超出此规格（图 6）。

清代戏曲全面繁盛，戏台建筑几乎遍及全国城乡。清代戏台类型建筑之平面布置也形式多样，从观演角度分，有三面观、一面观两大种类，以单层伸出式、单层镜框式、过路台伸出式、过路台镜框式四种基本类型为主要框架，又生出许多变化（图 7）。

伸出式戏台中，又有前台全伸出与半伸出两种，前者占多数，主要分布在南方地区，其中以江浙一带最为典型。半伸出式多在北方地区。当然，这两种戏台中也不是整齐划一的，全伸出式有时向内稍有缩进，半伸出式与稍有伸出者也颇为相似。

北方及西南地区戏台多以面阔三间、进深两间，有的两侧加耳房为格局。山西省现存清代戏台面阔一般在 7 ～ 10m 之间，其中以 8m 左右为多；进深一般在 5 ～ 8m 之间，其中以 7m 左右为多（柱中至柱中）。建筑面积在 45 ～ 100m^2 之间，小山村戏台略小，城镇里某些戏台稍大一些。台基高 1.5m 左右，过路台一般在 2m 以上。还有一种山门戏台，尤其是会馆山门戏台，因为属多功能复合式建筑，面积较大，多数超过 100m^2，有的竟达 200 多平方米（图 8）。在南方，尤其是江浙一带，山门戏台前台基本为伸出式，面阔进深各一间，一般在 5 ～ 6m，小者 4m 多见方，大者

图 4　山西高平市王报村二郎庙金代戏台

图 5　山西临汾市魏村牛王庙元代戏台

图 6　山西介休市后土庙明代戏台

图 7　江苏苏州市全晋会馆清代戏台

图 8　江西玉山县官溪村胡氏宗祠明代戏台

图 9　四川自贡市西秦会馆清代戏台

6m 多见方，建筑面积 30m^2 左右，显得小巧玲珑。平面布局上，有长方形与凸字形两种，前者基本上是单层戏台，个别一面观式三开间（或五开间）过路台也是长方形；后者多为过路台，个别单层戏台中也有这种格局。

从建筑特征上看，宏丽精巧是清代（尤其是后期）戏台最突出的特点（图 9）。传统屋顶的五大类即庑殿、歇山、悬山、硬山、攒尖，至清代已完全成熟，并又推演出盝顶、囤顶、盔顶、扇形顶等异形屋顶。戏台建筑中不用庑殿顶，歇山、悬山、硬山居多，偶尔有攒尖、盔顶等。而几种新的屋顶组合变化形式，在戏台建筑中均有体现。屋顶叠落穿插是清代建筑屋顶变化的一种形式。有的（闽南一带为代表）将门屋屋顶一分为三，做成中高侧低的叠落屋顶；有的做成十字脊歇山对穿式，甚至加设龟头厦屋；有的在大屋顶上叠造小屋顶；也有的局部抬高出一个歇山屋顶，称为叠楼。湖广、四川地区还常把两翼屋顶做 45° 切割，显出宽厚的博风板 [9]。对戏台建筑而言，建筑师们亦是匠心独运，在屋顶设计上尽力翻新花样，以至于许多戏台无法以规范的单檐、重檐，歇山、悬山、硬山、攒尖等术语来描绘，这一点在商人会馆中尤为突出。

在神庙剧场演戏是以敬神为号召的，所以，戏台的建筑有固定的位置，一般在正殿（供奉主神之殿）前，面对正殿。即使是在街道旷野临时搭台演戏，也要在戏台前盖一小神楼，以敬神为号召（图 10）。由于在中国传统观念中坐北面南为尊位，所以神殿（指正殿）一般坐北面南，而戏台则坐南面北，只有个别神庙正殿与戏台的位置因地势原因有所变化（比如正殿座东北面西南、座西面东，甚至坐南面北等，戏台也只好面对正殿）。如果从有利于采光、观剧等实用的角度讲，戏台应坐北面南（1949 年以后农村兴建的不依托神庙的戏台基本上都是坐北面南），但宗教信仰、风俗习惯、传统观念等文化因素在这里起了决定性作用，实用性退居第二。

神庙指用于从事宗教仪式或活动的公共性建筑，一般应以房屋建筑为主。“神庙剧场”中之神庙，是一个比较宽泛的概念。它既指供奉源于中国古代自然、祖先、鬼神信仰与崇拜的“古代宗教”之神灵的庙宇、祠堂，也指佛教寺院、道教宫观以及行会会馆（会馆大多供奉神灵、设正殿）等。

中国传统宗教信仰对神灵的崇祀、信奉，神庙的建立，可以被描述为是一个绵延滋生的过程。中国神庙剧场从宋代算起到清代，也经历了一个由简到繁、由边缘到中心的发展过程。由于中国戏曲晚出现，所以，当它形成并上演于神庙剧场时，神庙的形制已经比较完备了。神庙的主体建筑是神殿，由于古代宗教有一庙内多神共祀的特点，所以除了供奉主神的正殿（大殿、主殿）外，还有一些配享神殿。此外，还有山门、厢房、钟鼓楼等建筑。神庙剧场的布局也十分复杂，繁简差异很大。早期以露台为表演场所的神庙剧场，一般在正殿（大殿）前建一露台，神庙因神灵的级别以及所在地的经济实力等原因，繁简有差。后来的神庙剧场规模、布局也是差别很大。最简单的就是建一座正殿，祀一神，正殿前建一座戏台。复杂者如山西省蒲县东岳庙占地面积 8 900 多平方米，殿宇楼阁 280 余间。取其中者则为正殿、献殿、戏台及配殿与山门。

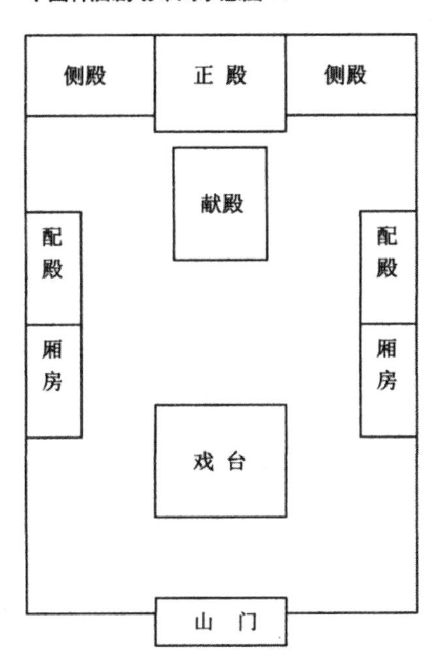

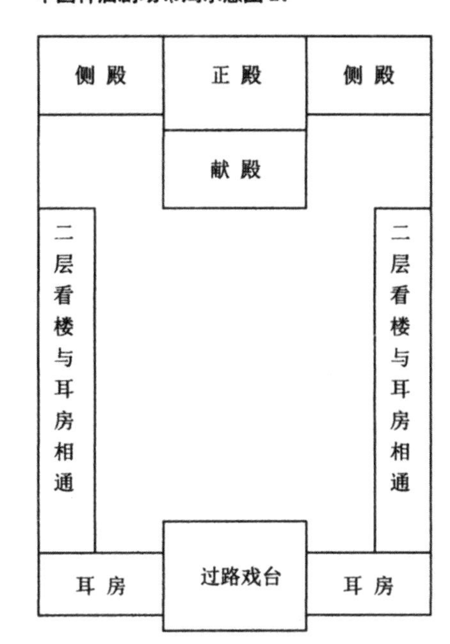

图 10 中国神庙剧场布局示意图

一般而言，神庙剧场最普通的布局是沿中轴线自南向北（个别依地形而有变化）依次为山门、戏台、献殿、正殿、后殿（或寝宫），正殿左右有侧殿（或朵殿），院两侧建配殿与厢房，山门左右或院内东西角或建钟、鼓楼。四周以围墙与建筑物后山墙围成一个长方形四合院。有的神庙剧场之戏台建在山门外，其中原因比较复杂。或因神庙创建较早，后来要增建戏台，而原来布局内部（献殿与山门间）已无法再建，只好建在山门外。如广东省佛山市祖庙（真武庙）创建于明代，有正殿、前殿（献殿）、山门，门外有牌楼。清初于牌楼前建戏台（万福台）、看楼。或因涉及宗教原因，如山西省高平市米山定林寺，始建于唐代，历代增修，香火不断。“寺旧无舞楼，浴佛日则砌台演剧。主持恒厌其烦，”适有善士相助，于清乾隆二年在山门外建成舞楼一座[①]。或为了扩大观剧场地。

戏台对面以及两侧的庭院是天然观剧场所。献殿在祭祀仪式结束，正式演出开始后也可以作为观剧场所，一般为官员、乡间士绅之雅座。

大约在明代中期（成化年间），神庙剧场中出现了一种新的戏台样式——过路台，即将戏台建于山门或过道上。对此种戏台形式，古人没有统一的专名，一般以“山门之上为舞楼”或“山门戏台”之类的话描述它，山西民间称之为“过路台”。过路台也有多种变化，一般是上下两层建筑，上层戏台用木板或砖铺台面。有的乍看为一层建筑，而在山门柱间开榫眼（或墙壁上留凹槽），演戏时临时插上楞木，铺上木板为戏台，演毕拆除，平时只作山门之用。山门戏台的出现，可以说是中国古代神庙剧场发展史上的一次革新，它在没有增加神庙总体占地面积的情况下扩大了观众区；而且，戏台抬高，既有利于后面的观众观看（古代神庙剧场许多情况下观众是站着看戏），又使得戏台本身高耸挺拔，增强了美感。

大约在明代末期，祠庙剧场出现了一种新的建筑“二层看楼”（供妇女儿童使用），它位于庙院两侧（一般为东西相向而列），下层屋起原来厢房的作用，上层则作专门观剧场所，上下层前檐多出廊，上层前

① 见庙内乾隆二年《定林寺创建舞楼记》碑。

图 11　安徽祁门县坑口村陈氏祠堂清代戏台与看楼

檐又设栏杆。经过长期探索，一种新兴的、比较完善的神庙剧场形制正式诞生了（图 11）。

神庙剧场是神庙与剧场的结合，具有双重功能，演戏只是其中的一种用途。一般而言，神庙剧场的演出具有如下几个特点：

（1）从时间上讲，定时为主，随时为辅。神庙祭祀活动多有固定的时间，一般选择神灵诞辰日，如四月初八为浴佛日，五月十三为关羽诞辰日，六月初六为崔府君诞辰日，三月二十三日为天后诞辰日等。也有以岁时节令为祭祀日者，如某些庙宇就在正月十五、清明节、中秋节等节日举行祭祀活动。此外，传统的春祈秋报更是全民性的节祭娱乐活动。演出期限一般为三天，有的五天，多者可达数十天。宋元以降，在建有戏台的神庙内定期举行祭祀活动时，绝大多数要演戏敬神。此外，平时若遇新建庙宇、新塑神像开光，商行开市、宗族修谱、久旱求雨、求神灵许愿后还愿，违反乡规民约、行业常规之罚戏，等等，均要演戏，此为非定期的随时性演出。

（2）组织者分官府与民间“社会”两类。比较重要的祀典神庙祭祀以及某些礼仪的举行，由官方主持，如祭城隍、立春。这些祭祀礼俗活动由地方州县组织的，一般要演戏。民间祀神演剧的组织为“社”或“会”。大致而言，乡村的“社”指由一定范围的人群组成的祭祀组织，一般以自然村落为单位，一村一社，有时，较大的村庄可以有数个社，较小的村庄则几个村合为一社；“会”多指具有一定职能的专门性祭祀组织（以城市为主），如有的会专门负责修路，有的会专门负责供品，有的会专门负责某项技艺表演等。当然，“社”与“会”的区分不是泾渭分明的，一般统称“社会”。社会的首领叫社首（纠首、首事）或会首，由几人或几十人组成，有时再设总社首一人，又名大社头。[10]。

（3）经费。官府组织的祭祀演剧活动，费用由官府支出，当然有时也向民间摊派，如令戏班承应官戏（官府组织的祭祀演剧），在迎春活动中扮演故事等。民间组织的祭祀演剧资金筹措有以下几种办法：①平摊；②捐施；③变卖公共财产所得。此外，一些规模影响较大的神庙往往具有恒产，它们是祭祀演剧及庙宇修缮能够正常进行的强有力资金保障。到清代，一些神庙还为祀神演剧设立了专门恒产，名曰“戏田”、“戏资”。祀神演剧只是整个祭祀活动的一个组成部分，而祭祀在一定区域范围内具有全民参与的性质，神庙是公共性设施，祭祀神灵，祈福攘灾是每一个人享有的权利。所以，神庙剧场尽管大都建有庙门，但它们永远是开放的，出入自由的，基本上不会售票营业，而是靠上述方法筹资。

宗教祭祀场所与演出场所的结合，在中外早期戏剧发展史上具有一定的普遍性。古希腊早期的剧场旁边建有酒神庙、祭坛，剧场也取名“酒神剧场”。古罗马崇信多神，演戏就是为了敬神。古巴比伦及美索不达米亚的乐舞戏剧活动，大多在各大宗教神庙及祭祀场所举行。日本在 8 世纪出现了关于舞台的记载，南北朝时期（1336 — 1392）形成能乐，以后又有歌舞伎、木偶净琉璃。其舞台也是在神社里产生，最初借用神社里的拜殿，以后形成自己的固定格式，或曰“舞殿”、“神乐殿”，或为能舞台、歌舞伎舞台、木偶净琉璃舞台，正对或遥对神殿。中国早期（宋元时期）剧场除了都市里的商业性剧场——瓦舍勾栏外，就是遍布城乡的神庙剧场。随着戏剧艺术的发展以及社会历史的演进，国外（日本等个别国家除外）的戏剧演出场所后来大多割断了与神庙的纠葛而形成独立的剧场。但中国的神庙剧场却继续发展并不断完善，伴随了中国古代戏曲史的始终，形成了世界上比较独特的戏剧文化现象。据我们的调查研究，神庙剧场是古代县以下（包括县城）广大乡村唯一的公共剧场类型，在大中城市的公共剧场中，神庙剧场也与瓦舍勾栏、茶园酒楼等商业性剧场平分秋色。而在明中叶至清中叶约 300 多年时间里，由于瓦舍勾栏的消失，茶园酒楼的缺席，它成为最主要的公共剧场形式。所以，神庙剧场便成为中国古代绵延不绝、范围最广、数量最多的剧场形式。而赛社献艺，也成为中国古代戏曲生存的基本方式。

三、宫廷戏楼

宫廷演剧从先秦就开始了，代不乏例。但早期一般是在宫殿里或殿外露天台基甚至庭院里进行，尚未建立专门的表演场所。宫殿里建立专门性的戏台是从元代开始的。明代宫廷有无戏台尚缺文献证据。现存宫廷戏台主要集中在清代。清代宫廷戏台可分为三类：大戏楼、小戏楼、室内戏台。

大戏楼原有 5 座，都是史无前例的巨构：故宫宁寿宫畅音阁、故宫寿安宫大戏楼、圆明园同乐园清音阁、承德避暑山庄清音阁、颐和园德和园大戏楼。现仅存故宫宁寿宫畅音阁、颐和园德和园大戏楼（图 12）两座。5 座大戏楼结构、规模基本相同，高三层，21m 左右，下层平面 14.5m 见方，建筑面积近 210 多平方米，远远超过一般民间戏台几十平方米的面积，上下场门更是多达 5 处，同时各层之间还有天井相通。上层“福台”，前台是一个较小的表演区，中间台面有活动盖板。福台后台是设备层加操作层，它有天井并布满了滑轮，大绞车有 9 个工作位，井口一边一个，18 人同时转动绞车，升降可以让演员乘云板上下。中层“禄台”用于表演的台面比一层小许多，台面几乎全部是活动盖板，演员可以从此进入夹层，再从夹层下到一层寿台。当然，前后台之间也有上下场门。禄台后台远大于前台，是升降云板通过时上下演员和装卸砌末的地方。下层“寿台”是主要表演区，前台通面阔、进深各三间。在前台后部上下场门之间有一排高约 2.2m，面阔与戏台同，深约 4m 的固定高台，叫“寿台明阁”，也叫“仙楼”，其正面有 4 座木楼梯与寿台台面相通。仙楼与后台由格子门隔开，并设上下场门。寿台的后台很宽敞，两边有直通二层禄台后台的大楼梯。寿台顶部设有 5 个或 7 个天井，表演区中间有一个大方形天井，在其两侧各有一个长方形天井，同时，四角各有一个天井。天井分两类：一类是供升降机械的通道，一类是演员上下通道。三层台中间天井垂直相通（二三层位于后台）。寿台下面有地井，有固定的楼梯通向后台台面。地井中间是一个大水井，两边有两排绞车。

图 12　北京颐和园德和园大戏楼

寿台活动台板和地下层的设置，可以增加演出的变化，用机械实现地下层到一层台面的升降，也可以任意设置演员上下的通道。水井可为水法砌末表演喷水提供

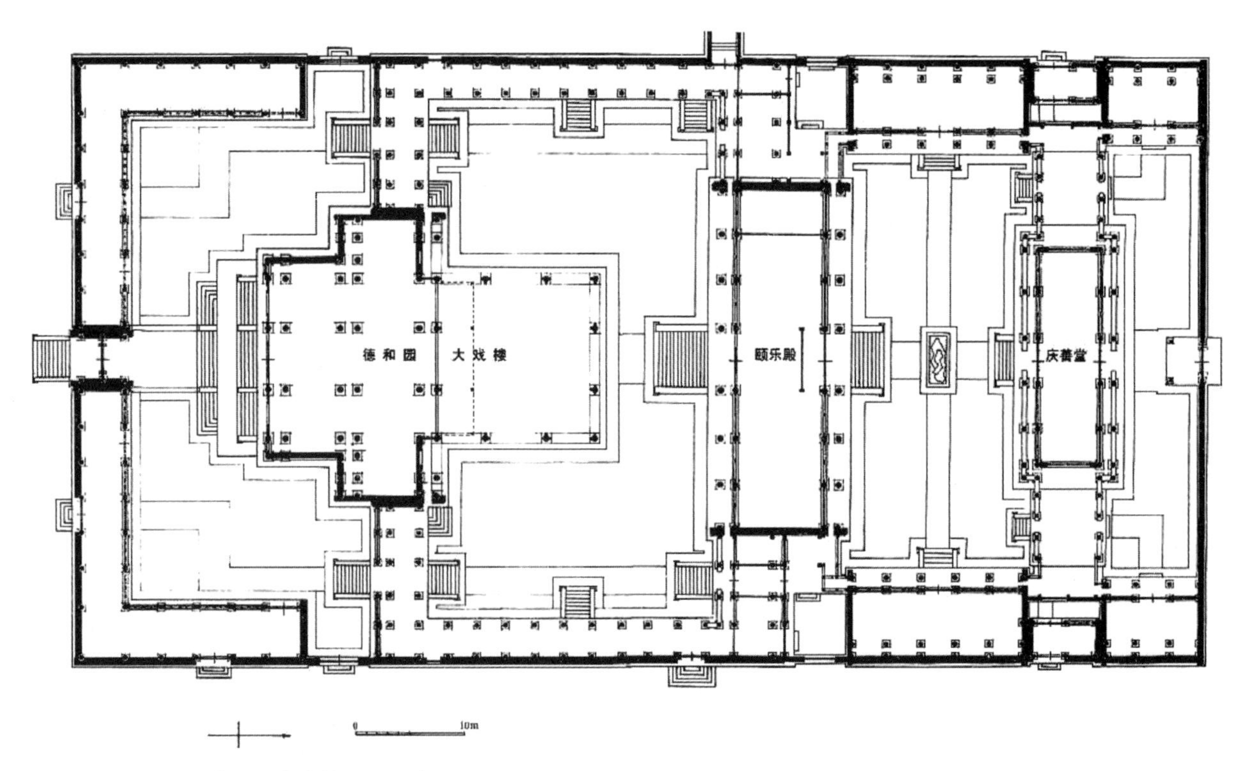

图 13　北京颐和园德和园大戏楼总平面图

水源。表演时通过辘轳汲水，机筒喷水，水可以喷在寿台面上，从台面顺势流回到地下层，水也可以喷向庭院，也有回流的水道。畅音阁大戏台的后台及地下层至今保留有不少大型砌末与装置，其中有一种大型移动平台，在长方形架子下有四个带有万向转轴的轮子，架上可立数人，经过装饰，可以作车，也可作船，由人推动在舞台上移动。

戏楼对面为建有正屋，一般为二层或单层建筑，面阔为五间或七间，前为廊。故宫畅音阁对面建筑名“阅是楼”，颐和园德和园名“颐乐殿”。它们是帝王、后妃观剧之所。中间庭院，两侧围廊，为王公大臣们看戏的场所。整座剧场布局还是传统四合院形式（图 13）。

清宫大戏楼主要上演清宫大戏。大戏编撰于乾隆年间，短则一百多出，长则二百四十出，均属于宏篇巨作。这些剧本虽然也用昆腔和弋阳腔演唱，但是在篇幅体制上却回异于明清传奇，清一色是长篇连台本戏。它们的题材分两类，一类取材于在民间流传广泛，脍炙人口的长篇小说，一类取材于正史。每当举行盛大仪典或令时佳节，多在大戏楼演出承应大戏。

小戏楼一般为单层或两层，规模远小于大戏楼。有故宫重华宫漱芳斋戏台，三间，12m 见方；北京北海晴栏花韵戏台，三间，面阔 9.5m，进深 8m；颐和园听鹂馆戏台，三间，约 12m 见方。承德避暑山庄“一片云”内“浮片玉”戏楼，面阔三间 5.9m，进深两间 5.8m。院内格局与大戏楼相似。

室内剧场规模更小，主要用于帝后及亲近侍臣等小范围少数人观剧。现存者有故宫漱芳斋风雅存戏台，故宫宁寿宫倦勤斋戏台。戏台一般为一间，3 ~ 4m 见方。戏台精雕细琢，室内装饰华丽。

清宫剧场是在中国传统戏台基础上形成的，来源于神庙戏台，又借鉴了当时城市戏园剧场的构造，而根据宫廷演剧以及显示皇家气派的需要创建的。无论从建筑造型还是实用功能上，都达到了中国传统戏台建筑艺术的顶峰。我们知道，中国传统戏曲表演是写意性的、虚拟性的、程序化的。清宫大戏的演出应用了许多写实的手段、写实的砌末，同时受到西方文化影响，出现了参照西洋画画法，具有写实性的硬景、软景，运用了管风琴等，这是对传统戏曲表演的革新，不仅仅是夸耀皇家气势。世界是丰富多彩的，艺术更应百花齐放。现在戏曲演出也不是应用了现代技术，音响、灯光应有尽有，布景不断变换，给人以更真实的感觉吗？虽然，由于人力、财力、物力以及技术上的限制，此探索不可能推广到广大城乡剧场，但这毕竟是我国戏曲史上的一大创举。清宫演出人员也是相当庞大的，如乾隆四十一年至四十二年（1776—1777），南府、景山三旗学艺人等就有 230 名，内府三旗学艺人等有 198 名，经过乾隆八旬万寿庆典，到太上皇时期，外学伶人数量竟达 700 人左右[11]。同时，咸丰帝、西太后又将民间伶人与戏班招入内廷演戏，如当时著名的京昆戏曲演员程长庚、谭鑫培、时小福、杨月楼、刘赶三、杨小楼、王瑶卿等经常入宫演出，内外戏班艺人之间的艺术交流是不可避免的。如此，清宫大戏的表演探索对民间戏曲表演艺术的发展也有着积极的促进作用，对京剧的形成起到了积极的推动作用。

四、府邸戏场

如果说神庙演剧源于中国古代“以乐辅礼”的文化传统，那么，宫廷演剧、堂会演剧则源于“以乐侑觞”、“以歌娱情”的传统习俗。豪门贵胄私蓄家乐用于娱乐的现象至迟从汉代就出现了，如武帝时武安侯田蚡“所好音乐、狗马、田宅，所爱倡优、巧匠之属”[12]。元帝、成帝时“五侯、定陵、富平外戚之家，淫奢过度，至与人主争女乐”[12]。此后，历代沿袭，至唐宋尤盛。到明清时期，以专门演出戏曲为主的家乐呈现出空前绝后的盛况。与此相伴随，堂会演剧也成为明清戏曲活动的一种重要方式。堂会演出一般就在厅堂或院落中进行，比较豪华的就是王公贵族私家园林剧场了。常见的形式是在园林中建园亭池馆用于演剧。《扬州画舫录》载，清代扬州的私家戏台大都建在城内外的园林中，时称“歌台”[13]。园林戏台现存者如苏州拙政园鸳鸯厅、扬州何园水上戏台、上海豫园打唱台、云南建水县朱家花园水上戏台等。这些演出场所与传统的亭台楼阁相似，有游览、小憩、宴集、演戏等多种功用。最豪华的要算私家专门剧场了，虽然数量不大，但却属于当时剧场建设的最高水平之列。遗存下来的主要有北京恭王府剧场（图 15）、那家花园剧场、天津杨柳青石家大院剧场、苏州忠王府剧场、山西太谷孔家大院剧场等。

现存清恭王府后花园戏楼就是私家室内剧场的代表。恭王府原为军机大臣、大学士和珅的宅第，嘉庆四年（1799）和珅被赐死后宅院先后归属多位亲王。恭王府位于什刹海北岸，分为平行的东、中、西三路。中路的三座建筑是府邸的主体，一是大殿，二是后殿，三是延楼。东路和西路各有 3 个院落，和中路建筑遥相呼应。王府的最后部分是花园，20 多个景区各不相同。戏楼就在后花园中。在一座四合院中，

图 14　北京恭王府清代剧场

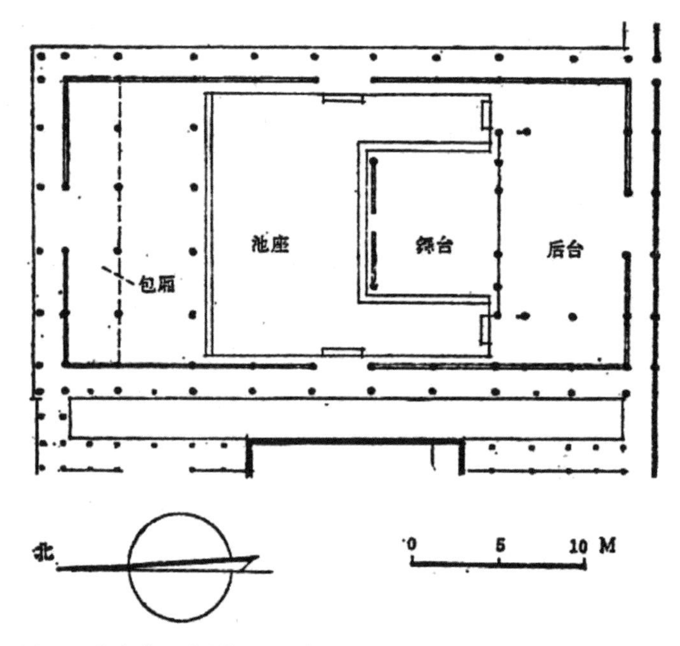

图 15 北京恭王府剧场平面图

图 16 山西太谷县孔家大院清代戏台

利用一长方形大厅，在厅南部建戏台，面阔7.2m、进深 6.1m，台基高 0.32m，呈三面伸出式，周围栏杆高 0.5m，厅中摆桌椅供人观剧，楼上为堂眷看戏的地方（图 16）。

天津杨柳青镇石家大院建于清光绪三年（1877），其中之室内剧场位于院中部偏西位置，南北向。北面跨过穿山游廊院与佛堂院（供奉观音、石家祖先牌位）贯通相连，正南接南花厅院。剧场为砖木结构，圆木柱与方木柱结合使用，进深十二间 32m，面阔五间 11.4m。建筑布局是南北两个双脊大厅与中间一个盝顶大厅连在一起，盝顶东西两侧为廊。盝顶高出周边围廊与前后厅，室内地面距盝顶天花板高 7.4m。室内周边据地面3.5m 高处设置一圈回廊，称“走马廊”或“仙人廊”，为家丁护院之设施。南面为戏台，通面阔三间 11.4m，其中明间表演区宽3.8m。前台进深一间 2.06m，后台三间，阔同前台，进深 5m。台北为大厅，五间格局减去中间金柱，中间跨度达 6m，显得特别宽阔，进深五间 13.05m，是主要观剧场所，摆放方桌、椅子。再北为北厅，台基略高于中厅，为女眷观剧场所。剧场内部雀替、隔扇、柱头等木雕，基石上的石雕装饰极为考究。

江苏省苏州市太平天国忠王府内也保存有一座室内剧场。剧场原为清季八旗直奉会馆，后曾作为太平天国忠王李秀成的官邸。建筑原为一四合院，南部建有戏台。后拆去两厢，在戏台与四周廊檐上方增盖高近 10m，跨度近 15m 的歇山式棚顶。沿顶棚边檐下方设翻窗 47 扇，造就了一个室内剧场。戏台坐南面北，亦一小歇山顶，四椽，上设天花。台面阔 6.1m，进深 6.4m，台基高 0.95m。台后又有一小厅，面阔五间，进深六椽。室内剧场（不包括前厅与后厅）通面阔 25.47m，通进深 16.7m，建筑面积 425m^2。

山西省太谷县孔家大院剧场为庭院式室外型，始建于清咸丰年间。戏台坐南朝北。三面观。前台一间，单檐歇山顶，面阔 4.3m，进深 5m。台基高 0.35m。后台通面阔三间 9.8m，进深一间 3.4m，平时住人，演出时为后台。院内东西厢房各五间，正屋三间（图 17）。

以家乐演剧为主，辅之以外请职业戏班演出的堂会演剧，是中国古代，尤其是明清时期戏剧演出的重要形式。蓄养家乐的王公贵族、文士缙绅，包括许多未蓄养家乐的王公贵族，本身爱好声色犬马，有较高的艺术修养，不少还是戏曲作家、导演以及戏曲批评家，这就使得堂会演剧对戏曲创作、演出实践与理论总结产生了重大影响，极大地提高了戏曲艺术综合水平。此外，家乐之间，家班与民间职业戏班之间以及家乐与宫廷戏班之间的相互交流，也自然推动了戏曲艺术水平的提升。

五、临时搭台戏场

还有一种临时性剧场，主要指在广场街道或旷野临时搭建的舞台，用毕拆除。如北宋京城汴梁，每遇重大节庆，就在皇宫门前广场或主要街道搭起露台，用于表演。《宋史》“礼志十六”[14]：

> 三元观灯，本起于方外之说。自唐以后常用于正月望夜，开坊市门燃灯。宋因之，上元前后各一日，城中张灯，大内正门结彩为山楼、影灯，起露台，教坊陈百戏。

《东京梦华录》卷六“元宵”[1]38 更详细记载了露台用枋木垒成：

> 正月十五日元宵，……（宣德）楼下用枋木垒成露台一所，彩结栏槛，两边皆禁卫排立，锦袍，幞头簪赐花，执骨朵子，面此乐棚。教坊钧容直、露台弟子，更互杂剧。近门亦有内等子班直排立。万姓皆在露台下观看，乐人时引万姓山呼。

江南地区明清时期每到春季有在旷野搭台演戏的习俗。清顾禄《清嘉录·春台戏》载苏州地区“二三月间，里豪市侠，搭台旷野，醵钱演剧，男妇聚观，谓之春台戏，以祈农祥”[15]。松江每当春月，“遍处架木为台演剧，名曰神戏”①。越剧早期的舞台叫做“草台”，就是在露天广场临时搭的戏台，据说因顶上盖着一层草编，故名[16]。南方乡村的草台，也叫“稻桶台”。稻桶本为农民打稻之农具，桶状。届时用稻桶数个，将其翻过来，铺木板，拉布幔，便成了临时戏台。演毕拆除，简易方便。需要说明的是，临时搭台演戏也是以敬神为号召的，一般要在戏台对面安放一座较小的神阁或神楼。

清代皇帝万寿节时，也在街道搭台演剧，地方大臣也有带上当地的地方戏到京城献演者。如康熙旬寿庆时，自京西的畅春园到西直门，经新街口、西安门通中南海，与紫禁城的庆仪连接，一路彩坊接连不断，连缀着彩墙、彩廊、演剧采台、歌台、灯坊、灯楼、灯廊、龙棚、灯棚无数。戏剧史上著名的徽班进京事件就发生在乾隆八旬寿庆时，而用于这些演出的舞台均属于临时搭台性质。

晚明时期，在东南水乡一带出现了一种“戏船”，就是在船上搭台演戏，观众乘船围观。在文人笔记、诗文、小说中多有描写。张岱《陶庵梦忆》卷八“楼船”载：其父喜欢造楼船，某年七月十五日落成后，家人齐集，一同游乐，“以木排数重搭台演戏，城中村落来观者，大小千余艘。”[17] 明末苏州虎丘山塘出现商业性质的戏船——卷梢，停泊在水中演戏，船头作戏台，船舱作戏房，观众驾着名为“飞沙”或“牛舌”的小舢板，围在卷梢大船周围观看。有《苏州竹枝词》咏道：“银会轮番把酒杯，家家装束归人来。中船唱戏旁船酒，歇在山塘夜不开。”戏船可以随意移动，四处演戏，是一种适合水乡地区的演出场所。

临时搭台虽然耗费一些人力、物力，但可以节省土地，因为用毕拆除，不改变土地原来用途，这

① 《松江府志》卷五十四，清康熙二年刻本。

在人口稠密地区非常重要。同时也比较灵活，具有很大的自由空间。这些都是它的优点，所以一直受到人们的喜爱而经久不衰。

中国地域广阔，戏曲历史悠久，各地文化习俗丰富多彩，剧场建筑也五花八门，上述五种类型为基本类型，大体可以代表中国古代剧场之面貌，但绝非全部。由于篇幅所限，一些罕见的、个别的剧场样式未能胪列殆尽，需要以后继续深入调查研究。

【参考文献】

[1] [宋] 东京梦华录（外四种）[M]. 北京：文化艺术出版社，1998.

[2] 康保成 . 瓦舍勾栏新解 [J]. 文学遗产，1999（5）.

[3] 潘絜兹 . 灵岩彩壁动心魄——岩上（山）寺金代壁画小记 [J]. 文物，1979（2）：2-10.

[4] 廖奔 . 中国古代剧场史 [M]. 北京：人民文学出版社，2012.

[5] 王晓传 . 元明清三代禁毁小说戏曲史料 [M]. 北京：作家出版社，1958：20.

[6] 廖奔 . 清前期酒馆演戏图〈月明楼〉、〈庆春楼〉考 [M]// 中华戏曲 . 第 19 辑 . 太原：山西古籍出版社，1996：1-12.

[7] [清] 徐珂 . 清稗类钞 [M]. 第 11 册 . 北京：中华书局，1986：5044.

[8] 周华斌 . 京都古戏楼 [M]. 北京：海洋出版社，1993：158.

[9] 孙大章 . 中国古代建筑史 [M]. 清代建筑 . 北京：中国建筑工业出版社，2002.

[10] 车文明 . 中国古代民间祭祀组织“社”与“会”初探 [J]. 世界宗教研究，2008（4）：86-94.

[11] 朱家溍，丁汝芹 . 清代内廷演剧始末考 [M]. 北京：中国书店，2007.

[12] 班固 . 汉书 [M]. 北京：中华书局，1962.

[13] [清] 李斗 . 扬州画舫录 [M]. 北京：中华书局，1964.

[14] [元] 脱脱，阿鲁图 . 宋史 [M]. 113 卷 . 北京：中华书局，1977.

[15] [清] 顾禄 . 清嘉录 [M]. 上海：上海古籍出版社，1986.

[16] 丁一等 . 早期越剧发展史 [M]. 香港：炎黄文化出版社，2006.

[17] [明] 张岱 . 陶庵梦忆 [M]. 北京：作家出版社，1995.

戏曲剧场的五种类型

曾永义[1]
（台湾大学，台北市罗斯福路四段 1 号，台湾 10617）

【摘　要】本文论述戏曲剧场的五种类型：广场踏谣、高台悲歌、勾栏献艺、氍毹宴赏、宫中庆贺的情况和质性。如就戏班视角而言，亦可因剧场和观众之不同，其演出之戏班与剧目亦为之而有别。亦即乡土小戏凑合的戏班，演出广场踏谣；民间职业戏班，演出高台悲歌和勾栏献艺；内廷承应的戏班演出宫中庆贺；豪门家乐演出氍毹宴赏。
【关键词】戏曲，剧场，踏谣，勾栏

前言

在探讨本论题之前，请先将“戏剧”、“戏曲”、“剧场”这三个名词给予定位。

“戏剧”一词虽早见诸唐代，做为滑稽小戏的称呼，但明代则为约取“南戏北剧”而成，现代应取其广义。举凡“真人或偶人演故事”皆是。因此，戏曲、偶戏、话剧、歌剧、舞剧、哑剧、电影、电视剧都属戏剧。

“戏曲”一词始于宋代，原是“戏文”的别称，王国维以后用来作为中国古典戏剧的总称。举凡“演员合歌舞以代言演故事”皆是。因此，《东海黄公》、《踏谣娘》、参军戏、宋杂剧、金院本、宋元南曲戏文、金元北曲杂剧、明清传奇、明清杂剧、清代京剧，以及近代地方戏曲和民族戏剧都属戏曲。

“演员合歌舞以代言演故事”较诸“合歌舞以演故事”，可见静安先生忽略他自己所强调的“代言”要件。细绎这个定义，可以理出构成“戏曲”的要素有演员、歌唱、舞蹈、故事、代言和未见诸文字的表演场所与观众等七项，而事实上这五项要素虽是构成戏曲的必备条件，也止能形成戏曲的雏型，也就是“小戏”，若就历代剧种而言，即是《东海黄公》、《踏谣娘》、参军戏、宋杂剧、金院本和秧歌戏、花鼓戏、花灯戏、采茶戏等近代地方小戏。如果是像南戏北剧和传奇、南杂剧、京剧等“大戏”，其构成的要素就要更多，其艺术也要更精致。[2]

“剧场”是指戏曲演出的场所，包括演员表演的“舞台”和观众观赏的“看席”。

剧场的体制结构有所不同，则戏曲演出的场合、观众及其所表演的题材内容、思想情感和艺术属性就会有所差异。也就是说剧场与戏曲之间有密切的互动关系。其不同的剧场体制也必然呈现不同的戏曲类型。

① 曾永义，台湾教育部国家讲座教授；世新大学讲座教授；台湾大学名誉教授。邮箱：tsengking@hotmail.com。
② 以上三段见拙著：《也谈戏曲的渊源、形成与发展》，《台大中文学报》第 12 期（2000 年 5 月），365-420 页；后收入《戏曲源流新论》（台北：立绪文化公司，2000），及《戏曲源流新论（增订本）》（北京：中华书局，2008）。

一、中国历代剧场概述

中国戏曲最早的剧场形式是在平地上的广场，如葛天氏之乐[①]，汉代角抵戏、唐代《踏谣娘》都是在“场”上演出，表演者在场中央，观众或是在四周站立围观，或是在台观上居高临下观看。或如“宛丘”，四面高、中间低[②]。汉文帝时始有“露台”[③]，北魏有佛寺剧场[④]。

而神庙剧场起步于北宋，普及于金元，明中叶以后着手改革，发展到清代更趋完善。

北宋天禧四年（1020）《河中府万泉县新建后土圣母庙记》有“修舞亭都维那头李廷训等”，元丰三年（1080）《威胜军新建蜀荡寇将□□□□关侯庙记》有“舞楼一座”，建中靖国元年（1101）《潞州潞城县三池东圣母仙乡之碑》有“创起舞楼”，标志我国神庙剧场最迟在十一世纪已经形成。

古代神庙里的舞亭、舞楼、乐亭、乐楼、歌楼等，均为戏台之称。李廷训可谓文献上创建神庙的第一人。

露台和舞楼、献殿都是神庙祭祀演艺之所。

而渐次淘汰露台普建舞楼，是元朝后期到明代前期的事。现存金元戏台都在山西，有临汾魏村牛王庙戏台等十一座。金元戏台大都遵循宋代建筑法典《营造法式》刻意建造。

明代前期，各地神庙一般继续使用金元舞楼而不断加以修葺。中叶以后随戏曲发展而有变革：一是新乐楼与楼阁合一，再在乐楼之下复建戏楼，形成高低两戏台的新格局。如榆次城隍庙嘉靖十四年（1535）《增修榆次县城隍显佑伯祠记》所述。二是创建新型过路戏台，并与神殿连体，以扩大表演区域和后台面积，如晋中介休市后土庙明正德十四年（1519）《创建献楼之记》所述。三是创建山门舞楼，而把戏房附建于舞台之后。二者连体形成复合顶制。如介休市洪山镇源神庙万历十九年（1591）《新建源神庙记》所述。四是舞楼左右附建二层戏房，戏房底层则是山门。如阳城县下交村汤王庙嘉靖十五年（1536）《重修乐楼之记》所述。五是山门舞楼既附建戏房又带看楼，这是古代中神庙最完善也是最流行的剧场形式。如高平王何村五龙庙舞楼，其山门额石刻横帔“古庆云”，可称之为“庆云楼”，时为天启五年六月[⑤]。

到了宋元时代的剧场，始于唐代的“乐棚”，这就是北宋仁宗以后的“瓦舍勾栏”。“瓦舍”，是固定的商业演出场所，表演杂剧百戏。瓦舍中有“勾栏”，是演员表演的舞台，下有台基，以柱子支撑顶棚，并且有板壁隔开前后台。每座瓦舍中有十来座到数十座不等的勾栏。正戏开始之前，女伶坐在“乐床”，打板念诗，吸引观众；后台叫做“戏房”，是演员化妆、休息的地方；“鬼门道”是演员表演时上下场的出入口。勾栏三面对着观众，已经有看席的设置，但观众席和舞台不相连。头等座叫做“神楼”，正对戏台；次等座叫做“腰棚”，比“神楼”低，位置也比较偏。观众也可以站在

① 《吕氏春秋》卷五《仲夏记·古乐》云：“昔葛天氏之乐：三人操牛尾，投足以歌八阕。”见《吕氏春秋》，收入《聚珍仿宋四部备要》子部第365册（台北：中华书局，1965，据毕氏灵岩山馆校本刊印），页8。

② 见《诗·陈风·宛丘》：“坎其击鼓，宛丘之下。无冬无夏，值其鹭羽。”[清]阮元校勘：《十三经注疏》第2册（台北：艺文印书馆，1989），页250。

③ 《汉书》卷四《文帝纪赞》云：“尝欲作露台，召匠计之，直百金。上曰：百金，中人十家之产也。吾奉先帝宫室，常恐羞之，何以台为？”（台北：鼎文书局，1997），页134。

④ 《洛阳伽蓝记》卷一《景乐寺》：“至于六斋，常设女乐：歌声绕梁，舞袖徐转，丝管寥亮，谐妙入神。以是尼寺，丈夫不得入。得往观者，以为至天堂。及文献王薨，寺禁稍宽，百姓出入，无复限碍。后汝南王悦复修之。悦是文献之弟，召诸音乐，逞伎寺内。奇禽怪兽，舞抃殿庭，飞空幻惑，世所未睹。异端奇术，总萃其中：剥驴投井，植枣种瓜，须臾之间，皆得食之。士女观者，目乱睛迷。”（台北：锦绣出版事业公司，1992），页80。

⑤ 以上据冯俊杰编着：《山西戏曲碑刻辑考·前言》择要（北京：中华书局，2002），页1–30。

舞台周围的三面空地上看戏。[①]这种剧场形式一直到清朝都没有太大的变化，至于现代剧场中所见三面栏隔，只有一面对着观众的西式“镜框式舞台”，直到清末上海“二十世纪大舞台”才开始采用。

一般没有固定演出场所，而在乡镇间巡回演出的戏班子，仍然多在热闹宽阔的广场上演出，叫做“打野呵”[②]。不过也有临时搭建的舞台，观众站立在舞台四周，有如今天的“野台戏”。这样开放的剧场，自然可以容纳成千上万的观众，有时甚至把十几亩的田地都踏光了[③]。

不论野台、勾栏、庙台，都是大众性的舞台，另外也有私人的演出场合。如元代的歌妓有“应官身”的义务，也就是当官府中有宴会时，必须前往表演歌舞戏曲。这种“应官身”的表演，只在筵席中铺上红毡，适合小规模的演出。明代以后，贵族豪门、文士大夫等上层社会遇到喜庆宴会时，多半在家宅中安排戏曲表演。在家中搭建戏台的情形比较少见，多是在厅堂中央画出一块区域，铺上红色地毯，当作舞台面，作“红氍毹”式的演出。伴奏乐队位在氍毹一旁的后方；厅堂两旁的厢房充当后台，演员在这里化妆、休息，也由厢房房门上下场；观众在氍毹两旁或前方饮酒看戏，女眷则垂帘相隔[④]。

最豪华的私人舞台莫过于宫廷，宫廷也设有剧场，以便举行宴会或祝贺节庆时演戏助兴。宫廷剧场的舞台形制自然远比民间或士大夫之家讲究得多。特别值得一提的是清代乾隆时建筑的热河行宫舞台，共有三层，下层舞台的地板和天花板安有机关，可以升降演员，演出神怪故事时，可以藉此表演下凡、升天的动作。还有施放火彩、巨鱼喷水等舞台特技，相当进步。

家宅或宫廷演剧是为少数观众表演，酒楼茶肆中的客人召伶人前来表演，也是一种小众娱乐，这种表演也是“红氍毹”式的演出，直到清代才出现设有舞台的酒馆、茶园，当时人也称为“戏园”或“戏馆”。

因应不同的演出场合，剧场的形式也有区别。但整体来看，除了家宅、宫廷的演出，偶尔会为了逞奇斗巧而在机关布景上大费心力之外，戏曲舞台上的装置一向非常简单，不设布景，通常用一桌数椅就足以代表不同的表演场面，可说是一种狭隘的经济剧场，与西方写实的布景道具、精心巧构的舞台设计大不相同。

二、戏曲剧场的五种类型

像这样的中国历代传统剧场，如果结合戏曲演出而言，应当就有广场踏谣、高台悲歌、氍毹宴赏、宫中庆贺、勾栏献艺等五种类型。亦即历代小戏必演于广场；寺庙剧场和沿村转疃的野台都属于高台；宋元以后之乐棚、勾栏，以及清代的戏园、戏馆等戏曲演出的营业场所都以“勾栏”概括之；而举凡筵席间的戏曲演出，则以“氍毹”称之，因为皆演之于那块红氍毹之上；至于宫廷剧场，那自然是专用来服务帝后王公的演出。再就以其剧场类型所搬演之戏曲特色而言，则广场者不外踏谣，高台者易于悲歌，氍毹者总为宴赏；宫廷演出每为庆贺，勾栏做场自然以艺售人。所以传统剧场与戏曲的密切互动关系，应当有这五种类型。但就中国戏曲剧场的重要性而言，其“勾栏献艺”类型，才最足以作为中国戏曲艺术的典型，戏曲艺术的特质才完全而具体呈现在此类型之中，因之别出一章论述，而将

① 笔者有《宋元瓦舍勾栏及其乐户书会》一文详论其事。详见《中国文哲研究集刊》第27期，页1–43。
② 见[宋]周密：《武林旧事》，收入于[宋]孟元老：《东京梦华录》（外四种）（台北：大立出版社，1980），卷六“瓦子勾栏”条，页441。
③ 见百回本《水浒传》。
④ 见廖奔：《中国古代剧场史·堂会演戏》（河南：中州古籍出版社，1997），页61–74。

其他四类型简论如下：

1. 广场踏谣

中国历代小戏，像战国楚地沅湘之野的《九歌》、西汉《东海黄公》、曹魏《辽东妖妇》、唐代“参军戏”与《踏谣娘》，乃至于宋金杂剧院本、杂扮、明人过锦戏，都属小戏的范围。其中除“参军戏”与宋金杂剧院本中的“正杂剧”含有宫廷小戏的成分外，其余无不起自民间。而近代的小戏更无不形成于乡土，考察其根源，则有歌舞、曲艺、杂技、宗教活动、偶戏、多元因素等六条线索可以追寻。其中以乡土歌舞最为主要。

乡土歌舞是指滋生于乡土的山歌里谣杂曲小调和舞蹈，及所谓“踏歌”或“踏谣”，以此而加上简单的情节和妆扮，以代言体搬演，即形成乡土小戏。由乡土歌舞所形成的小戏，往往以花鼓戏、秧歌戏、花灯戏、采茶戏作为共名，脚色以二小（小丑、小旦）或三小（小生、小旦、小丑）为主，剧目大多反映乡土生活的片段，偏重歌舞，并以手帕、伞、扇为主要道具，每每男扮女装，除地为场作为表演之所。

小戏在乡土以“踏谣”演出，其“谣”可以说是“满心而发，肆口而成”的即景即情的即兴语言；其“踏”可以说是应和语言情境的肢体传达。所以歌可以在基本腔型中，循着语言所产生的旋律和所激发的情境，由歌者自由运转，运转之巧妙与否，端赖歌者修为高低；同理舞态可以在基本步法中，循着语言所激发的情境，由舞者自由律动，律动之巧妙与否，端赖舞者修为的高低。而小戏的“踏谣”是集于演员一身的，所以小戏的艺术性格，其巧妙与否，实系于演员即兴的能力。

小戏的内容主要是乡土人物日常生活中的世态情谊和伦理道德，透过家族、邻里和亲友间各种亲疏远近的关系，淋漓尽致的表现出来。其描写家庭生活琐事，或出以夫妻间的小小勃溪，或出以婆媳或亲家间的纠葛；其形容各行各业之遭遇甘苦者，或如农民灾旱之逃荒，或如赶脚、长工、卖艺、塾师之劳碌奔波；其流露男女爱情之温馨与坚执者，则或抒发青春烂漫的情怀，或倾诉互相爱慕的率真，或流露相怜相惜的至意，更有热烈冲破礼教一往无悔的至情；而最发人深省与快感者，则莫过于以现实生活琐事为基础，展现人性中贪婪、悭吝、奸诈、虚伪的种种行为，言语举止虽谑而不虐，而意识自在其中。凡此也正是小戏质朴无华的思想基础。

也因为小戏以乡土各种生活琐事为内容，流露乡土情怀，展现庶民所传承的思想观念。因为它是“满心而发，肆口而成”，所以就文学而言，其最大的特色是语言的丰富活泼所展现在叙事、写景、抒情等方面不假造作的机趣横生。①

2. 高台悲歌

戏曲由小戏发展为综合艺术的大戏之后，其在寺庙剧场或野地高台演出的戏曲，其文学艺术基本上以适应庶民大众品味为依归，即朴质无华、高亢悲凉。以腔系论，近代有弋阳腔、梆子腔两大腔系。就因为于高台演唱，所以腔调自趋高亢。两大腔系亦未能免俗。

弋阳腔在明代五大腔系中，流播最广，以其俚俗“其调喧”而最为撼动人心，最为广大群众所喜爱；

① 笔者有《地方戏曲概论》（台北：三民书局，2011 年 11 月）。

也因此始终为士大夫所倡导的昆山水磨调所欲抗衡而实质上望尘莫及。而也由于其庶民的活力非常强大，所以也往徽池雅调、青阳腔、高腔、京腔不断的发展，迄今犹然潜伏流播于各地方剧种之中。

笔者在《弋阳腔及其流派考述》已举出弋阳腔的特色如下：

其一，锣鼓帮衬，不入管弦。

其二，一唱众和。

其三，音调高亢。

其四，无须曲谱。

其五，鄙俚无文。

其六，曲牌联套多杂缀而少套式。

其七，曲中发展出滚白和滚唱①。

以上这七点弋阳腔的特色，可以说都是因为它保持了戏文初起时，运用里巷歌谣、村坊小曲，以锣鼓为节、不和管弦所衍生出来的现象；但也由于它又吸收了北曲曲牌，从中又生发了滚白和滚唱，为后来的青阳腔提供了极为开阔的天地。而若即与昆山水磨调比较，则两者判若两途。也难怪一为文人雅士所赏心悦目，一为广大群众所喜闻乐见。

乾隆间弋阳腔改名称高腔，又进入北京京化而“更为润色”，逐渐与原本世俗的弋阳腔大异其趣。乾隆末京腔也传到扬州。李斗《扬州画舫录》②卷五所云“花部为京腔、秦腔、弋阳腔、梆子腔、罗罗腔、二簧调，统谓之乱弹。③”可见乾隆间，京腔与弋阳腔已判然有别，同为花部乱弹诸腔之一。但无论如何，京腔毕竟缘自弋腔，所以京腔的腔板，也要讲究弋腔的菁华。

对于梆子腔系，笔者有《梆子腔新探》④。其中提到：

旧属秦地的陕甘一带，早在嬴秦时李斯上秦始皇书中就说：“夫击瓮叩缶，弹筝搏髀，而歌呼呜呜，快耳目者，真秦之声也。⑤”这里的“秦声”不止和李振声“呜呜若听函关署⑥”完全相同，也和陆次云在《圆圆传》所说的“繁音激楚，热耳酸心⑦”宛然相合，更和严长明在《秦云撷英小谱》中所说英英鼓腹“洋洋盈耳；激流波，遶梁尘，声振林木、响遏行云，风云为之变色、星辰为之失度⑧”，以及今日秦腔之激昂慷慨，高亢悲凉如出一辙。可见由方音方言为基础形成的“秦声、秦腔”历经两千

① 参见拙著：《弋阳腔及其流派考述》，《台大文史哲学报》65 期（2006 年 11 月），页 39–72；又收入《戏曲腔调新探》（北京：文化艺术，2009），页 137–168。

② 其序署乾隆。

③ 见［清］李斗：《扬州画舫录》，收入《清代史料笔记丛刊》（北京：中华书局，1960），卷 5，“新城北录下”，页 107。

④ 《梆子腔新探》，收入于《戏曲本质与腔调新探》（台北；国家出版社，2007），页 218–272。又收入《戏曲腔调新探》（北京：文化艺术出版社，2009），页 169–201。

⑤ 李斯：《谏逐客书》，见司马迁着，泷川资言考证：《史记会注考证》（台北：天工书局，1993），卷 87〈李斯列传第二十七〉，页 1036。

⑥ ［清］李振声：《百戏竹枝词》，收入路工编选：《清代北京竹枝词（十三种）》（北京：北京古籍出版社，1982），页 157。

⑦ ［清］陆次云：《圆圆传》，收入于［清］张潮编：《虞初新志》（北京：北京出版社，2000），卷 11，页 3 下。

⑧ ［清］严长明：《秦云撷英小谱》，见道光癸巳（1833）世楷堂刊光绪补刊俞樾续本，现藏于台湾大学总图书馆善本书室，卷首有清王昶（1725–1806）序文。通行本《秦云撷英小谱》是光绪丁未（1907）九月长沙叶德辉刊本，收入沈云龙主编《近代中国史料丛刊续辑》（台北：文海出版社，1974）第七辑第七十册，此板本卷首增列叶德辉〈重刊《秦云撷英小谱》序〉、王序之后复增徐晋亨〈题词〉十二首。上述引文见此板本页 111。

数百年，而风格特色，犹然一脉相传[①]。这种群众性极强的弋阳腔系和梆子腔系剧目，其题材范围自然很广，包括宫廷、政治、军事、神仙道化、文人之否极泰来、家庭之悲欢离合、男女爱情之坎坷无奈等等，几乎古今中外，凡群众之喜闻乐见的，无不可拿来运用。

3. 氍毹宴赏

说到"氍毹宴赏"就必须说到"折子戏"。"折子戏"其实为中国戏曲演出的古老传统，这种传统见诸先秦至唐代的"戏曲小戏"和宋金杂剧院本四段中的"段"、北曲杂剧四折每折作独立性演出的"折"，以及明清民间小戏与南杂剧之一折短剧。其缘故是中国有以乐侑酒的传统礼俗，也有家乐的传统，而明代的家乐又特别繁盛。以乐侑酒，其所演出的戏曲势必不能冗长；而北剧南戏演全本的时间，北剧要一个下午或一个晚上，南戏传奇则要两个昼夜或三个昼夜。都非"侑酒"所容许，因而采取传统的片段性演出。在明正德嘉靖间，北剧南戏刊本就有摘套与散出的现象，如《盛世新声》、《雍熙乐府》等。明万历以后，"折子戏"已经发展完成，从此进入了黄金时代，迄今不衰。[②]

"氍毹宴赏"的家乐，举张岱（597- 685）《陶庵梦忆》卷四〈张氏声伎〉为例：

> 我家声伎，前世无之。自大父于万历年间与范长白、邹愚公、黄贞父、包涵所诸先生讲究此道，遂破天荒为之。有可餐班，以张彩、王可餐、何闰、张福寿名。次则武陵班，以何韵士、傅吉甫、夏清之名。再次则梯仙班，以高眉生、李生、马蓝生名。再次则吴郡班，以王畹生、夏汝开、杨啸生名。再次则苏小小班，以马小卿、潘小妃名。再次则平子茂苑班，以李含香、顾竹、应楚烟、杨騄駬名。主人解事日精一日，而傒童技艺亦愈出愈奇。余历年半百，小傒自小而老，老而复小，小而复老者凡五易之，无论可餐、武陵诸人，如三代法物不可复见；梯仙、吴郡间有存者，皆为伛偻老人。而苏小小班，亦强半化为异物矣。茂苑班，则吾弟先去，而诸人再易其主，余则婆娑一老，以碧眼波斯，尚能别其妍丑，山中人至海上归，种种海错皆在其眼，请共舐之。[③]

---

① 有关梆子腔源生之说，刘文峰在《多源合流·分支发展—梆子戏源流考》（刊于《中华戏曲》第9辑，太原：山西人民文学出版社，山西师范大学戏曲文物研究所、中国戏曲学会编，1990年3月，页164-174）举诸家源流之说如下：

a. 先秦燕赵悲歌之遗响：持此说者有清人杨静亭《都门纪略. 词场门序》、徐慕云《中国戏剧史》、王绍猷《秦腔记闻》、焦文彬《秦声初探》等四家。
b. 唐代梨园乐曲：持此说者有清严长明《秦云撷英小谱》、田益荣《秦腔史探源》、范紫东《法曲之源流》等三家。
c. 由民间俗曲说唱发展而成：持此说者有墨遗萍《蒲剧小史》、张庚、郭汉城《中国戏曲通史》、寒声《论梆子戏的产生》、杨志烈《秦腔源流浅识》等四家。
d. 由铙鼓杂剧孕育而成：持此说者有刘鉴三《蒲剧源流简介》一家。
e. 由元杂剧发展而成：持此说者有焦循《花部农谭·序》、张守中《试论蒲剧的形成》、王泽庆《从河东文物探蒲剧源流》等三家。
f. 由弋阳腔衍变而成：持此说者有刘廷玑《在园杂志》、周贻白《中国戏曲史长编》二家。
g. 由西秦腔发展而来，而西秦腔则出自吹腔（陇东调）：持此说者有流沙《西秦腔与秦腔考》一家。
h. 刘文峰本人之意见：土戏→乱弹→梆子腔→山陕梆子→秦腔。以上诸家皆不明"腔调"源生之理，及其与载体之关系、流播所产生之种种变化，对此拙著《论说腔调》（刊于《中国文哲研究集刊》第二十期，台北：中研院文哲所，2002年3月，页11-112）论之已详，因之，除第一说差可探得根本外，其余皆置之可也。该文亦收入前揭二书《戏曲腔调新探》，页1-93；《从腔调说到昆剧》，页21-178。

② 笔者有〈论说折子戏〉原载《戏剧研究》创刊号，台北，国家科学委员会，2008年1月，页1-81。收入拙著《戏曲之雅俗·折子·流派》（台北：国家出版社，2009年2月），页332-445。

③ [明]张岱撰，马兴荣点校：《陶庵梦忆》（上海：上海古籍出版社，2009），页37-38。

可见张岱一家的家乐，从他祖父到他三代中，就连续有五个班子，而明万历后，像张岱家那样畜养家班的，其知名者如：潘允端、屠隆、冯梦祯、钱岱、顾大典、沈璟、申时行、邹迪光、祁止祥、阮大铖等十一家，其他如徐老公、顾正心、朱云莱、徐青之、吴昌时、徐锡允、吴珍所、金习之、金鹏举、汪季玄、范长白、刘晖吉、许自昌、屠献副、吴太乙、项楚东、谢弘仪、曹学佺、董份、范景文、谭公亮、米万钟、徐滋胄、钱德舆、田宏遇、宋君、沈鲤、侯恂、侯朝宗、汪明然、吴三桂等三十八家。[①]据此可见明代家乐繁盛的状况。

清代家乐可考者有：李明睿、汪汝谦、朱必抡、冒襄、秦松龄、查继佐、徐尔香、吴兴祚、王孙骖、陆可求、王永宁、尤侗、李渔、侯杲、翁叔元、吴绮、李书云、俞锦泉、乔莱、张皜亭、吴之振、季振宜、亢氏、宋荦、陈端、刘氏、湖北田氏、曹寅、李煦、张适、唐英、王文治、毕沅、黄振、李调元、徐尚志、黄元德、张大安、汪启源、程谦德、江春、恒豫、程南陂、方竹楼、朱青岩、黄潆泰、包松溪、孔府等四十八家，[②]犹能赓续明代家乐之盛。

像这种供"氍毹宴赏"的家乐戏曲演出，戏曲体制除了往"短剧"、"折子戏"的路上走之外，即其以作"宴赏"而言，必须讲究歌声舞容，歌声则咬字土音不失分毫，舞容亦必细腻动人；而不止表演之艺术务求精致，即其题材与文学，亦必力求与文人相称的优雅。不难想象其文士化是达到何等的高度。[③]

4. 宫中庆贺

宫廷演剧，逢年过节及万寿日必有应景的搬演，平日内廷娱乐，除传奇、杂剧外，还徧及打稻、过锦、傀儡及杂耍把戏。内廷演剧的特色是排场豪华而热闹，因为行头不虞匮乏，由御用监、内宫监、司设监、兵仗局等供应；二是演员众多，钟鼓司的编制就有二、三百人，加上教坊司所属的乐户，就成千累万。兹举清人赵翼《檐曝杂记》所记"大戏"，以见其彷佛：

> 内府戏班子弟最多，袍笏甲胄及诸装具，皆世所未有。余尝于热河行宫见之。上秋狝至热河，蒙古诸王皆觐。中秋前二日为万寿圣节，是以月之六日，即演大戏，至十五日止。以演戏率用《西游记》、《封神传》等小说中神仙鬼怪之类，取其荒幻不经，无所触忌，且可凭空点缀，排引多人，离奇变诡作大观也。戏台阔九筵，凡三层。所扮妖魅，有自上而下者，自下突出者，甚至两厢楼亦作化人居。而跨驼舞马，则庭中亦满焉。有时神鬼毕集，面具千百，无一相肖者。神仙将出，先有道童十二、三岁者作队出场，继有十五六岁，十七八岁者，每队各数十人，长短一律无分寸参差，举此则其他可知也。又按六十甲子，扮寿星六十人，后增至一百二十人。又有八仙来庆贺，携带道童不计其数。至唐玄奘雷音寺取经之日，如来上殿，迦叶罗汉，辟支声闻。高下

① 见张发颖：《中国家乐戏班》（北京：学苑出版社，2002），页 3-56。柯香君：《明代戏曲发展之群体现象研究》，据张发颖《中国家乐戏班》、刘水云：《明代家乐研究》（上海：上海古籍出版社，2005）、杨惠玲：《戏曲班社研究：明清家班》（厦门：厦门大学出版社，2006）整理为〈明代私人家乐一览表〉，计得明代家乐共 101 家，更见其繁盛。（彰化：彰化师范大学国文研究所博士论文，2007），页 355-365。

② 吴新雷主编：《中国昆剧大辞典》（南京：南京大学出版社，2002），页 208-214。

③ 笔者有〈论说折子戏〉《戏剧研究》创刊号（台北），2008 年 1 月，页 1-81。

分九层，列坐几千人，而台仍绰有余地。[1]

看了这段记载，当我们阅读《也是园》杂剧中的教坊剧和出自内府的释道剧以及历史故事剧，对于其排场的豪华，人物的众多，就不会感到奇怪了。但对这样的演出内容和形式，如果欲求其思想情感与文学艺术，恐怕就要教人失望了。

三、戏曲剧场的典型：勾栏献艺

中国戏曲就现存者而言，其足以为代表性者，腔系为昆山腔系、皮黄腔系，剧种亦为其相对应之昆剧与皮黄戏。这两种剧种虽也以折子戏作“氍毹宴赏”，但均以在营利为目的之勾栏式剧场为主要演出场所。对于昆山腔系，笔者有〈从腔调说到昆剧〉[2]。其结论是：

昆山腔作为腔调而言，只要昆山有居民、有语言就会产生具有一方特色的“腔调”，但一般只称作“土音”或“土腔”，必等到具有流播他方的能力，才会被冠上源生地作为称呼；至若见于记载者，则其声名与影响力已相当可观。而腔调之载体为方言、号子、歌谣、小调、诗赞、曲牌、套曲等，又必须通过人之发声器口腔传达出来，则腔调之提升也必须经由某声乐家“唱腔”之琢磨。因此，就昆山腔而言，其源生地必与当地人群相源起。记载中的“顾坚”乃元末之声乐家，曾以其“唱腔”改良过昆山腔；而“周寿谊”所歌“月子弯弯照几州”，正是以歌谣为载体所呈现的昆山土腔，所以明太祖视之为“村老儿”，而他既生于宋代，则可视此“土腔”于宋代即已如此。

昆山腔在明代正德之前，和海盐、余姚、弋阳等腔调一样，都只有打击乐，祝允明甚为不满，由于他是长洲人，所以对昆山腔“度新声”，有所改革；他的改革应当偏向以散曲为载体之清唱。另外陆采更作《王仙客无双传奇》从戏曲上提升昆山腔的艺术。这时的昆山腔在嘉靖间已经有了笛、管、笙、琶等管弦伴奏，而且在邵灿《香囊记》的影响下，如沈采、郑若庸、陆采等也附庸而兴起骈俪化的风气。于是昆山腔在与海盐、余姚、弋阳并列为南戏四大腔调之余，用昆山腔来演唱的明代“新南戏”剧本，被吕天成改称作“旧传奇”而著录在他所著的《曲品》就有二十七本之多。这时的“昆剧”或“旧传奇”剧本都已趋向优雅化了。

到了嘉靖晚叶魏良辅和梁辰鱼更衣钵相传的作为领导人，为昆腔剧曲更进一步的改革，创为“水磨调”；我们现在所谓的“昆曲”、“昆剧”，其实指的就是“水磨调”的嫡裔。

昆山腔系剧种，现在尚有南昆、北昆、湘昆、甬昆、金昆、永昆、台州昆、宣昆、晋昆、川昆、滇昆、赣昆、徽昆等十三支派，而以南北昆为主要。

对于皮黄腔系，笔者有〈皮黄腔系考述〉[3]。其结论如下：

皮黄腔是西皮、二黄两腔结合并存的复合腔调。

---

① [清]赵翼撰；曹光甫校点：《赵翼全集》(南京：凤凰，2009，依嘉庆十七年(1812)湛贻堂原刊全集本为底本校点)，第3册，卷一，“大戏”条，页9。

② 《从昆腔说到昆剧》，收入于《从腔调说到昆剧》（台北；国家出版社，2002），页179–260。又收入于《戏曲腔调新探》（北京：文化艺术出版社，2009），页202–249。

③ 《皮黄腔系考述》，收于《戏曲本质与腔调新探》（台北：国家出版社，2007），页273–319。又收入《戏曲腔调新探》（北京：文化艺术出版社，2009），页306–334。

西皮腔与襄阳调、楚调为同实异名。论其根源则为山陕梆子流入湖北襄阳，与襄阳土腔结合，山陕梆子腔被襄阳土腔所吸收涵容，其流播他方时，因楚为湖北之简称与古称被名为“楚调”，又因其实际形成于襄阳，故又被称作“襄阳调”；而湖北人习惯称唱词为“皮”，经常说“唱一段皮”、“很长的一段皮”，乃因其襄阳调实质上含有浓厚的山陕梆子成分，实由西方传入，所以简称之为“西皮”。“西皮调”最早的记载见诸明崇祯间（1628—1644）刊本《梅雨记》，那时已流行大江南北。此外西皮腔之流播，从文献考察可知康熙间流入江苏、福建，乾隆间又扩及广东、浙江、四川、云南、贵州、江西等省。

二黄腔实出江西宜黄，为明万历间向外流播的西秦腔二犯传至宜黄，为宜黄土腔所吸收涵容而再向外流播，于康熙间至北京被称作“宜黄腔”[①]；但流播至江浙，由于当地方言音转讹变之关系，其称呼乃有“宜黄”、“宜王”、“二黄”三种写法，终于以“二黄”最为流行，乃失本来名义，而有种种附会的说法。宜黄腔在康乾之际，已在北京和花部诸腔并崭头角。康熙十七年前后，宜黄腔也已流播到江浙，也应当在乾隆之前流入安徽和湖北。

西皮二黄两腔的合流，在乾隆间应当首先在湖北襄阳，其次在北京和扬州。

乾隆五十五年为庆祝皇帝八十大寿，高朗亭率三庆徽班晋京，合京秦二腔于班中；其后又有四喜、和春、春台入京，合称四大徽班。乾隆末至嘉庆初，徽班主要仍以皮黄合京秦二腔演出，其后逐渐侧重皮黄，终以皮黄为主，并吸收四平调、昆腔、罗罗腔以及诸腔小调，演员于是达成“文武昆乱不挡”的境地，更打破由旦脚担纲的格局改由以生行为主，于道光二十年（1840）前后，皮黄在北京京化完成，出现程长庚、余三胜、张二奎“老三鼎甲”标志着京剧的成立；又经过咸丰、同治至光绪（1851-1908）而有谭鑫培、汪桂芬、孙菊仙“新三鼎甲”使京剧达到成熟的时期。

皮黄合流在北京形成京化的皮黄并以之为主腔的京剧外，也向全国各地流播：

其为单纯之皮黄剧种者有：湖北汉剧、鄂北山二黄、湖北荆河戏、湖南常德汉剧、江西宜黄戏、江西九江乱弹、福建闽西汉剧、闽东北北路戏（福建乱弹）、福建南平右词南剑戏（乱弹）、福建三明小腔戏（土京剧）、广东广州粤剧、广东潮州汉剧、广西桂林桂剧、广西南宁邕剧、广西宾阳马山一带丝弦戏、陕西安康汉调二黄、山西上党皮黄、山东郓城等地枣梆等十九种。

其与诸腔杂奏者有：徽戏、江苏高淳徽戏、江苏扬州徽戏、江苏里下河徽戏、浙江金华徽戏、浙江温州乱弹、浙江平阳和调班、浙江黄岩乱弹、浙江诸暨乱弹、湖北鄂西南剧、湖北崇阳堂剧、湖南长沙湘剧、湖南祁阳祁剧、湖南岳阳巴陵戏、湖南泸溪等地辰河戏、湖南衡阳湘剧、江西赣剧、江西广昌盱河戏、江西东河戏、江西修水宁河戏、江西星子九江乱弹、江西吉安戏、闽西北默林戏、广东海陆丰西秦戏、广东潮州戏、广东琼州琼剧与排楼戏、台湾乱弹戏、川剧、云南滇剧、贵州本地梆子、贵州兴义布依戏、陕西安康汉调二黄、陕西安康汉阳等地大筒戏、山西晋城上党梆子、山东章丘梆子、山东莱芜梆子、山东鲁西南等地柳子戏等卅七种。

由此可见皮黄腔系对近代地方戏曲影响之大。

像昆剧、京剧这样戏曲大戏，分析其构成共有故事、诗歌、音乐、舞蹈、杂技、说唱文学叙述方式、

① 这里的“宜黄腔”是西秦腔系，为诗赞板腔体；与万历以前由海盐传到宜黄而质变的“宜黄腔”之为词曲曲牌体有别。详见拙作《海盐腔新探》，收入《戏曲腔调新探》（北京：文化艺术出版社，2009），页103-123。

演员充任脚色扮饰人物、代言体、狭隘剧场以及观众等十个因素；它是综合的文学和艺术。也因为这样的戏曲大戏，主要演出于营利为目的的勾栏式剧场之中，必须以艺术造诣赢得观众的赞赏，才能讨得生活；所以其剧场艺术的累积所形成的质性，也就成为中国戏曲所有剧种的基本质性和共性。

戏曲的美学基础歌舞乐与剧场，歌指的是唱词形式；舞是肢体语言，即身段动作；乐是曲调唱腔和伴奏的乐器，剧场即戏曲的表演场所。大体说来，戏曲的歌舞乐是密切的结合，演员唱出歌词来，就要同时用唱腔和身段来诠释歌词的意义情境，而它们一齐展现在狭隘的剧场之上。

戏曲既以诗歌、音乐、舞蹈为美学基础，则其所凭借的文字、声音、动作如何能具体的写实；又其拘限在狭隘的空间上演出，却要表现自由的时空流转，将如何能够设置写实的布景来呈现宇宙间的万事万物；所以戏曲只能走非写实的道路，只能透过虚拟象征的艺术手法，来展现写意的境界，而虚拟象征也就成了其表演艺术的基本原理。

大抵说来，虚拟是以虚拟实，将日常生活之种种举止模拟美化，表现在戏曲演出的身段动作之中；象征是用具体的事物呈现由此引发的特殊意涵，将人生百态经过艺术化的简约妆点，表现在戏曲演出中的脚色、妆扮、道具之上。所以象征也可以说是以实喻虚；虚拟与象征在本质上都不是写实而是写意。虚拟与象征既不是写实而是写意，如果没有经过提炼而形成规律或模范予以制约，演员便很难有所遵循有所发挥，观众也难于有所沟通有所欣赏。也因此作为虚拟和象征的规律或模范，在写意的表演艺术中是有其必要的。而这种虚拟和象征的规律或模范，早在宋元戏曲中就已存在，那就是“格范”、“开呵”和“穿关”。也就是说，“格范”、“开呵”、“穿关”是今日所谓“程序”的先声。

若能了解戏曲表演虚拟象征化的本质，就可以知道戏曲表演十足具有超现实的写意情味。脚色一上场，观众便可以从他的化妆、服饰、声口、动作，知道所代表的人物类型，以及所传达的情感性质，并且在狭小简单的舞台空间里，呈现无限的时空意识，演出各种各样的动作与事件。这样的精致高妙的艺术形式在世界剧坛中可谓独树一帜。舞台上的一切虚拟象征化了，相对而言，观众也要有相对的想象与理解，方能融入其中，得其真味；否则但觉其动作、歌声、服饰、脸谱无一不美，却不能了解其规范形式中的真意，岂不可惜。只要能了解其程序融入其中，则戏曲的境界是无限开阔而缤彩纷呈的，绝对能激起观众的共鸣，令人沈醉。

而如果在虚拟象征程序的表演原理之下，戏曲所呈现的艺术特质，最明显的莫过于以其美学基础歌舞乐融合而形成的歌舞性。戏曲中的歌舞乐的“融合”，是演员以其歌声来诠释歌词的意趣情境而流露其思想情感于眉宇之中，并且运用其肢体语言亦即身段动作来虚拟歌词中之意趣情境，二者又皆呼应于管弦之衬托与锣鼓之节奏，终于使歌舞乐三者同时交融浑然而为一体。

然而戏曲的歌舞，如果没有器乐的节奏，是无法融而为一的。所以鲜明、强烈的节奏性也成为戏曲艺术本质之一。也就是说戏曲舞台上的唱、念、作、打，都是借助于戏曲音乐的节奏形式，才在舞台节奏的处理上得到多方面的表现，并以鲜明、强烈的节奏感与其他戏剧形式有了明显的区别。

而戏曲的夸张性，可以说是虚拟象征程序原理之下的必然结果。譬如一场很有气势的沙场大战，却表现在一区小小的舞台之上，便是虚拟象征程序产生出来的夸张性效果。即就人物造型来观察，譬如为了表现关云长的忠义和威严，于是他的脸色便妆饰得那么火红，他的五绺长髯也就长到腰带以下；又如诸葛孔明和铁面无私的包龙图，其妆扮也都很夸张；脸谱的运用，更是夸张之极。造型如此，各种脚色的举止和声口也是如此。它们各有各的举止和声口，无非也是用来夸张和强化人物的类型。

而演员在扮饰剧中人物时，大抵有两种情况：一是重在呈现所扮饰的人物，将自我融入人物之中，表演时所流露的都是人物的思想情感；一是重在演员本身，以理性的态度对待所扮饰的人物，演员的自我，作为人物的见证人，将人物解析而在表演中呈现对人物的态度。

戏剧理论家中主张前者的代表人物是苏联时代的斯坦尼斯拉夫斯基（1865—1938），他在1929年建立“莫斯科艺术剧院”，实验他的艺术主张，他要求演员将所扮饰人物的思想情感，锻练成为自己的第二天性，而将第一自我消失在第二自我之中。斯氏的理论可以说是在欧洲戏剧“模仿”说指导下的一次大总结。主张后者的代表人物是德国布莱希特（1898—1956），他强调演员的自主性，去理解所扮饰人物的思想行为的意义，并将之呈现给观众，他认为演员不可能完全成为人物，其间永远有一个距离，艺术的作用即在保持这个距离，让观众清楚地意识到自己是在“看戏”，因而能运用理智，保持自身的批判能力。①

以上两派，就戏曲而言，以虚拟象征程序为原理的艺术，便不得不保持距离，也就是“疏离性”。因为程序来自生活，经过艺术的夸张之后，必然变形而和生活产生距离，所以无论唱作念打，虽无一不和生活有关，但绝不完全相同。但戏曲却也不完全像布莱希特那样排斥共鸣。理性要和情感完全对立，是不太可能的，不被感动的，怎能算是艺术？譬如女演员在舞台上演悲情，当她沈浸在悲情人物的命运中，她和所扮饰的人物产生了共鸣，但当她发现到台下有人为之哭泣时，她又为自己表演的成功感到高兴。2004年12月24日至26日台北国光剧团演出由我编剧的昆剧《梁山伯与祝英台》，末场〈哭坟化蝶〉，魏海敏饰祝英台，赚得观众许多眼泪，她也为之欣然满意，可以印证这种现象；而演员同时具有这双重的感情，便是其间的疏离性和投入性起了作用。所以演员在舞台上表演，疏离与投入其实是同时存在的，强调任何一面，有如斯氏与布氏，都是不合乎审美的心理规律。②

总而言之，以歌乐舞为美学基础的中国戏曲，在狭隘的剧场上演出，也必然产生写意而非写实的艺术本质，并从而衍生出歌舞性、节奏性、夸张性、疏离且投入性等艺术质性。③

四、结语

通过以上的论述，如果再从戏班的视角来观察，也可以因为演出剧场和观赏对象的不同，担任演出的剧团及其演出的戏曲性质也就有别。其剧团大概分作四类：乡土小戏凑合的戏班，演出广场踏谣；民间职业戏班，演出高台悲歌和勾栏献艺。内廷承应的戏班演出宫中庆贺，豪门家乐演出氍毹宴赏。

职业戏班以营利为目的，元代的职业戏班是以家庭成员为基础组成的，明代以后，打破了这种家庭式的规模，成为由社会成员组成的职业团体，有的招收贫苦人家的子弟加以训练，有的吸收各地的职业演员组成，也有从私人家乐转入的。职业戏班有的固定在某地演出，也有的跑码头巡回各地表演，视演出的场合和性质来决定戏码。时间短，可以演片断的散出和折子戏；时间长，可以演连本戏；像庙会那般的大场面，就演出热闹通俗的戏。职业戏班是戏曲演出的骨干，它承载着戏曲的艺术，也承载着戏曲的发展。

① 以上参考曹其敏：《戏剧美学》（北京：人民出版社，1991年10月第一版），页170-174。又见韩幼德：《戏曲表演美学探索》（台北：丹青图书公司，1987），页193-248。又见《试谈斯坦尼斯拉夫斯基体系与戏曲表演艺术的关系》，《李紫贵戏曲表导演艺术论集》（北京：中国戏剧出版社，1992），页362-374。又见阿甲：《斯坦尼斯拉夫斯基体系与中国的表演》，《戏曲表演规律再探》（北京：中国戏剧出版社，1990），页15-20。

② 以上参考阿甲：《戏曲表演规律再探．戏刻艺术审美心理的问题》，页108-114。

③ 笔者有《中国戏曲之本质》，世新中文研究所集刊（创刊号），2005年6月，页23-66。

宫廷戏班由于资源丰富，演员、服装、道具都十分充足，主要演出人物众多、排场豪华的戏，以配合宫廷宴会庆赏的富贵气象。演员本由乐户优伶或宫廷太监担任，后来也引进民间艺人，使宫廷戏曲和民间戏曲能有交流的机会。宫廷戏曲的品味原本是比较守旧的，透过民间艺人，把最符合大众流行的新戏带入宫廷，如果能获得帝王的喜爱，更能推动民间戏曲的蓬勃发展。另一方面，宫廷戏班对服装、道具的考究，也因为这种交流传入民间，带动戏曲艺术的进步。

私人家乐演唱戏曲，始于宋、兴于元，到了明代以后，蔚为风气。家乐的设置有的是豪门贵族为了争强斗胜，也有的是主人热爱戏曲，以此自娱娱人。家乐的成员或是府中原有的家僮丫鬟，或是招收职业戏班的演员，也有买来的贫寒子弟。演员的训练有的是聘请教师，如果主人精通此道，也会亲手调教。由于家乐演出多是饮宴时藉以添酒助兴，所以适合小规模的演出，讲求精致典雅，并且注重演员技艺的精湛。

中国传统戏场建筑异态十例介析

王季卿[①]
（同济大学声学研究所，上海，200092）

【摘　要】中国传统戏场建筑在中外建筑史中，独树一帜，历史悠久。而且迄今仍有大量遗存，遍布全国各地。其中不少因地制宜，结合传统戏曲表演特性而发展的戏场，形态各异，很是丰富多彩。作者就近年有限考察，集其较为独特的十例，作一简介和剖析。
【关键词】戏场建筑，中国传统戏场，戏曲观演场所

戏场一词首见于六七世纪的隋唐文献，历经千百年流传形成了我国形态独特的传统戏场建筑。历代戏场有三大类型：广场开放式、庭院式和厅堂式，其中以庭院式为主流。传统戏场大多以三面敞开亭式舞台为基本特征。全国保存下来的戏场建筑数以千计，遍布大江南北，它们常为适应不同地理环境或特殊需求，各地创造了许多丰富多采、形态各异的戏场建筑。不仅显示了中国建筑史上灿烂缤纷的一页，在国际戏剧建筑史中亦独树一帜。兹就我近年有限的察访，从建筑学角度，选择形态较为独特的十例简介如下。

一、大戏楼

我国传统戏场建筑当推清代皇家三层大戏楼最为著名，前后共建了四座规模和样式相同的大戏楼。现存的两座为故宫畅音阁（1772年建）和颐和园德和园（1894年建）两处（见图1（a）和（b）），规模宏大，居全国之首。表演舞台分设三层（见图1（c）灰色区），上部两层台面虽很浅，观众视线仍然遮挡严重。设于室内的皇帝专座与舞台是隔窗相望，对演唱的听音当受影响。由于主要是承应庆典大戏活动，适应其怪诞热闹场面的需要，据记载演出队伍甚至达千人之多，故其后台相当宽大，数倍于舞台面积。2004年9月作者有机会对畅音阁戏楼台的台仓查勘，打开5cm厚台板（见图1（d））沿木梯进入台下空间（见图1（e））。四周2米多厚墙上仅有几个小通风洞。当年所谓利用深井作水法表演之说，至于演出过程中实际如何进行操作，尚未见详细介绍；大戏演出时伴奏乐队的位置、规模及如何与演员配合等情况未见文献记叙。

民间会馆和庙宇中，亦不乏类似高达数层的大戏楼，其雄伟之势几可皇家媲美，图2（a）、（b）和（c）所示三例可见一般。亦足以说明当年营建者之经济实力。这些大戏楼的上空部分，往往并非使用功能上需要，主要取其宏伟的建筑效果。所以乃至一些边陲小镇如云南剑川县沙溪镇四方街戏台，亦筑有高耸塔楼（见图2（d））。

二、微型庭院戏场

故宫内建有一座舞台尺寸不足4m^{2}的如亭庭院戏场，可称世上最小。戏台筑于二层廻廊的一端。

① 王季卿，（1929—），男，教授。邮箱：wongtsu@126.com。

（a）故宫内畅音阁大戏楼

（b）颐和园内德和园大戏楼

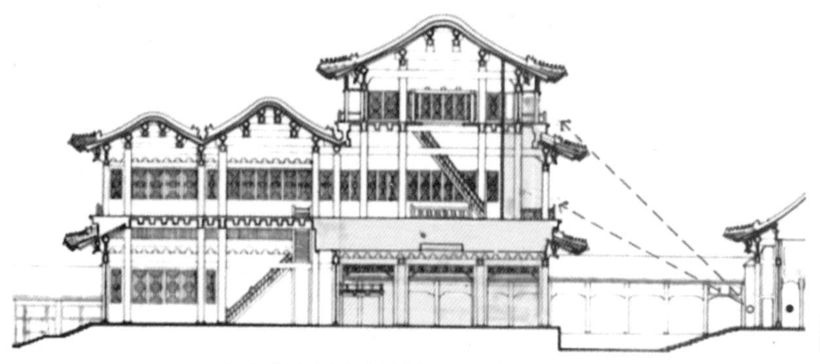

（c）德和园大戏楼剖面及视线图

（d）5cm 厚台仓地板正在打开

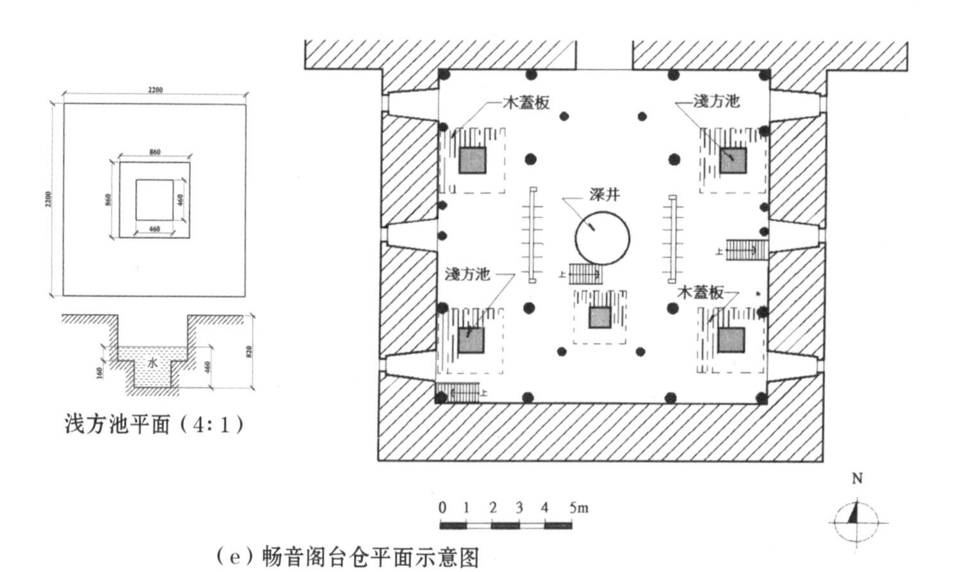

浅方池平面（4∶1）

（e）畅音阁台仓平面示意图

图 1　清代皇家三层大戏台二例

（a）河南社旗县山陕会馆大戏楼及剖面图（1780 年代建）

（b）山西介休市祆神三开间大戏楼（1786 年建）

（c）四川自贡西秦会馆大戏楼（1747 年建）

（d）云南剑川县沙溪镇四方街戏楼

图 2　建于民间的大戏楼数例

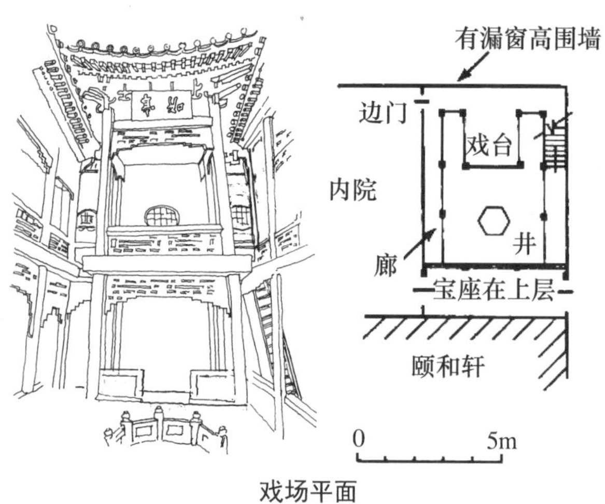

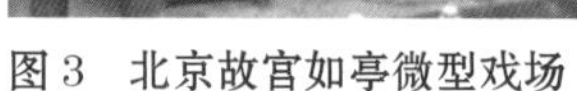

图3 北京故宫如亭微型戏场

庭院三面高墙围起，是皇帝夏季纳凉弹唱之所。它隐处颐和轩之后，不对外开放，故未引起外界注意。

三、个人专用室内小戏场

故宫现存尚有两处室内小型亭式戏台，是很特殊的个人专用小戏场。图4所示宁寿宫倦勤斋建于乾隆年间，除亭式演唱戏台外，其前又设置绝无仅有的小舞台，专供杂耍表演。戏台对面之暖阁分上下两层，均为皇帝观戏宝座。这是乾隆皇帝退位后专用的。墙面和顶棚有彩画装饰，是传教士郎世宁所绘。

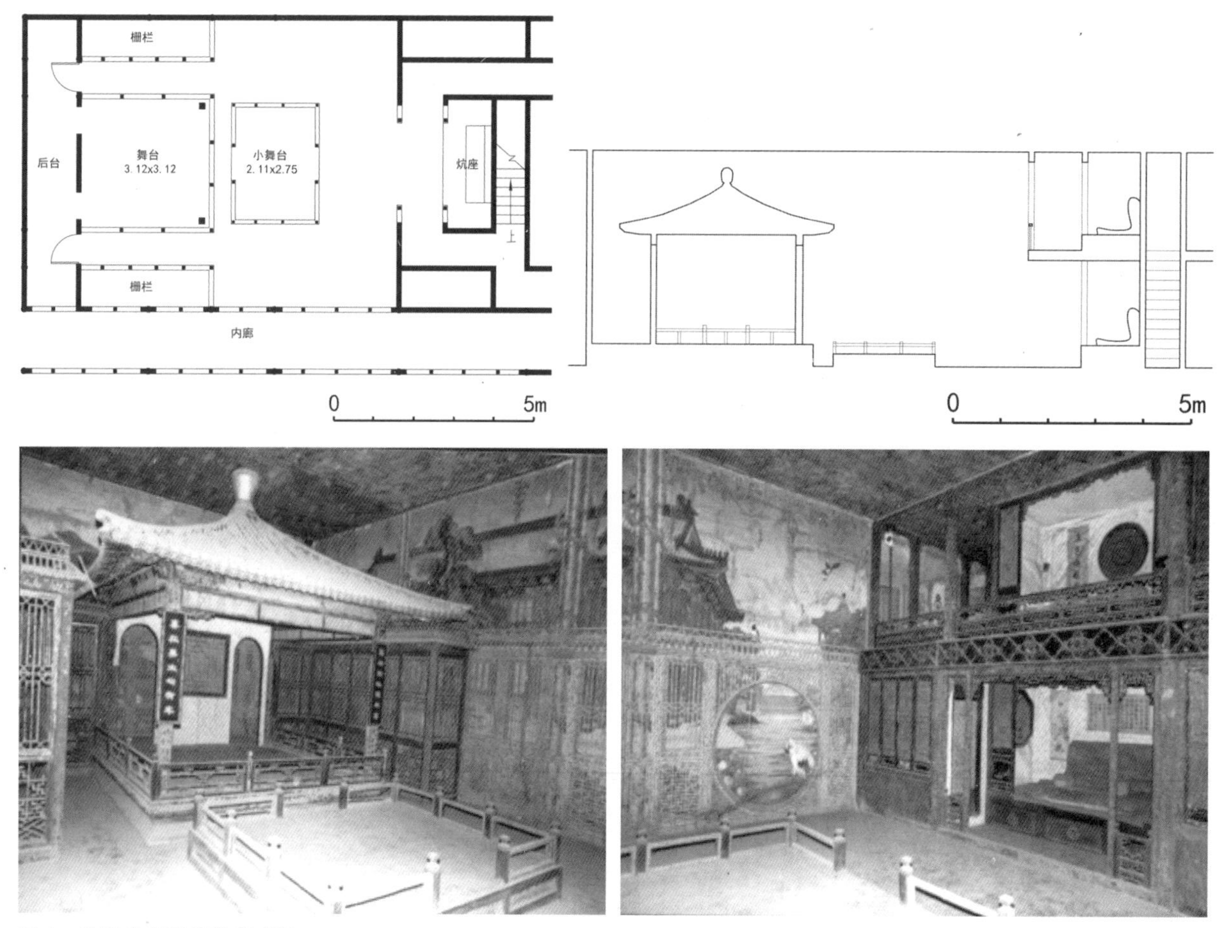

图4 故宫宁寿宫倦勤斋戏场

另一处是故宫内漱芳斋风雅存小戏场（图 5），其亭式戏台与倦勤斋的规模相似。是帝皇用膳兼作戏曲欣赏或自娱之用，偶尔亦宴请招待国外贵宾。

四、鸳鸯双面台

鸳鸯台是指一座前后两面可使用的戏台，中央有板壁分隔，又称双面台。面向广场一侧的外戏台供乡里大众观演，另一侧则为庭院围闭式戏场，供氏族宗亲喜庆时观剧等“内部”活动。后者的戏台前有天井及宽敞正厅，供观戏和设筵。天井两侧有单层或双层廊房观众席。这种一台两用的格局，既有经济上考虑，亦有互作后台的功能。因其面向广场的戏台只能在晴天活动，而其面向祠堂的内戏台，因三面有顶可避风雨。人们又称之为“晴雨台”。这种建筑布局多见于江西、安徽一带，在北方山西亦有。图 6 所示一例为江西乐平市浒崦村程氏祠堂鸳双面台戏场（清同治十二年 1873 年建）。

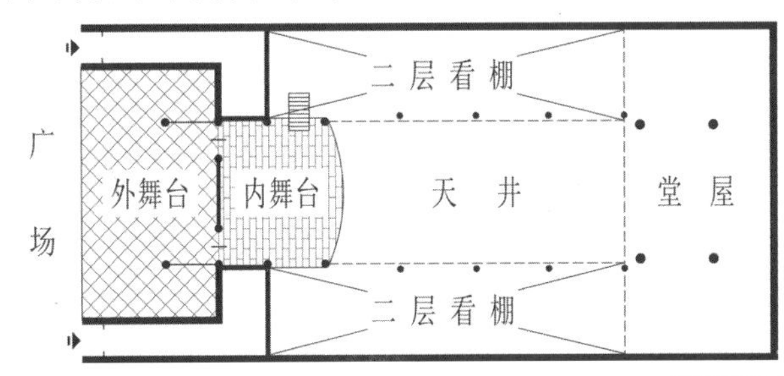

后台 舞台 大厅

0 5m

北京漱房斋小戏台

（a）面向广场戏台外景

图 5　故宫漱芳斋室内风雅存戏场

（b）面向祠堂内院的戏台

图 6　江西乐平市镇桥镇浒崦村程氏祠堂鸳鸯双面台戏场（1873 年建）

五、并列式戏台

双台并列的戏场在我国南北各地均有。多为民间节庆活动时，组织多个戏班汇演。因此出现同一处建有两个戏台（图7（a）），各台可轮番同时演唱以吸引更多观众，并提升演唱者的竞争力。“唱对台戏”之说由此而来。双台有的建于同一院落内或广场上，亦有双台并立于一个屋檐下（图7（b）），甚至亦有三台并列的。在锣鼓喧天的演唱中，如不是轮流表演，则相互干扰必然严重。又说并列式戏台是由不同供奉者或出资者所筑，因而未必同时有演出活动。有关这类并列戏台的实际演出情况和使用效果，鲜见于文献资料，故不甚明了。

（a）山西五台县金刚库村奶奶庙双台并列戏场

（b）山西定襄县大南庄村同一屋檐下的两连台戏场

图7

六、临岸背河戏台

戏台筑在河湖岸边，面对街道或广场供观众观剧（图8）。其后台则临水，便于剧团利用航船作运输工具，亦兼作部分后台功能，如化妆、行装储存、乃至戏班食宿之用。在浙江绍兴水乡一带较为多见。

七、临水戏台

与上述情况相反，戏台在河湖沿岸临水而筑，多见于船运交通发达的江南水乡，尤其在绍兴一带。在陆上交通不发达时代，观众从四面乘船而来，在船上观剧，别有情趣（图9）。目下开发为旅游特色景点。

图8　浙江绍兴临岸背水的戏台

八、异形庭院戏场

庭院戏场不论大小几乎都是矩形，只有极个别例外。福建永定县振成楼的土楼戏台是建在园形庭院内，住户还可在楼层观剧（图10）。四川乐山市犍为县罗城凉厅街之船形庭院戏场更为独特，两侧廊房兼作茶肆，热闹非凡（图11）。该处自从西南建筑设计院建筑师成城发现并进行勘察，在建筑学报（1980）著文详细介绍，引起各界注意。1983广州交易会上展出模型后，吸引了澳大利亚侨胞极大兴趣，于是在墨尔本市海克斯按其原型建造了“中国城”。

图 9　浙江绍兴临水戏台四例。过去乡亲们乘乌篷船赶来观剧，如今成为旅游景点

图 10　福建永定县振成楼园形内院的戏台

图 11　四川乐山市犍为县罗城镇凉厅街船形内庭戏场

九、街台

街台是指穿过街道的可拆卸戏台。平时供行人歇息，故又称“路廊”戏台。街台四周有石柱，柱腰处凹槽可镶嵌横樑。节庆演戏时，临时搁樑铺板搭台，交通临时阻断，人们便在戏台两侧观剧。浙江的土谷祠街台（图 12）为人所熟知。浙江新昌（大明乡藕岸村和镜屏乡外练使村）亦有此类街台两处，只是年久失修。

图 12　浙江绍兴市土谷寺街台

另有更为独特的是浙江象山县爵溪镇，一座架空亭式戏台建在十字路口，平时汽车亦可穿行其下。图 13（a），（b）和（c）所示为戏台正面、侧面和背面。演出搭台时四角石柱上均留有榫头插口，如图 13（d）所示。

（a）街心戏台正面

（b）戏台侧面可见汽车通行

（c）戏台前后也可通行

（d）戏台立柱上供搭台榫口

图 13　浙江象山县爵溪镇街心戏台

十、园林戏场

在中国传统园林内傍依水庭的亭式戏台演唱，别有情趣，当以江苏扬州何园最为著名（图 14）。梅兰芳在此园游廊中听戏的印象是：“看着楼台倒影，听着场上的吹打，借着水音很是悦耳”。其他如无锡的薛福成宅园和北京中南海纯一斋等处亦有此类戏台。

2010 年，上海張军昆剧团首创实景园林版“牡丹亭”，在上海青浦区课植园内演出（图 15），结合灯光变幻加以湖水的映辉，效果非凡，且用自然声演唱，听来真切，别有韵味。是为传统戏场现代化所

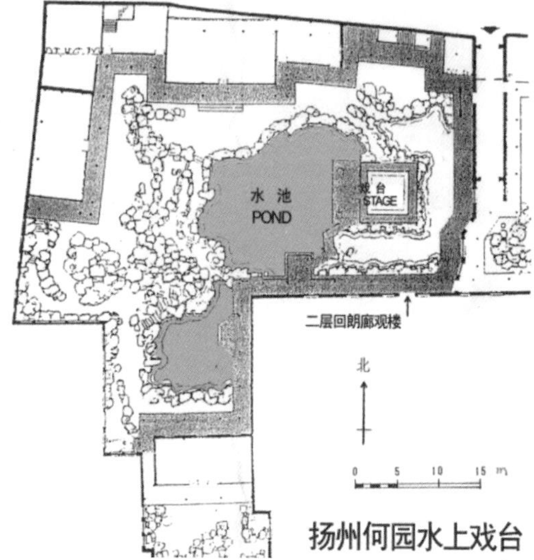

图 14　江苏扬州市何园水上戏台

图 15　实景版昆剧《牡丹亭》（张军剧团）于上海青浦区课植园演出

作别开生面之创新尝试。2012 年 11 月张军又在美国纽约大都会博物馆内中国园“明轩”（系移植苏州网师园殿春簃一景之室内苏州园林，图 16）演出昆曲牡丹亭。园内廊下设贵宾席 50 座，又在邻近数百座观众厅内作大屏幕实况转播卖座，连演五场，盛况空前。期待类似演出活动不久在国内定期举行。

图 16　美国纽约大都会博物馆内中国园“明轩”演出昆曲牡丹亭（2012 年 11 月 30 日首演）（张毅摄）

结语

传统戏场建筑形态丰富，值得深入探索。而长期来，作为观演类的传统戏场建筑，在中国建筑史研究中似乎关注不多。只是近二三十年来，情况有所改变。谨借此研讨会之机，希望建筑史界和建筑师们，多多发掘传统戏场建筑历史精华，古为今用，将传承与创新结合起来，亦是作者的期盼。

中国神庙前后组合式戏台考论

冯俊杰[1]　钱建华[2]

【摘　要】中国古代神庙戏台样式繁多，可进行多视觉的考察与研究。仅就其整体结构而言，就可分作单体式、组合式、连体式等类。其中组合式又可分作前后组合式、左右中组合式。

前后组合式戏台在发展中，也有变异。引人瞩目的有四种：第一，后台建为二层，但此类戏台未能普及。第二，改前后组合为融合，即前后建筑不再是完整的个体，而是将前一建筑的后半与后一建筑的前半相融，相融之后仍能看出是两座建筑，和复合顶制的单体建筑不同。第三，舞台纵向辟有通道，成过街台，用时在通道上搭板即可。第四，组合后的两座建筑互为前后台，可称之为“前后组合式鸳鸯过街台”。

前后组合式戏台首创于襄垣县城隍庙，与单体建筑、镜框式台口之戏台相较，此类戏台的优势在于：第一，造型新颖，美观大方；第二，重在实用，设施比较齐全；第三，凸字形戏台表演区向前伸出，观众可三面围观，剧场显得紧凑、热烈；第四，后台宽大，方便艺人化妆与休息。

【关键词】中国戏台，前后组合，样式类型

中国神庙戏台样式繁多，可进行多视觉的考察与研究。仅就其整体结构而言，即可分作单体式、组合式、连台式（二连台、三连台）等。其中组合式又可分作前后组合、左右中组合、上下组合及左中右上下组合、前后左右等复杂组合。这里只将前后组合式戏台加以考述及论证，内容包括其整体基本形制、演变形制及形成的原因、成就与缺憾等。如有错误和疏漏之处，还望方家指正。

一、前后组合式戏台的基本形制

中国神庙前后组合式戏台的基本体制，以其建筑平面划分，只有凸字形、倒凸字形、方形三种。其中以平面为凸字形者居多，此类戏台前台伸出，故也可以称之为伸出式舞台。如山西襄垣县城隍庙戏台、运城三路里三官庙戏台、忻州东张关帝庙戏台、太原晋祠昊天祠钧天乐台、山东威海刘公岛龙王庙戏台等。平面为倒凸字形者较少，山西交城县石侯村戏台可为代表。平面为方形的戏台也不多见，山西阳曲县洛阳村草堂寺戏台，同县蔓菁村三郎庙戏台、古交县河口镇三霄娘娘庙戏台等即是。

1. 建筑平面为凸字形的前后组合式戏台

迄今所知最早的平面为凸字形戏台在襄垣县城隍庙（图1）。该庙位于县城内，现为县中学占据，古建筑仅存山门、钟鼓楼、戏台和寝殿等，庙貌已不完整。此台虽已失去建造时间的记载，然其造型古朴，无任何雕镂，举折平缓，斗栱的立面高度略超柱高的四分之一，其样式及制作手法与山西沁水县玉皇庙明宣德七年（1432）戏台大体相同，故其创建时间当在明代中叶以前。

① 冯俊杰，山西师范大学，教授。邮箱：fengjunjie437@163.com。
② 钱建华，天津师范大学，讲师。邮箱：springmoney@sina.com。

戏台的整体造型为十字歇山顶前台和普通悬山顶后台的组合。顶上绿琉璃脊、筒瓦覆布。前台深广各一间，面阔 5.23m，进深 5.15m，台高今存 1.35m。四根粗大的圆木柱立于台角，高 2.6m，覆盆础。正面及两侧柱子以外的墙壁、门窗，都是占有庙院的学校砌就、安装的。额枋于柱头相交，每面斗栱五朵，六铺作三下昂，耍头麻叶云。正心瓜栱隐刻，栱面抹斜。二转角出斜昂、由昂，昂嘴斜向上，宝瓶已失。正面中间一朵出五缝大斜栱，耍头居中者为昂形。

图 1 襄垣县城隍庙明代凸字形戏台

后台面阔亦三间 7.35m，进深四架椽 5.5m。圆木柱，覆盆础。额枋宽大厚重。斗栱五铺作双下昂，耍头麻叶云，正心万栱隐刻，栱面抹棱。补间铺作各一朵，俱出斜栱，中间耍头刻作昂形。正面西侧的小门，可能原来就有，方便艺人出入。

图 2 运城三路里三官庙明代凸字形戏台

现存另一座明代前后组合式戏台，在晋南运城市三路里三官庙内（图 2），建于嘉靖三十二年（1553）前台歇山顶，山花向前，后台硬山顶，巧妙组合以后，整体平面呈凸字形。屋顶灰脊筒瓦，鸱吻等脊饰俱已失落。正、侧面墙壁、板门及台前两根辅柱，都是今人所加。基高 1m，面阔 7.39m，进深仅仅一架椽，1.72m 硬山顶后台面阔 10m，其中明间宽 4m，进深 8.3m。

前台二角为方形抹角青石柱，与下面另一稍宽些的青石短柱对接，直接落于地下，而不在台上。二辅柱为圆木柱，立于舞台前沿的条石上，条石下方有短石柱支撑。木柱和短石柱不在一条直线上，也不在斗栱之下，显然是后人补立的。檐下额枋于柱头相交，伸出柱外，安装木雕虎头护朽。正面斗栱五攒，补间铺作三攒，斗口跳，耍头与老梁头合雕为短鼻象头，象鼻下弯，坐斗两侧皆施以卷草形翼栱。角栱五缝，斜角耍头跳为含珠龙头之变体，正、侧面为华栱形，两侧则象鼻下卷。大额枋下施有中间雕有香炉、彩云的花牙子雀替，雀替与大额枋伸出柱外部分也有雕刻。这些装饰性构件，可能都是清代维修时加上去的。

后台三架椽（前一后二），脊檩正中向前、向下斜施两道斜檩，檩上设椽窝，安装歇山后檐的山面椽及硬山顶前脑椽。脊檩下施带有八卦板的雷公柱，雷公柱底向下斜施四道阳马。南北两道阳马的下端，插进金檩之下的隔架翼栱中；东西两道阳马的下端，插进平梁上面的荷叶墩式驼峰底部。结构简洁，也很美观。两种顶制的屋椽巧妙结合，严密合缝。

后台金柱上铺设四架梁对前单步梁，梁头伸出。四架梁与金檩的结合点，施有大云卷形驼峰，其上为平梁。平梁比较特别，因为它向前又伸出了一架椽的长度，承当起负荷山花的作用。实际上，这不是平梁而成了四架梁。梁上仍有叉手、童柱、云卷角背，撑起脊檩。金柱正面镌有楹联："妙舞翩跹红袖飘影绿树月，艳歌婉转紫箫声断碧云天。"赞美夜场漂亮女伶的阿娜舞姿，婉转歌喉，顺带的明月、云天和绿树，衬托出优雅益人的环境，

稍晚于三路里三官庙，忻州东张村关帝庙于万历九年（1581）也创建了一座这样的台子（图 3）。其形制和功能都有所超越。前台歇山卷棚顶，后台悬山顶。台顶灰脊筒瓦，鸱吻、垂戗脊兽等饰件已

图3　忻州东张村关帝庙明代凸字形戏台

图4　太原晋祠昊天祠清代凸字形戏台

毁。前台后檐自上插入后台前檐里，侧檐则垂直插进后台前檐下的木柱中，从而完成两座建筑的组合。

歇山卷棚顶前台基下因有积土，现高0.97m，台口宽为三间6.39m，进深二间五架椽4.11m。三面原有低护栏，现仅存望柱二根。明间比较宽大，占3.93m，次间狭小，仅宽1.23m，并非移柱造。台上圆木柱两排，覆盆础，高为2.64m。柱上额枋为整根原木砍削而成，大额枋、雀替尽失。柱头斗栱三踩单杪，正心瓜栱雕为翼形，耍头变体。平身科唯当心间三攒，正中出大斜栱，耍头居中者为含珠龙头，两侧的雕为象头。角科以麻叶云头代替由昂，设宝瓶于其上，以支承角梁。内部梁架为卷棚六架梁与歇山抹角梁、采步金梁的结合式，简洁而又牢固。

后台明三间暗五间，移柱造，面阔近10m，进深五檩四椽3.33m。梢间砌墙，辟有圆窗。前后两排粗大的圆木柱，用明代较为流行的大鼓镜础，和山柱一起支撑着五架梁。梁上设童柱、角背，承载三架梁。三架梁上再施童柱、角背、叉手，支承脊枋、脊檩。柱上额枋敦实厚重，其上为平板枋。阑额已失。斗栱五踩双下昂，立面高度接近柱高的1/4，栱面抹棱，坐斗有雕饰，耍头雕为凤头变体。补间铺作各一攒，明间正中出斜栱，两侧耍头云卷形，中间的刻为变形的含珠龙头。台上隔扇只剩框架，下场门“琴音”横额尚存。

后台两山前端向外附立八字形音壁，音壁为木结构牌坊式，两根木柱上端横穿由额、阑额，不加额枋，直接在阑额上平施五攒斗栱，撑起悬山檐，柱间砌墙。造型虽然稍逊于榆次城隍庙戏台音壁，却比一般戏台的要气派、华美。

忻州东张村关帝庙戏台，较前襄垣城隍庙戏台的明显进步有三点。一是前台，集两种顶制于一身，为清代山西中部及西北地区偏爱的单体歇山卷棚——复合顶戏台的纷纷创建开了先河。二是建有音壁，设施比较完善。三是后台高阔，艺人化妆、休息更加舒适。

太原晋祠昊天祠戏台（图4），就是用歇山卷棚顶前台与普通歇山顶后台的组合。此台创建于乾隆年间，背临智伯渠，面向昊天祠山门。台内软门上悬“钧天乐台”之匾。《列子·周穆王》云：“钧天广乐，帝之所居。”[①]钧天广乐谓天宫之乐，天地间最美妙的音乐。用钧天乐台命名戏曲舞台，美化之意至为显然。钧天乐台琉璃屋脊，筒瓦覆布，绿琉璃剪边。整体形制近似水镜台而规模较小。前台省却后檐而与后台前檐结合，成一整体。台基高1.9m，宽13.7m，侧宽10.7m，后台稍宽于前台，平面为凸字形。四面设护栏，栏高0.36m，前台护栏用白石望柱、白石华板，造型美观；后台则以砖石砌就矮墙，比较简朴。舞台东侧设台阶，以通上下。

前台三间，移柱造，三面观，进深六檩五椽4.5m，面阔8.5m，其中明间宽4.55m。台上用圆木柱，

① 《列子·周穆王第三》，《诸子集成》册3，页32。中华书局，1954年。

木柱均高 3.08m，柱侧角、柱生起俱不明显。柱上铺设大额，不用平板枋。斗栱五踩双昂，平身科各一攒，耍头均为含珠龙头。栱眼壁布满木雕。明间正中出大斜栱，雀替雕为云中八仙。次间大额枋下有阑额，其下亦为雕刻华丽的骑马雀替。屋内省却六架梁，用十一踩斗栱直接垫起四架梁，梁上竖立二童柱加角背撑起平梁，平梁直接垫起双脊，脊间为罗锅椽。屋顶瓦垄、过龙脊随着罗锅椽卷过屋面，呈现出漂亮的元宝形状。檐下木构件的雕刻和彩绘美不胜收，富丽堂皇。由于简省了六架梁，空间较为疏旷，故其音响效果非常之好。台前楹联曰："音入妙时如蟾宫绝调，像传神处拟才子奇书。"从音乐、剧情两方面颂扬这座戏台的实用功能，充满自豪之情。后台五间，进深四椽五檩 4.2m，圆木柱，斗栱五踩双翘，平身科各一攒，耍头为变体。屋内面积足够戏班化妆和住宿之用。

图 5　威海刘公岛龙王庙清代凸字形戏台

图 6　刘公岛龙王庙近年重修之新台

山东威海市刘公岛龙王庙戏台(图 5、图 6)[①]，坐南向北，也是前后组合式建筑，皆灰脊筒瓦，前台略窄，歇山卷棚顶；后台稍宽，普通硬山顶。两座建筑建在同一座台基之上。此戏台于 1986 年重修。重修后，前台改为单檐歇山顶，台前环境亦不复旧观。

新台之前台后柱与后台山墙间，特砖砌东西两道券形小门。小门单扇，精砌的二门柱和拱形门楣，显得古朴别致。前后台结合部的上面铺满木板，木板上面有流水设施。因为前台略窄于后台，故其整体平面的凸字形不如旧台明显。

新台之歇山顶前台仍是亭子式建筑，实际上与旧台一样为三间，两根平柱被省去了。四根八角石柱撑起屋顶，用大鼓礅础，后二柱则用小石墩础。柱上施平板枋，平板枋与由额之间加垫板，而省却阑额。平板枋下施二垂柱，垂柱下端的两侧则加小型的雕花雀替，装饰小巧。斗栱每面四攒，三踩单昂，耍头变体，衬头木伸出，刻作单幅云。正面明间垫板雕有"寰海镜清"四字，字与字中间插有木雕福禄寿形象，两端亦雕有神仙人物。舞台两侧阑额上也有花卉等木雕，后台山墙上部则砖雕团花。整座戏台美轮美奂，显示出清代喜欢雕琢的建筑风格。

新台前台面阔 5.2m，进深 5.9m，柱高 3.2m，侧口宽 4.2m，台高 1.64m。表演空间在古戏台中算是中等的，能够满足一般戏班表演需求。后台仅比前台略宽出，故其凸字形不很明显。前后四架椽，五架梁上竖二童柱撑起平梁，平梁上再竖一童柱，加叉手、角背支撑屋脊。角梁后尾插进平梁两端下部，

① 图 5 旧照片，引自威海新闻网：www.whnews.cn．图 6 则是 1986 年重修之戏台。

图 7　草堂寺明代建筑平面为方形之组合戏台

图 8　五圣庙建筑平面为方形之组合戏台

无仔角梁和抹角梁。山花砌封。又在四根角柱的内侧各加一枋，枋下亦有石础，木枋内侧凿槽，阑额底皮亦加一枋，枋下凿槽，同时在正侧面柱间贴地亦加一枋，枋上凿槽，于是舞台正侧面均可在槽内安装木板，使其在非使用期间可以封闭，保护舞台，同时那四根贴柱的木枋同时也起到了辅柱的作用，一举两得。

2. 建筑平面为方形的前后组合式戏台

此类戏台也首创于明代，现存最早的是山西阳曲县洛阳村草堂寺戏台（图 6），此台建于明嘉靖十二年（1533）①，位于外院之南（图 7）。前台单檐歇山顶，后台为普通硬山顶，皆三架椽。前台现高 1.35m，面阔 8.9m。其中明间宽 5m，进深 3.9m。后台面宽也是 8.9m，其中明间宽 3.05m，台深 2.7m。台上圆木柱立三排，覆盆础，柱上斗口跳，耍头雕作龙头或象头，用材较小。

前台两侧立有八字形音壁，壁心用琉璃砌为圆形装饰。西壁琉璃铭刻“香山圣母”及“大明正德七年（1512）三月十五”等字，东壁琉璃铭刻也有“香山圣母”四字，此外还有“文水县琉璃匠张士全、张士瑞，阳曲县匠人李昶”等字，其余的模糊不清。可见戏台虽然建在佛寺之内，却是为祭祀香山圣母而设的。寺内过厅西侧，正是香山圣母殿，与戏台相对。②

过去有学者认为，戏台前面的八字音壁是清代才有之物，以为忻州东张村明代戏台的音壁当是清人后加上去的，但洛阳草堂寺戏台音壁琉璃铭文“大明正德七年”等字的发现，足以更正这一看法。

晋西北右玉县杀虎口乡马营河村五圣庙（或称武圣庙，兹以其乾隆九年碑刻为准），有一座明代创建、清初修复的组合式戏台（图 8）。此台坐南向北，遥对正殿，是朔州地区现存古戏台中最为典雅雄丽的一座，整体形制及营造手法也显示出明代后期的风格。

戏台前台歇山卷棚顶，后台则是普通歇山顶，俱三大间，建在一个宽大的台基上，平面呈正方形。屋顶灰脊筒瓦及垂戗脊兽等，俱为近年大修所换。台基宽 11.15m，侧宽 10.3m，高 1.04m。舞台面阔三间 9.5m，其中明间宽 3.5m，通进深 8.55m，其中前台深 5m。三面台口的护栏也是今人所补，栏高 0.36m，望柱雕作仙桃或狮子，华板皆雕花草。

① 此台建造时间，见于该庙现存的嘉靖十五年《重修草堂寺娘娘庙记》。碑高 170cm，宽 73cm，笏头方趺，正书，现立于佛殿东侧殿之前。

② 至于为何音壁琉璃件铭刻的年代早于戏台创建的时间，冯俊杰在其《山西神庙剧场考》中有考述，见其第 183 页。中华书局，2006 年。

台上圆木柱五排，覆盆础，柱收分及柱侧角、生起都不明显。柱上额枋、大额枋下为雕花雀替，雀替下面以丁头栱承之。丁头栱上施穿插枋，枋头雕作云朵形。柱头科三踩单翘，平身科各一攒，耍头皆刻作华栱形，衬头木伸出雕作大象头，两侧插翼形栱。明间出大斜栱，衬头木雕作龙头。角科三缝，斜角雕作含珠龙头。前台之后与后台之前共享一排柱，柱间安装隔扇，及上下场门。

后台五架椽，前二后三，厚重的六架梁前端插进前排柱中，后端置于后檐柱上，梁上竖一后童柱，撑起后下金檩及四架梁的后端。四架梁后端再竖一童柱，撑起后上金檩及平梁的后端。平梁上再竖一童柱，撑起脊檩。六架梁、四架梁的前端插入后台的前排柱中，前排柱的上部兼起童柱作用，直撑前金檩及平梁的前端。童柱均不加角背或驼峰，平梁两侧亦无叉手。

前台三架椽，四架梁对后台六架梁，梁头亦插入后台的前排柱中，前端则伸出檐外，充当衬头木，置于耍头上。梁上竖童柱，撑起一道单步梁的前端。单步梁后端插入后台的前排柱中，与后台四架梁相对。前台四架梁上竖立两根童柱，撑起卷棚顶的双脊，台内不再立柱。前面两个内角均无抹角梁，角梁也只有仔角梁一根，前端施套兽，而省却了老角梁。内角的衬头木后尾皆起承托天花板的作用。天花板是今人后补上去的。总体看来，梁架结构清晰简洁，非常牢固。

乐楼后台的东西墙上，各辟有一道圆窗，以增强光照兼起空气流通作用。后台西侧台基上部留有排污口，距地面高 0.92m，以保障化妆区内部的清洁。

这座乐楼的另一特点，是其后墙同时也是一座照壁，证明乐楼的南面原有山门，已被拆除。照壁先用青砖砌为形制简单的须弥座，再用红砖砌成墙体，然后用青砖镶边，再用青砖雕成檐椽、平板枋和大额枋，顶部铺设筒瓦，猫头瓦当。圆形壁心用黄色方砖雕刻两条游龙，一龙从上面俯瞰，另一龙自下面仰视，形象简洁，雕工精致。

上述而外，河南新乡北站区何屯关帝庙戏台、山西古交河口镇三霄娘娘庙戏台、岔口村某庙戏台、东社村庑殿庙戏台等，也比较典型。新乡何屯关帝庙戏台是悬山顶前台与硬山顶后台的组合，岔口村某庙戏台及河口镇三霄娘娘庙戏台，都是歇山卷棚顶前台与硬山顶后台的组合，而古交东社村庑殿庙戏台，则是普通卷棚顶前台与硬山半坡顶的组合。其建筑平面都是方形或接近正方形的，整体看去较凸字形戏台显得有些生硬和呆板，乏美可陈。建此类戏台的庙宇较少也就可以理解了。

3. 建筑平面为倒凸字形的戏台

此类戏台所见实例更加稀少，我等调查多年也仅见交城县一座（图 8）。其所谓狐神，指的是春秋晋国大夫狐突。这是一座祭奠山西先贤之庙，同样的祠庙在太原周边各县还存有几座，如清徐县西马峪村狐神庙（2006 年国保单位）；有的庙专设狐神殿，如太谷县阳邑镇净信寺道光六年（1826）《重修净信寺碑记》云：“正殿之东偏增修殿宇三楹，移祀关圣于其中，其原殿内改塑周晋大夫狐神像。”[①]交城石侯村狐神庙戏台前为硬山顶五间，后台卷棚顶三间，故其平面成倒凸字形。侧面看去，似后台屋顶楔入前台屋顶而完成的组合（图 9、图 10）。两座建筑均用灰脊筒瓦，台上用圆木柱，檐柱用鼓镜础，余皆素平础。前台平柱略向左右移动，柱上平铺一宽大厚重的阑额，上承通长的大额枋。其余四柱之上，则用由额、云子墩、阑额上乘大额枋。檐下斗栱均为斗口跳，用材很小。两山墀头有砖雕小亭，亭内浮雕人物，面目已不清。前台通阔 8.1m，明间宽 3.5m，深 3.25m。两侧各有一券形小门。后

① 碑高 191.5m，宽 76cm，侧宽 13.5cm，正书，笏头方趺，现存太谷县阳邑镇净信寺碑廊内。

图 9　石侯村狐神庙倒凸字形戏台正影

图 10　石侯村狐神庙倒凸字形戏台侧影

图 11　临汾王曲村东岳庙倒凸字形戏台

台面阔 8m，明间宽 3.5m。台前的砖砌平台系今人所为。整座戏台貌似宏伟，但因前台五间过于庞大，实际演出用不了这么大的空间，故无推广价值。

另一座平面倒凸字形的戏台（图 11），在今临汾王曲村东岳庙。其后台即现存著名的八座元代戏台之一，单檐歇山顶；前台为清人所建，悬山卷棚顶。前台两侧，各有一座半坡顶小屋，系乃建国后所建，有小门与前台相通。此台亦列为国保单位，目前已全面修缮完毕。

单檐歇山顶的元代戏台，面阔、进深俱为 7.25m，平面为正方形。灰脊、筒瓦、鸱吻、脊兽等都已残破，山花毁坏，屋顶有些地方已经露出天空。四根粗大的圆木柱，支撑着大屋顶，柱下是元人常用的素平础，显得特别的坚牢。柱高 3.62m，下径 58cm，上径 50cm。柱头栌斗甚巨，斗上借助纵横交叉的两道长长的绰木枋，托起四道去皮的原木充当的大额，大额于柱头相交并伸出柱外，断面垂直截去，也无雕饰，其下也不施阑额。这些手法与魏村、东羊村戏台一致。大额枋额上每面斗栱五朵，为重栱计心造五铺作，单杪单下昂，栱面不抹斜，耍头蚂蚱头，衬方头伸出部分抹楞。台的后墙立有两根圆木辅柱，东西山墙于后拐角的 1/3 处各立一柱，可见原来也是三面观戏的舞楼。山墙侧口砌封，应当是补建前台时之所为。屋内抹角梁为弓形，较元代 其他亭子类建筑的抹角梁短小，是其主要特色。

王曲村元代戏台的藻井，方井架于算程方上每面施斗栱三朵，而不似魏村、东羊村戏台藻井之五朵。八角井也是在方井斗栱上施随瓣枋抹角构成，斗栱每入角处施一朵，补间施一朵。随瓣枋上，每角向上、向内斜施阳马一条，于交汇处施以雷公柱。由于每重井架间的距离较近，故其屋顶举折也略低于魏村、东羊村戏台。举折较低，这是宋金至元代早期建筑的一般特征。

清末民初后接的卷棚顶前台，一度已成危房。前后四檩三架椽，台基高 1.2m，面阔 10.5m，台深 3.6m，柱高 3.5m。四架梁平置于额枋之上，后端则用铁条固定于元代戏台的大额之下。梁上二童柱加角背支撑平梁和双脊，后排椽楔入元代戏台的栱眼壁中。它简省了平柱，但是借助两根吊柱，仍显示出它的开间是三间。由于前台比后台宽出、低矮，整体形象貌似后台对前台的一种包容式的前后组合。

可能出于审美角度的考虑，清代新建的前台多用卷棚顶或歇山卷棚顶。组合以后的王曲村戏台，从侧面看去屋顶高低错落、曲线柔美亦不乏雄奇和壮丽。前后台活动区域都明显增加了，适应戏曲演出规模扩大、戏班对舞台设施完善的需求。所以当年不止是王曲村的这座台子，附近的魏村牛王庙、东羊村东岳庙也都曾经增建前台，而把原来元代戏台当作后台使用。只是近年为恢复元代戏台的风貌，魏村和东羊村都把清建的前台拆除了，唯独王曲村戏台翻修后将这前台保留了下来。应当说，这不仅保留了这种“后天组合”戏台的原貌，同时也保留了明清以后祠庙戏台不断改革、创新和完善的历史。

二、前后组合式戏台的演变形制

明代中叶至清代前期，是我国神庙剧场不断改革的时代，各地剧场的设施都有较大改进。明代创建的前后组合式戏台，进入清代以后也有一些演变。已发现的演变至少有以下五种。

1. 后台加高的前后组合式戏台

山西忻州市忻府区莲寺沟村泰山庙戏台就是这样的组合（图 12）。前台歇山卷棚顶五间，后台普通悬山顶五间，但略宽于前台，故其建筑平面为不明显的凸字形。灰脊筒瓦已有缺损，前檐大半业已残破。戏台宽大、屋顶层叠中还有变化，整体造型亦显巍峨、大气。

前台檐柱用比较粗大的圆木柱，柱收杀不明显，角柱略高，均用鼓镜础。平柱减去，五间建筑结果貌似三间，以此扩大中间的表演区。明间和次间通置大额，梢间则置额枋、阑额。额枋阑额一端插入大额中，另一端伸出角柱之外，断面垂直截去，成“丁”字形，不假雕饰。梢间阑额之下附有透雕花草的长方形雀替。斗栱单下昂三踩，老梁头伸出刻作象头形耍头。平身科惟明间置一攒，出45度斜拱。栱眼壁均饰以木雕人物、莲荷、云龙、花鸟等，雕刻手法圆润细腻。台前原有石板式护栏，没有雕琢，今只余残段。

此戏台的改进主要在其后台，台阔 7.8m，进深 3.5m，然其通柱高达 5.89m，相当于农村的二层小楼。据村中老人介绍，当年所以建造如此高大的后台，就是为了增强扩音效果。此说目前尚无法验证，似乎很难得到科学技术的支持，唯独古人的探索精神还是感人的。今人改为二层，其底层之高已达 2.86m，足可供人活动与其间。后台两山前端砌有八字形矮墙，是为音壁。今人为上下小楼方便，拆掉了西侧音壁，而在山墙外加砌了一道条石台阶。

台前面的平台也是今人增建的，演出时搭设临时棚顶。古戏台只能当做后台使用了。

2. 前后组合过街式搭板戏台

比较典型的是清徐县温李青村玉皇庙戏台（图 13）。此台前为歇山卷棚顶三间，后为普通硬山顶三间，平面近于正方形。明间柱头置宽厚的大额，次间柱上则置窄小的额枋、阑额，一端插入明间大额枋中，另一端则穿过角柱，手法与上述莲寺沟戏台如出一辙。前檐斗拱单下昂三踩五攒，柱头科外明间平身科一攒。额枋下面的雀替业已丢失。栱眼壁裸露无雕饰。

图 12　莲寺沟村泰山庙前后组合式戏台

图 13　温李青村玉皇庙前后组合过街搭板台

图 14　大常村前后组合过街鸳鸯台南口

图 15　大常村前后组合过街鸳鸯台北口

前台后檐与后台前檐相融，合用一排柱，屋内两座建筑的梁架也以此做了些调整，完成了前后台的组合。舞台南北向辟一信道，演出时信道上搭板、安装隔扇、上下场门即可。因此台已不再使用，故其搭板槽已被红砖砌封，前台后侧两堵八字墙，墙面墁有水泥，显系今人所建。

3. 前后组合过街式搭板鸳鸯台

此台也在清徐县，在大常村内（图 14、图 15），跨街而建。此台南北向，南北开口，各自朝向一座庙宇，两座庙宇今已不存。台内留有人和车马的通道，唱戏时需要搭板，安装隔扇及上下场门。这一点，与上述温李青村戏台一样，差别仅在于此台前后互为台口，互为前后台，故称"过街式搭板鸳鸯台"。

大常村过街搭板鸳鸯台，也为前后两座建筑组合，北面为歇山顶卷棚顶（图 14），南面为普通悬山顶，由歇山卷棚顶后檐融入悬山顶后檐而成。结合部共享一排柱，梁架也相应做了局部改动。歇山卷棚顶四角有雕花垂柱。两台口之檐柱俱用鼓镜础，其余为素平础。

北台口进深五架椽 4.7m，面阔 9.2m，其中明间宽 4.2m。南台口进深四架椽 4.1m，面阔 7.5m。北檐木构件雕琢比较华丽，斗栱双下昂五踩，耍头雕作龙头，下昂则雕为花草形。南檐木构件较少雕琢，斗栱五踩亦双下昂，用材单薄。柱上横施一宽厚的大额，朴实而牢固。从建筑规格和装潢看，南北两台口当以北台口为主。

4. 运城市舜帝陵前中后组合式剧场

舜帝陵乐楼的始建年代未详。康熙《平阳府志》的庙貌图中，尚未见其踪，至嘉庆二十五年（1820）碑里，才有重修"关帝祠及两乐楼"的记载。两乐楼，一指陵内关帝庙大殿前面的乐楼，一指陵内正殿、献殿前的乐楼。据此碑可知，舜陵乐楼之建是在嘉庆二十五年之前。舜帝陵两乐楼至今仍存，据其形制与手法判断，都是清代前期建筑。

舜帝陵戏台是和一横一竖两座看棚连在一起的（图 16、图 17），没有前后组合式戏台的后台，而是将单一建筑的戏台分割为前后台，在中国神庙剧场中别具一格。这一演变，使它无法称之为前后组合式戏台，称之为“前中后组合式剧场”似乎更贴切一些。

戏台硬山顶三间，屋顶灰脊筒瓦，鸱吻、火珠、垂兽等饰件，均已毁坏。前后四排圆木柱，五架椽（前三后二），前柱用大鼓镜础，其余柱子则用素平础。檐柱较细，柱上无斗栱。五架梁平置于前金柱和后檐柱上，向前再施单步梁，与檐柱相连接。舞台通阔 9m，明间宽 4.85m，通进深 6.93m，前台深 4.4m，柱均高 2.86m，台高 1.57m。后台南墙中间辟有一门，门外左右设台阶，供艺人出入。正对此门建有照壁一座，遮住小门及其台阶，以围护庙院的整饬和雅洁。

图 16 舜帝陵前中后组合式剧场侧影

台前看棚共两座（图 16），都是四面敞朗的卷棚顶，三间。一座南北向，在前，小三架椽；一座东西向，大五架椽，在后。二者相连，又和戏台连在一起。前一座看棚通面阔 8.9m，明间宽 4.9m，通进深 4.76m。平身科施斗口跳，耍头凹脸蚂蚱头，坐斗两侧附加翼形栱。圆木柱两排，皆用素平础，直撑四架梁。四架梁头伸出檐外，置于戏台檐柱平板枋上，从而完成二者的对接。后一座看棚，通面阔 9.27m，明间宽 4.86m，通进深 9.9m。圆木柱四排，素平础，柱上平板枋、大额枋，不施斗栱，平身科垫以雕花板块。四架梁对左右单步梁，梁头伸出，雕作三幅云。棚内悬挂一匾，题曰“箫韶九成”，取自《尚书·益稷》篇，系安邑知县秦恒炳于嘉庆十六年（1811）手书。前棚有前人楹联，曰：“驾旆辉煌，掩映春光花锦簇；金鼓宏亮，宣昭和气凤鸣阳。”突出戏曲演出的祥和、喜庆气氛，表现的是帝王陵庙的大赛风格。

图 17 舜帝陵前中后组合式剧场内景

舜帝陵剧场的规矩，是在前一座看棚内安置尧舜禹汤四圣的神像，为高等席位；后一座看棚中间摆放桌椅，供官员们使用，为二等席位；周围再摆上一些椅凳，给乡耆、社首们使用，算是三等席位。棚内其余空地则是散座，为普通男子看戏之所，至于妇女看戏就只好在棚外两侧选择地方了。当地人介绍说，后一座看棚，中间是男人的席位，两侧是女人的席位，但这只是今天的安排，旧时代肯定不是这样子的。

图 18 长治市区府城隍庙复杂组合式戏台

5. 前后上下左右复杂组合式戏台

此种此台首见于晋东南长治市区府城隍庙内（图 18），附于该庙的二道山门之后，二者立于同一台基之上。此二道山门二层三大间，单檐歇山顶，造型巍峨壮丽，高于戏台。其底层明间出厦为小歇山顶式门楼，上层则为戏台的后台。山门两侧又附建歇山顶式的二层耳楼。此耳楼即其戏房。整体建筑平面也是凸字形。上层为戏台，底层为门洞，加上左右耳楼，实为前后上下左右四座建筑的组合。

四座建筑均为黄绿琉璃脊、鸱尾及垂戗脊兽、仙人等，筒瓦覆布。正脊火珠为两个剑把高擎的鸱吻替代。值得注意的是，其下琉璃件镌有三行铭文，用望远镜清晰可见：中间为“大明嘉靖岁次乙卯年”，左为“丙辰造重修”，右为“戊子月大吉利”，共20字。乙卯即明嘉靖三十四年（1555），此系舞楼断代的铁证。

舞楼底层是一方形门洞，高2.95m，宽2.72m，圆木柱，覆莲础。上层是舞台，平柱移柱造，扩大了表演区。梁架结构因今人装修天花，而不得见。三排粗壮的圆木柱，均高3.03m，素平础，撑起大屋顶，柱收杀、柱侧角和柱生起都不明显。额枋、大额枋于柱头相交，额枋上挎活小桥、流水、人家及亭台楼阁等，大额枋则雕有二龙戏珠，形象非常生动。斗栱七踩双翘单下昂，双翘在上而昂在下，刻作向上卷起的象鼻形状，与二道山门前檐斗栱的作法一致，可见二者是同期建筑。平身科各一攒，惟当心间施大斜栱三缝，中刻一条整龙，尾上头下，两侧华栱刻成龙爪，爪内抓着宝珠、牡丹等，这种作法清代在晋东南地区非常流行。四转角斗栱皆三缝，蚂蚱头，无由昂。舞台进深6.27m，面阔12.53m，其中明间宽5.4m。台上方砖铺地，三面均施软门，有护栏围绕，拆卸软门即可演戏，观众三面围观。舞台两侧贴墙砌有台阶，通往耳楼和舞台，艺人上下方便。

舞楼两侧的耳楼，均为二层、大三间，前后皆无廊。南向有窗无门，北向上层一门二窗，底层则一门一窗。木柱砌入墙内，主要依靠墙体承载屋顶负荷。斗栱五踩单翘单昂，亦昂在下而翘居上，与门楼、舞楼斗栱作法一致，是和舞楼同时建造起来的。

清道光十四年（1834）知府马某《重修潞安府城隍神庙碑记》云：“城隍神祀于三国，祠于唐，天下通祀于宋，潞安府庙则创于元而续修于明。”又说：“第自乾隆甲午（1774）葺新，而后经六十年，上雨旁风，日就倾圮”①，因而重修。清代大修，主要就是乾隆甲午和道光十四年这两次。檐下装饰性很强的斗栱，及雕刻精美的额枋、大额枋，可能都是道光间重修时的改换之物。

无独有偶，晋中介休源神庙戏台也是类似建筑（图19）。此戏台建于山门之后，两侧附建攒尖顶式的钟鼓楼。底层则券门五洞，中间一洞为山门，门外悬挂“源神庙”庙额，馀四洞砌封为窑，用作“云房”，旧为道士、居士、山人所居。可见，这也是四座建筑前后上下左右的组合，唯无耳楼而有钟鼓楼及底层辟有居室这两点，与长治府城隍庙戏台不同，但也是一座别出心裁的戏台建筑。

图19　介休洪山镇源神庙复杂组合式戏台

源神庙戏台名曰鸣玉楼，与正、配殿为同期建筑，据万历十八年（1590）县令王一魁《新建源神庙碑记》云：“殿前数步，甃券门五洞，洞上扣砌为台，台上反宇，回栏陕（狭）而修曲，为楼额曰鸣玉楼。”说的就是这座戏台，它和该

① 碑高278cm，广71cm，侧宽27cm，正书，笏头方趺，现立于献殿之侧。

庙正殿、配殿一样，都建于万历十八年。楼以“鸣玉”命名，据作者说，是为了描状该庙附近是鸑鷟泉水，“其声泠泠然，锵锵然，若理丝桐，鸣环佩也”。[①]

乐楼前台悬山顶三间，六檩五椽（前三后二），顶施天花；后台硬山卷棚顶三间，彻上露明造，四檩三椽。屋顶绿琉璃脊、筒瓦、黄琉璃方胜，鸱尾剑把较高，正中火珠及垂兽俱全。面阔三间10.15m，其中明间宽4.15m，次间宽3m，两侧台口宽2m。舞台基高3.6m，进深8.7m，其中前台进深4.8m。隔扇凹字形，彩绘西游故事和八仙图，两侧安装上下场门。

台上全用圆木柱，素平础，均高3.5m。檐下斗口跳梁头，施虎头护朽，平身科则斗口跳，施虎头护朽，平身科则斗口跳龙头。梁头两侧均施雕花镂空之翼栱。额枋为三节对接，大额枋下明间雀替雕作龙头，次间的雕龙尾，角柱雀替则雕作大象头。柱头垂直插一含珠龙头，起装饰作用。舞台两侧台口较宽，次间之前施以石护栏，栏高0.45m，华板浮雕龙王行雨等图画。望柱雕狮子，高0.72m。原来舞台两侧也有护栏，被后人拆除。后台有窗，朝外望去，水池、水渠及苍茫山色尽收眼底。

根据碑刻记载，源神庙舞楼创建以后，曾于康熙二年（1663）、四十九年（1710）、乾隆二十七年（1762）、道光八年（1828），予以全面维修。光绪三十一年（1905）重修舞楼后台，补葺前台；三十四年，重新彩绘并整理三面木板隔扇；宣统元年（1909），全面彩绘庙宇以及舞楼。最后一次大修，是在1985年，源神庙及其舞楼再次焕然一新。

明代创建的这种戏台样式，实为前后组合式戏台与过路台或山门舞楼的合流，在后世神庙里也是比较流行的，目前在一些庙宇里尚可看到简化版的复杂式组合戏台，如山东泰安城隍庙戏台（图20）、济南城隍庙戏台、河南开封山陕会馆戏台、郑州城隍庙戏台（图21）、江苏武进市万绥镇东岳庙戏台（图22）、浙江桐江市吴镇修真观戏台（图23）等，皆是。

这四座戏台均为清代建筑，前后上下组合式，

图20　泰安市城隍庙复杂式组合戏台

图21　郑州市城隍庙复杂式组合戏台

图22　江苏武进市万绥镇东岳庙戏台

① 明王一魁《新建源神庙碑记》，碑通高278cm，广75cm，侧宽23cm，正书，螭首龟趺，额刻“新建源神庙记”5字，亦正书。现存正殿廊下。

图 23 浙江桐江市吴镇修真观戏台

图 24 阳曲蔓菁村三郎庙插入式组合戏台

图 25 蔓菁村三郎庙插入式戏台梁架

其后台并没有左右耳楼，相当于长治府城隍庙戏台、介休源神庙戏台的简化版。简化的原因是其后台上下两层的面积已经足够使用了。

明代，在前后组合式神庙戏台创建不久，民间又创建了前后左右上下复杂组合的新型戏台，稍晚些的非前后组合的山门舞楼也已经孕育其中。发展到清代二者可合可分，视需要而定，非常灵活，以至于前后组合式凸字形戏台和山门舞楼，最终都成为中国神庙最流行的戏台样式。

三、前后组合式戏台的成就与缺憾

前后组合式戏台的成就，首先是在古代建筑史上为两三座建筑巧妙地组合在一起提供了丰富的经验。仅就今日所能看到的实物分析，其组合的方式至少有四种：一是插入式，二是融合式，三是连接式，四是包容式。

插入式是指前台的后檐插入到后台的前檐中，首创于明代，上述山西忻州东张村关帝庙戏台即是。清代这样的组合戏台也很常见，如山西寿阳县鸭鸣村赵然寺戏台、北燕竹村德馨庙戏台、阳曲县蔓菁村三郎庙戏台（图 24、图 25）、莲寺沟村泰山庙、大卜村关帝庙戏台、北小店村三郎庙戏台、中村徘徊寺戏台等。

插入式前后组合式戏台，插入部分实际上已经不再存在，前后建筑梁架的主体部分仍保持其相对的独立。如图所示，阳曲县蔓菁村三郎庙戏台就是由歇山卷棚前台，与悬山顶后台组合而成的。前台后檐插进后台的前檐里，歇山卷棚顶的后檐节省了一椽，同时也就节省了一排柱子，但后台悬山顶的两架椽结构未变，前台卷棚顶梁架结构的基本形态也没有大的改动。其整体结构的技巧，仅在于前台用两根大梁插进后台的檐柱中，大梁前端伸出檐柱之外，刻成斗口跳的耍头，梁上再树一根童柱，撑起卷棚顶的金檩与三架梁的结点，再用穿插枋将童柱与后台前檐的额枋连接起来，便完成了前后两座建筑的组合。

当然，插入式前后组合式戏台梁架的处理方式，还有许多种，其中多为前台插如后台的，如上述忻州东张村关帝庙戏台、阳曲县蔓菁村三郎庙戏台等。但也有将后台前檐插入前台后檐里的，如前述交城石侯村狐神庙戏台。此类戏台的梁架的处理方式多与正插相反，这里就无暇一一列举了。

融合式是指前台的后檐与后台的前檐相融，或前台歇山顶后檐两个翼角融入后台的前檐里。这种情形多发生在前后台建筑平面为方形的戏台中，也首见于明代，前述襄垣县城隍庙戏台、运城三路里三官庙戏台、右玉县杀虎口马营河武圣庙戏台即是。清代这样的台子也有一些，如清徐县东梁泉村狐神庙戏台（图 26）、上述之温李青玉皇庙过街搭板戏台、大常村过街搭板鸳鸯台等。

图 26　清徐东梁泉村狐神庙融合式组合戏台

融合式组合与插入式组合的明显区别，即前者相连的两檐全面接触，不似后者那般深深地插入后台前檐的中部。融合式组合仅将前台后檐的边沿部分及两个翼角融进后台之前檐即可，故其梁架结构仍可见其相对独立性。图中的清徐县东梁泉村戏台就是如此，歇山卷棚顶后檐与硬山顶前檐全面相融，硬山顶之五架梁头平置于歇山卷棚顶后檐檐柱之上，便将二者紧密组合起来。当然，硬山顶后台的檐柱也就省略了。

图 27　交城东社村庑殿庙连接式组合戏台

连接式前后组合，是指前后台相连后，两座建筑的屋顶均保持完整无缺，如山西交城东社村庑殿庙戏台（图 27）、河南新乡北站区何屯关帝庙戏台(图 28)、上述山东威海刘公岛龙王庙戏台、泰安城隍庙戏台等。刘公岛龙王庙戏台的前后台虽然建在同一台基之上，但其前后两座建筑都是完全独立的，前台后角柱与后台前墙间，建一砖砌的窄小拱门，使二者相连。后台两根平柱并非因为前后组合而省却了，而是采取减柱法去掉的。这样做虽然结果相同，意义却并不相同。刘公岛清代水师学堂也有一座戏台，建筑模式与其龙王庙戏台如出一辙，就连泰安城隍庙戏台的组合方式也是如此，这可能就是一种地方性的喜好，或者说是前后组合建筑的一种地方手法吧。

图 28　新乡何屯关帝庙连接式组合戏台

交城县东社村庑殿庙戏台，前台卷棚顶三间，四架椽，通面阔 8.8m，其中明间宽 2.6m；通进深 6.8m，其中后台深 2.8m。后台半坡顶，一架椽，贴墙而建，东侧辟一方形小门便于艺人通行。前台两侧建有八字形矮墙，是为音壁。此庙已失其名，所谓“庑殿庙”仅表明其正殿曾是一座庑殿顶建筑罢了，绝非其庙号。新乡何屯关帝庙戏台也比较简陋，前台悬山顶，后台硬山顶，其东侧的耳房是今

图 29　交城阳渠村永福寺包容式组合戏台

图 30　阳曲大卜村关帝庙包容式组合台

人新加的，观其台基可知。

包容式前后组合，是指后一建筑将前一建筑的大半包在里面，如上述临汾王曲村东岳庙戏台即是。此类戏台之后台较高，而且前檐比较深远，在现存古戏台中比较罕见，交城县阳渠村永福寺戏台（图 29）、阳曲大卜村关帝庙戏台（图 30），可以为例。

如图所示，永福寺和三郎庙戏台均非复合顶的单体建筑，也不是后一建筑出厦为前台，更不是一座建筑加上一个歇山顶的前檐。这分明是两座建筑的组合。两座戏台的后台都比较高大，将歇山顶前台的顶部连同正脊完全包笼进去，而前台后两个翼角仍然裸露在外，台基都比较高，前台都是移柱造，因而都形成了一种高低错落、翼角翻飞、雄伟宏敞的美的造型。

前后组合式戏台的上述四种组合方式，对明清神庙而外的其他建筑当有影响，其多种多样的结构方式，为 其他场合的类似建筑，也提供了许多经验。不过，前后组合式戏台更大的影响，还是在中国剧场史上。

明代神庙前后组合式戏台的创建，在中国剧场史上不啻为一场革命，而且这一革命还是自觉的。因为与宋金元亭子式戏台建筑相比，这种新型戏台明显的不再是单纯的建筑美的炫耀，而是首先注重实用，更多地考虑戏班子的需求。这主要表现在：

（1）化妆区与表演区彻底隔离，使专门建造的后台与宋金元戏台用布幔或守旧分割的后台相比，已不可同日而语。

（2）后台还包括生活区，戏班可以临时住宿于此，从此避免了夜宿神殿的凄苦，精神压抑。

（3）设置音壁，试图增强扩音作用。此种设置是否真的有作用不得而知，但在当时的条件下能够考虑到舞台的音响效果，还是值得称道的。

（4）台上有污水排放设施（如杀虎口马营河武圣庙戏台），也为艺人提供了方便。

（5）与金元与明初戏台相比，更会合理地安排使用面积。元代临汾魏村牛王庙戏台面积约为 56m^2，东羊村东岳庙戏台面积约为 63.4m^2，王曲村东岳庙戏台面积约为 53m^2。翼城县武池村乔泽庙戏台面积最大，约为 87m^2。石楼县殿山寺戏台最小，约为 27m^2。河津市明初洪武二十四年（1391）樊村关帝庙戏台更大，约为 93m^2。而襄垣县城隍庙戏台前后台相加也只有 67.4m^2，忻州东张村关帝庙戏台前后台相加只有 59.6m^2，阳曲洛阳村草堂寺戏台前后台总面积只有 58.7m^2。这些数据表明，这种新型戏台的使用面积没有加大，却凭借空间的合理分割与安排，足令戏班感到舒适；伸出式舞台被村民三面簇拥围观，也令艺人的表演更有激情。这种彻底的三面观舞台比元代戏台的三面观大有进步。

（6）从审美角度看，单檐歇山顶或十字歇山顶的金元戏台，从各个方向看去，给人的美感都差不许多：典雅、雄奇、古朴、大气。而前后组合式戏台的歇山卷棚顶前台，从正面看去柔和中不乏刚健，华美中透着沉稳，同样具有典雅的风韵。而且，妙就妙在从前后组合式戏台的侧面看去，屋顶高低错落，檐角翻飞，刚柔相济，较金元戏台多出许多变化，显示出建造者非凡的智慧与技巧。这就是金元戏台不能与之相比的地方了。

图 31　威海刘公岛龙王庙清代戏台之围观情形

不过，以今人的眼光看来，前后组合式戏台的缺憾也很明显。这主要表现在创建者似乎还没有考虑到观众，没有给观众提供更多的方便。在他们看来，只要有戏台，戏台前面及其左右又有空地，演戏时，观众在戏台三面簇拥围观（图 31）①，就可以了。其实这是一种不完全的剧场观念。这样的剧场虽然气氛热烈却难免拥挤，在封建礼教仍然具有莫大的束缚力的时候，此类剧场几乎没有妇女的立足之地。这一缺憾，终于在后来的山门舞楼式剧场中得以解决。山门舞楼在附建耳楼——解决后台问题的同时，另在神庙东西两侧营造了看楼（图 32），从而形成了真正完整意义的神庙剧场形态。

图 32　阳城郭峪成汤庙山门舞楼与西看楼

两种剧场相对照，很容易发现，作为中国剧场史上第一次改革成果的神庙前后组合式戏台，虽然与宋金元神庙戏台相较，已有极大的进步，但与中国剧场史上第二次改革成果山门舞楼式剧场相比，还是有所不如的。

【参考文献】

[1]　列子・周穆王第三．诸子集成 [M]. 北京：中华书局，1954.

[2]　冯俊杰．山西神庙剧场考 [M]. 北京：中华书局，2006.

① 图 31 旧照片，引自威海新闻网：www.whnews.cn.

临汾三座元代戏台的学术意义

罗德胤

【摘　要】临汾的三座元代戏台——即魏村牛王庙戏台、东羊村东岳庙戏台和王曲村东岳庙戏台，在我国建筑史、戏曲史和剧场史上具有特殊的意义。

从建筑史来说，这三座戏台因其结构清晰、逻辑明了的“彻上露明造”，而成为我国建筑史上结构理性主义的典范。从戏曲史来说，临汾的三座戏台因其分布密集，也因其构造完整、手法统一，而成为当年戏曲演出繁盛的物证。从剧场史来说，这三座戏台因其发现早而且风格统一，并有碑刻、题记等作为断代佐证，而成为我国金元时期舞台建筑史的奠基石，同时也是研究我国明代舞台建筑演变的重要参考。

【关键词】戏台，戏曲，谱系，断代

临汾的三座元代戏台——魏村牛王庙戏台、东羊村东岳庙戏台和王曲村东岳庙戏台，在我国建筑史、戏曲史和剧场史上具有特殊的意义。

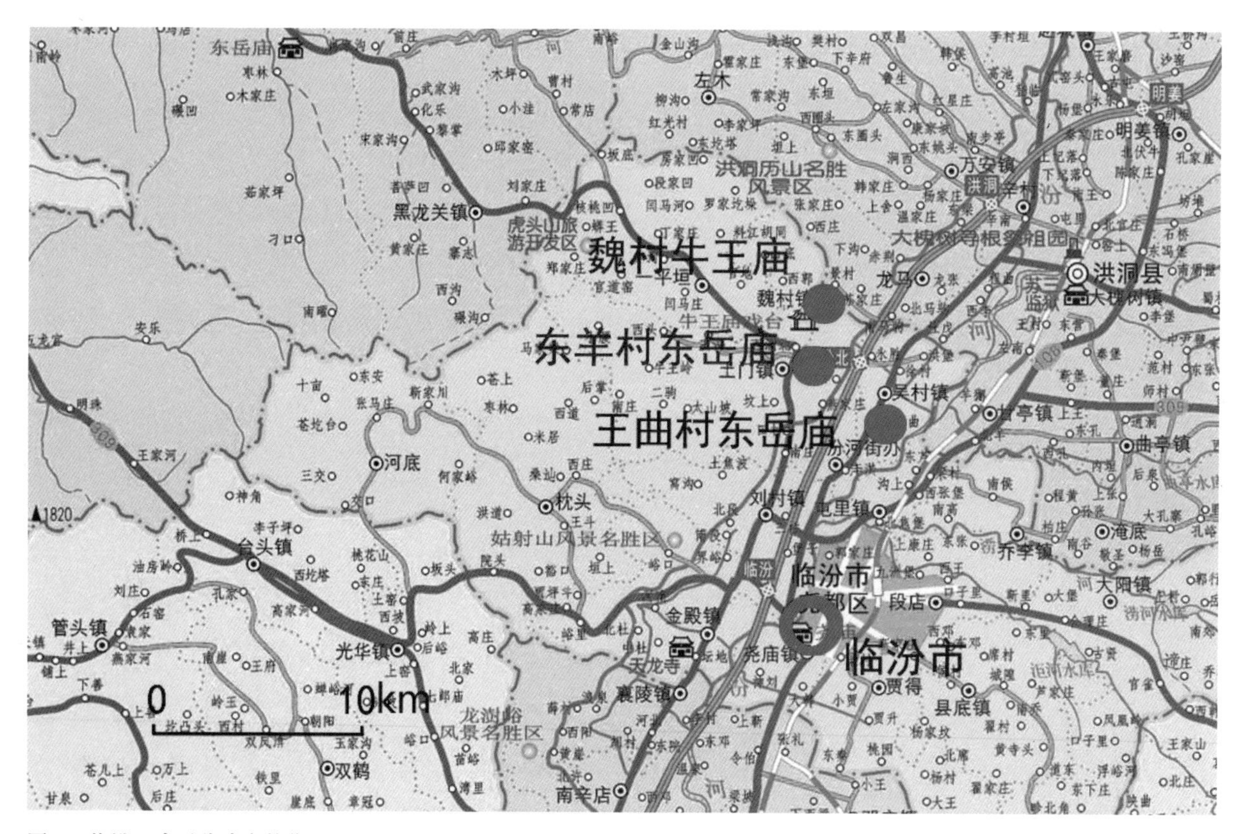

图 1　临汾三座元代戏台的位置

① 罗德胤，清华大学，副教授，luody@tsinghua.edu.cn。

从建筑史来说，这三座戏台因其结构清晰、逻辑明了的“彻上露明造”，而成为我国建筑史上结构理性主义的典范。在西方建筑史里，有一类建筑是可以和临汾的这三座戏台做比对的，那就是哥特式教堂。哥特式教堂是中世纪的欧洲人献给上帝的建筑，发源于十二世纪的法国，持续至十六世纪，其特点是高耸瘦削。德国的乌尔姆主教堂是世界上最高的哥特式教堂，它的钟塔高达161m。有不少西方学者认为，现代主义建筑中的摩天大楼，其根源就在于哥特式教堂——现代的建筑师们，从哥特式建筑中抽取其理性成分，同时剥离其神性，从而建造出更高的通天塔楼。临汾的三座元代戏台，尽管高度上远不及哥特式教堂，但在大胆暴露结构这一点上，两者是如出一辙的。如果不是工匠们对自己的技艺有充分把握，如果不是遵循理性的思维，就不会产生如此清晰而美观的结构。

从戏曲史来说，临汾的三座戏台因其分布密集，也因其构造完整、手法统一，而成为当年戏曲演出繁盛的物证。三座戏台互相之间的距离，都只在10km之内。它们的建筑形制也相当的统一，比如方形平面、粗壮的角柱与大额、层层递进的斗拱与梁架、等等。经过七八百年的大浪淘沙，能够留存至今的古建筑是少之又少的。所以，这三座戏台的存在不能不让人相信，700年前至少在晋南这片大地上，戏曲演出是多么受老百姓欢迎的一项活动。正如丁明夷先生在1972年所指出的：“在山西中南部的广大地区，这种固定的砖砌木构的舞台，从北宋初年就已经出现了。这处固定舞台的存在，说明山西很早就已经有发达的戏剧活动。”[①]杨太康先生从山西明代戏台的广泛分布而判断“明代山西有较大的演出团体和演出规模”，而且当时山西戏曲舞台上经常演出的是“群众喜闻乐见的土戏”。[②]

笔者认为，正是因为有了广泛的民众基础，才使得工匠们有机会反复锤炼他们的本领，从而发展和总结出一套手法完整的戏台建造技术。

从剧场史来说，这三座戏台因其发现早而且风格统一，并有碑刻、题记等作为断代佐证，而成为我国金元时期舞台建筑史的奠基石，同时也是研究我国明代舞台建筑演变的重要参考。断代问题时常困扰着建筑史学界。临汾的三座戏台，有两座在断代的证据上是比较有力的：牛王庙戏台的两根前台角柱上有元代题记，其正殿前廊下有清代重刻的元代石碑；东羊村东岳庙戏台，在一棵角柱的柱头上也有元至正五年（1341）的题记。王曲村东岳庙的戏台，尽管尚未发现年代题记，但其建筑手法与造型风格与前两座接近，故一般也被定为元代。

在这三座戏台被确定为元代之后，学者们又将它们与周围不远的几座“舞亭类”戏台进行比对（同时亦借助既有的《营造法式》知识），从而建立起晋南与晋东南地区金元时期的舞台建筑谱系。

一、金元戏台谱系之建立

在1950年代之前，学术界对于戏台建筑的认识可以说是相当零散的。车文明教授在《20世纪戏曲文物的发现与曲学研究》中列举了这些材料，比如：1931年卫聚贤先生在《清华中国文学会月刊》刊登了山西万泉西景村岱岳庙戏台的两幅照片和《元代演戏的舞台》一文；1932年至1933年的《国剧画报》上注销了齐如山先生拍摄的27座戏台；[③]梁思成、林徽因发表于1935年《中国营造学社汇刊》

① 丁明夷，《山西中南部的宋元舞台》，《文物》1972年第4期，第53页。
② 杨太康，《试探明代的山西戏曲》，《山西师范大学学报（社会科学版）》，1988年第1期，第53–54页。
③ 早在1929年1月，齐如山先生为配合梅兰芳访美，曾撰写一段关于中国古剧场的文字，作为12幅中国古代演剧图（每幅图配有少量文字说明）的前言，一并在美国展览。

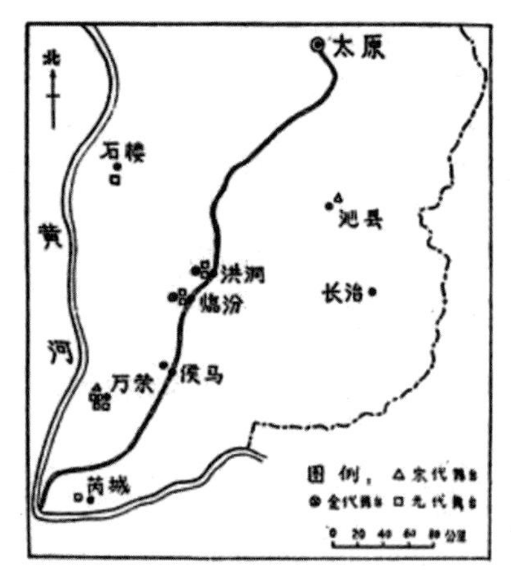

图2　丁明夷先生所列举的山西中南部宋金元舞台分布图②

上的《晋汾古建筑预查记略》一文，对山西中部庙宇中常见的戏楼进行了简短的描述；1936年周贻白先生的《中国剧场史》在“舞台”一节中“通过现存几座明清戏台的个案研究概括出神庙戏台的四种类型”；等等。车教授总结这一时期的研究成果：“不免带有学科草创时的粗陋，但作者表现出的学术自觉性，则标志着戏曲文物研究的真正起步。”①

1957年，墨遗萍先生（1908—1982）在《戏剧论丛》上发表《记几个古代乡村戏台》，其中提到包括魏村牛王庙戏台和东羊村东岳庙戏台在内的15个乡村戏台（或舞台）。该文开篇即提出：“谈古代演剧场所者，每多念念不忘的提到宋代什么勾栏院呀、瓦肆棚子呀，甚或宋人张择端在他的《清明上河图》中所绘之临时搭的戏棚。这里所要谈的是我国几个古代乡村戏台。”③这篇文章对于扭转学术界的认识是着重要作用的，它使学者们的眼光从只见文献转向重视实物。值得注意的是，这15个戏台之中真正是元代戏台实物的只有两座，即魏村牛王庙戏台和东羊村东岳庙戏台，其他要么是仅有文献或遗迹，要么是明清时期的戏台。魏村牛王庙戏台于1958年被列为省级文物保护单位，不知是否与墨遗萍先生的这篇文章有些关系。④

1972年丁明夷先生的文章——《山西中南部的宋元舞台》列举了15座戏台，其分布也是以魏村牛王庙和东羊村东岳庙的两座戏台为核心，向四周辐射的。而且该文已经总结出中国舞台演变的大致趋势是：“由平地上演出到建立高出地面的台子；由上无顶盖的露天舞台到有屋顶的舞台；由演出面的四面观到一面观。”⑤

在建筑学界，最早对宋元时期的戏台建筑做系统研究的当属柴泽俊先生。1984年他在《戏曲研究》上发表《平阳地区元代戏台》一文，认为平阳地区较完整保存的元代舞台有8座；除临汾这三座戏台外，其他5座分别位于翼城武池乔泽庙、曹公村四圣宫、运城三路里三官庙、永济董村三郎庙和石楼殿山寺村圣母庙。柴先生在文中对这些戏台的建筑构造进行了详细描述，并将其与宋《营造法式》做比对分析。他对8座戏台所做的总结性描述是：“舞台平面多近方形，宽深在7～8m之间，面积一般都是50～60m^2”，“屋顶样式有单檐歇山式，也有十字歇山式”，“舞台梁架结构形式，与我国古代建筑中的亭榭和钟鼓楼略有些近似，但规模较大，结构也较复杂”，“四角柱之上，设雀替大斗，斗上四向全用大额枋承重，不仅有显着的时代特征，而且可以减少分间列柱，对开间较大的舞台结构尤为适用”，“额枋之上每面设斗拱四攒、五攒乃至六攒，用以承托檐出和上部屋架，同时也增加建筑的壮丽”，“转角处施抹角梁和大角梁，角梁之上有井口枋或阑额，与普拍方斜角搭交，形成第二层框架，框架之上再置斗拱，承托第三层框架和藻井斗拱”，“斗拱的形制，多为重拱计心造，外檐用单昂、双昂和三下昂，后尾全为华拱出跳”，“斗拱之上设檐槫、平槫和脊槫，中心处设雷公柱”。

① 车文明，《20世纪戏曲文物的发现与曲学研究》，北京：文化艺术出版社，2001年7月，第1，4页。
② 引自：丁明夷，《山西中南部的宋元舞台》，《文物》1972年第4期，第48页。
③ 墨遗萍，《记几个古代乡村戏台》，《戏剧论丛》1957年第二辑，第203页。
④ 墨遗萍先生在这篇文章中提到，他是根据王遐举先生的调查才知道这是一座元代戏台的。
⑤ 丁明夷，《山西中南部的宋元舞台》，《文物》1972年第4期，第54页。

值得注意的是，完全符合这些描述的其实只有临汾的三座戏台，其他5座戏台多少都与之有出入。比如，运城三路里三官庙和永济董村三郎庙的戏台“局部经后人修补，梁架斗拱有些变更原制”；① 三郎庙戏台面宽8.4m，进深6.5m，已明显属于长方形，不宜用“近似方形”来描述；而三路里三官庙戏台，冯俊杰先生、车文明教授等学者均认为“主体为明代建筑，前部歇山檐为清代之物”②。又如，翼城武池乔泽庙的面积超过90m²，石楼殿山寺村圣母庙不足30m²，与50~60m²相去较远。再如，曹公村四圣宫的戏台内部梁架结构和斗拱，复杂程度明显要低于临汾的三座戏台。

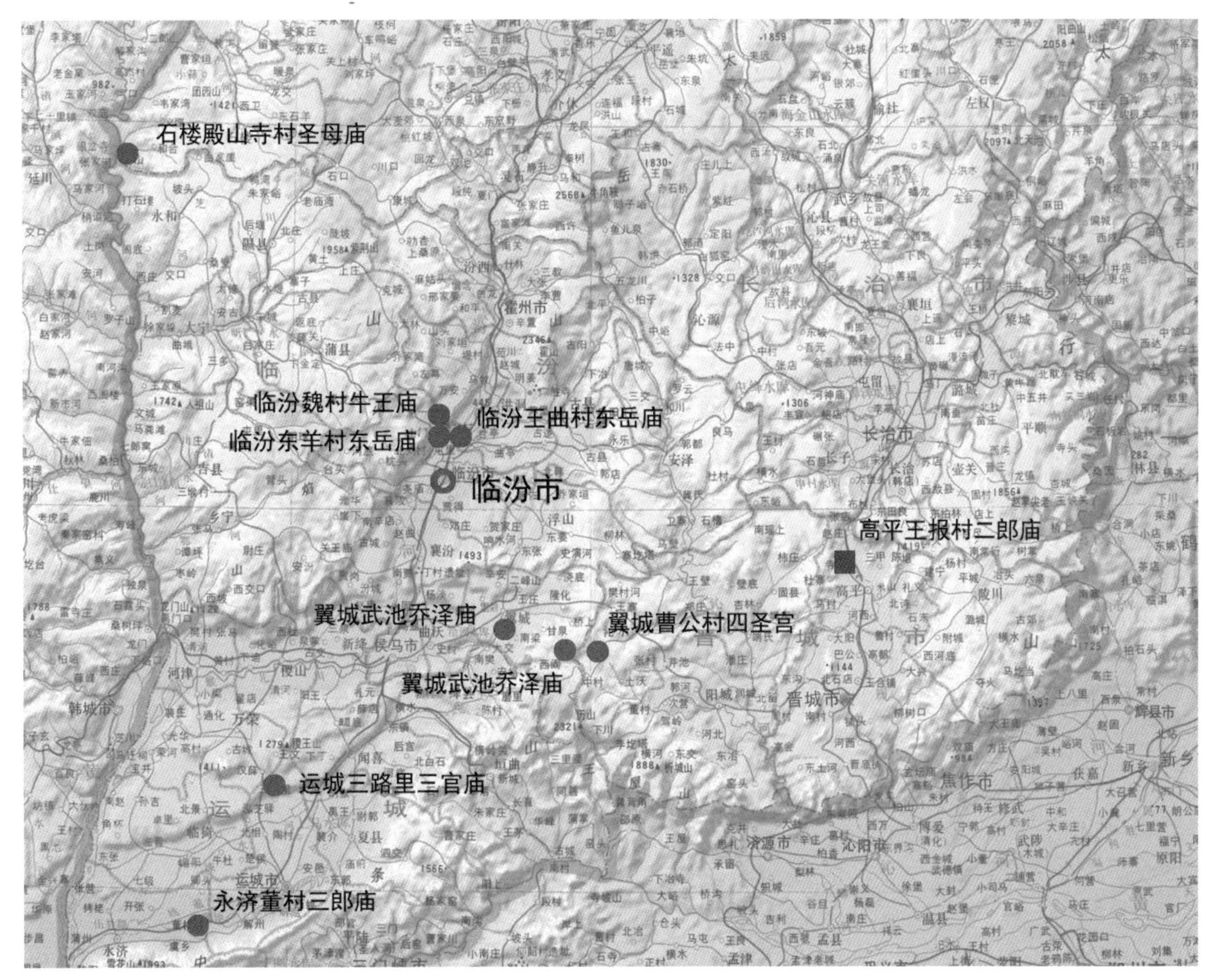

图3　柴泽俊先生《平阳地区元代戏台》中涉及的8座戏台（以及高平王报村二郎庙戏台）的位置

可见，在柴先生关于元代舞台的学术思维中，临汾的三座戏台是起到了标杆作用的。其他五座戏台，也并不是没有贡献——笔者认为，恰恰是因为它们（除三路里三官庙戏台外）与临汾的三座戏台大体相似而又存在一些差异，并且分布范围进一步扩大，才使得柴先生建立的元代舞台建筑谱系显得比较完整。

① 柴泽俊，《平阳地区元代戏台》，《戏曲研究》第11辑，1984年2月，文化艺术出版社。

② 冯俊杰，《运城三路里三官庙戏台的断代问题》，《中国文化报》1999年10月27日；车文明，《20世纪戏曲文物的发现与曲学研究》，北京：文化艺术出版社，2001年7月，第123页。

1992年柴先生又发表了《宋、金舞台形制考》一文，将研究推向了元代之前的舞台建筑。纵观此文我们不难发现，由于当时尚未发现留存至今的宋或金代舞台建筑，柴先生的思维是基于两个知识体系的。一个知识体系是历史文献与文物遗址，另一个就是他在《平阳地区元代戏台》中建立起的元代舞台建筑谱系。比如，柴先生在讲到“舞亭”时说“侯马董明金墓中舞台、稷山马村一、三号金墓中舞台、元建临汾魏村牛王庙舞台、翼城武池村乔泽庙舞台等，皆属此例”。①又如，在讲到平柱不设于舞台正面、只设于侧面时说“现存元代舞台翼城武池、曹公、永济董村、石楼殿山和洪洞秦村、新绛娄庄两座舞台基址上皆循此例”。②在讲到舞台的结构形式时，柴先生的描述——“与我国古建筑中方形亭榭和钟鼓楼有些近似，但规模略大些，梁架结构也较为复杂”③——就完全沿用了他关于元代戏台建筑的文字了。

《平阳地区元代戏台》和《宋、金舞台形制考》这两篇文章，可以说奠定了宋金元时期山西中南部（乃至中国北方）舞台建筑史的基本框架。后来的学者在研究这一时期的舞台建筑时，大都承认并延续了这一框架。

比如廖奔先生于1997年出版的《中国古代剧场史》一书，是这样描述金元舞亭类建筑的基本形制的：“一般都有一个1米多高的台基，平面方形，石质或砖质。上面四角立柱，石质或木质。柱上设四向额枋，彼此在转角处平行搭交，形成井字形框架。额枋上每面设斗拱四攒、五攒乃至六攒不等。转角处施抹角梁和大角梁，其上设井口枋，与普拍枋斜角搭交，形成第二层井字框架，而与第一层框架交叉相迭。其上又有斗拱，再设第三层框架。各层框架逐渐缩小，形成藻井形制。藻井斗拱上设檐槫、平槫，脊槫中心设雷公柱，周围撑以由戗。屋顶为大出檐，屋角反翘，具有独特的艺术风格。”④说这段文字脱胎于柴先生的文章，是不为过的。

《平阳地区元代戏台》发表之后，山西师范大学戏曲文物研究所的老师们在判定 其他一些属于或可能属于金元时期的戏台时，仍是少不了和临汾三座戏台为首的元代戏台做比对的。比如，泽州县冶底村岱岳庙的戏台，“从舞楼建筑结构上看，虽明代重修过，但也还是沿袭旧制”。⑤这里说的“旧制”，应该就是根据魏村牛王庙戏台等元代戏台总结出来的一套相对固定的样式和做法。又如，冯俊杰先生说高平市下台村炎帝庙中庙戏台：“从整体形制和某些细部特征判断，应是金代建筑，元明有所修补。”⑥所谓“整体形制”，按笔者的理解，应该也是在魏村牛王庙戏台等元代戏台的基础上形成的。就“整体形制”而言，下台村炎帝庙戏台和魏村牛王庙戏台确实有明显区别，它规模较小，斗拱较高，显得要更为古朴一些。⑦

① 柴泽俊，《宋、金舞台形制考》，《河东戏曲文物研究》，中国戏剧出版社，1992年，第45页。
② 同上，第49页。
③ 同上，第50页。
④ 廖奔，《中国古代剧场史》，郑州：中州古籍出版社，1997年5月，第15页。
⑤ 寒声、常之坦、栗守田、原双喜，《泽州三座宋金戏台的调查》，《中华戏曲》第4辑，山西人民出版社，1987年12月，第109页。这座戏台后来被冯俊杰、车文明等定为元代戏台。
⑥ 冯俊杰，《山西神庙剧场考》，中华书局，2006年12月，第69页。
⑦ 芮城永乐宫的龙虎殿，建于元至正三十一年（1294），是一座宫门兼戏台的建筑。因为它的主要功能是宫门，故笔者不将其列为元代戏台。

二、王报村二郎庙的金代戏台

如前所述，柴泽俊先生考证的8座元代戏台中，除三路里三官庙的戏台外， 其他7座在学术界的接受程度是比较高的——或者我们换个保守点的说法，是到目前为止还未有明显证据来推翻柴先生的判断。这7座戏台（尤其是临汾的三座戏台）被基本确定为元代建筑之后，可以说让学术界暂时吃了一颗“定心丸”。在此之前，各地关于戏台建筑的断代是相当混乱的。车文明教授就指出：“最突出的是由于一些研究者古代建筑知识的缺乏而导致戏台断代的混乱，如动辄冒出几个唐代、宋代戏台。至于争说仍存多少元代戏台之事更是不胜枚举。”[①]如今有这7座元代戏台作对比和参考，大多数戏台在建筑断代的问题上就不会犯一些过于明显的错误了。

不过，学术界一直有个遗憾，那就是没有发现一座元代以前的戏台建筑实例。这个遗憾终于在世纪之交有了突破。2002年1月，冯俊杰先生出版了《戏剧与考古》一书，考证山西高平县王报村二郎庙是宋金时期的“舞亭”。[②]这座戏台是冯先生在1998年带领学生们下乡考察时发现的，后来冯先生又和几名研究生于2001年4月在其台基束腰石上发现了铭文——“时大定二十三年（1183）岁次癸卯秋十有三日，石匠赵显、赵志刊”。由于木构架本身并无题记，冯先生在书中也承认，只能“从形制、构件和营造方式看，大抵是遵照宋金时期官方《营造法式》建造的，而略微采用了一点地方手法”[③]。

车文明教授于2001年7月出版《20世纪戏曲文物的发现与曲学研究》时，尚未来得及收录铭文信息，故对该戏台的描述仅为“无文字资料，从建筑结构上看具元代特征，耍头昂形、设齐心斗皆为宋金遗制”。[④]但他在2011年出版《中国古戏台调查研究》时，也认同了冯先生的断代意见。[⑤]

笔者之所以“愿意相信”这座戏台是金代的，除了冯先生提供的建筑构造上的依据外，还在于其特殊的屋顶形式——山花向前的单檐歇山顶。“山花向前”的建筑在宋金时期是有的，比如河北省正定县隆兴寺摩尼殿的抱厦，宋代绘画里也不时有它的身影。宋金以后，山花向前的戏台实例就十分少见了，而且有越往后越少的趋势。柴泽俊先生在《平阳地区元代戏台》列举的8座戏台，如果不算三路里三官庙的，7座之中只有一座是十字歇山顶（即临汾东羊村东岳庙戏台），其余皆为“山花侧向”的单檐歇山顶，“山花向前”的单檐歇山顶是没有的。

就笔者所知，屋顶为“山花向前”的 其他戏台（或模型）还有：

（1）山西侯马牛村金代墓砖雕仿木构舞亭模型，单檐或十字歇山顶；

（2）山西稷山马村金代墓砖雕仿木构舞亭模型，单檐或十字歇山顶；

（3）山西泽州冶底村岱岳庙元代戏台，十字歇山顶；

（4）山西稷山南阳村法王庙明代戏台，十字歇山顶；

（5）山西万荣四望村后土庙明代戏台，十字歇山顶；[⑥]

---

① 车文明，《20世纪戏曲文物的发现与曲学研究》，北京：文化艺术出版社，2001年7月，第23页。

② 冯俊杰，《戏剧与考古》，北京：文化艺术出版社，2002年1月，第261-262页。

③ 冯俊杰，《戏剧与考古》，北京：文化艺术出版社，2002年1月，第262页。

④ 车文明，《20世纪戏曲文物的发现与曲学研究》，北京：文化艺术出版社，2001年7月，第149页。

⑤ 车文明，《中国古戏台调查研究》，中华书局，2011年11月，第6页。

⑥ 此台已无存，车文明根据卫聚贤先生刊登于1931年清华大学《文学月刊》上的文章与照片认为，从资料上看似为明代戏台，但模仿元代戏台的痕迹也是明显的。——车文明，《20世纪戏曲文物的发现与曲学研究》，北京：文化艺术出版社，2001年7月，第150页。

（6）山西沁水郭壁村崔府君庙明代戏台，单檐歇山顶；

（7）山西运城三路里三官庙明代戏台，前歇山加后硬山，这里的歇山顶是不完整的，更像是“抱厦式”歇山；

（8）山东聊城山陕会馆清代戏台，重檐十字歇山顶；

（9）山西翼城中贺水泰岳庙清代戏台，前歇山加后硬山，这里的歇山顶也是“抱厦式”歇山。

在中国古建筑里，“山”即侧面之意。“山花”本来就应该在侧面的，为什么会出现在前面呢？笔者在2003年的博士论文里曾经猜测，金元时期的戏台之所以存在“山花向前”的现象，是因为工匠们要利用四椽栿或六椽栿来获得大跨度，以便实现观戏时的大画框效果。[①]沿此构造的思路继续思考，我们还会发现，当“山花向前”用在附于主体建筑之前或之后的抱厦上时，似乎是自然而然的事情（这也是我们在河北省正定县隆兴寺摩尼殿和一些宋代绘画里见到的现象）。其原理就好比现代或西方建筑里的老虎窗，是提高坡屋顶内空间使用效率的一个手段。不过，或许是因为“山花”难改其侧面的属性，中国古建筑里“山花向前”的现象似乎在宋金以后就越来越少了；即便是抱厦式的山花，也被勾连搭的做法所取代。上述9个实例或模型中，确实称得上完整的“山花向前”式单檐歇山顶的，只有郭壁村崔府君庙戏台一个。根据目前所掌握的情况，我们可以这么说：山花向前的单檐歇山顶戏台，是凤毛麟角的。

拿王报村二郎庙的舞亭和明清时期的戏台做比较是没有必要的，因为前者的构造做法迥异于明清建筑。而当它和已知的元代戏台做对比时，我们似乎只有将它的年代放得更早一些，才配得上它那特殊的屋顶形式。

阳城县泽城村汤帝庙内有一座献殿，也是山花向前的单檐歇山顶建筑，冯俊杰先生认为它保留有金代的基本形制，而且从它北距正殿6.2m、南距山门8.4m而判断它原本是一座舞庭。这座建筑在断代的问题上，是争议较小的。但它能不能算入戏台建筑之列，就未有一致意见了。它和王报村二郎庙舞亭的最大差别在于，二郎庙舞亭的平面为方形，而它的平面为长方形——面宽三小间7.05m，进深三大间14.25m。进深是面宽的两倍有余，这种平面应该说和献殿的功能是更为符合的。在现在的戏台建筑中，也似乎没有表演台的进深大于面宽的实例。

以上关于“山花向前”的讨论，似已脱离本文的主题甚远。还是让我们回到临汾的三座戏台：笔者之所以想到“山花向前”的问题，原因是在看到高平王报村二郎庙戏台时，便忍不住拿它和临汾的三座戏台进行了对比。临汾的三座戏台，两座是“山花侧向”的单檐歇山顶，一座是“山花双向”的十字歇山顶，如果再加上王报村这座“山花向前”的单檐歇山顶，似乎就构成了一个数量虽少，但形式上却相当完整的谱系。当我们把这个谱系扩展至 其他地方、其他时代的戏台时，就可以就山花朝向的问题形成一个空间与时间上的分布状况，从而在一个切面上了解戏台建筑的变化规律。

三、明代戏台之谱系

研究明代戏台时，学者们依旧是将临汾的三座元代戏台当作比照对象的。

比如杨太康先生在《试探明代山西的戏曲》中说：“到了明代，舞台建筑有了新的变化”，“从

① 见：罗德胤，《中国古戏台建筑》，东南大学出版社，2009年10月，第27-28页。

平面看，多数加宽了台口，改为长方形”，“明代戏台的又一变化，是在舞台之后另建后台。这样，不仅扩大了后台的活动范围，使化妆等一系列准备工作有了充分的场地；更主要的是扩大了前台，将原来的整个戏台都作为表演区，从而为乐队和演员提供了更大的表演面积”，“硬山或歇山式的三间房，是明代戏台的另一形式”。①

又如廖奔先生在《中国古代剧场史》中对比元代戏台和明代戏台：“元代戏台敞亮，表演区大，可以满足包括百戏杂技和歌舞在内各种表演的需要，但音响效果不够好。明代以后戏台成为戏曲的专用表演场地，逐渐缩小表演区，音响效果加强，而光线减弱”，“明代前期，戏台建筑开始在结构上发生变化，把过去平面近似方形的亭榭式建筑改为平面长方形的殿堂式建筑，即根据表演的需要，加宽台口，而缩小舞台进深，它给戏台梁架结构带来的影响是从元代四角攒尖式扒梁构造向横向抬梁的式样转换。”②

车文明教授在《20世纪戏曲文物的发现与曲学研究》中也将明代戏台的变化总结为：“大多数戏台突破元代戏台之格局，平面由方形变为长方形，通面阔由一间扩为三间，梁架也由亭榭式扒梁结构改为厅堂或殿堂式抬梁式结构，斗拱反而简朴规整，多为三踩，不似元代戏台之五铺作或六铺作雄大壮观。”③

笔者在这里对“大多数戏台突破元代戏台之格局，平面由方形变为长方形“的判断，是持有保留态度的。原因在于，至少在南方的很多祠堂和庙宇里仍留存不少面阔一间、平面为方形的亭榭式戏台。这部分戏台占全国的比例有多大，目前并不清楚。但不管怎样，车教授对明代戏台的总结仍是基于和元代的几座戏台做比对之后而产生的。笔者在10年前完成的博士论文中，将明代戏台归结为舞亭式、集中式、分离式和依附式四个发展方向。这一分类方法也是基于同样的思路。

有一些原先认为是金或元代的戏台，通过学者们的仔细分析和比对，重新确定为明代戏台。比如，泽州县东四义村清震观歌台和沁水县郭壁村府君庙舞楼，“从其平面布局、斗拱特征以及藻井的一些特征看，很有金元遗风，但后代的改变也是明显的”，故车文明教授不得不“忍痛”将其列入明代戏台之列。④

当学者们对金元戏台和明代戏台的甄别日渐清晰之后，金元戏台的谱系也就趋于完备了。车文明教授甚至断言：“总之，经过七十多年，几代学人的努力，地上金元戏台的调查已趋于完备，今后很难有新的发现。”⑤

四、结语

不可否认，目前学者们建立的戏台建筑谱系是有缺憾的。薛林平和王季卿先生就指出：“现在元代戏台之所以采用相对同一的尺寸，主要和这些戏台相对集中于古平阳地区有关。特别是临汾魏村牛王庙戏台、东羊村东岳庙戏台、王曲村东岳庙戏台和洪洞县景村戏台，相距仅为五六里。”一个地区，确实是不能代表全国的。

① 杨太康，《试探明代的山西戏曲》，《山西师范大学学报（社会科学版）》，1988年第1期，第52–53页。
② 廖奔，《中国古代剧场史》，郑州：中州古籍出版社，1997年5月，第24页。
③ 车文明，《20世纪戏曲文物的发现与曲学研究》，北京：文化艺术出版社，2001年7月，第35页。
④ 车文明，《中国古戏台调查研究》，中华书局，2011年11月，第35–36页。
⑤ 车文明，《中国古戏台调查研究》，中华书局，2011年11月，第36页。

在断代的问题上，由于种种困难，也存在着很多不够确切之处。包括部分已经被列入金元戏台之列的建筑，如果从严格的标准来判断，也许要加上“疑似”二字才称得上科学。

不过，我们也不能因为断代的困难就放弃这方面的努力。如果完全不做断代，戏台建筑的研究就会是一团乱麻，我们也无法在建筑变化与戏曲演变之间架起一座桥梁。而在考察戏台建筑的时代变化时，临汾的三座元代戏台一直在扮演着坐标石的角色。

【参考文献】

[1] 廖奔．中国古代剧场史 [M]. 郑州：中州古籍出版社，1997.

[2] 车文明 .20 世纪戏曲文物的发现与曲学研究 [M]. 北京：文化艺术出版社，2001.

[3] 罗德胤．中国古戏台建筑 [M]. 南京：东南大学出版社，2009.

[4] 车文明．中国古戏台调查研究 [M]. 北京：中华书局，2011.

[5] 丁明夷．山西中南部的宋元舞台 [J]. 文物，1972（4）：53.

[6] 杨太康．试探明代的山西戏曲 [J]. 山西师范大学学报（社会科学版），1988（1）.

[7] 墨遗萍．记几个古代乡村戏台 [J]. 戏剧论丛，1957（2）：203.

[8] 柴泽俊．平阳地区元代戏台 [M]. 戏曲研究（11）. 北京：文化艺术出版社，1984.

[9] 冯俊杰．运城三路里三官庙戏台的断代问题 [J]. 中国文化报，1999（10）.

[10] 柴泽俊．宋、金舞台形制考 [M]. 河东戏曲文物研究．北京：中国戏剧出版社，1992.

[11] 寒声，常之坦，栗守田，等．泽州三座宋金戏台的调查 [M]. 中华戏曲（4）. 山西：山西人民出版社，1987.

中国传统戏场若干声学问题讨论

王季卿[1]
（上海同济大学声学研究所，200092）

【摘　要】中国传统戏场与现代剧场有很大不同，其特点是在近乎方形的亭式舞台上演出，且大多是无顶的庭院式建筑。本文讨论了亭式舞台的声学效果和庭院中混响感的特征。传统戏场音质当以响度和清晰度为主要方面，这也关系到自然声演出空间的限值范围。至于流传中外的戏场中设瓮助声之谜，文中作了解析，以示其谬误。传统戏场伴奏乐队位置及变化，亦是其声学上一项特点。本文将对上述诸问题分六部分进行分析讨论。

【关键词】建筑声学，传统戏场音质，剧场声学，传统戏场建筑

中国传统戏曲是综合“唱、念、做、打（舞）”的表演艺术，以一个面积不大的舞台作为载体来施展故事情节。远古的演出是在旷野 “草台”上，后来发展为有顶棚的戏台，但是大众仍然在露天广场站立看戏。对于站得稍远一点的观众，由于声音随距离的自然衰减而使响度以及清晰度大为降低。看到的演员 “做、打”效果则比听到的“唱、念”会好一些，喧天的锣鼓声增强了演员动作和舞蹈的节奏感，也带来了热闹气氛。后来发展了由院子围起的戏场，使观剧场地有了限制。院子周围的廊房或称之“看棚”或“瓦舍”者，不仅对观众可适当地避风雨、防日晒，对院中观众亦提供了一些反射声，增强了听音效果。这类戏场迄今还有大量遗存于庙宇、祠堂、会馆内。随着结构技术的进步，庭院上空由简单或临时加设的“罩棚”演变成正规结构的屋顶，于是出现了全围蔽的厅堂式戏场建筑，此乃近二百多年之事，亦限于少数大城市而已。

清末民初时代，传统戏曲常以唱功置于首位，故而有将“听戏”作为欣赏演出的代名词。听得好固然取决于演员的嗓音条件，然亦与戏场建筑的规模和形态有关。因而对戏场音质条件进行研究很有必要。

中国传统戏场在世界建筑史中独具一格，也是祖国宝贵的文化物质遗产。对它们不仅要加以保护，同时要探索其发展中的精髓所在。传承文化基因是我们的责任，合理地采用其有效的传统元素，融汇到现代建筑设计中去，更是一项挑战性任务。这些年来，我们为研究传统戏场中建筑声学方面的科学内涵，作了一些探索，也澄清了一些问题。以下分六个方面声学问题进行讨论。

一、舞台声学效果分析

过去传统戏曲演出是没有扩声设备的，主要凭着演唱者的功力，使听众们能听得满意。演出场所声学条件也会起相当的作用，其中舞台的声学效果更不容忽视。

演员企盼在戏台上演唱舒畅，得以充分发挥其表演技艺。首先演唱者要听到自己的发声效果，获

① 王季卿，（1929 年—），男，上海同济大学声学研究所，教授。邮箱：wongtsu@126.com。

得良好自我感受，即行家所谓的“拢音”效果。此外，演员还希望从观众大厅获得一定的声反馈，也使全场听众获得良好的音质。长期来，声学界对大厅音质的研究重点在观众席，舞台对大厅所起的作用研究较少。至于舞台本身的音质问题也同样注意不够。因此，过去传统戏曲演员常常会提到某处舞台“拢音”好，至于它的物理含义和声学参量是什么，并不清楚。

以音乐厅舞台音质设计的要求而言，也只是在 1980 年代之后才引起声学界更多关注，发表论文日益增多。这些成果也引发我们对传统戏台音质问题的深入考虑。

1. 传统戏台的建筑特征

传统戏场建筑中，戏台是其主体。传统戏曲表演以“虚拟时空”手法为特征，故无需布景之类舞台装置，主要道具仅一桌两椅而已。传统舞台的建筑形制多种多样，其主流形式是三面敞开的亭式

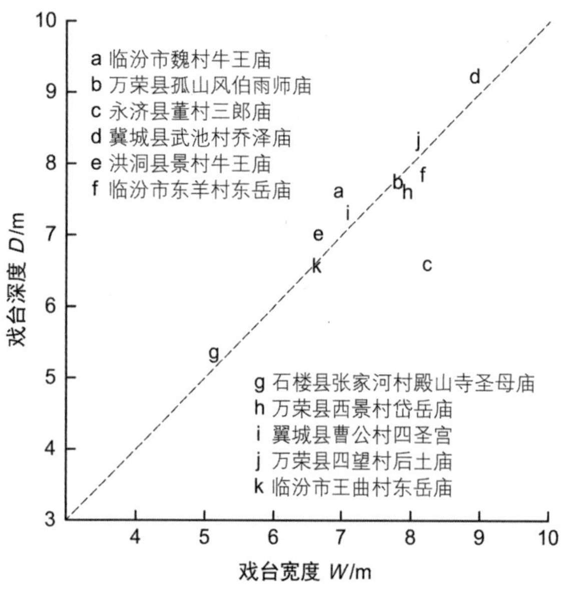

（a）山西省境内现存金、元时代戏台尺寸（按文献 [1] 资料绘制）

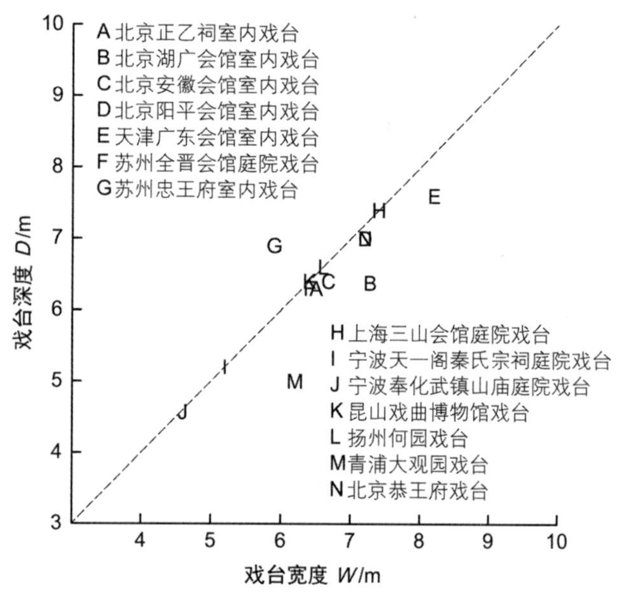

（b）19 世纪前后建造的近代 14 座传统（按文献 [2] 资料绘制）

图 1　若干舞台尺寸

舞台，成为三面围观的格局。舞台面积都不大，约在 $50m^2$ 左右，近乎方形。图 1 所示为若干舞台尺寸之例，图 1（a）山西省境内金、元时代的 11 座传统戏台 [1]，图 1（b）十九世纪前后建造的近代 14 座传统戏台 [2]。当然也有少数戏台面积很大如故宫畅音阁大戏楼，底层“寿台”面积达到 $17.4m \times 18.52m = 322.3m^2$，其顶棚高度离台面 5.25m，中央局部升高至 6.97m。图 2 列举了若干我们测量过的戏台顶棚高度资料，平均值约 4m 左右。穹形顶棚的穹顶离台面高度则用虚线表示。

传统戏台的顶棚曾有许多种形式。早期多为屋顶构架外露（图 3），随着建筑技术的进步，

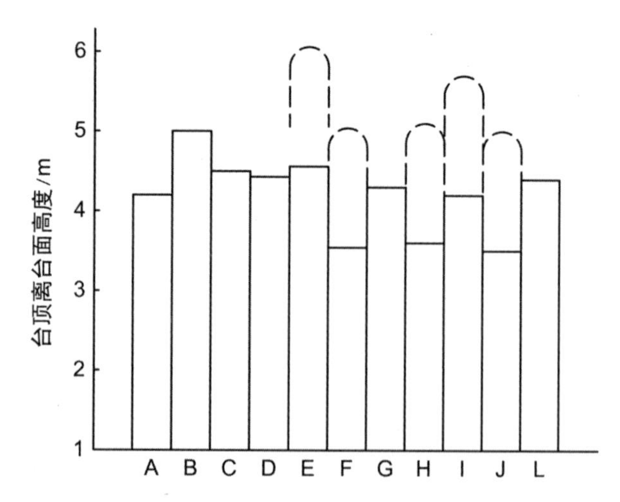

图 2　各类传统戏台顶棚离台面高度一览。穹形顶棚的穹顶高度用虚线表示

图 3　木构架外露的舞台顶棚二例

（a）北京恭王府

（b）北京正乙祠

图 4　平的舞台藻井二例

（a）上海三山会馆

（b）天津广东会馆

图 5　穹形藻井顶棚之二例

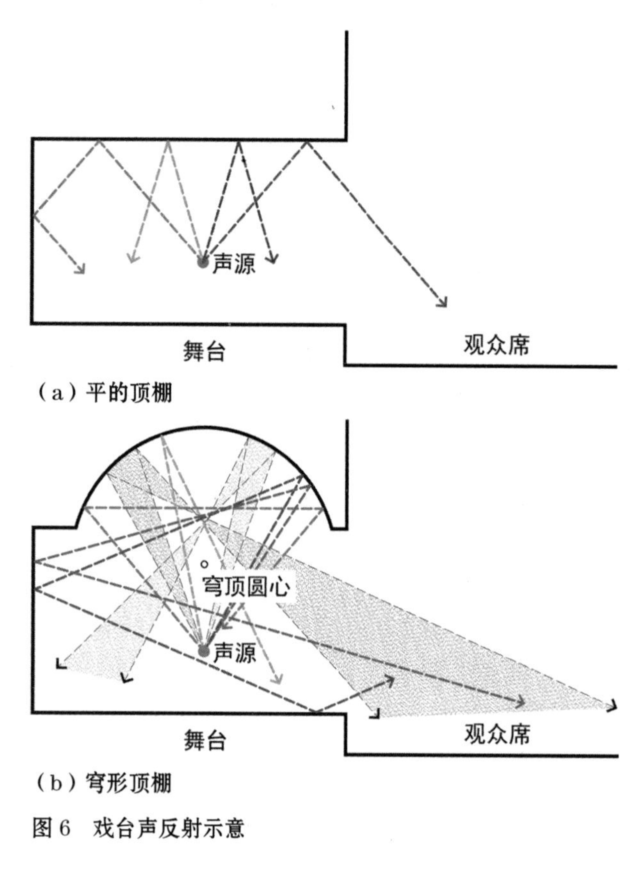

图 6　戏台声反射示意

出现了各式藻井顶棚，例如图 4 所示的浅肋平顶和图 5 所示的穹顶。它们都有华丽的装饰，增加了戏台的建筑艺术效果，同时对演唱者提供早期反射声的支持，即戏曲演员经常赞许的“拢音”效果。本文将对穹形和平的舞台顶棚进行音质分析。

2. 传统戏台声学特征

（1）几何声学作图分析

亭式戏台有两方面声学作用，既有助演唱声反射至观众席，也对演唱者本身给予及时反馈。图 6 所示为（a）平的顶棚和（b）穹形顶棚的几何声学作图分析，它们大致说明初次反射声的分布。但作为深入研究其音质效果还需作量化比较，尤其对于台上演唱者本身感受的评价，还应提供具体量化资料。

（2）戏台对演唱者的声学支持度分析

传统戏曲演员对“拢音”的评价要求，可借用 Gade[3] 提出用于音乐厅舞台的“早期支持度” ST_E 这一客观参量来说明。ST_E 定义为戏台上两次声压级测量值之差，即以无指向性声源辐射的声脉冲，将传声器放在距声源中心 1m 处接收。其第一次测量为 0~10ms 间隔中的声能，第二次测量则为 20~100ms 间隔中的声能。前者为直射声能，后者为来自戏台周围的早期反射声能。于是两者之比 ST_E 可由下式给定：

$$ST_E = 10\lg\left[\frac{\int_{0.020}^{0.100} p^2(t)\mathrm{d}t}{\int_{0}^{0.010} p^2(t)\mathrm{d}t}\right] \text{ dB} \tag{1}$$

ST_E 通常取 250~2 000Hz 四个倍频带的平均作为单值评价量。这个参量既可在现场测量，也可用数字式模拟从设计图中获得。这一参量已被声学界认同，并列入国际声学标准 ISO 3382 的附录 [4]。根据多年来音乐厅舞台上所积累的 ST_E 资料，认为 250~2 000Hz 平均值在 −11 至 −13dB 之间被乐师们认为满意的 [5]。ST_E 不仅与演奏台周围表面处理有关，还与舞台空间容积有关，即与离开周围表面的距离当量有关。我们对一些传统戏台的实测资料说明 [6, 7]，大都在 −10dB 左右或更高，即使四面敞开的扬州何园戏台也达到 −11dB（图 7），可见亭式戏台对演唱者的支持度相当高。主要因为传统戏台容积较小，尤其他的顶棚高度比交响乐音乐厅的小很多。在这么高声学支持度的有利条件下，演唱必然顺畅，自我感受良好的。

根据上述传统戏台顶棚常见的两种典型形式：浅肋的平顶棚和穹形顶棚，取其下沿高度（离戏台面）4.5m（穹顶高取 2.5m，穹底半径 R=3.24m）情况进行计算机模拟。考虑站立演唱，声源和接收点离地高度均取 1.5m。这里顶面的吸声系数取 $\alpha=0.1$，散射系数取 s = 0.5。戏台中央表演区（设定考核范围为 $4\text{m}\times4\text{m}=16\text{m}^2$）模拟结果的 ST_E（dB）分布见图 8（a）所示。图中⌒形表示穹顶下的计算值，—形表示平顶下的计算值。鉴于穹顶条件下，同一接收点可因声源相对位置改变使测得的 ST_E 不同，即声源置于接收点的前后或左右，其所得 ST_E 会有差异。因此这里取声源与接收点相隔 90° 四个方位时的平均数作为代表值，结果见图 8（b）。本案例穹顶下 ST_E 高于 −10dB 者占 28％，高于 −12dB 者占 76％，ST_E 最低的亦不小于 −14dB。穹顶下各处的 ST_E 不如平顶下均匀，也符合预料，因穹顶下舞台中区的 ST_E 普遍较高。而平的顶棚下 ST_E 都均在 −11 至 −13dB 范围内，比较均匀。在戏台正中央 $2\text{m}\times2\text{m}$ 表演区，穹顶下各点的 ST_E 值比平顶下平均要高出 2.3dB，说明其支持度有了明显提高。

上述模拟结果说明，传统戏台不高的顶面，给演唱者提供了良好的支持度。至于某些戏台平顶中央筑有不同形状穹顶，除装饰作用外，还向演唱者提供了更大的支持度。于是“拢音”之说找到了客观评价参量，详见文献[8]。

（3）后续有待研究的问题

这里需要指出：Gade 建议的 ST_E 参量所取时限为 20~100ms，适用于大型交响音乐厅的舞台条件。他曾提到，对最靠近的表面的距离如小于 4m，或在小型排演厅内，则 20ms 限值应当减小，但他没有给出具体资料。传统戏台的容积比交响乐音乐厅舞台小很多，如限值取 15ms 则可“补入”一些漏计的早期反射声，测得的 ST_E 值也会更高一些，也更

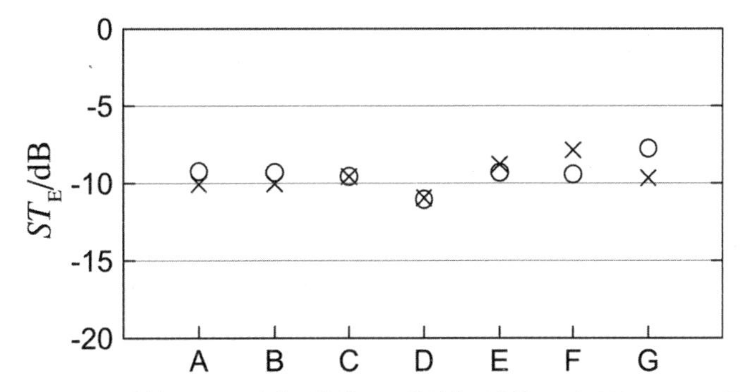

A 上海三山会馆　B 昆山戏曲博物馆　C 苏州全晋会馆　D 扬州何园（四面敞开）

E 青浦大观园　F 宁波秦氏宗祠　G 台湾林家花园

图 7　传统戏台上早期支持度 ST_E 的一些现场实测结果

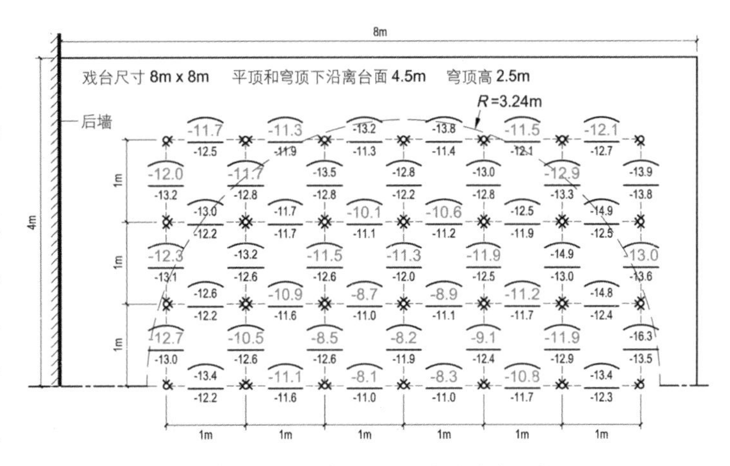

（a）各接收点来自前后左右四个方向声源的 ST_E（dB）

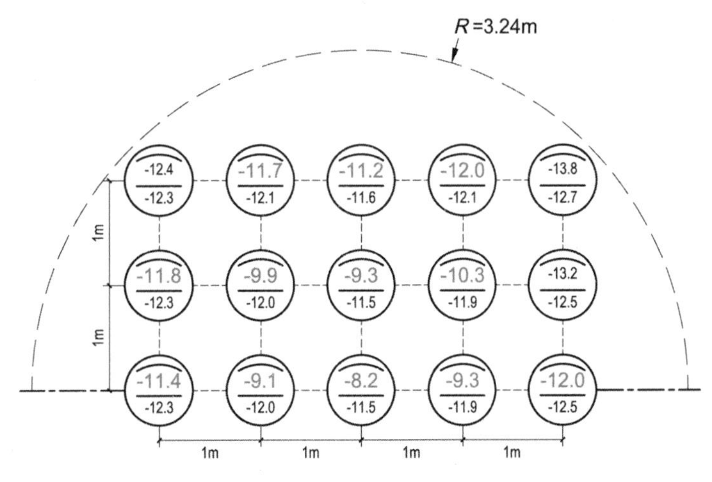

（b）中央 $4\text{m}\times4\text{m}$ 表演区各点取四声源方向的平均 ST_E（dB）

图 8　穹顶和平顶条件下，舞台中央表演区每隔 1m 的 ST_E（dB）分布情况。红字 ST_E（dB）表示穹顶下比平顶下的高

接近实际效果。至于时限取值究竟多少为宜，有待研究，并需配合主观感受来考虑。

对于弧形反射面而言，改变声源和接收点的相对位置，ST_E 测量值会有明显差异，这个问题在平的顶面反射时，可以忽略。从图 1.8（b）的模拟结果来看，在戏台正中央 4m×4m 表演区，声源在接收点的前后左右四个位置时，56%接收点上的 ST_E 最大差值≤ 3dB，所有测点的最大相差 3.7dB。对于平的顶，全部接收点上 ST_E 最大差值 ≤ 1.7dB，此时声源和接收点的相对位置并不重要。Gade 考虑交响音乐厅舞台周围的反射面时，即使是弧形的，其曲率较大而近似平面形，因此 ISO 3382 标准中就没有对声源与接收点的相对位置作出规定。对于传统戏台穹顶来说，声源相对于接收点的位置则不可忽略。至于演员感受的最佳 ST_E 范围，以及舞台上各处 ST_E 变化的容许变化量，亦是今后研究中要考虑的重要内容。

传统戏台的穹顶往往出于构造方式和装饰效果而形式多变，以至因穹顶弧线变化和高度不同都会带来 ST_E 的变化，包括 ST_E 在表演区的分布状况变化等，我们曾做过一些计算和分析，限于篇幅，不详述了。此外，实物模型试验亦可作为计算机模拟的补充。

亭式戏台作为戏场的一个组成部分，它对于观众大厅的互动作用不可忽视。因此作为戏场音质整体而言，优化戏台的音质设计还有不少后续问题需要考虑和研究。

二、庭院戏场的混响感与混响时间

室内混响感是区别于类似自由场的露天旷野的一项重要音质属性。它的定义是当声源停止发声后，声音由于多次反射或散射而延续的时间。混响感则是对混响强弱的主观感觉。过去对混响感的研究，通常都是基于赛宾（1900）提出：在围蔽空间中，声源停止后按声场中声能衰变 60dB 所需时间，通称经典（或赛宾）混响时间这一客观参量进行评价的。

1. 基本情况

一些传统厅堂戏场所作混响时间现场测量表明，在中间频率段（500 和 1 000Hz）大都在 1.0s 左右。图 9（a）所示为北京湖广会馆空场实测的各频率混响时间，该厅容积约 2 400m^2，容座 200~250（按不同布置而异）。图 9（b）为北京正乙祠戏场空场混响时间，容积和座位数均比湖广会馆略小。图 9（c）为天津广东会馆的各频率空场混响时间。该厅容积约 5 000m^3，大厅（如不设方桌）及楼座包厢总容座可达 500 左右。它们能满足传统戏曲表演的清晰度与混响感要求。

作为传统戏场主流的庭院式建筑来说，经典的赛宾混响时间及其计算公式则不适用于此类顶面敞开的空间。因为在其声能衰变过程中，缺失了所有来自上方的反射声，不仅影响到整个反射声序列分布，也使听者接收到的反射声空间分布限于准水平方向。例如两个尺寸相同的围蔽空间和无顶空间内，它们的脉冲响应与反射声空间分布的对比可如图 10 所示（计算机模拟结果）。明显地可以看到

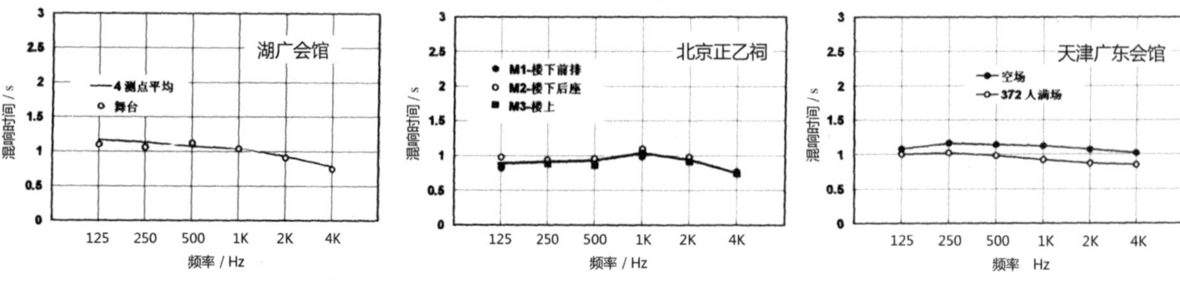

图 9　三个传统厅堂型戏场的实测空场混响时间（s）

它们的反射声序列，无论从时序性和方向性均存在明显的差异。故而立足于封闭空间内扩散声场的经典混响时间，即简单地按声能衰变斜率定义的赛宾混响时间参量，在此不再适用。有关讨论详见文献[9，10]。为此，我们进行了两方面实验研究。①模拟具有相同声能衰变斜率的封闭空间和无顶空间，主观试听其混响效果截然不同，封闭空间的混响感明显较大。②庭院中的反射声限于水平方向情况下，即使“经典混响衰变曲线”相似，人们对混响的感知与处于扩散声场中的不同。因而采用单声道接收的经典混响时间测量方法，不适用于庭院式戏场。但是国内外发表的庭院戏场（包括古希腊、罗马露天剧场）的声学测试报告中都沿用赛宾混响时间，显然很不恰当。至于评价无顶空间混响感及其客观测量方法则有待进一步确定。

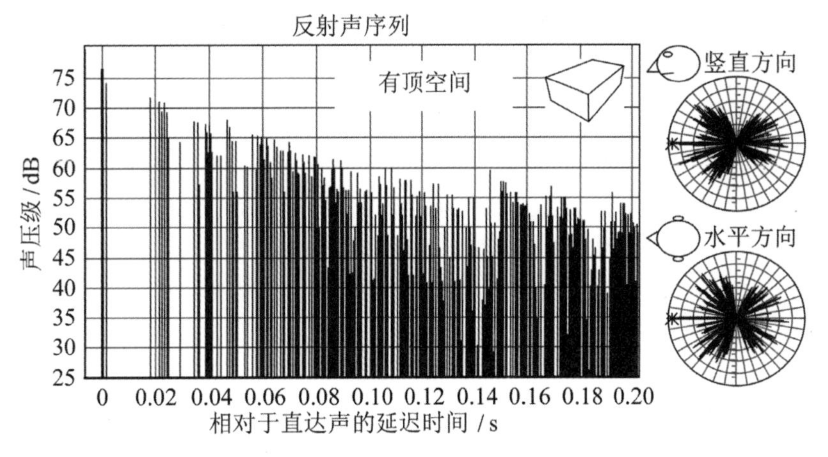

（a）有顶空间和

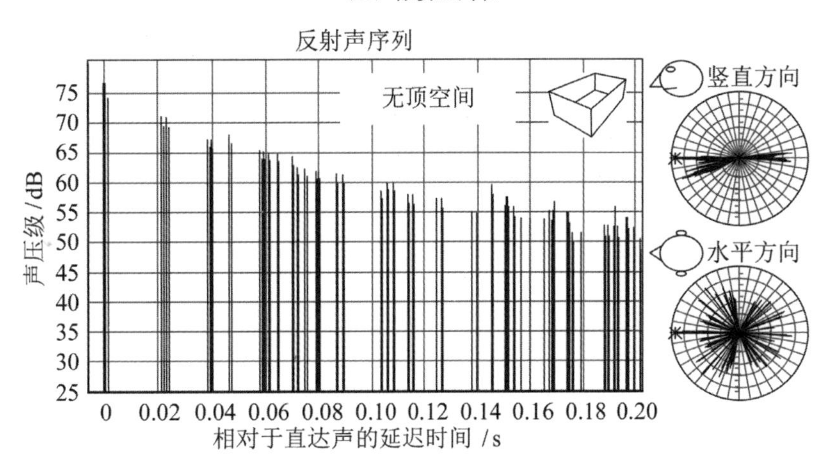

（b）无顶空间的脉冲响应序列模拟结果

图 10　相同几何尺寸及界面条件下的图右上和右下分别为接收到的竖直方向和水平方向的反射声分布

2. 模拟声场的主观评价实验

利用计算机声场模拟软件，以几何尺寸相同的有顶（封闭）空间和无顶空间作为比较的模拟对象。利用模拟的声场脉冲响应与音乐干信号卷积，获得实验用的听音信号，利用耳机回放进行混响感的主观评价，从而研究反射声的时间和空间特性对混响感的影响。主观评价对比试验结果表明，反射声的方向性因素亦对混响感起着相当重要的作用。

实验结果中的中频声能衰变曲线是先用带宽覆盖 500Hz 和 1000Hz 两个倍频程的 FIR 带通滤波器，对所模拟的无指向性传声器接收的脉冲响应进行滤波，再由 Schroeder 声能反向积分法获得[11]。有关实验安排详见文献[12]介绍。

主观评价实验采用耳机回放音乐片段方式进行。为了研究反射声的空间方向性对混响感的影响，分为无指向性传声器接收通过耳机作双耳听音，以及人工头接收通过耳机作双耳听音两种情况，图 11 所示为实验工作的方框图。无指向性传声器接收条件的听音信号是：利用 Odeon 输出一阶 B-Format 信号的 W 通路（即无指向性传声器）脉冲响应和音乐干信号卷积而得到的片段，是属

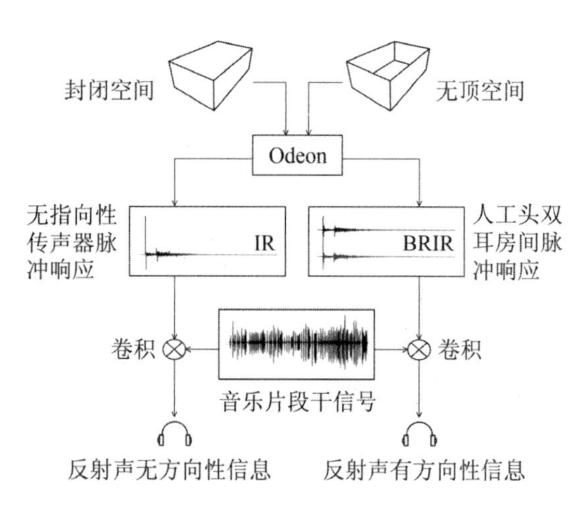

图 11　主观评价实验框图

于单声道录音性质。该条件下没有向听音者提供反射声的方向性信息，混响感仅由声场衰变的时间特性决定。人工头接收条件的听音信号是：利用 Odeon 输出双耳房间脉冲响应（BRIR，Binaural Room Impulse Response）和音乐干信号卷积而得到的片段。该条件下提供了反射声的方向性信息，于是混响感将由声场衰变的时间特性和空间特性共同决定。

实验所用的干信号是一段长笛音乐——巴赫的嬉戏曲，这是一段二拍子的快速、活泼乐章，节奏变化明显，有利于对混响感进行判断。该音乐片段频谱的主要能量集中在中频，与我们选取中频声能衰变曲线与混响感主观评价实验之间有更好的对应关系。

主观评价时，外耳道入口处平均声压级约为 80dB。主观试听实验共采集了 27 个听音者样本，其中男 14 人，女 13 人，年龄在 22~27 岁之间的大学生和研究生，听力正常。本实验中，要求对两种声场混响感的相对强弱做出相异性对比判断。判断结果用三类反应表示，即听音者判断出哪一种声场信号的混响感强，或无法分辨强弱（认为基本相同）。在听音过程中，听者可自行反复播放试听信号，直至得到肯定的判断结果。从众多对比实验结果中，统计出某项判断者所占比例。如果判断某声场条件混响感强的听音人数占总人数的比例超过 50%，则统计上两声场的混响感差别可以听出，即认为在混响感差别阈限以外；反之，如果判断任一声场条件混响感强的听音人数，占总人数的比例都小于 50%，则统计上认为两声场混响感并无差别，属混响感差别阈限之内。

3. 混响感主观评价实验结果

在我们所作系列主观评价实验中[12, 13]，选一项最基本的内容及其结果在此作一简介，用以说明经典（赛宾）混响时间不能用于评价无顶（庭院）空间的混响感。也就是说，用常规仪器和方法测得庭院内的混响时间，不能与厅堂内测得虽属同数量级的混响时间相比拟，否则会引起不恰当判据。

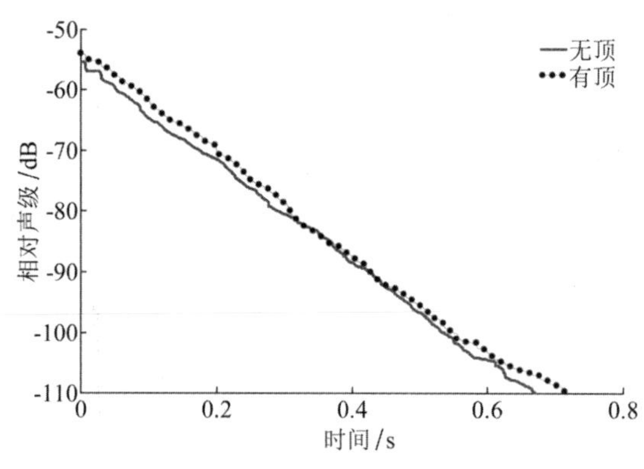

图 12　近似指数衰变且衰变率相似的无顶空间与有顶空间的中频声能衰变曲线

以下按近似指数衰变且衰变率相似的无顶空间与有顶空间的混响感主观判断的相异性对比作一介绍。当所有界面散射系数设为 s =0.50 时，声场近似于指数声能衰变。模拟有相似声能衰变率的无顶空间与有顶空间的声场。此时，无顶空间墙面的吸声系数设为 α =0.25，有顶空间墙面和顶面的吸声系数都设为 α =0.37。图 12 是中频声能衰变曲线。混响感相异性评价对比实验结果见表 1 所示。

单从能量衰变时间曲线看，两者基本相同，因此判定它们具有几乎相同的赛宾混响时间。但在反射声的时间序列上，有顶空间反射声在时间分布上密集得多。从表 1 的第一项，无指向性传声器接收条件下的主观实验统计结果看，判断有顶空间混响感强和无顶空间混响感强的人数比例差不多，各占总人数的百分率分别为 33.3% 和 40.7%，都低于

表 1　近似指数衰变且衰变率相似的无顶空间与有顶空间的混响感相异性评价对比实验结果
（选择某判断条件的听音人数占总人数的百分率）

	无顶空间混响感强	两者相同或无法分辨	有顶空间混响感强
无指向性传声器接收（单声道信号）	33.3%	25.9%	40.7%
人工头接收（含方向性信息）	0.0%	3.7%	96.3%

50%。于是可认为听不出两者的混响感差别。对这种声能近似指数衰变的声场来说，在不考虑反射声方向性分布的条件下，能量衰变的时间特性便是混响感的主要决定因素。此时，由于听闻心理感知的积分效应，反射声的时间序列结构对混响感影响不大，这是按常用的单声道拾音或听音所界定的混响时间来评价混响感的。当采用人工头双声道接收的实验结果则显示，一旦反射声呈现了方向性信息，判断有顶空间声场具有更强混响感的人数的百分率大大超过了 50%，达到了 96.3%，可认为两者的混响感有明显感知差别。这说明在声能衰变率相似时，反射声的方向性信息，也是影响混响感的重要因素。此时，赛宾混响时间不能给出与常见封闭空间内等同的混响感了。

4. 小 结

对于常见的围蔽空间大厅来说，各接收点大致上处于类似扩散条件，反射声方向相对是无规的，其声场不至于出现太大的差别，声能在时间域的衰变率与混响感相关性比较高。此时，混响时间这一参量大致可以说明混响感。至于庭院之类的无顶空间，因缺失了所有来自顶面的反射声，其混响感如果仍沿用基本适用于封闭空间的混响时间参量来评价，便不恰当了。本文旨在分析研究声音衰变过程中，反射声的方向性因素对于混响感判断的重要性。

其他系列试听结果还表明：有顶空间和无顶空间中的混响感主观评价实验中，对于声能近似指数衰变的声场来说，当时域上声能衰变率比较接近时，反射声的方向性因素会影响混响感的判断。在早期衰变相似的情况下，声能后期衰变率引起的混响感变化也是受反射声方向性影响的。初步研究表明，有顶空间中，方向近似无规分布的反射声会使后期衰变率变化对混响感的影响减弱甚至被掩盖；在缺失了顶向反射声的无顶空间中，水平方向的反射声比重增加后，会使后期衰变率变化对混响感的影响有所加强。

经典的赛宾混响时间 T60（乃至 EDT）之所以不能充分评价无顶空间的混响感，因为除了考虑声能随时间的衰变特性外，还应考虑反射声的方向性因素。本研究的初步结果对于时间与空间上有相同或相似衰变特性的其他类型声场如耦合空间等情况，也有参考意义。

三、响度和清晰度

响度和清晰度是传统戏场的重要音质指标。听音环境如响度不足，就谈不上清晰度，故前者更为重要。要保证听众有足够响度，除演员的演唱功底外，建筑物的帮助不容忽视。顶棚不高的亭式戏台，无疑可起到声反射罩的效果。向广场开放的戏场，提高戏台高度可使演唱声送达范围有所扩大，但是对自然声（指不用扩音系统）而言，所增响度还是有限的，而戏台的作用会更明显。传统厅堂戏场的规模大致在三四百座以下，基本上均能满足响度和清晰度的要求。在没有任何电子扩声设备的 20 世纪二三十年代或更早年代里，此类戏场中一些听客会不时发出喝彩声，可见对演唱声的响度和清晰度均达到一定的水平。

1. 响度的客观参量

关于大厅音质设计的响度评价参量问题，长期由于涉及声源（演唱）这一未定因素而不好解决。早在 1900 年赛宾发表他的第一篇论文“论混响”[14] 中，就把足够的响度列为厅堂音质三项基本要求之首。赛宾在文中列举了若干影响听众席声级的建筑条件：如把讲者相对于听众面的高度提升后，听众席响度就会有明显改善；又如把后座升高，或是讲者背靠着反射墙面等等。所以建筑声学设计者将从这些建筑措施对厅内声级分布的变化，来考察各处响度是否有所改善。至于发声者（讲演人）所用的嗓门（发声力度）大小，固然会影响到听众席的响度，然其变量非建筑设计者所能控制。再说，所谓足够响度还与所要听的内容有关。如对音乐和言语就有不同要求。即使音乐也还与曲目、乐器、曲调等有关，更因个人欣赏习惯和偏爱而异。言语和音乐又都是非稳态性的，其声级在过程中必有很大起伏，语声的动态范围一般有 30dB，音乐的动态范围则可超过 40dB，故所谓足够响的声级就不能简单地界定。因此长期来，由于牵涉到许多声源方面因素，而使评价大厅音质响度的客观参量难以确定。及至 1976 年 Lehmann 的博士论文中 [15]，提出以相对强感（又称强感级）G（dB）作为评价大厅合适响度的客观音质参量，它避开了本来不属于大厅音质设计的声源可控因素，单纯考核因房间条件所导致对响度的影响。所以也有人把它称之为“房间导致的增强效果”[16]。我们用相对强感这一名词，乃说明厅内响度可能因声源强弱变化而会“水涨船高”的。这一音质参量旋即得到国际声学界认可，并列入 ISO 3382 国际标准的附录 [17]。

大厅响度评价按标准声源来量测听众席各处的总声级，当可作为判据响度的参量。该声级的细微差异足资说明听者对响度的敏感性。这样，可用来仿佛同一乐队在不同厅内或是同一厅内不同位置上产生不同响度的效果。如果利用馈给扬声器的脉冲信号来进行，又选取厅内离声源 10m 处直达声作为标定参考值，便可方便地得到如下归一化的结果：

标准声源下的相对总声级 =（测点上的总声级）—（离声源 10m 处直达声级），dB　　（2）

这就是相对强感（强感级）G 参量的定义。式（2）可写成为：

$$G = 10\log\left[\frac{\int_0^\infty p^2(t)\mathrm{d}t}{\int_0^\infty p_{10}^2(t)\mathrm{d}t}\right], \quad \mathrm{dB} \qquad (3)$$

式中，$p(t)$ 为听众席某位置上的声压，$p_{10}(t)$ 为该声源在消声室内 10m 处测得的声压，或相当于现场离声源 10m 处直达声的测定值。

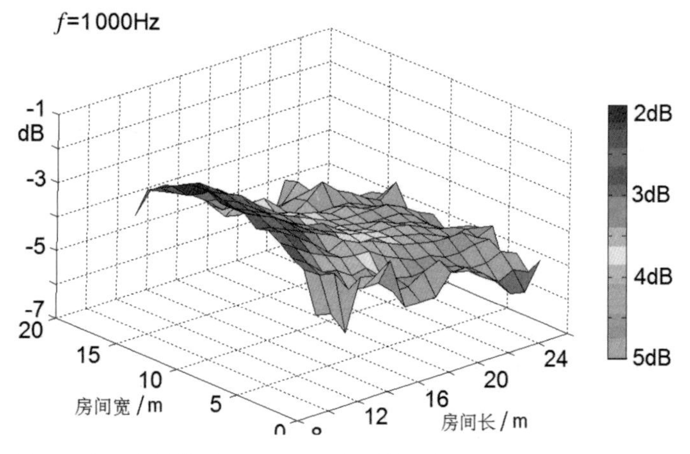

图 13　尺寸相同的两个空间内，在同样接受面上，无顶与有顶情况下 G 差值的分布。它们的 G 中值相差 4dB 以上

庭院式戏场中的响度由于缺失了大量顶面反射声导致场内总声级下降，影响听众听到的响度。图 13 所示为两个相同尺寸的空间，在相同接收位置上 G 的差值，即无顶空间 G 值比全围蔽空间 G 值的下降量。由图 13 可知不仅 G 值普遍下降，而且场内各处 G 值分布更不均匀。

由于庭院大小的不同，G 值随离声源距离变化亦不相同。图 14 为八个庭院式戏场的实测结果。

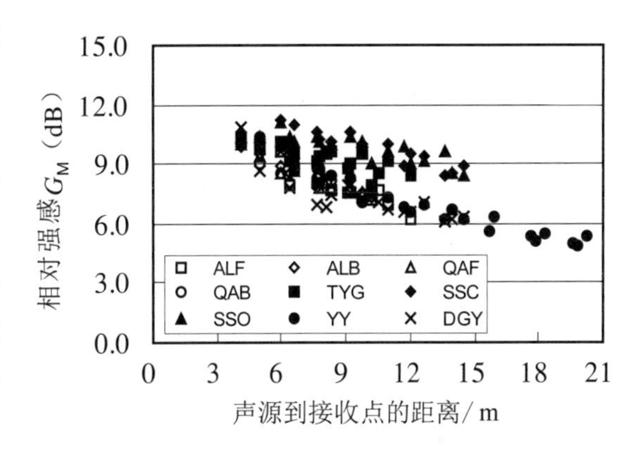

图 14　八座庭院戏场中，不同距离处接收点上实测相对强感 G_M 值随距离的变化

2. 清晰度的客观参量

作为戏场，听音的清晰度当然也非常重要。它与接收点的响度有关，还与直达声和混响声之比有关，这个比值又称之为明晰度 C。它表征早期和后期声能之比取其对数值，单位 dB。早、后期的时间界限一般取 80ms，即 C_{80}。（对言语的时间界限则取 50ms）。图 15 所示为三个传统戏场的实测结果，并取中心频率 500、1 000 和 2 000Hz 三个倍频带的平均值。由图示可知，厅内各处明晰度 C_{80} 不同，各厅之间也有差异。相对而言，湖广会馆明晰最高。必须注意的是，只有保证足够 G 值前提下，考核明晰度才具实用意义。

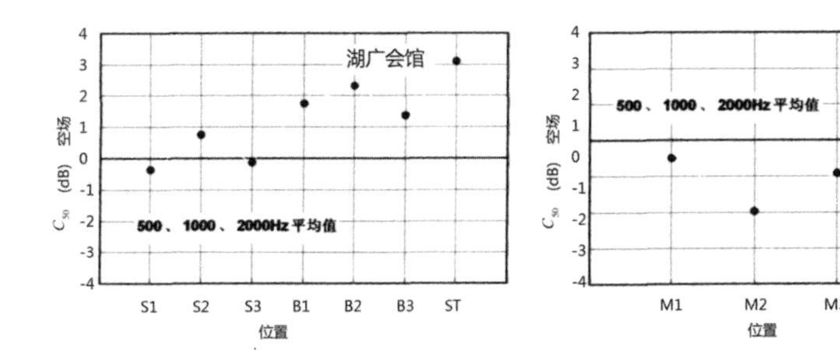

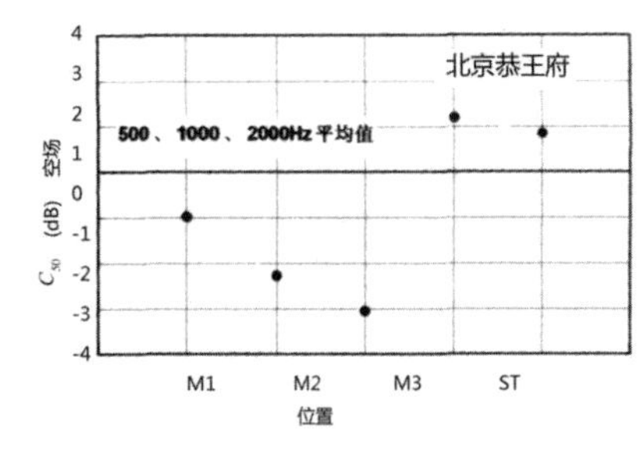

图 15　三座北京传统戏场（湖广会馆、正乙祠和恭王府戏场）的实测明晰度 C_{80}（500，1 000 和 2 000 三个倍频带的 C_{80} 平均值）ST 舞台上，S1–S4 厅内不同位置

在庭院式戏场中，实测 C_{80} 值都较高。图 16 所示为几处庭院式戏场内，500Hz、1 000Hz 和 2000Hz 三个倍频带 C_{80} 的平均值。它们还随戏场尺寸和形状不同而有所变化。其中，上海三山会馆庭院两侧厢房长窗关闭模式（SSC）时 C_{80} 的值最低，为 1.08dB。因为此时两侧暴露大片玻璃窗，会增强后期反射声。上海大观园（DGY）的 C_{80} 的值最高，为 7.65dB。此处庭园周围仅有一层廊房。

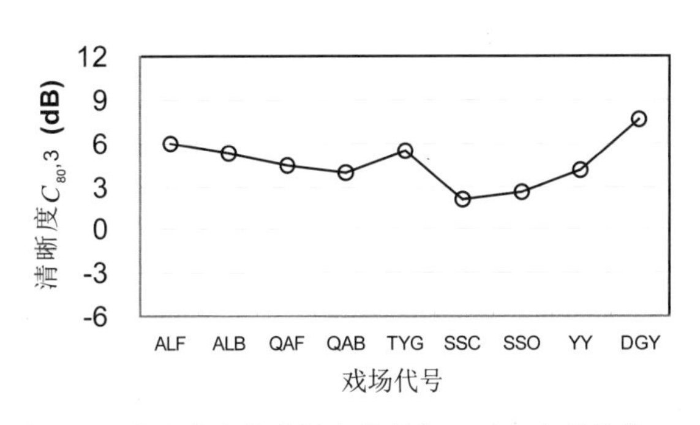

图 16　江南八座庭院戏场中明晰度 C_{80}（dB）的比较。C_{80} 是取中心频率 500，1 000 和 2 000Hz 三个倍频带的平均。

如果把庭院戏场和厅堂戏场两者明晰度相比，庭院中听戏似乎更清晰，但由于听众接收到的总声级（在此以相对强感 G 来说明）比厅堂中低得多，所以它们的总效果并不会比厅堂好。因此，我们不能从单一指标来看，必须综合地评价。图 17 所示为按尺寸相同的无顶空间（庭院）和全围蔽空间（厅堂）进行计算机模拟，对四项音质参量作的比较。这里分别列出其平均值和全场各处在一定限值范围内所占比例。比例越高，说明全场均匀度好。图中以园形面积代表其比例。庭院空间的赛宾混响时间存在的问题已如 2.1 节所述，这里权作比较，也说明庭院中各处的赛宾混响时间比同尺寸厅堂中更不均匀。如果同样按 ±0.1s 范围来考察，围蔽空间为

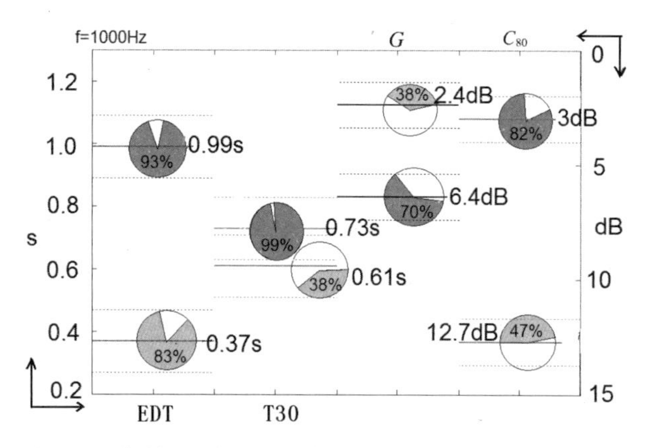

图 17 顶部封闭和敞开两种条件下的 T_{30}、EDT、C_{80} 和 G 的变化比较，以及场内 ±0.1s 或 ±0.5dB 所占比例。（深色—顶部封闭，浅色—顶部敞开）

93%，无顶空间为 83%。G 和 C_{80} 则按 ±0.5dB 所占比例来考察其各处均匀程度，同时也可观察到，无顶空间下 G 值比全围蔽的要下降，而无顶空间下的明晰度虽比全围蔽空间高出很多，然而接收到的总声级却下降了4dB 之多，总的效果还是变差了。

四、自然声演出的空间限值

传统戏曲表演对演员唱腔和嗓子有较高要求，且都在自然声条件下进行，完全凭着"真功夫"。其听音效果则必然与演出场所声学条件有关。在广场演出，很难有理想效果。小型厅堂则容易满足良好的演与听的声学效果。现存少数可供"公演"的传统戏园，如北京的湖广会馆（1896 年建）和正乙祠戏楼（1710 年建）为例，设方桌和宽敞座椅形式下，容座二三百。当年并无扩音设备，听音没有困难，演员对音质亦满意。又据我们经验，1950 年代设计的同济大学文远楼 320 座阶梯大讲堂 [19]，当年无扩声装置，大班满座上课时，即使嗓音不大的高龄男女教师讲课，均未发生听音困难情况。对于发音训练有素的演员，在音质设计良好的厅堂中，四五百座的规模应无问题。忆 20 世纪二三十年代正当京剧风靡沪上时，一些演出传统戏曲的剧场容座均在 1500~2000 座，乃至约 2500 座的大舞台和天蟾舞台，在不具备扩音设备条件下，著名演员演唱时即使后座仍有足够响度。如按现代建筑声学技术知识去设计，传统戏曲在千座以下剧场表演，应该可以做到自然声条件下，具有良好唱与听的效果。

从票房价值而言，戏曲剧场规模不宜太小，又如果强调用自然声演出，则规模不宜太大。从现代声学设计经验看，其空间限值该有一个合理范围。这里首先要满足两个基本条件：厅内安静的环境和优良的大厅体型和界面处理。1964 年，我们曾对上海 8 个剧场作话剧演出时，不用扩声条件下观众席主观评价调查 [20]，其中三座评为良好等级（5 分制的 4 分）的容座在 700~1 000，大致可作为戏曲演出的参考。现代声学技术的进步，一些行之有效的设计新措施，必然使大厅音质条件比之那三座建于 1930 年代的剧场大大改善。

五、设瓮助声之谜

一种广为流传的说法是：传统古戏台下设置"共鸣"瓮，有助增强演唱者的声音。及至近年出版的志书 [21] 或一些书报中，乃至相关声学史专著，仍常见此类叙述。例如，不少资料在介绍北京故宫畅音阁大戏台和颐和园内德和园大戏台时，都会说到台下有缸或瓮之类，起到共鸣助声作用云云。作者对此曾作过一番考证 [22]，发现疑点不少，亦有违科学，应予澄清。同样情况也在国外发生。如对古希腊、罗马露天剧场中亦有设瓮助声之说。例如两千年前世纪之初的维特鲁威 Vitravius《建筑十书》[23] 名著中的不确记叙，谬传甚广。虽然国外学者不时纠正其不实 [24]，仍不免讹传难止。

从声学基本知识来分析，一种体大口小的瓮在特定条件下是会起共鸣作用的。它的共鸣（振）频率主要由瓮口瓶颈和瓮罐腔体的尺寸所决定，这在物理上已有成熟的理论和计算方法，最近文献中亦常有探讨 [25]（为了纪念对此有贡献的科学家亥姆霍兹（1821−1894） 最早所作的精辟研究，常称之为亥氏共振器),也可用实验予以验证,例如有人在混响室中,放置了1 040个牛奶瓶后,测得其吸声与频率的关系[26](图18)。可见它们只在很窄共振频率范围(此例中为188~208Hz频段)有很强吸声,说明这种共振现象有很大的选择性。因共振而消耗能量,入射声波于是被'吸收'了。只有在所处空间接近自由声场或比较死寂的声场中,当瓮的共振尚未停止前,

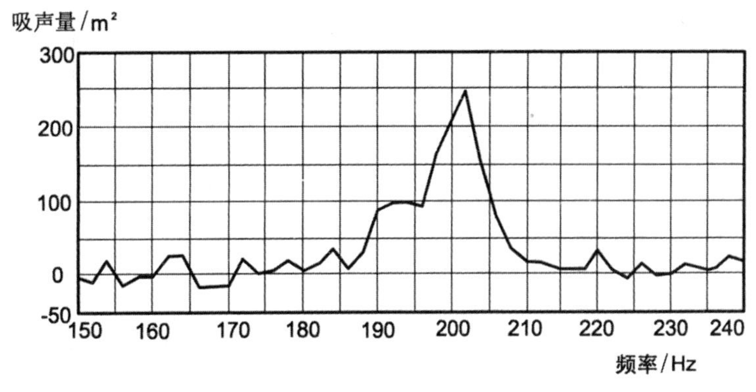

图18 1 040个牛奶瓶置于混响室内测得的吸声量(m^2)与频率的关系[26]

会向腔外释放能量,对外面的声场起加强作用。此时,可听到来自瓮的余音,当然仅限于有限频率段的共鸣声。然它的辐射声能很有限,故其影响范围不大。因此,要对演唱声起有效作用,就必需有一系列大小不同的瓮才行,而且在接近露天的空旷场合下的近距离内才会有些效果。

有关大厅的音质现象,我国古代文献早有描述记载。如东周(公元前8至3世纪)《列子》一书"汤问"篇中的"韩娥鬻歌,馀音绕梁欐,三日不绝",(原文中欐字常被省略)久久为人所传诵,虽此句的真意在形容"回味无穷",亦可见2 500多年前人们已注意到室内余音的效果。宋苏轼(1037-1101)《赤壁赋》中,有"馀音袅袅,不绝如缕。"以形容歌声之动听。在5世纪南北朝时,周兴嗣所撰《千字文》中,有"空谷传声,虚堂习听"之句,就是对空荡厅堂中可听到多重回声引起混响的描述。习者重复的意思。古人以为琴声低微,室内置瓮可得"空旷清幽"的效果。但如果将瓮埋到地底下,瓮口又有所遮挡,这种效果就会丧失。难怪13世纪宋人赵希鹄认为:"前辈或埋瓮于地上鸣琴,此说恐妄传"[27]。他又接着说:"盖弹琴之室,宜实不宜虚,最宜重楼之下。盖上有楼板,则声不散;其下空旷清幽,则声透彻。"可见当时他已认识到,欲使室内琴声悦耳,得依靠有足够强的反射,不宜有太多吸收这一基本室内声学的道理。

古人对"同声相应"的现象,在文献中很早就有不少相关论述,戴念祖对此有过详细考据[28]。但是古人有对这类"相应"作用,企图引申到"设瓮助声"上,就会因具体条件变了而达不到'助声愿望'的效果。再说在戏台条件下,还受到建筑上的限制。如对中国传统戏台下设瓮一事作进一步分析可知,戏台上演唱者的声音是要透过地板才能传至台下的台仓空间,然后激发瓮的共鸣。首先,声音透过地板的透射损失TL(相当于地板隔声量R)至少会降低10dB,即能量已不足原先的1/10。即使共鸣器发挥增强作用也比台上原声强度低很多很多,其助声作用甚微,而且也仅仅是很窄的共鸣频带范围。再如故宫和颐和园中两座大戏搂,台面以下台仓四周有2m多厚墙裙围蔽(图19),也根本传不到外面的听众席。何况台仓中只有五个方形小浅池(上口边长86cm,下口边长46cm,深约82cm浅方池),并无所谓的共鸣器。退一步说,即使有瓮的共鸣声存在,其 "共鸣声"再次透过地板回传至台上,也是微不足道的。因为地板的透射损失至少10dB吧,来回损失20dB。参见图20的示意图。

早在宋代,有文献记载[29]宋孝宗皇帝(1127-1194)幼时,偶登秀州城楼游戏,误踏钟下覆盖洞穴的竹编粗席,险些因踏空而坠入其下。说明古代鼓楼内挂钟鼓的下方,挖有洞穴或深池,钟鼓声通过空气与洞或池形成耦合的混响共鸣系统,可使声音透彻响亮。但这里有一个重要前提,即钟鼓与洞之间是没有传声阻隔的(竹席是易于透声的),而且这个腔室要有相当大的容积。如果钟鼓楼下的洞

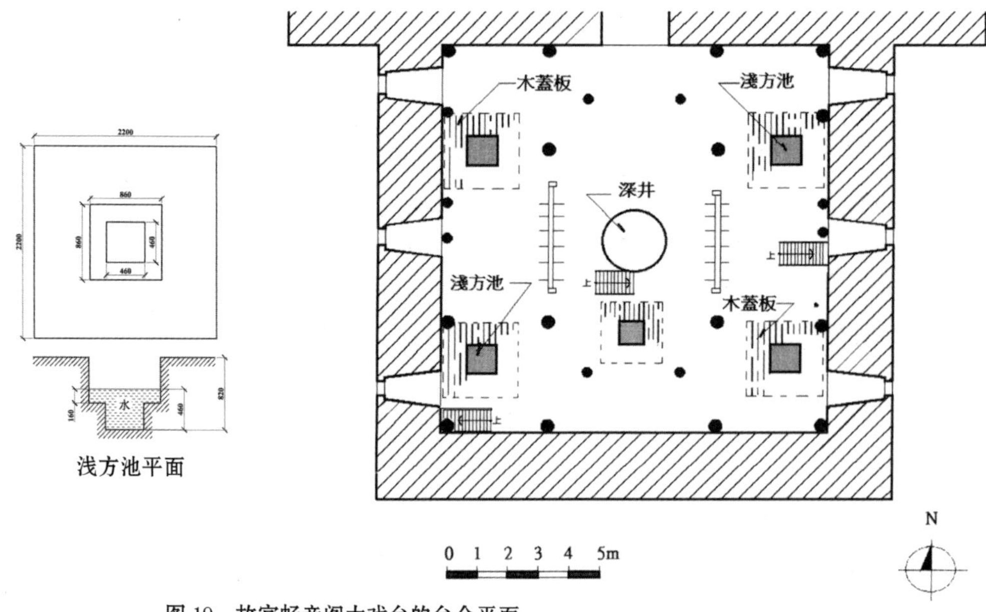

图 19　故宫畅音阁大戏台的台仓平面

穴上有可以站人、并作表演活动的厚地板,下面的洞穴就起不了太大作用。这也说明了古代戏台下设瓮与钟鼓楼下挖洞的实效是不同的。

除了从文字记载上考据外，我们也希望能找到一些实物佐证。很遗憾迄今尚付阙如。作者也曾留意从考古文物学的记载中寻求线索，仅见的一例载于“中国声学史”[30]所引用中国科学院声学研究所赴晋考察时，拍摄的一张“舞台”下深坑和陶瓮照片，并说山西留存的戏台下几乎都有这类坑洞，内置陶瓮。从照片内容来看，最大疑点是砖地上挖了坑洞（图 21）如何能演出。作者为此与中科院声学研究所联系，据当事人告，该照片所示为搜集古代坑道内“地听”、“瓮听”而作的考察，并非是演戏的舞台。又承赠送作者较清晰的原稿彩色照片，使我确认。再说在有关山西古戏台的众多戏曲文物学文献中，未见只字涉及这类事。这使作者想起另一次经历。1999 年 4 月 14 日在天津广东会馆考察时，一位管理者介绍说八十年代修缮时看到台下有瓮，而且说一直留在那里。及至借灯在台下照遍，一无所获，终而承认是道听途说的。

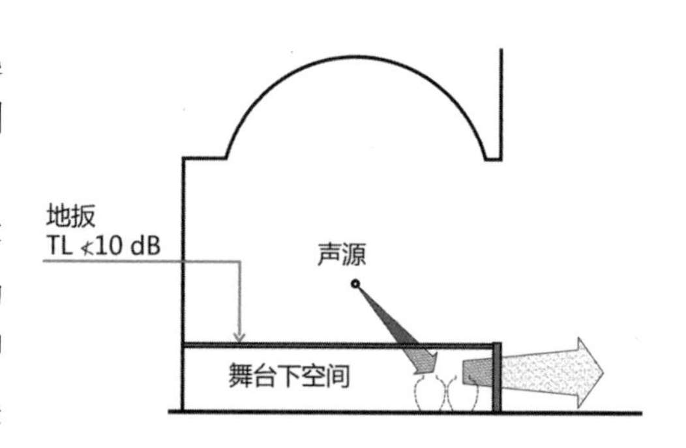

图 20　舞台地板的透声效果（以透射损失 TL，dB 计）及通过墙裙外传示意图

有关故宫大戏楼舞台下面的情况，作者曾（2000 年 10 月 19 日）访问故宫博物院研究员朱家溍（《中国大百科全书：戏曲、曲艺卷》（1983 年版）‘畅音阁’词条撰稿人），谈及他所写大戏楼台下的五口大井，乃起收藏升降砌末（道具）和演员的绞盘之用。老先生肯定地说，所谓井口共鸣助声之说乃误传。至于曾亲自下到畅音阁寿台之下台仓作实地考察，并有记录发表者仅见于李畅的著作[31]。他在该书中记述道：“我在昏暗而又布满灰尘的台仓中看到六个井口。可能它就是供给特技水源的井。但我未见到人们常说的作音响共鸣用的水缸。但台仓下也有与福台相同的辘轳，肯定用它可以把演员或砌末提升到寿台上去。”作者最近与李畅晤谈时，他再次确认了此事（2004 年 2 月 23 日于北京）。侯希三[32]对这些井的具体尺寸曾有如下介绍：“在下层戏台底下挖了一眼深 10.1m，上口

直径 1.1m，下口直径 2.08m 的砖井。砖井四周还开挖了五个各见方约 1m、深 1.28m 的水池。与这五个水池相对应，在中、上层戏楼上面安装有五部滑车。演戏时，上下配合，可以表演水法、戏法等大砌末及神佛上下。”综上所述，无一附会所谓的共鸣助声云云。我有幸于 2004 年 9 月，获古宫博物馆批准，将舞台地扳搬开，进入台仓进行勘测，使我看得真切。

图 21　据此照作为说明戏台下设瓮助声之物证，显然十分谬误

这类事同样发生在西方建筑界。两千多年前的一位罗马建筑工程师维特鲁威（生卒年份不明，估计出生不迟于公元前 80 年）在其名著《建筑十书》[23] 中，曾对古希腊、罗马露天剧场中助声坛子的不同共鸣频率、位置和布局作了介绍。后人又据此作出了座位下设坛布局的示意图 [33]（图 22）。坛子的口都朝着舞台，坛子的尺寸很大，其共振频率属很低频率范围，大致上分布在两个倍频程。它们在短时间内会吸收很大的能量，然后向露天释放出来，它所产生的人工混响有人估计约 0.5s[33]。即便如此，它们的作用也值得怀疑。因为一个个坛子的共振频率虽可做得相互衔接，但这些为数有限，且共振频带很窄的‘助声坛子’，散布在可容数千人的露天大剧场中，大部分听众是远离某共振频率的坛子，其整体作用也就微不足道了。古代这种把乐器设计安排的思路，引伸到剧场大空间的音质上去，显然是不合适的。据 Rindel[24] 考据，维特鲁威本人对坛子并无实践经验，只是搬用多年前（公元前 4 世纪）一位著名希腊乐理家 Aristoxenus 所提出的音乐理论用于露天剧场设计，要知乐器和建筑两者在声学原理上有本质上区别。再说，露天剧场中的这些坛子，究竟用以起到“共振助声”还是“共振吸收”这一根本不同作用的问题上，维特鲁威并未搞清楚。何况古希腊罗马时代露天剧场设有坛子的情况也只是个别案例，被人为地渲染成“古希腊、罗马剧场的建声一招”。

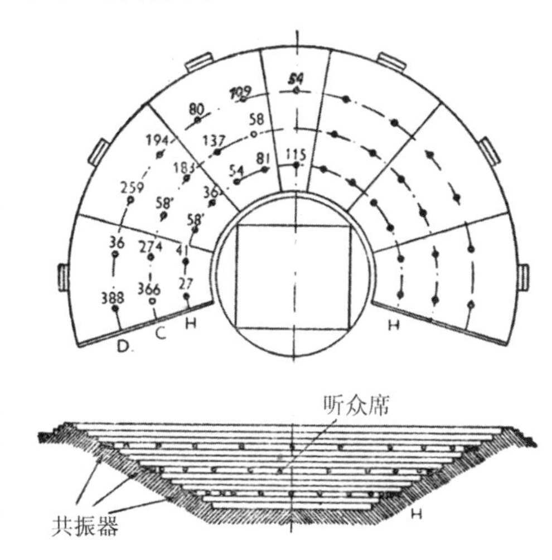

图 22　古希腊露天剧场中，坛子的分布位置及其共振频率 [33]（图中所列数字单位为 Hz）

其实，多年前，丹麦著名声学家 P.V.Bruel 早就（1960）对此作过研究 [33]，其结论是否定的。他还感叹地说，鉴于这种误解的流传，乃至在维特鲁威着书千年以后的 12–14 世纪，在丹麦和北欧建造的一些教堂中受此影响，常见墙上嵌设了些坛子，由于数量不够，故对缩短混响亦无补于事。再说它们能涵盖的频率范围也很有限。古代西方曾经这样做，很可能由于：把一座剧场建筑简单地当作一件吹奏乐器的放大来看待，以企求共鸣效果和音调调节。当时对大空间的建筑声学重要特征还所知不多。

纵观古今中外流传甚广的设瓮助声之谜，以今日建筑声学的知识来分析，显然都属妄传。

六、乐队位置的变化

戏曲表演离不开伴奏的乐队。作为完整的戏曲史当然应该包涵相关的音乐内容。对于戏场音质来说，

国 23　明清古画中伴奏乐队在舞台后部

国 24　日本传统剧的乐队今日仍在舞台后区

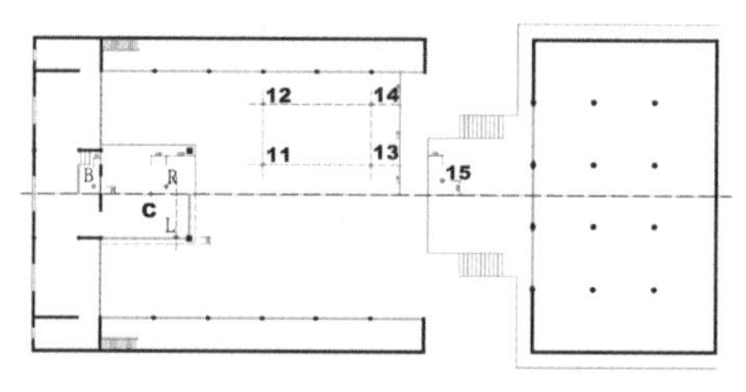

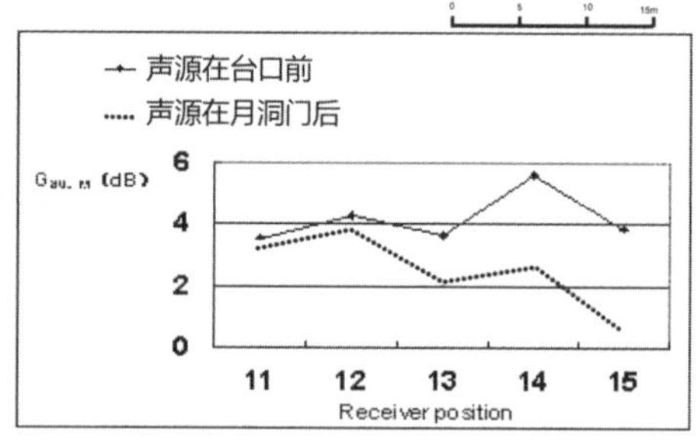

图 25　全晋会馆戏台上，乐队置于幕帘内外对院内声强（G，dB）的对比

图 26　清乾隆年间 (1736–1795) 日本人来华按所见所闻，调查详细描绘的图像。取自 1799 年日本出版的《清俗纪闻》[35]

图 27　乐队置于舞台右侧阁楼例一

乐队伴奏效果既影响演唱,也影响听众接收到的音质效果。

从一些明请或更早古画中，常见伴奏乐师坐在舞台之后部。如图 23 所示为乐队置于舞台后区靠墙地位，演唱者则居台前。至今日本能剧舞台上仍保留此类安排，见图 24。从声学效果来说，突出演唱者的声音于前台是合理的安排。如将乐队隐居帘幕之后，则可使伴奏音量有所减弱，亦使舞台“净化”。我们在苏州全晋会馆（现戏曲博物馆）所作现场测量，可说明其效果（见图 25）。传统戏台还有把乐队按文场和武场分设左右两侧。从一幅清乾隆年间日本来华写生画中，看到伴奏乐队四人一排坐在台上左侧的图片(见图26)。当然还有一些地方戏曲剧场所作的乐队“阁楼”（见图 27），不失为一种创造。

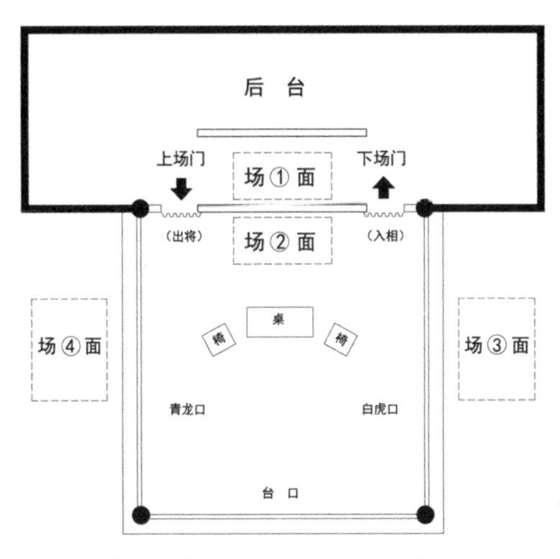

图 28　传统戏台上伴奏乐队(场面)位置的变迁

图 28 为古代几种传统戏台上乐队位置示意。及至近代，乐队普遍置于台口靠下场门一侧，这样与演唱者配合较为有利，但将使该侧观众有“太吵”之弊。有时琴师坐在台口的一段精彩表演，成为观剧一景而受到欢迎。对于尺寸不大的传统戏台，如乐队规模增大的情况下，将难以安置。至于利用乐池安置大型伴奏乐队，那是现代剧院中演出传统戏曲的新问题。

总之，乐队位置的变迁，受多方面因素的影响，服从表演要求是主要的，但协调好各方面矛盾还该进行一些探索。

【参考文献】

[1] 廖奔 . 中国古代剧场史 [M]. 中州古籍出版社，1997.

[2] 王季卿 . 中国传统戏场建筑考略之二——戏场特点 [J]. 同济大学学报，2002，30(2)：177–182.

[3] Gade AC，Investigations on musicians’ room acoustic conditions in concert halls，I: Methods and Laboratory experiments[J]. Acustica，69：193–203.

[4] ISO 3382–1 （2009） Acoustics: measurement of room acoustic parameters，Part 1 Performance spaces. Annex C （Informative）: Stage measures derived from impulse responses[S].

[5] Gade AC，Practical aspects of room acoustic measurements on orchestra platform[C]. Proc. 14th ICA，Beijing，China，Sept. 3–10，1992. Paper F3–5.

[6] Hsu YK，Chiang WH，Wang JQ，et.al. Acoustical measurements of courtyard–type traditional Chinese theater in East China [C]. Audio Engineering Society 21st International Conference for Architectural Acoustics and Sound Reinforcement，St. Petersburg，Russia，June 1–3，2002.

[7] Chiang WH，Hsu YK，Wang JQ，et.al.，Acoustical measurements of traditional Chinese theaters integrated with Chinese gardens [J]. J. Audio Eng. Soc.，2003，51（11）: 1054–1062.

[8] 王季卿，莫方朔 . 中国传统戏场亭式戏台拢音效果分析 [C]. 全国建筑物理年会报告，2012 年 9 月 13–14 日，内蒙，呼和浩特 . 又见 {J} 应用声学，2013，32（4）：290–294.

[9] 王季卿 . 庭院空间的音质 [J]. 声学学报，2007，32（4）:289–294.

[10] Schroeder MR，New method of measuring reverberation time. J.Acoust.Soc. Am.，1965,37（3）:

409–412.

[11] 莫方朔，王季卿，李晴 . 无顶空间内混响感特性的研究 [J]. 声学学报，2012，37（1）：30–35.

[12] Mo Fangshuo，Wang Jiqing，Why the conventional RT is not applicable for testing the acoustical quality of unroofed theatres[C]，Proc. ACOUSTICS 2012 HONG KONG，13–18,May，2012.5zAA9.

[13] Wang Jiqing，Acoustics of traditional Chinese theatres[C]. Keynote lecture，ACOUSTICS 2012 HONG KONG，13–18,May，2012.

[14] Collective papers on acoustics by Wallace C Sabine[M], Dover Publication Inc. New York 1964 重印版 .

[15] Lehmann P，Über die Ermittlung Raum Akustcher Kriterien und deren Zusamerhang mit subjectiver Berurteilungen der H örsamkeit[D] Dessertation 1976，TU Berlin.

[16] Dietsch L，Kreak EW，Objectives Kriterium zur Erfassung von Echostroungen bei Musik und Srachdarbietungen[J]. Acustica 1986; 60: 205–216.

[17] ISO 3382–1 （2009） Acoustics: measurement of room acoustic parameters, Part 1 Performance spaces. [S].

[18] 王季卿 . 音乐厅音质设计中响度评价参量的讨论 [J]. 声学学报，2011，36（2）:244–251; Chinese Journal of Acoustics（E） 2008,27（1）：1–11.

[19] 王季卿 . 本校文远楼大讲堂的音质分析及改建设计 [J]. 同济大学学报，1957（3）：18–32.

[20] 王季卿 . 厅堂音质设计中的评价问题 [C]. 厅堂音质学术报告会报告，1983 年 9 月 7–10 日于北京 .

[21] 中国戏曲编辑委员会 . 中国戏曲志：山西卷 [M]. 北京：文化艺术出版社，1990.

[22] 王季卿 . 析古戏台下设瓮助声之谜 [J]。应用声学 2004，23（4）：21–24.

[23] 维特鲁威 . 建筑十书 [M]. 陈平译 . 北京，北京大学出版社，2012.109–114.

[24] Rindel JH，Echo problems in ancient theatres and a comment to the ‘sounding vessels’ described by Vitruvius[C]. Proc. The acoustics of ancient theatres conference. Patras，Sept. 18–21，2011.

[25] 马大猷 . 亥姆霍兹共鸣器 [J]，声学技术 2002，21 （1/2）:2–3.

[26] F. Ingerslev. 近代实用建筑声学（1952）[M]. 吕如榆译 . 北京：中国工业出版社 ,1963.

[27] 赵希鹄 . 洞天清禄集 [M].“古琴辨”条 .

[28] 戴念祖 . 中国物理学史大系：声学史，第五章；共振与地听器 [M]. 长沙：湖南教育出版社，2001，154–187.

[29] 王明清（宋代）《挥麈录》卷一 .

[30] 戴念祖 . 中国声学史 [M]. 石家庄：河北教育出版社，1994：455, 又见中国物理学史大系：声学史 [M]，长沙：湖南教育出版社，2001：376–380.

[31] 李畅 . 清代以来的北京剧场 [M]. 北京：燕山出版社 ,1998.

[32] 侯希三 . 北京老戏园子 [M]. 北京：中国城市出版社，1996.

[33] P.V. Bruel. 建筑声学的几个问题 [M]. 马大猷，近代声学中的几个问题报告集 [C]. 北京：科学出版社，1961.

[34] 中川忠英 . 清俗纪闻 [M]. 方克，孙玄龄译 . 北京：中华书局，2006.

京剧表演之无反射声环境录音与主观评价初探

江维华[①]　余亚蓁（台湾科技大学）　林　葳（华夏技术学院）

【摘　要】西方镜框式剧场写实场景的强调，改变了京剧的表演形式；长久的电声系统使用，不但让传神的自然声演出逐渐失传，也影响了演员的发声技巧。但具传统唱腔训练的演员，是足以在中小型剧场提供充足的音量。方法 以自然声演出之传统京剧为对象，先进行无反射声环境录音；再使用数字讯号处理制作之仿真声场，对大众进行多维主观评价实验。无反射声录音是邀请北京与台北两地"生、旦、净、丑"共四位名角，录制 16 段唱板与 6 段念白。结果旦角唱段的速度最慢，丑角的唱段最快；频谱上旦角在 2 000Hz 频带能量最强，其余 3 个角色则落在 1 000Hz，而惟独净角在 125Hz 有显着能量。主观评价实验参量：包括强度指数（*G*）、混响时间（*T*30）与聆听方向，对应的厅堂容积设定为 1 500~12 000m^3 间按成倍递增之四种大小考虑。测试者为 12 名介于 24~42 岁的学生，通过监听级耳机在一个 400 席厅堂中播放 72 段评估对象，问卷附上旁白。结论 相对强度指数（*G*）及聆听方向为影响整体感受之主要因子，强度指数（*G*）的下限值约为 7dB，混响时间的影响力较小，上限值约为 1.5s，6 000m^3 可视为使用三面开敞式舞台时，自然声演出的大厅容积上限。

【关键词】传统京剧、自然声演出、主观评估、强度指数、混响时间

一、前言

随着剧场表演内容的西化，厅堂设计普遍以西方音乐戏剧的需要为主要要求，传统戏曲也面临了转型与创新。长久透过电声系统演出，也影响了演员的发声技巧。

中国传统戏曲的种类繁多，其中以传统京剧最绚丽夺目，可说是整合了中国戏曲之精粹。传统京剧独树一格，在身段与脸谱之外，独特的唱腔尤其能展现出表演者的舞台魅力，故自清代以来，便有"听戏"之说。因此，对于中国传统戏曲艺术之保存与延续，以自然发声来演出可视为首要的步骤。

近几十年来观众对厅堂的质量要求渐高，室内声学设计皆以西方音乐和戏剧为标地，主观评价研究也多以西方音乐和戏剧为对象，然有限的文献仍对中国戏曲的演出环境指出一个方向。车世光[1]提到京剧及我国 其他地方戏的最佳混响时间尚无定论，但可按歌剧院[2]考虑，或较此略短。项端祈（1990）[3]则提到，演出效果较好的京剧院观众席容积为 4 000m^3，与西方舞台剧观众席容积的上限值相同，而平均混响时间为 1.1~1.2s。王季卿（2000）[4]则指出三个中国大陆室内古戏场（北京湖广会馆、北京恭王府、天津广东会馆）空席混响时间之实测平均值介于 1.0~1.3s，他也指出响度、清晰度及舞台支持度等为决定戏场质量的主要因子，并以响度最为重要[5]，江维华等于中国园林中戏台的实测研究则证实了有关响度 *G* 值的高度变动性[6]。然而以上研究都多未涉及有系统的用户意见调查，毕竟在京剧以及多数中国戏曲的演出中，唱与讲都很重要，发声法也很独特。其声场需求究竟与西方舞台剧或歌剧何者较为接近，还需透过观众的主观心理评估才能做更精准的描述。

本研究因此先就四种角色于简易消声室进行唱与念之录音，接着使用廰堂现场以假人头收录之脉

① 江维华，台湾科技大学，教授。邮箱：edchiang1224@hotmail.com。

冲响应制作出多种不同声场环境之响应，再针对两者结合后形成之模拟唱段进行主观心理评估，进而透过统计方法分析对应之客观环境需求。

二、无反射环境录音及分析

1. 研究方法

传统京剧是一种综合“唱、念、做、打”的表演艺术，但以”唱”为核心，因此传统京剧以其”唱腔”为标志。传统京剧的角色行当可以粗分为“生、旦、净、丑”，本研究因此针对此四种角色，商请海峡两岸有丰富表演经验之专业级京剧老师，针对传统京剧唱与念之特色，录制自然发声之唱段。四个角色所商请的老师如下：

（1）生角为高彤老师，北京京剧院演员，师承马派（马连良）主攻老生。老生属个性较刚毅正直之正面角色，声音较醇厚有劲。

（2）旦角为魏海敏老师，国光剧团演员，专攻梅派（梅兰芳）唱腔，诠释角色多为青衣（正旦），即个性刚强的中青年女性，声音较为温润甜美。

（3）净角则为刘琢瑜老师，国光剧团演员，属郝派及裘派，声音浑厚宽亮。

（4）丑角为许孝存老师，国光剧团演员，为新生代演员，声音厚实有力。

此所谓之自然声，意指非透过电声设备或 其他加工过而产生的声音。本次录制的声音为无反射状态之直接音，不加入文武场伴奏。

声音之收录使用两支 1/2 话筒（B&K 4192），分别位于京剧老师正前方及侧边 1m 处，高约 1.5m。同时收录正向与侧向的声音，是为了反应传统演出时观众由三面观赏之特质。接收之讯号纪录为 WAVE 文件，取样频率及分辨率各为 48 000Hz 及 16bit。

录音全程于台湾科技大学音响实验室内的简易消声室中进行，该简易消声室之六个壁面皆为包覆金属冲孔板之 10 cm 吸音棉，背景噪音在 NC-15 以下。

录制的段落由京剧老师们选取较为熟悉的经典剧目，并能囊括慢板、快板及念白。每人录音时间以不超过 30 分钟为原则，集合 4 位老师共录制了 16 段唱板与 6 段念白。

2. 录制结果与讨论

（1）速度特性

在比较所有录制的唱段之后可发现，念白的速度较快，字间之平均值为 0.56s，最长的也只有 1.08s。唱板整体上较慢，但各段的速度差异也很大。图 1 显示了录制的 16 个唱段之字间平均秒数，各段的总平均值接近 1.5s，但若将各段的长度纳入考虑后，平均值则下降至 1s，最小最大值各为 0.36s 与 3.82s。此结果显示唱段速度可能会影响清晰度的判断，也因此在进行后续主观试验时加以控制。

本研究粗略的以 1s 为分界来区分快板与慢板，此分类方式与京剧老师们对快慢板的认定十分接近。各角色比较之下，旦角的唱段平均最慢，丑角的唱段平均最快。

（2）频谱特性

本部分分析透过倍频带能量图来了解频率与能量的相对关系。每个角色各抽出三段之正向录制的样本来讨论，慢板、快板及念白各一段。其结果如图 2 至图 4 所示。

综合 3 种唱法与 4 个角色来看，能量集中于 250~4 000Hz 频带，但若考虑高频背景噪音较低的事实，8 000Hz 频带的能量仍然非常可观。各角色在 125 Hz 与 250 Hz 频带能量的差异很大，净角最高，

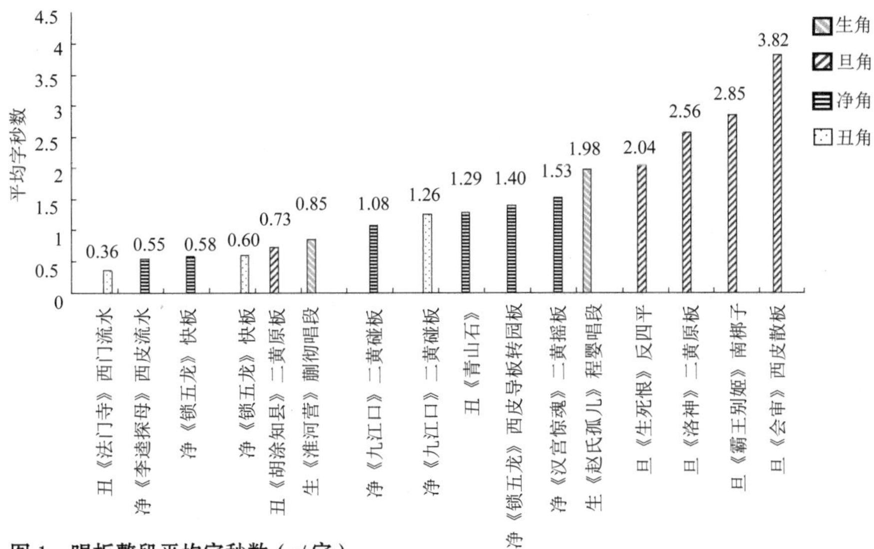

图 1　唱板整段平均字秒数（s/字）

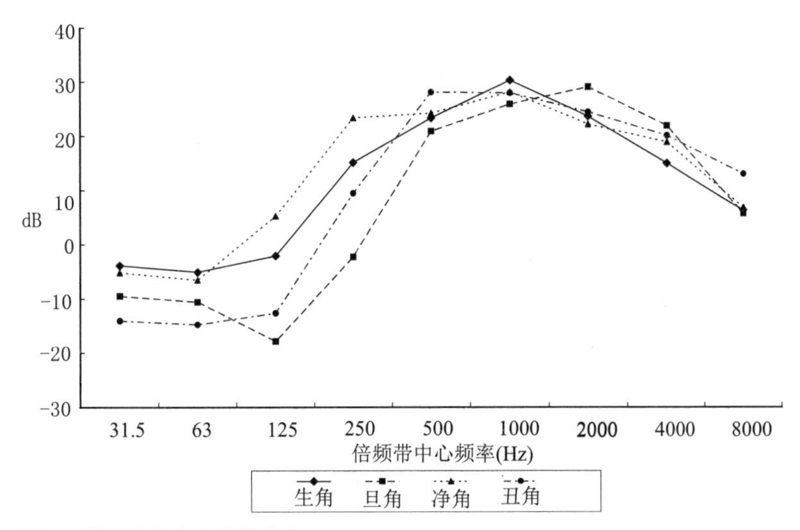

图 2　慢板之各角色能量分布

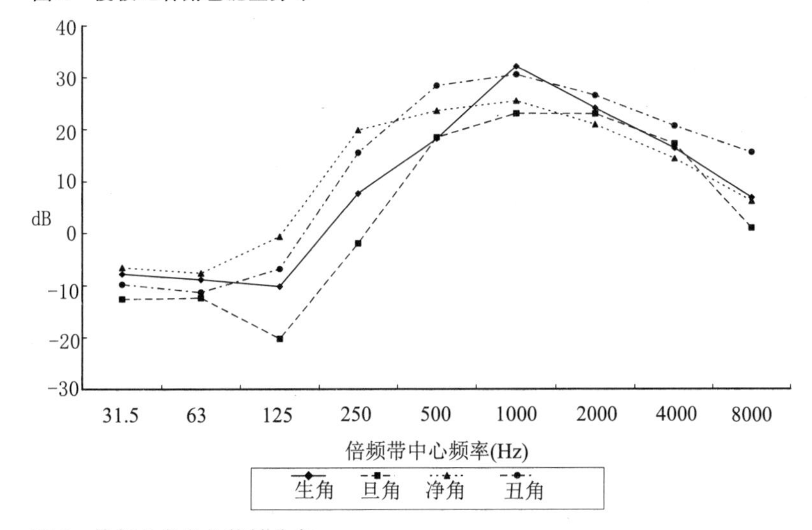

图 3　快板之各角色能量分布

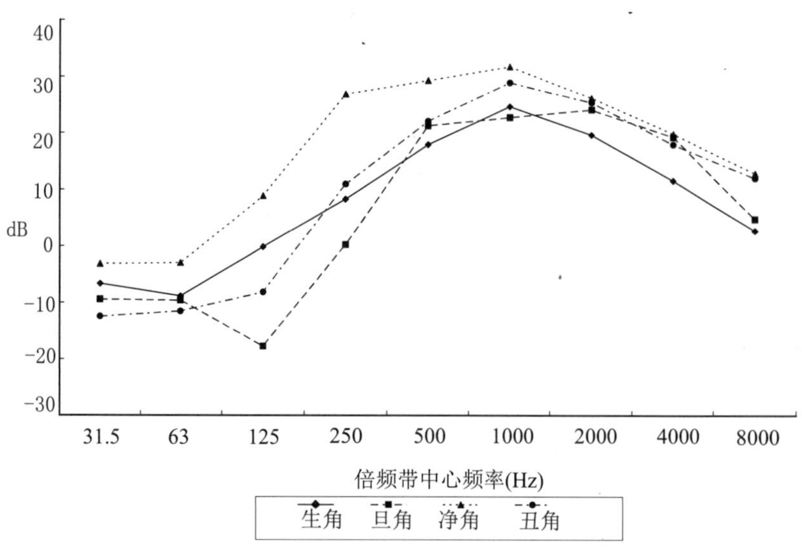

图 4　念白之各角色能量分布

旦角最弱，唯独净角在 125 Hz 有显着能量。此外，旦角的能量以 2 000 Hz 频带最强，其混合 3 个角色最强能量则落在 1 000 Hz 频带。在 3 种唱法的比较上，旦角在慢板时的能量较高，而净角念白的音量则最高，因此造成慢板在 2 000~8 000Hz 高频部分较强，而念白在 125 ~500Hz 频带的能量较高。从以上分析亦可发现，唱法与角色在音域特性上存在着相依性。

（3）方向特性

在正向与侧向的音量差别上，各频带中最大者可达 4~8dB，以旦角的差异为最小。生、净、丑角正侧向音量的显着差异可从 250Hz 频带开始，旦角则要提升至 500Hz 频带。

三、主观评价实验与结果

1. 研究方法

（1）声场条件

本部份研究以不同室容积搭配不同吸音量所形成的空间为对象，容积设定为 1 500m^3 至 12 000m^3 加倍递增之四种大小，每种容积搭配 3 种吸音量之后，提供了 3 组混响时间（T_{30}）及相对声压级（G）各有不同的声场环境，共 12 组声场，如表 1 所示。这些声场提供了 6 个混响时间设定，分别为 0.55s、0.7s、0.88s、1.1s、1.4s、1.75s，以 $2\frac{1}{3}$ 倍递增；而相对音压级则介于 5dB 至 13dB，共 9 种等级，以 1 dB 递增。

表 1　　12 组声场对应之客观参数与容积设定

		混响时间 T_{30}（s）					
		0.55	0.7	0.88	1.1	1.4	1.75
相对音压级 G（dB）	13			1 500 m^3			
	12		1 500 m^3				
	11	1 500 m^3			3 000 m^3		
	10			3 000 m^3			
	9		3 000 m3			6 000 m^3	
	8				6 000 m^3		
	7			6000 m^3			12 000 m^3
	6					12 000 m^3	
	5				12 000 m^3		

（2）脉冲制作

本研究假设之表演模式为传统三面式而非当代常用之镜框式，因此厅内为完整之封闭空间。为便于制作假想之脉冲响应，因此以空场混响时间为2.4s的中正文化中心国家音乐厅所测得的响应为基础，再使用Hypersignal-Acoustics数外工作站来制作不同条件之声场。该响应以Neumman KU-100假人头麦克风进行双耳录制，使用混响时间较长之响应的原因，在于当降低脉冲之衰减率时不会因此降低讯噪比。脉冲制作的第一个步骤是根据国家音乐廳与假想厅堂对象的容积差异调整反射密度，再透过衰减率与振幅的调整，达到不同的混响时间与相对音压级需求。因此，在12组声场中即使混响时间相同，反射密度与振幅却是不同的（图5）。

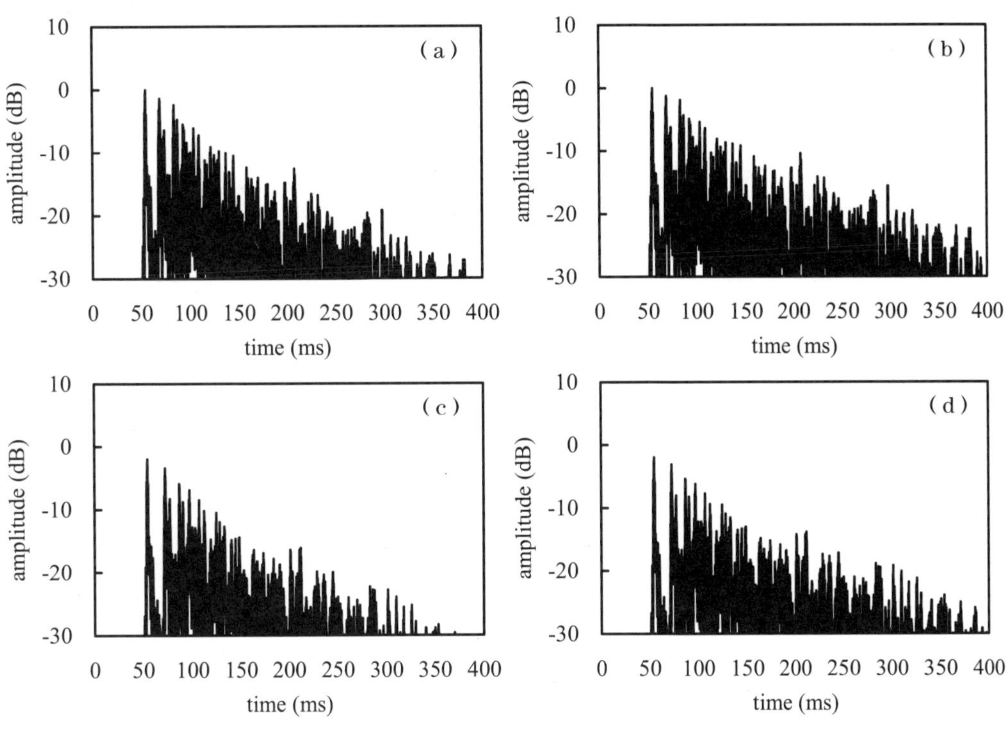

图5 模拟声场右耳（靠墙测）脉冲响应图范例（各图保有相对之振幅强度关系）：上下排（a）（b）和（c）（d）容积各为3 000m³与6 000m³，左右排（a）（c）和（b）（d）混响时间各为0.88s与1.1s

脉冲响应制作完成之后，把剪辑完成之唱段以卷积和（convolution）的方式置入12组声场中，得到具有该声场特质之唱段。

（3）实验设计

为了避免受测者因熟悉聆听对象词曲涵义之后而影响主观感受，每个声场的评估唱段都不同。音场与小唱段的配对制作了4种版本，以增加抽样上之随机性。

先前所制作好之声场，在考虑快板、慢板、与念白以及正面与侧面之比较之后，共形成72组评估对象。为让受测者作有效的判断，并避免让实验时间拖得太长，每个撷取之小唱段控制在7~15s，且尽量为一个完整的句子。每个角色依其唱法比例随机取样各取18个小唱段，其小唱段选取数目如表2。慢板、快板及念白分别选取36、18、18个小唱段，为2：1：1的比例。

在制作模拟声场时正面与侧面的差仅反映在直接音与第一次反射音上，其后部份之脉冲响应假设为无指向性音源，使用指向性系数接近1的侧面录音来执行卷积和之动作，制作完的唱段正向与侧向音量差在1 000~4 000Hz频段平均约为4dB。

表 2　　小唱段之选取统计

	慢板（唱）	快板（唱）	念白	小计
生角	11	3	4	18
旦角	12	2	4	18
净角	11	5	2	18
丑角	2	8	8	18
总计	36	18	18	72

（4）问卷

本研究所使用问卷中之一小段范例如表 3 所示，问卷主要包括五个主观属性，分别为整体感受、大小声（响度）、混响感（共鸣感）、清晰感及音色，问卷评估使用“YES-NO”评估法，受测者就各个主观属性给予‘是’或‘否’的答案。此外，京剧演出普遍会播放字幕，因此问卷里针对每一个小唱段，都附上旁白。

表 3　　问卷之范例

编号	选项	音量够不够大	共鸣感足不足够	声音清不清楚	声音宏不宏亮	整体感受喜欢与否
范例	是	□	□	□	□	□
	否	□	□	□	□	□
	看云敛晴空，冰轮乍涌					

（5）实验对象与地点

本次评价试验的对象为不常接触京剧但听力正常的年轻大众，共有 12 名，为年龄为 24 岁至 42 岁之大学生，每 3 人聆听一种版本。

考虑受测者之观赏情境，以台湾科技大学的演讲厅为测试地点，音乐则由笔记本电脑输出后，透过高隔音性之封闭式耳机（Senheiser HD25）播放。音量的播放经过校正，使其输出音量能够让受测者能做合理的大小声判断，其标准为当初做原声撷取时的 80 dB（A）粉红噪音。

2. 研究结果与讨论

（1）主观属性间之关系

由表 4 可以发现整体听觉感受与大小声、音色及清晰感皆呈现高度正相关，但与混响感的相关性较低（$r=-0.30$）。而大小声除了与整体听觉感受成正相关（$r=0.94$），与清晰感及音色也呈现良好的相关性，而混响感则与清晰感成高度负相关（$r=-0.74$），即清晰感越高则混响感越低。由此看来，混响感可能相对的较不重要，或者其与整体感受的关系并非线性。

表 4　　主观属性相关系数表

	大小声	混响感	清晰度	音色	整体感受
大小声	1.00				
混响感	−0.36	1.00			
清晰度	0.83	−0.74	1.00		
音色	0.85	−0.08	0.66	1.00	
整体感受	0.94	−0.30	0.76	0.86	1.00

（2）主客观属性间之关系

① 相对声压级（G）与整体听觉感受之相关性

相对声压级与整体听觉感受数值之散布图如图 6 至图 9 所示。全部资料（图 6）之相对声压级与整体听觉感受成正相关，可推估受测者能接受偏大声但不能接受过小声之演出。不过，所有声场之整体感受评价皆达 50% 以上之满意度，各声场间也没有太大的差异。若将数据加以分类，局部数据之整体感受则会降至 50% 以下。图 7 显示正向的评价显着的高于侧向的评价，单就侧向的评价来看，50% 整体满意度对应的相对声压级临界值为 7dB。图 8 则显示相对声压级与整体听觉感受之相关性在快板时最为显着，念白次之，慢板的关系最弱，若以整体感受之 50% 为基准来看，则快板小于 7dB 为受测者不能接受的范围。图 9 则为依角色分类之散布图，其相对声压级与整体听觉感受之相关性以净角最为显着，相对声压级越大，快板的评价越高。

整体而言，在相对声压级较小时，各角色彼此离散性较大，相对声压级较大时，各角色有集中偏高的趋势，这可能与演唱的内容情绪及演员自身特质有关。此外，以评价 50% 为基准来看各角色之线性关系，可发现受测者对旦角、净角及丑角之评价大致上多在 50% 以上，而受测者对生角可接受的临界值约为 8~9 dB 之间。

② 混响时间（T30）与整体听觉感受之相关性

混响时间与整体听觉感受之散布图如图 10 至图 13 所示。全部数据（图 10）之混响时间（T30）与整体听觉感受关系呈中度之负相关（$r=-0.63$），将正向与侧向之资料分组（图 11）后亦同，若以侧向评价的线性回归来看，50% 整体满意度对应之混响时间约为 1.5s。

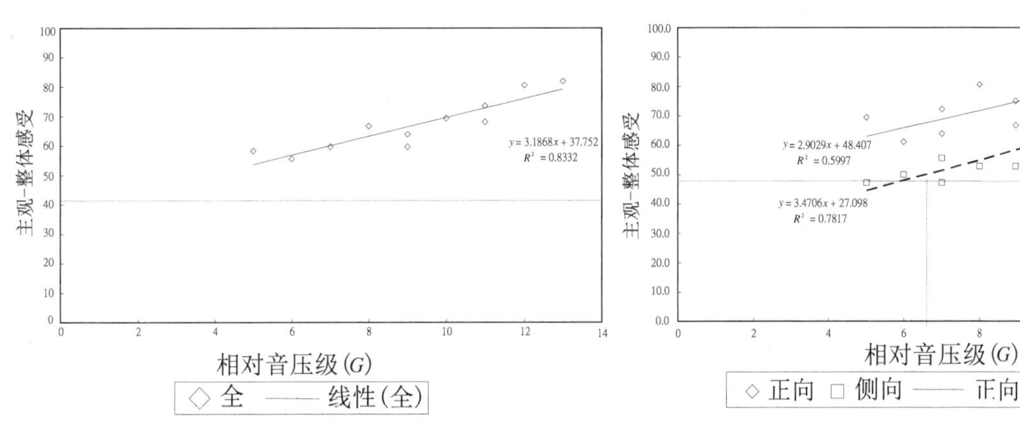

图 6　全部资料 *G* 值与整体听觉感受散布图

图 7　依方向分类之 *G* 值与整体感受散布图

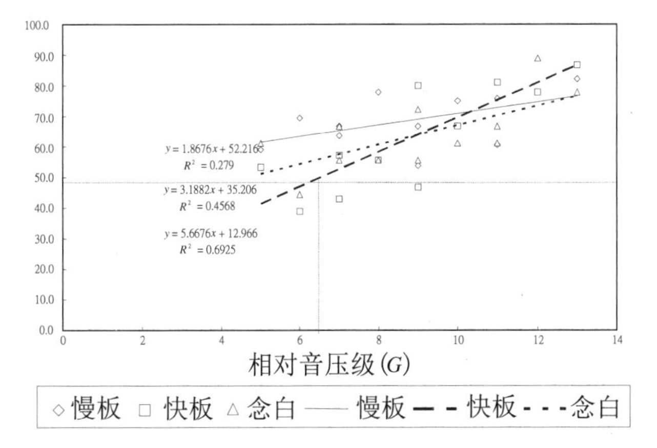

图 8　依唱法分类之 *G* 值与整体感受散布图

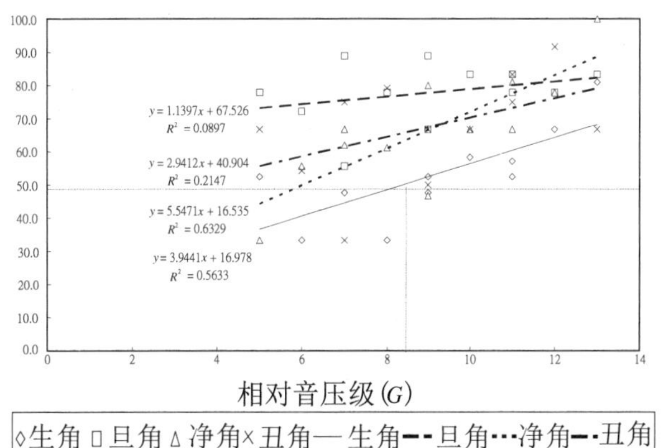

图 9　依角色分类之 *G* 值与整体感受散布图

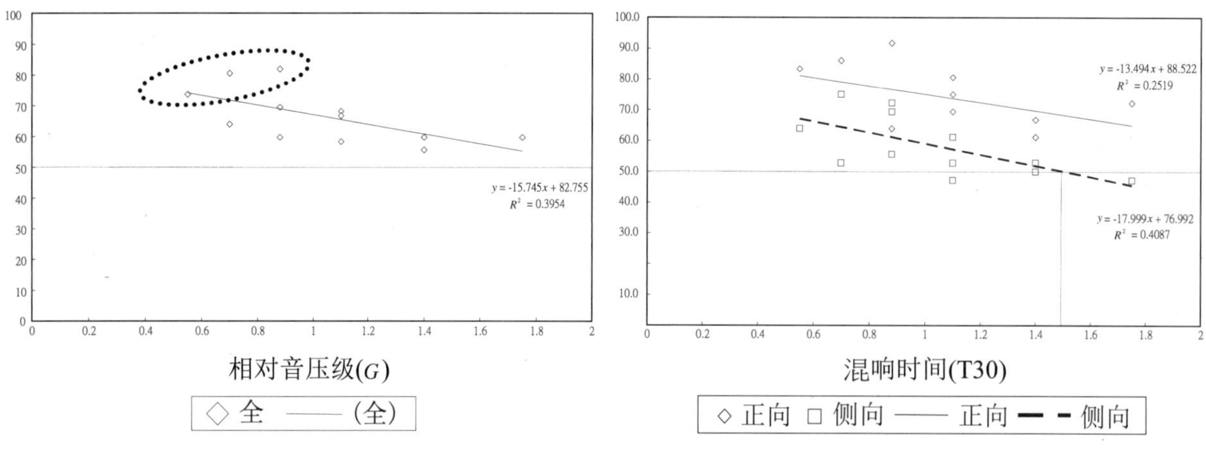

图 10　全部资料 T30 与整体听觉感受散布图

图 11　依方向分类之 T30 与整体感受散布图

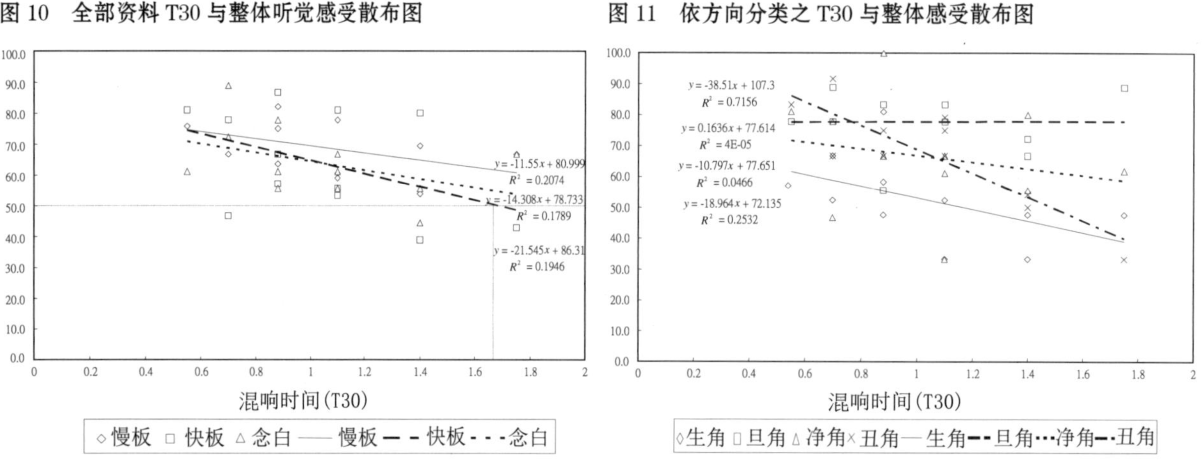

图 12　依唱法分类之 T30 与整体感受散布图

图 13　依角色分类之 T30 与整体感受散布图

将资料依慢板、快板及念白分类后，可发现慢板之斜率最小，快板之斜率最大，而后者 50% 满意度对应之混响时间约为 1.7s，其散布图如图 12 所示。若就角色将资料分组（图 13），则可发现丑角之相关性最为显着，成高度负相关（$r=-0.85$），可能原因在于丑角的唱段以念白与快板为主，因此当混响时间过长时，会导致清晰度的变低，所以评价随之变低。然而以各组数据之回归线来看，生角部分对应于 50% 整体听觉感受的混响时间数值最低，只有 1.2s 左右。

单就容积最小（1 500m³）的 3 种声场设定来看（图 10 中椭圆形标示的部分），0.55s 混响时间之感受值较 0.7s 与 0.88s 的值差，显示在小型厅堂中，混响时间仍不宜过短。

表 5　　　　以客观属性为自变量之整体听觉感受多元回归公式

回归公式	标准误差值	修正后之 R 平方值
$0\,(\%) = 2.8 \times G + 16.2 \times D - 4.7 \times T_{30} + 37.7$	5.391	0.813

（3）多重属性之考虑

综合相对声压级与混响时间之限制，本研究各组容积设定中的 6 000m³ 可视为设计之容积上限，但若能减少侧向席位之比例或能设法降低正侧向席位声场之差异时，容积仍可放大至约 9 000m³。

本研究之客观声学指标为相对声压级（G）及混响时间（T_{30}），加上聆听方向亦为重要之影响因子，因此以此三种变因为自变量，可求得整体听觉感受之多元回归公式，此回归公式之变异量解释程度达 81.3%。其公式如表 5 所示，其中 0 为整体听觉感受（%），G 与 T_{30} 各为中频带相对声压级（dB）与混响时间（s），D 则代表聆听方向，正向为 1，侧向为 0。

在此公式代入本研究之参数设定范围可发现，相对声压级改变所造成整体感受之变动幅度比混响时间改变所造成的高，因此相对声压级的影响力较混响时间来的强。方向性的影响力也很强，因为正侧向聆听所造成的整体感受差异可达 16.2%。

四、结论与建议

1. 原声撷取结果

本研究首先收录自然发声之传统京剧唱段，并对录音结果进行初步分析，其主要发现如下：

（1）相对于念白之平均字秒数多维持在 1s 左右以下，唱板的速度有极大差异，多数最慢的唱段皆属旦角，而快慢板可以平均字秒数 1s 作为分界。

（2）主要发生能量落在 250Hz 至 4 000Hz 频带，女声（旦角）与男声（生角、净角、丑角）能量最高的频带则各为 2 000Hz 与 1 000Hz，净角则有特别较强的 125Hz 频带能量。

2. 主观评估结果

本研究接着使用不同混响与强度之模拟声场进行京剧自然声演出之主观评估方式，主要研究发现如下：

（1）除混响感外，所有主观属性彼此间多呈高度正相关。

（2）综合多种客观属性可发现，相对声压级及聆听方向为主要影响因子，混响时间影响力则不大，此发现呼应文献中响度是最重要指标之论述。

（3）若纳入全部资料计算各整体听觉感受满意度之比例值，可发现整体感受在各种声场下皆有 50% 以上的评价，显示受测者对于传统京剧之接受度范围较广泛。但若将资料加以分类，可发现少数状况下的评估值会小于 50%，此处所谓之状况包括侧向聆听、快板与部分角色等。

（4）根据前述分类之状况可发现相对声压级的下限值为 7~9dB 之间，而混响时间的上限值约为 1.1~1.5s 之间。因此各容积设定中的 6 000m^3 可视为设计之上限，但在能降低正侧向席位音效差异的前提之下，略大的容积也可以接受。

（5）正向聆听的评价显着高于侧向，因此使用三面式舞台时，应设法补偿侧面席位在音色与音量上的不足。

（6）对于唱法及角色方面，因为唱法派系众多，无法以单一演员代表全体，但唱板的速度显然影响主观评价。

本研究仅初步探讨传统京剧自然声于各种不同声场的主观听觉评估，受测者以不熟悉京剧之研究所学生为主，未来可再加入经常听戏或具专业背景受测者进行比对。

【参考文献】

[1] 车世光，王炳麟，秦佑国．建筑声环境 [M]. 淑馨出版社，1990.

[2] Leo Beranek. Concert halls and opera houses，Second Edition，2004.

[3] 项端祈．剧场建筑声学设计实践．北京：新华书店总店北京发行所，1990.

[4] 王季卿．中国传统戏场声学问题初探，（中国大陆）第八届全国建筑物理学术会议报告 [C].2000.

[5] 王季卿 . 厅堂音质中的响度评价 [J].（声学学报）.2000.

[6] Chiang, W., Hsu, Y., Tsai, J., Wang, J. and Xue, L. "Acoustical Measurements of Theaters Integrated With Historical Sites of Chinese Gardens", Journal of Audio Engineering Society of America, 51 (11), 1054–1062, 2003.

台湾传统民居庭院戏场与其声学性能

许晏堃[①]（台湾建国科技大学 台湾500）
蔡金照（台湾－国立大甲高级工业职业学校 台湾437）

【摘　要】随着经济发展与娱乐型态的多元化，传统戏场与戏台也大量遭到破坏，台湾地区现存的传统戏场与戏台屈指可数，目前民间住宅仅存板桥林家花园与雾峰林宅二处仍具备传统戏台。方法以实地量测取得声学性能数据，作为历史纪录数据，此后并进一步以缩尺模型实验进行分析，探讨建筑构件元素对声学性能之影响。结果方鉴斋与大花厅均符合戏剧演出之要求，清晰度与相对声音量高，混响时间适中。经由缩尺模型实验结果得知，庭院式戏场以外围厢房围闭情况和戏台有无顶盖二者之影响较为显着。外围厢房达二个楼层者声音的清晰度与音量大小皆可提升；戏台的天花顶盖可以提供足够的上方反射声。结论：台湾传统民居之戏场空间，其周厢房的围闭程度与是否具备戏台天花是声学性能重要的影响因素。

【关键词】传统戏场，建筑声学，声学实验，缩尺模形实验

随着经济发展与娱乐型态的多元化，传统戏曲在现代社会中逐渐没落，传统戏场与戏台也大量遭到破坏，台湾地区现存的传统戏场与戏台屈指可数，仅存者因列为古迹而受到保护。本文在于讨论台湾民居内之戏场建筑与其建筑声学性能，其中建筑声学可区分为现场量测、电子计算机实验以及缩尺模型实验三个部份。

一、台湾传统民居之戏场

台湾传统民居中，最负盛名者为位于台中市雾峰的林氏家族宅邸与园林，俗称雾峰林宅或雾峰林家花园；以及位于新北市板桥的林氏家族林本源宅邸及园林二处。

1. 雾峰林宅

本宅邸是台湾五大家族之雾峰林氏家族，于十八世纪末起在阿罩雾（雾峰旧称）兴建的园林与宅邸建筑群的总称，由顶厝、下厝二大建筑群体及莱园等组成，属于台湾国定古迹。其中下厝的大花厅为供宴席使用的大宴会厅，具有形式完整之戏台(图1)，其平面图如图2所示。雾峰林宅曾于1999年因“9・21”大地震几近全毁，目前已重建完成包含大花厅等大部分建筑。

2. 板桥林本源宅邸

板桥林氏家族也是台湾五大家族之一，林本源宅邸是于十九世纪中期左右在板桥兴建的宅邸与园林建筑群的总称，林本源非人名，乃是林家以“本源”为总家号，故称。由三落大厝、五落大厝二大建筑群体及园林等组成，其中三落大厝、五落大厝大部分已经遭到拆除，仅剩园林部份，目前属于台湾国定古迹。据林家后裔所称，林宅曾有五座戏台或戏亭。已经拆除五落大厝，其中的宴客厅百花厅，

① 许晏堃，台湾建国科技大学，助理教授。邮箱：D9013004@mail.ntust.edu.tw；librakyo@cc.ctu.edu.tw。

图 1　雾峰林家宅邸大花厅戏台

图 3　林本源庭园方鉴斋戏亭

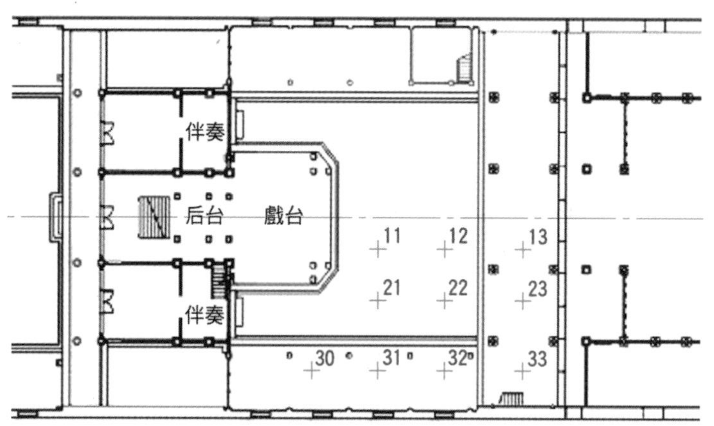

图 2　雾峰林家宅邸大花厅平面图及测点（根据“台湾雾峰林家：建筑图集．下厝篇，1988”重绘）

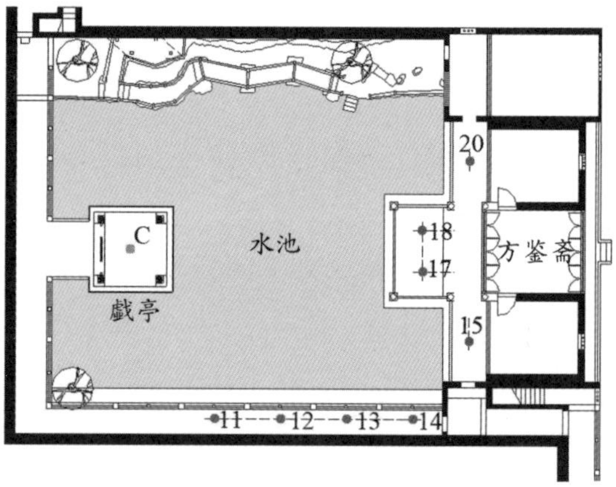

图 4　林本源庭园方鉴斋平面图及测点（参考“林本源庭园复旧工程纪录与研究工作报告书，1988”重绘）

具有完整的戏台，惜亦一并遭到拆除，目前仅存园林中的戏台有方鉴斋戏亭（图 3)、来青阁的开轩一笑戏亭等，方鉴斋的平面图如图 4 所示。

二、台湾传统民居之戏场类型

根据王季卿教授的相关研究，中国传统戏场可分为三种类型，为露天广场式戏场、庭院式戏场与厅堂式戏场。其中庭院式戏场系指利用建筑的庭园空间之一端建造戏台，并以庭院作为戏场。多数庭院式戏场具有三边或四边皆有建筑物或围墙等加以围闭，形成中庭的形式，而中庭并无顶盖，观戏场除了中央的中庭之外，三边的建筑物亦可为观戏的场地，戏台后方则通常作为后台。在庙宇或祠堂的戏场多属此类的建筑形式，戏曲表演主要是用以酬神祈福，因此戏台必与正殿或正厅相对，并多设有藻井天花。

本研究所谓之合院式戏场与园林式戏场，皆属于王季卿教授所称之庭院式戏场，然为细分其周边建筑（厢房）的围闭型态，将具有四面建筑围闭之合院型态的戏场称为合院式戏场，其特征为合院式四面围闭，而中央为中庭。园林式的戏场则位于园林之中，空间的围闭范围并不明确，观戏场的位置并无固定型制，平时则是园林的一部份。此二种戏场的差别在于外围的建筑物围闭情形。

三、台湾民宅戏场的建筑构成

台湾民宅戏场的构成包括戏台与其周边建筑，以及周边建筑所围闭出来的观戏场，而合院的部份是没有顶盖的。顾名思义，合院式戏场的基本建筑型态为四合院，寺庙与会馆多属这种建筑格局，格局方正对称，一般而言传统中国民宅中轴线以由南到北占多数，台湾的民宅则未必一定成南北向的轴线，乃基于风水与 其它地理上的因素而采取其它方位的轴线配置。

1. 戏台的构成元素

戏台的基本型态为一个高台即露台，于其上搭设顶盖。主体可分为三个基本构成元素：台座、支柱以及顶盖。台座为戏台的核心所在，亦是戏台的底座，支柱则用以架起上方的屋架顶盖，顶盖则用以遮蔽台面以避雨遮光。高台是戏台的核心元素，台面提高在视觉上相当的有利，得以让后方的观众清楚看到台上的演出，即便是野台戏也承袭了高台的基本特性，让观众有较佳的观赏性。

2. 戏台的天花形式

戏台的天花多设有藻井，亦有未设天花直接露出屋顶构架，以及使用卷棚天花以及平顶天花的例子，其中雾峰林宅的大花厅与板桥林宅的百花厅二处戏台，皆具有藻井作为天花的形式。藻井亦分为二种形式：八卦藻井以及穹窿藻井。八卦藻井形状与八角覆斗相当类似，然天花以斗拱筑层迭成藻井，结构相当细致精巧，雾峰林宅大花厅的戏台便是这种藻井天花。穹窿藻井是以精巧的小型斗拱逐层螺旋向上收拢，形成相当精巧复杂的构造，形状类似圆锥或圆顶的穹窿，相当精美华丽。

3. 戏台天花藻井与台下设置水缸由来

在台湾许多有关戏台的传说中，皆认为藻井具有共鸣、扩声等声学上的效果，还有台下置水缸以提高共鸣之说，但是一直没有得到科学上的验证，文献上也没有实证戏台具有基于声学而设计的构造。经访查实际参与兴建寺庙之堪舆地理师，根据勘舆风水之说，戏台之上设有藻井的目的，在于戏台的位置正好位于朱雀位，也是代表火位，因此以代表水的藻井天花来克制其木的构造，就如同台湾寺庙在三川殿多有藻井的目的是一样的。朱雀位不宜加木，因木生火，在风水上对戏台相当不利，因此在戏台的天花设置藻井、水缸或龙等属水之意象镇住五行之火。

四、台湾传统民居合院戏场之声学性能

了解传统戏场声学性能之实验共分为现场量测、电子计算机实验以及缩尺模型实验三个部份，现场量测乃直接获得中国传统戏场的建筑声学数据，可了解实际的场地的声学特性与声学性能， 其它的实验才能得以作为参考与比较的基准。计算机模型的优点在于可轻易改变戏场的各项建筑元素的组成状态，利用软件即可制作大量的计算机模型来进行分析，找出影响台湾民居传统戏场声学质量的主要建筑元素，再以缩尺模型来确认分析结果与材料扩散性之影响。

1. 现场声学量测结果

台湾目前仅存的传统民居戏台仅有雾峰林宅与板桥林本源花园二处，此二戏场之量测结果请参阅表 1，结果显示台湾民居合院式戏场的中频带早期混响时间（EDT）平均为 0.77s，响度（*G*）则为 7.15 dB（分贝）。由王季卿教授的研究得知，对于戏曲的演出，余响时间的长短没有太大意义，较为重要的是早期混响时间，而早期混响时间也与实际的余响时间主观感受较为接近，但传统戏场最恰当的早期混响时间，仍待后续研究确定，以西方剧场而言，混响时间 0.7~1.0s（秒）为最佳。对于戏场来说，必须听清楚演员的念白、说唱，经由建筑声学所提供的声音量大小必须足够，以西方歌剧而

言，建议的响度至少应有 2.5 dB（分贝）以上，传统戏曲最佳的响度则后续研究加以确认。

2. 电子计算机实验结果

计算机模型以庭院式戏场中具有代表性之上海三山会馆的尺度为基本模型，设定的变因分为二个主要部份，一是戏台本身的建筑元素，二则是将戏台围闭的周边建筑与观戏场。戏台天花形状。其中戏台部份分为戏台天花高度、戏台挑檐深度、戏台台面高度等三项变因。戏台围闭的周边建筑与观戏场则可分为周边厢房建筑高度（无屋檐与外廊）、周边厢房建筑高度（有屋檐与外廊）、周边厢房挑檐深度、周边厢房外廊深度、观戏场尺度等五项变因。经实验结果显示，周边厢房建筑高度与观戏场尺度此二项变因对建筑声学性能具有最大的影响。

（1）戏台的天花形式之影响

天花共分为八角覆斗藻井、露明天花、平板天花、露台四项，探讨不同的天花形式有何不同的声学特性，其实验结果如表 2。由实验结果可以发现，不同的天花形式，对观戏场之整体声学效果无明显之影响，仅有露台的响度略低，但仍有 7.6dB，其它三种天花则可达 9.5dB，即使是露台，观戏场内仍具有符合要求的声学效果，显示戏台之天花不是传统合院戏场的声学效果唯一的影响因素。

（2）周边厢房建筑高度之影响

将周边的建筑物基准高度以 4.0m、5.0m、6.0m、7.0m、8.0m、9.0m 共六个周边建筑高度的模型，来探讨厢房高度所造成的影响。由实验结果显示，周边厢房的高度对观戏场的声学效果影响，其中早期混响时间随厢房高度增加而增加，亦即混响感越佳，如图 5。观戏场的响度也随高度的增加而增加，最高与最低的厢房可相差达 2.0dB，如图 6。周边建筑物围闭状况较低的情况下，无法藉由墙面与其

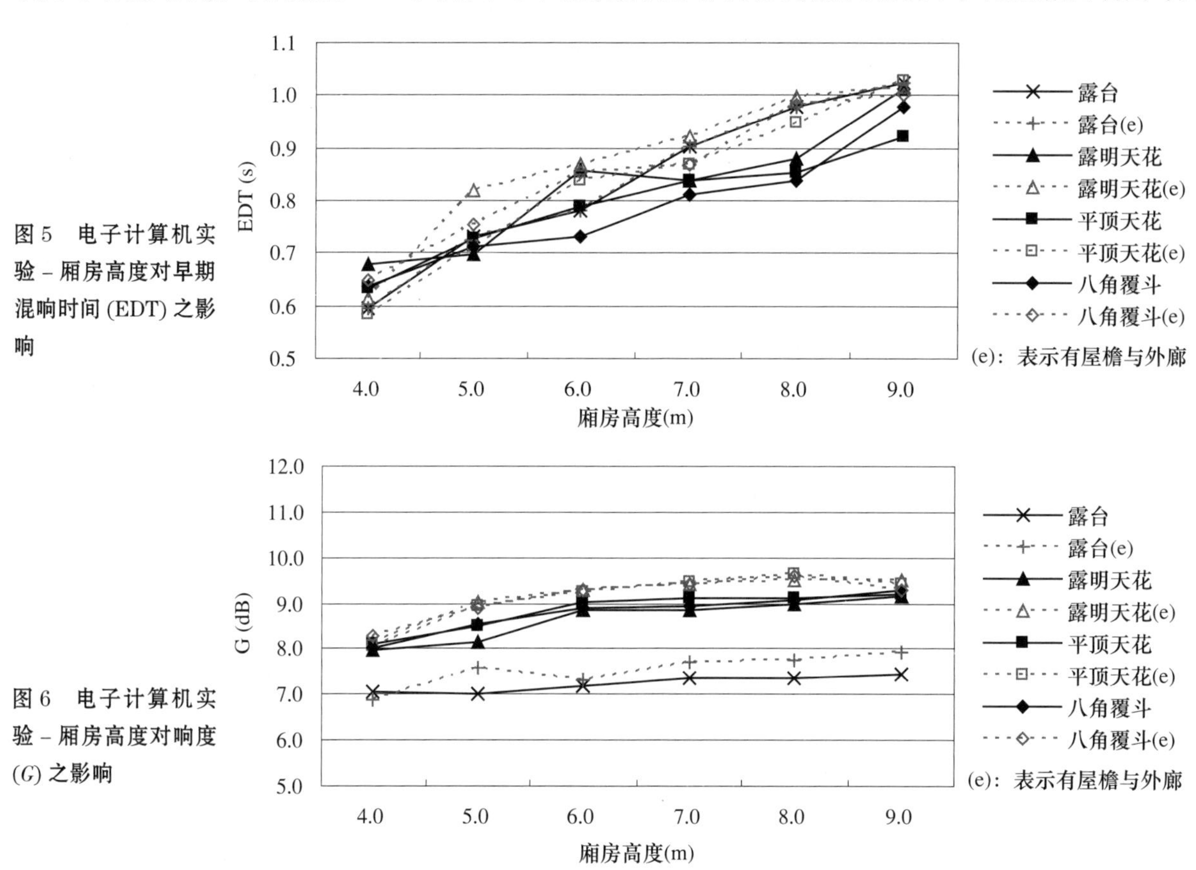

图 5 电子计算机实验 – 厢房高度对早期混响时间 (EDT) 之影响

图 6 电子计算机实验 – 厢房高度对响度 (G) 之影响

它建筑构件提供较多的声音反射面，因此对音质上而言较为不利。

（3）观戏场尺度的影响

观戏场尺度影响之实验结果，在早期混响时间方面，观戏场的尺度造成的影响不大，平均值仅相差 0.03s，由此可判断观戏场的尺度对于早期反射声影响较小，并未因尺度增加而增加早期混响时间。在响度方面则呈现出观戏场尺度加大之后，观戏场的音量也随之降低的情形，如图 7 所示。

3. 缩尺模型实验结果

缩尺模型实验以戏台天花类型、厢房高度这二项为主进行测试，并分为简化的平板构成的戏场与参考戏场实际建筑制作的完整缩尺模型二大组，如图 8 所示。厢房的高度受限于材料尺度无法像计算机模型一般可随意控制，因此仅将高度设计为一层厢房与二层厢房。加入计算机声学模型目前无法完整演算具有扩散效果之建筑声学模型构件，例如雕花门扇，来分析木构件与装饰的扩散性造成的影响。

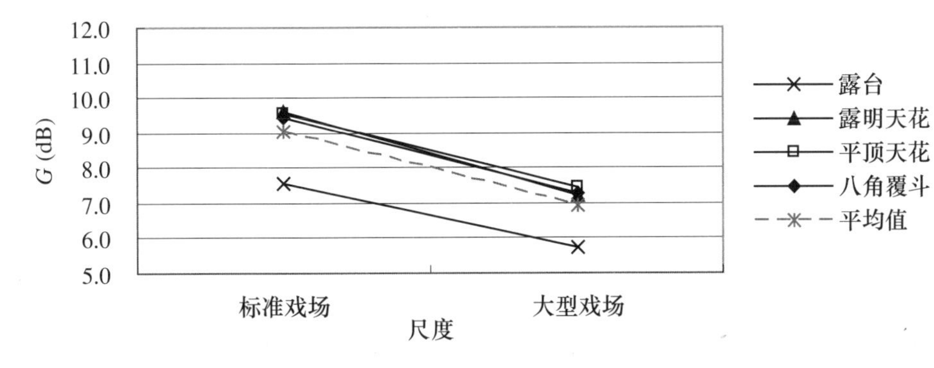

图 7　电子计算机实验－观戲场尺度对响度之影响

简化平板模式

扩散元素模式

图 8　缩尺模型外观

（1）天花形式之影响

天花共制作成露台、露明天花、平顶天花、八角覆斗、八卦藻井等五个形式，如图 9 所示。实验结果显示，戏台的天花形式对早期残响时间并无显着的影响，仅有露台的早期衰减时间略高于其他戏台 0.1s，如图 10 所示。在响度方面，露明天花、平顶天花、八角覆斗、八卦藻井的响度相近，而露

露台

平顶天花

露明天花

八角覆斗天花

八卦藻井天花

图 9　缩尺模型之天花模式

台比其他有装设天花的模式时低 2~3dB，显示天花形式造成之影响有限，露台则响度略低，如图 11 所示。因此戏台的天花确实有助于提高观戏场的响度效果，而天花形式不同所造成的影响则差异较小。

（2）厢房高度之影响

缩尺模型无法如计算机模型一般可任意设定高度，因此以厢房楼层数来探讨，共分为一层与二层厢房二种模式，并将所有模式的结果予以平均来比较。实验结果与计算机模型的实验结果相近，在早期混响时间方面，二种楼层的厢房差异很小，平均值仅相差 0.07s。响度方面，二层厢房

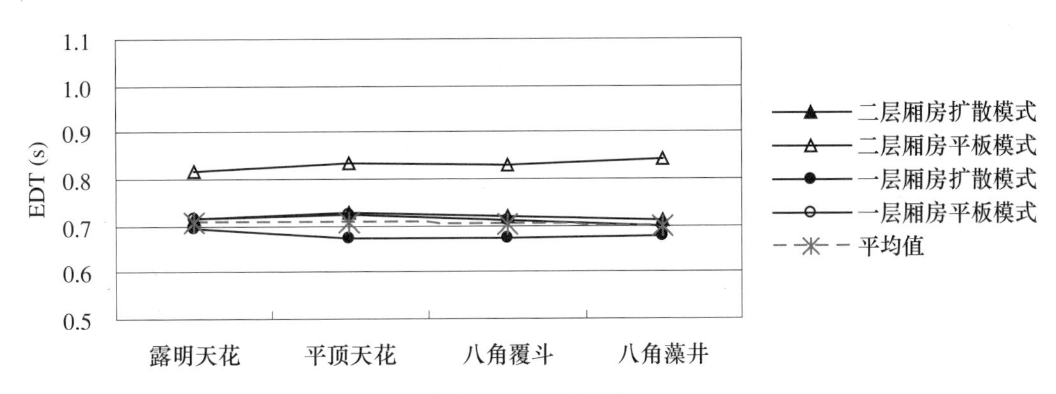

图 10　缩尺模型实验 - 天花形式对早期混响时间 (EDT) 之影响

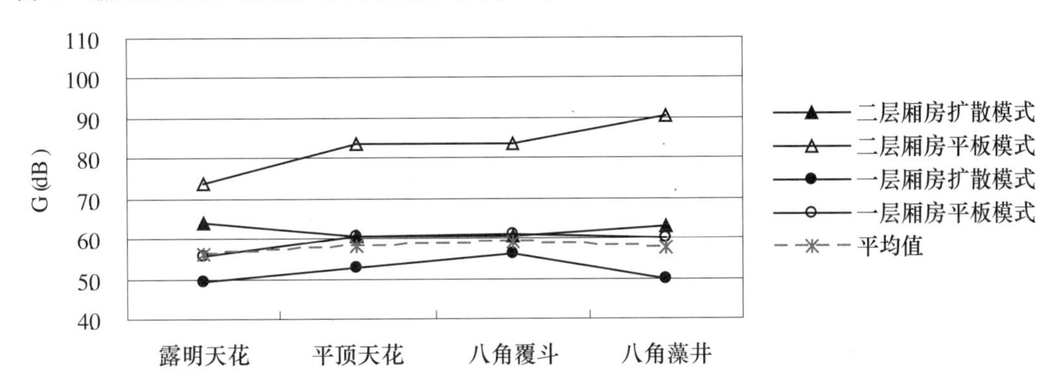

图 11　缩尺模型实验 - 天花形式对响度（G）之影响

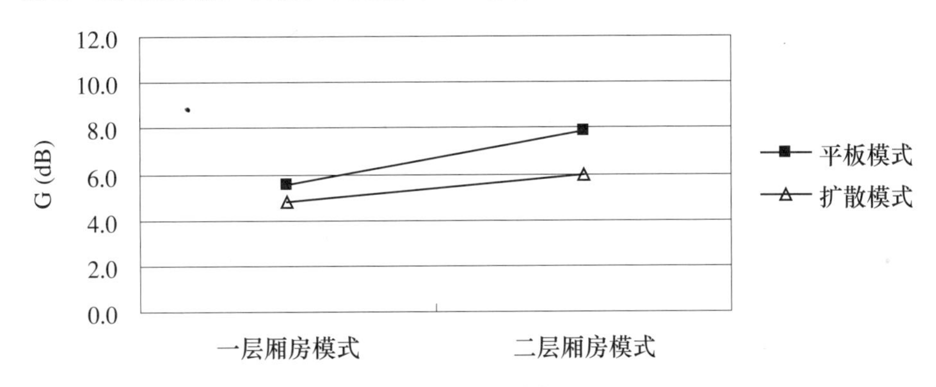

图 12　缩尺模型实验 - 厢房楼层数对响度（G）之影响

的平均值高于一层厢房 1.7dB，如图 12 所示，显示厢房高度较高时，对于增加反射声有正面的帮助。

（3）扩散性材料之影响

从平板模式与扩散材料模式的 1 000Hz 脉冲响应图，声源为戏台中央，接收点为声源前方 1m 处，如图 13 之比较可发现，简化的平板侧墙会产生明显的强反射与多重回音现象，而改为花格门扇之后，门扇的扩散性将强反射与多重回音的现象降低，对于消除音染色与多重回音等音响障害有正面的帮助。平行的墙面会造成往复的多重回音，而中国传统的的木制花格门扇具有扩散的效果，因此可降低发生多重回音的音响障害。

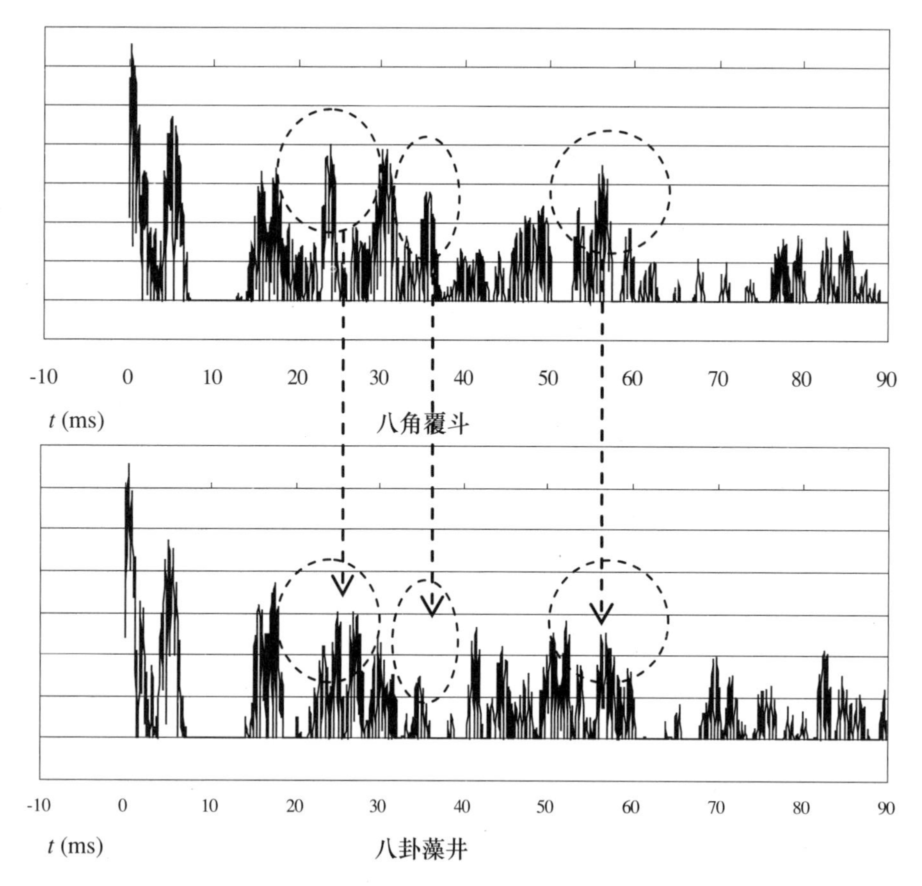

图 13　八角覆斗与八卦藻井二种天花之脉冲响应比较（声源位于戏台中央，接收点于其前方 1m 处）

五、结论

台湾传统民居之戏场声学性能，其周厢房的围闭程度与是否具备戏台天花是重要的影响因素。厢房高度对响度有直接的影响，二层厢房或高度较高的厢房有较佳的响度效果，可提高观戏场听到的演出音量，若外围厢房高度较低时则对响度的效果不利，露天广场式戏台声学效果普遍不佳的原因即在此。观戏场的尺度大小与响度呈现负相关，观戏场较大时响度较小。不同形式的戏台天花，对观戏场而言其声学效果相近，其中藻井之斗拱具有声学上之扩散效果，可降低戏台天花脉冲响应产生反射声集中在特定频带的问题。中国传统建筑的木构造方式，其各部构件行程的细致构造具有声学之扩散效果，可降低发生多重回声及音染色之问题。

【参考文献】

[1] 李海. 建筑设计中的生态化模式 [D]. 西安：西安建筑科技大学，2006.

[2] 中华人民共和国建设部. 民用建筑节能设计标准（采暖居住建筑部分）[M]. 北京：中国建筑工业出版社，1996.

[3] 马奕昆. 我国北方地区冬季采光口对室内热环境的影响 [J]. 住区，2005，18（4）：44-48.

[4] 中华人民共和国建设部. 绿色建筑评价标准 [M]. 北京：中国建筑工业出版社，2006.

[5] 李干朗．传统建筑 [M]. 台北：北屋出版事业股份有限公司，1983.

[6] 郑德渊．中国乐器学 [M]. 台北：生韵出版社，1984.

[7] 李干朗．板桥林本园庭园 [M]. 台北：雄狮图书股份有限公司，1987.

[8] 汉光建筑师事务所．林本源庭园复旧工程纪录与研究工作报告书 [M]. 台北：大兴图书印刷有限公司，1988.

[9] 台湾大学土木工程研究所都市计划研究室．台湾雾峰林家：建筑图集 下厝篇 [M]. 台北：自立报系文化，1988.

[10] 安藤由典着、郑德渊译．乐器的音响学 [M]. 台北：幼狮文化事业股份有限公司，1989.

[11] 项端祈．剧场建筑声学设计实践 [M]. 北京：新华书店总店北京发行所，1990.

[12] 项端祈．实用建筑声学 [M]. 北京：中国建筑工业出版社，1992.

[13] 廖奔．中国戏曲声腔源流史 [M]. 台北：贯雅文化，1992.

[14] 武俊达．昆曲唱腔研究 [M]. 北京：人民音乐出版社，1993.

[15] 周华斌．京都古戏楼 [M]. 北京：海洋出版社，1993.

[16] 许常惠着．民族音乐学导论 [M]. 台北：乐韵出版社，1993.

[17] Michael Barron. Auditorium Acoustics and Architectural Design[M]. London: E & FN Spon,1993.

[18] 林锋雄着．中国戏剧史论稿 [M]. 台北：国家出版社，1994.

[19] John M. Eargle. Music，Sound，and Technology- Second Edition[M]. New York: VAN NOSTRAND REINHOLD,1995. pp59-85.

[20] 刘慧芬．中国古代庙宇戏台研究，上 [M]. 台北：美育月刊，1996.

[21] 刘慧芬．中国古代庙宇戏台研究，中 [M]. 台北：美育月刊，1996.

[22] 刘慧芬．中国古代庙宇戏台研究，下 [M]. 台北：美育月刊，1996.

[23] 王季卿．中国建筑声学的过去与现在 [J]. 声学学报（21）卷第（1）期，1996.

[24] 曾永义．论说戏曲 [M]. 台北：联经出版事业公司，1997.

[25] 廖奔．中国古代剧场史 [M]. 郑州：中州古籍出版社，1997.

[26] Gottfried Schubert and Emmanuel G. Tzekakis. The ancient Greek theater and its acoustical quality for contemporary performances[J]. The Journal of the European Acoustics Association，volume 85，1999 P.S117.

[27] Russell Richardson and Bridget M. Shield，Acoustic measurement of Shakespeare’s Globe Theater，London[J]. The Journal of the European Acoustics Association，volume 85，1999 P.S118.

[28] Zerhan Karabiber. Acoustical problems in mosques: A case study on the three mosques in Istanbul[J]，The Journal of the European Acoustics Association，volume 85，1999 P.S105.

[29] 曾永义．也谈戏曲的渊源、形成与发展 [J]. 台北：台大中文学报第十二期，2000.

[30] 王季卿．中国传统戏场声学问题初探 [J]. 天津：第八届全国物理学术会议报告，2000.

[31] 王强着．会馆戏台与戏剧 [M]. 台北：文津出版社有限公司，2000.

[32] 曾永义．戏曲源流新论 [M]. 台北：立绪文化事业有限公司，2000.

[33] 谢涌涛，高军．绍兴古戏台 [M]. 上海：上海社会科学院出版社，2000.

[34] 王季卿．中国传统戏场建筑考略 [C]. 王季卿建筑声学论文选集．上海：同济大学，2001.

[35] 王季卿．建筑厅堂音质设计 [M]. 天津：天津科学技术出版社，2001.

[36] Weihwa Chiang，Yenkun Hsu，Jinjaw Tsai，Jiqing Wang and Linping Xue. Acoustical Measurements of Traditional Theaters integrated with Chinese Gardens[J]. J. Audio Eng. Soc. Vol.51，No.11，2003.

[37] 车文明．中国神庙剧场 [M]. 北京：文化艺术出版社，2005.

[38] 薛林平，王季卿．山西传统戏场建筑 [M]. 北京：中国建筑工业出版社，2005.

清宫多层戏台及其技术设施

俞　健
（浙江舞台设计研究院，310053）

【摘　要】笔者对五座清宫多层戏台进行了多次实地考察。本文对多层戏台进行探讨。

一、多层戏台的基本情况

二、多层戏台的特点

1. 舞台面积大。

2. 多表演区。福禄寿三层、仙楼和台仓组成多表演区的立体台。各表演区之间有四通八达的跑场通道。

3. 舞台技术设施多。

（1）升降机械。升降负载超过 500kg，升降装置可准确定位。

（2）喷水效果设施。

（3）其他舞台设施。

三、多层戏台的演出状况

从演出资料了解演出场面，多演区和各种舞台设施的应用效果。

几点看法：清宫多层戏台是我国传统戏台的最高水平，与世界上各种类型的舞台比也毫不逊色。我们要从中寻求启示，研究设计，既继承传统，又采用现代技术的中国式剧场。为我国的剧场建设添彩。

【关键词】传统戏台，多层戏台，多演区，戏台技术设施

多层戏台也可称为戏楼。在我国的传统戏台中，多层戏台是一类比较特殊的戏台。我国戏曲比较推崇写意，因此我国的传统戏台形式，虽然也会有所变化，但是绝大多数是单层的空台，适宜于写意的中国戏曲演出。虽然也有一些信息向我们提示，我国历史上可能曾经有过多层戏台，如河南省博物院展出了项城出土的汉代戏楼的模型，就是一种多层结构的戏台。古代文献中也常把我国的传统戏台称为戏楼，这表示可能有些戏台是多层的，但是笔者没有发现清朝以前的多层戏台的其他资料。王季卿教授介绍的福建莆田、河北涿县等地的一些民间多层戏台，笔者尚未有机会考察了解过。本文探讨的是在清朝宫中发展起来的多层戏台。

清朝康雍乾盛世时皇室十分重视演戏活动，歌功颂德，娱乐消遣，演戏是皇家庆典活动和日常生活的重要组成部分。到了慈禧年代，清皇朝渐渐衰落了，演戏的传统却照样继承了下来，成了粉饰太平的手段。在皇家的财力、物力的支持下，清宫戏曲在戏台建筑、舞台技术、砌末（砌末是中国传统戏曲术语，泛指相当于现代戏剧中的布景，大、小道具）等方面有了空前的大发展。清朝皇宫和皇家宫苑中戏台很多，仅圆明园内就曾有恒春堂重檐歇山戏台、同道堂戏台、淳化轩戏台、倚春园展诗应律戏台、慎德堂室内戏台、生冬室室内戏台、万方安和戏台、西峰秀色戏台、慎修思永

① 俞健，浙江舞台设计研究院，研究员。邮箱：cnyuhao@263.net

升平署二层戏台

漱芳斋二层戏台

听鹂馆二层戏台

故宫宁寿宫畅音阁阅是楼大戏台

西洋戏台、抒藻轩戏台、长春仙馆戏台和思永斋戏台等十多个戏台。在众多的皇家戏台中，最引人注目的是清宫特别发展了一种多层戏台，如升平署二层戏台，故宫漱芳斋二层戏台，颐和园听鹂馆二层戏台，故宫畅音阁三层大戏台和颐和园德和园三层大戏台。多层戏台是清宫戏曲的标志性建筑，是我国发展舞台技术的先驱。在文化科技界的领导和朋友国家文物局童局长、故宫博物院陆寿龄研究员、故宫博物院古建部王主任等的帮助下，笔者对上述五个多层戏台前后进行过三次实地考察。清宫多层戏台，特别是三层戏台，有多个表演区，配备有多种技术设施，可以演出写意和写实相结合的戏曲，是我国传统戏台中最复杂的戏台，在我国各式各样的古戏台中占有特殊的重要地位。发展技术复杂的多层戏台和发展室内戏厅是清代戏台发展值得注意的两个动向，这表示我国的传统戏台随着时代的发展也在探索着向现代化发展。

颐和园德和园大戏台

一、清宫多层戏台的基本情况

清宫多层戏台有二层戏台和三层戏台两种。三层戏台可能是由二层戏台发展而来的，其结构与舞台技术发展得更充分、更典型、更具代表性，也可能二层戏台是三层戏台的简化形式，本文较多地探讨三层戏台。

清宫中二层戏台建得比较多，其中升平署戏台，故宫漱芳斋戏台，颐和园听鹂馆戏台是比较有代表性的三座二层戏台，它们的结构、模式，比较相像，大小也差不多。下层为戏台，上层为阁楼，下层台

漱芳斋下层戏台

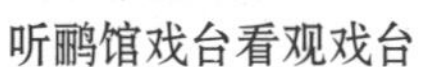
听鹂馆戏台看观戏台

听鹂馆戏台后台

听鹂馆戏台天井

听鹂馆戏台上层

听鹂馆戏台上层顶

颐和园德和园大戏台扮戏楼

故宫阅是楼

故宫大戏台楼阁庑房相围的庭院

的天花板有天井，可通向上层阁楼，上层阁楼装有滑轮等升降机械，可供升降演员、砌末用。下层戏台约 12m 见方，台基高约 0.9m。现在升平署戏台作为中学图书馆用，故宫漱芳斋戏台的后台成为了小卖部，这两个台通往上层阁楼的路均已封死，只有颐和园听鹂馆戏台依然有楼梯可以通往上层阁楼。

据各种资料记载，18 世纪前后清宫共建了六座三层戏台，它们是圆明园同乐园清音阁大戏台和寿康宫大戏台，热河避暑山庄福寿园清音阁大戏台，紫禁城（故宫）宁寿宫畅音阁阅是楼大戏台和寿安宫大戏台，颐和园德和园大戏台。现存故宫宁寿宫畅音阁阅是楼大戏台和颐和园德和园大戏台两座。

几座三层大戏台，虽多少有些差异，其结构、模式、大小，也基本是一样的。现以故宫畅音阁大戏台为例，介绍三层戏台的建筑与舞台结构，适当补充一些 其他三层戏台的资料，本文未作说明的均指故宫大戏台。三层戏台前部为演出用的舞台，后部为后台，叫扮戏楼。三层戏台，每层都有一个舞台面，每个舞台面都有一个专用名称。最下层的一层台叫“寿台”，寿台的后部，还有一排固定高台，叫“仙楼”，寿台下有台仓，中间的二层台叫“禄台”，最上层的三层台叫“福台”。每层舞台后面都有后台，一层寿台的后台很宽敞，两边有直通二层禄台后台的大楼梯，在仙楼的背面有与仙楼等高的挑台，后台中间地面有活动盖板，在它下面有通向寿台演区下台仓的固定楼梯。当时一层寿台的后台还是鼓乐演奏的地方。禄台、福台的后台也很大，在其中间部位装有升降机械，二层禄台后台也有通向三层福台后台的大楼梯。扮戏楼内有些区域也有专用名称，分别为“雅、淑、杂”。雅为陈放剧本、乐器的地方，淑为扮演女角的演员化妆、着妆、候场的地方，杂为扮演男角的演员化妆、着妆、候场的地方。

三层戏台正对面是高两层、宽五间、带前后廊的阅是楼，是皇帝及后妃看戏的地方；东西两侧各有转角庑房 13 间，是大臣看戏的地方；庑房与阅是楼和畅音阁的扮戏楼相通，形成楼阁庑房相围的一个自成系统的庭院，需要时整个庭院的空地都可参与演出。

避暑山庄大戏台庭院占地面积为 26 668m²。在这组建筑中三层畅音阁大戏台是主体，整个建筑坐落在 1.6m 的台基上，一层戏台面宽 16.92m，进深 14.8m，建筑高度为 20.17m，三层总建筑面积为 685.94m²。圆明园大戏台各层檐柱分别高 1 丈 3 尺 8 寸（清尺，约合 4.42m），1 丈 1 尺（约合 3.71m），9 尺 7 寸（约合 3.10m），中层檐内通见方 4 丈 5 尺 4 寸（约合 14.53m）。颐和园大戏台清华大学土木建筑系的测量数据是：戏台 14m 见方，三层共 21m 高。以上尺寸来源于不同的资料，其测量基准不一定完全相同，也未作核实，但已可以给出一个尺寸概念。

顺便提一下，颐和园大戏台内陈列着当时用过的西洋管风琴，可见当时有庞大的乐队，舞台技术也已受西方影响。

颐和园大戏台的西洋管风琴

二、清宫多层戏台的特点

1. 舞台面积大

我国元代戏台大多为单开间、单进深，平面一般近似正方形，大多是每边约 7m，面积约 50m²。个别大的如翼城县武池乔泽庙戏台宽 9.31m，进深 9.33m，面积 86.9m²。个别小的如泽州县冶底村东岳庙戏台宽 5m、进深 5m，面积 25m²。

明清有些戏台的面积稍有增大，也出现了一些三开间、五开间的戏台，戏台平面也不一定是近似正方形，出现了宽大于进深的长方形。个别大的戏台如新绛县阳王镇稷益庙戏台，宽 16.8m、进深 7.2m、面积约 120m²。

清宫二层戏台的一层台的面积大都是 12m 见方，即 144m²。

三层戏台寿台的面积有 14m 见方的，即 196m²，也有更大一些的。四边共 12 根柱子，面宽三开间，进深三开间，即所谓戏台宽九筵。

可见多层戏台的舞台面积，比我国一般的传统戏台的面积要大许多，就是从现代演出的要求来看多层戏台的舞台面积也是比较大的。

2. 多表演区

二层戏台可以有上下两个表演区。

三层戏台是一种独特的多表演区戏台。除了寿台为主要表演区外，二层禄台和三层福台前部都有表演区。

在一层寿台的后部，还有一排高约 3.5m 的固定高台，叫“寿台明阁”，也叫“仙楼”，仙楼宽约 2m，仙楼上的演员看起来正好在寿台演员的头顶上，一层寿台本身就有两个表演区。

二层禄台用于演出的舞台面比寿台小得多，主要在前部与左右两边。值得一提的是，禄台舞台面几乎全部是活动盖板，前左右三面都是，也就是说可以从禄台舞台面的任何地方进人夹层，通过夹层再下到一层寿台。三层福台用于演出的舞台面比禄台又要小一些，福台中间舞台面也有活动盖板，去

故宫寿台仙楼

故宫二层禄台

故宫三层福台

故宫二层禄台侧面

掉盖板可以下到天桥，天桥沿前左右三面设置，天桥一直连到后台，其作用和夹层类似，也是演员转移的通道。

福、禄、寿三层表演区的很多地方都是用格子门来与后台隔开的，门的宽度能保证演员扎靠起霸出场时畅行无阻，因此这些门都可以作上下场门，非常灵活。

在仙楼背面的后台有一个与仙楼一样高的挑台，中间由六扇格子门隔开，也可以作为仙楼的上下场门用。

仙楼正面向下有 4 座木楼梯与一层寿台相通，楼梯坡度下部很陡上部稍缓，侧面成弧形，绘有五彩云头，可以移动。这种木楼梯叫搭垛，也叫踏朵、虹霓，演员可以由此上下。仙楼上的演员还可以通过搭垛和左右二个角上的天井向上走，需要强调一下的是禄台舞台面和寿台的天花不是在一个平面，中间有个夹层。因此仙楼搭垛向上是先到夹层，通过夹层再上禄台，这样的好处是仙楼可以和禄台上有活动盖板的任何一处相通，做到四通八达。

三层戏台还设有台仓，也就是设有地下层，一层寿台的舞台面有很多活动台板，相当于现代剧场

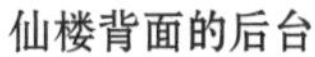
仙楼背面的后台

仙楼向上搭垛和角上的天井

颐和园戏台台仓通向后台台面的楼梯

颐和园戏台台仓通风采光口

的演员活门，移掉台板，装好活动楼梯，舞台面和台仓就通了，整个一层寿台下是一个大的台仓，台仓还一直延伸到后台区域，并有固定的楼梯通向后台台面。台仓有 1 人来高，设有通风采光口，白天可以引入自然光用作照明。寿台活动台板和台仓的设置，可以增加演出的效果和变化，可以用机械实现地下层到一层台面的升降，也可以任意设置演员上下的通道，实现演员、砌末的突然出现和突然消失等效果。

福、禄、寿三层加上仙楼和台仓组成了一个多表演区的立体台。在各表演区之间有由楼梯、夹层、天桥、天井、活动台板组成的四通八达的演员跑场通道。

此外，需要时二层戏台和三层戏台周围的整个庭院也可以是表演区。

3. 舞台技术设施多

多层戏台除了大，演区多以外，主要的特点是有很多舞台技术设备。

（1）升降机械

二层戏台，三层戏台都有升降机械。

三层戏台的升降机械已很完善。作为升降装置的上下通道，三层戏台上设了很多天井，寿台的天花顶上一共有七个天井，演区中间有一个大的方形天井，在其两侧有两个长方形天井，寿台面向观众

颐和园寿台天花顶的天井

故宫寿台中间的方形天井

故宫寿台面向观众角上的天井

故宫禄台的天井

的两个角上有两个天井，这五个天井就是供升降机械使用的通道。前面已经谈到过，寿台上另外两个天井是仙楼上演员上下行走的通道。由于寿台天花与禄台地面之间有一个夹层，因此从一层寿台向上看，中间一个大的方形天井是凹在天花中间的，其顶板即禄台的活动地板，天井四周的板封住了夹层，其中靠后台一面的封板中间有块活板，由活板可以通往夹层。 其他几个天井也都是与夹层相通的。此外，禄台演区中间也有一个天井可供升降机械使用。

当时的升降机械主要是木结构的，由可以乘载演员或装运砌末的云兜、云勺、云椅、云板，作为驱动装置的绞车及滑轮、麻绳等组成。寿台演区中间的方形天井是升降装置的主要通道，与二层禄台相通，在二层禄台、三层福台设置了一套完整的升降机械，二、三层正对一层中间天井的位置均在后台区，禄福二台的台面设有活动盖板，用时打开作通道，不用时盖上，还可作后台派 其他用场。绞车安装在三层福台后台天井通道的左右及面向观众的三侧。福台的后台是设备层加操作层，可以说其作用比现代剧场的棚顶还大。除了绞车，天井口设有栏杆，还安装有滑轮，3 组绞车都装有 9 个工作位的绞盘把手，27 个人同时转动绞车，升降负载可超过 1 千多斤，七、八个演员乘云板上下毫无问题。王芷章在《清升平署志略》中曾描写了当时升降机械的操作情况，为了云兜、云勺、云板在演出中升降位置正确，会先作升降演习，并在长绳上刻有记号，放至所记之点，而云兜适已至台。

可见当时升降装置的操作已有相当水平，通过排练，升降装置已可准确定位了。二层禄台后台是

故宫福台的绞车

维修中的颐和园福台的绞车 1

维修中的颐和园福台的绞车 2

维修中的颐和园福台的绞车 3

颐和园大戏台上打开的天井

故宫禄台升降装置通过的地方

故宫吊装砌末的木构件

升降装置通过时上下演员和装卸砌末的地方。

承德避暑山庄清音阁大戏台，在寿台禄台的天花上各设有三口天井，每口间隔 3m，2m 见方。

（2）喷水效果设施

三层戏台台仓地下层中间有个大水井，水井两边有两排绞车。地下层的地面有的地方还有活动盖板，盖板下面也有井。颐和园大戏台地井尺寸如下：中间砖井深 10.1m，上口径 1.1m，下口径

颐和园大戏台水井 1

颐和园大戏台水井 2

颐和园大戏台水池 1

颐和园大戏台水池 2

2.08m，砖井的东、西、北三面还有 5 个各约 1m 见方，深 1.28m 的水池。水井可为水法砌未表演喷水提供水源。表演时通过辘轳汲水，唧筒喷水，水可以喷在寿台面上，从台面顺势流回到地下层，水也可以喷向庭院，也有回流的水道，都可循环往复，连续表演。

（3）其他舞台设施

畅音阁大戏台的后台及台仓至今留有一些大型装置。令人感兴趣的是有多种大型移动平台，暂且也称它为车台。长方型的车架下，两边各有两个带有万向转轴的轮子，上面可以站好几个人，推着可以满台跑，经过装饰在舞台上既可作活动的车，又可作活动的船。在故宫的库房里现在还存有，当年曾参加过演出的这样的一条 2m 多的船。供升降用的云兜、云板一类装置也有几种，一种装置中间两边各有一个三角架可以挂绳索向上提，下面是个大的框架，可以运大型砌末或站好几个人，一种装置牵引面和负载面成直角，牵引面上装了 4 个滑轮。台仓放了不少可移动的木梯，从一层寿台下地下层，从二层禄台下夹层，从三层福台下天桥，都要用这种木梯。还有一种两根曲杆通过齿轮与两个滚桶相连的装置。

一层寿台上也有些有趣的装置，面向阅是楼中间的两根柱子顶部有一根金属横杆相连，其位置正好是相当于现在挂大幕或会标横幅的位置。寿台前部左右两边从上各挂下一个圆形铁环，显然是吊灯彩用的，其位置有点类似于现在的左右柱光。此外，寿台前部地板中间有一排三个碗口大小的圆孔，好几个地方装有滑轮，显然都是精心设计的。

故宫大戏台的轮车 1

故宫大戏台的轮车 2

三、清宫多层戏台的演出状况

了解清宫多层戏台的演出状况，可以帮助我们进一步了解多层戏台及其技术设施，为此，下面收集了一些记述多层戏台演出的资料，从中我们可以了解到当年演出的庞大场面，多演区演出的状况，升降效果，水法效果，灯彩效果等等。

三层戏台演出场面庞大，我们可以从赵翼和马戛尔尼的看戏记述中略观一斑。进士出身的著名史学家、文学家赵翼记述：戏台阔九筵，凡三层，所扮妖魅，有自上而下者，自下突出者，甚至两厢楼亦化作人居。而跨驼舞马，则庭中亦满焉。有时神鬼毕集，面具千百，无一相肖者。神仙将出，先有道童十二三岁者作队出场，继有十五六岁十七八岁者，每队各数十人，长短一律，无分寸参差，举此则 其他可知也。又按六十甲子，扮寿星六十人，后增至一百二十人。又有八仙来庆贺，携带道童不计其数。至唐玄奘僧雷音寺取经之日，如来上殿，迦叶、罗汉、辟支、声闻，高下分九层，列坐几千人，而台仍绰有余地。（《檐曝杂记》卷一（大戏））

英国使节马戛尔尼记述：至最后一折，盖所演者为大地与海洋结婚之故事。开场时，乾宅坤宅各夸其富。先由大地氏出所藏宝物示众，其中有龙、有象、有虎、有鹰、有驼鸟，均属动物；有橡树、有松树以及一切奇花异草，均属植物。大地氏夸富未已，海洋氏已尽出其宝藏，除船只、岩石、介蛤、珊瑚等常见之物外有鲸鱼、有海豚、有海狗、有鳄鱼以及无数奇形之海怪。均系优伶所扮，举动神情，颇能酷肖。两氏所藏宝物，既尽暴于戏场之中，乃就左右两面，各自绕场三匝。俄而金鼓大作，两方宝物混而为一，同至戏场之前方，盘旋有时，后分为左右二部。而以鲸鱼为其统带官员，立于中央，向皇帝行礼。行礼时口中喷水，有数吨之多。以戏场地板，建造合法，水一至地，即由板流去，不至涌积。此时观者大加叹赏。（马戛尔尼《乾隆英使觐见记》刘半农译）

多层戏台的演出有不少充分发挥了多表演区和升降机械的作用，下面列举一些演出实例：

《鼎峙春秋》的第一本第一出《五色云降书呈瑞》演出说明：

众扮灵官从福台、禄台、寿台上，跳舞科，下。

众扮十八天竺罗汉、云使上，龙从云兜下，虎从地井上，合舞科。

寿台场上仙楼前挂大西洋番像佛菩萨、揭谛、天王等画像帐幔一分。

众扮八部天龙从福台上。

众扮菩萨、阿难、迦叶、佛从禄台上。

众扮比丘尼、四大菩萨、童子从仙楼上。

众扮天王从寿台上。

这段戏把大戏台的各部分都用到了，构成了一幅以二层禄台上的释迦牟尼佛为中心的、立体的、活动的西天佛国图。这里的“龙从云兜下，虎从地井上”，就是穿戴龙形服饰的演员乘云兜从天井下降到寿台，穿戴虎形服饰的演员从地井中出场到寿台，与十八罗汉“合舞”。

《升平宝筏》甲本第十五出《园熟蟠桃恣窃偷》，演的是孙悟空在蟠桃园偷吃了蟠桃后，再闯进瑶池，偷吃了蟠桃宴，又醉醺醺走到三十三天太上老君之处，把金丹嚼个饱，然后溜出南天门，逃回花果山。演出时，寿台作为蟠桃园；仙楼作为开蟠桃会的瑶池；禄台作为太上老君的兜率宫；福台作为孙悟空逃走的路；最后，又把寿台作为天宫大门，孙悟空“从禄台下至仙楼”，诓过守门天将，“从寿台上场门下”。

《升平宝筏》庚本第二十四出，演天兵天将协助孙悟空擒拿牛魔王时，天井下了四组人：一组扮众罗汉、四金刚从“左右天井下仙楼至寿台”；二组扮托搭天王、哪吒及众神兵“从左右天井下仙楼上”；三组扮八天将从“四天井”“各乘云兜下”：最后一组扮观音、善才、龙女“各乘云兜从天井内下”。

《升平宝筏》戊第十四出演唐僧取经过通天河，鱼精把河面封冻，骗唐僧踏冰过河，结果冰破落水。唐僧、悟空、八戒、沙僧同从寿台上场。唐僧唱：“金乌返照晚霞升，暖气又熏蒸，雨后天高景色明。”（音响冰裂声）唐僧继续唱：“猛听得冰裂声崩，水响潺湲，使我顿心惊。”于是，唐僧从地井下。八戒与沙僧道白：“不好了，师父掉下水去，怎么处？”净扮鱼精，戴鱼精盔扎靠，持莲花锤从地井上寿台，作与悟空、八戒、沙僧对敌科。

天井还有一些 其他用法，如《六月雪》、《走雪山》，从天井洒一些白纸碎片，当作降雪。《干元山》本乙真人收伏石矶娘娘，从天井下来一个九龙神火罩。《三进碧游宫》的广成子，跟龟灵圣母对剑一场，末了从天井下来一个翻天印。天井还被利用来升降各种彩人、砌末及施放火彩等，以表现神怪们在空中“作法”、“斗宝”。

大戏台的演出采用了大量的各种砌末和灯彩，有的单独使用，有的与升降机械结合使用，有很好的舞台效果，下面举些例子。

《地涌金莲》：从天井下“极乐世界”匾，从五个地井口慢慢引上五朵大莲花座，上坐五尊菩萨，每个莲花瓣里都有灯。莲花座由机械牵引。

《升平宝筏》中有一场表演黎山老母等到落伽山为观音菩萨作寿，“天井内垂下九层五色莲花灯”，“地井内出各魔精形”，场上有众仙女“持五色莲花”边歌边舞。

《宝塔庄严》其中有一幕，从井中绞起宝塔五座。

《罗汉渡海》有大砌末制成的鳌鱼，内可藏数十人，以机筒从井中汲水，由鳌鱼口中喷出。

大戏台演出中有能变、能动的机关砌末。如：八仙用的砌末可以出彩；大青瓶中可以飞出红蝙蝠；《升平宝筏》戊本第五出，观音收伏红孩儿时，天罡刀可以变成莲花座，待红孩儿坐上莲花座时，又变成天罡刀。这一莲花座天罡刀机关砌末现在还存在故宫库房中。

演出中还会有实物砌末，《升平宝筏》中真马、真骆驼参与过演出。《目连传奇》中更是使用了活虎、活象。其他种种砌末，多得不胜枚举，大量纸扎砌末，“无不尽情刻画”。还有许多铁木制作的砌末，而且不少是大型的，要由工程处承做，动用武备院匠役协助安装。《劝善金科》中利用砌末，把地狱的种种刑罚——刀山剑树、铜蛇铁犬、锯磨鼎镬、等等，十分形象地表现出来。

灯彩有龙灯等。有一个场面有两条龙灯，每条长约10m，龙灯前有一演员手持一大彩珠导引，龙灯由十多名演员持舞，随彩珠上下翻转，最后从龙口喷出一道长长水柱。

大戏台上还用了不少大型写实砌末，《鼎峙春秋》第八本第一出《单刀会》，剧本注明："杂扮水云拥大船上"，结尾处关平、关兴前来接应"小船上，水云随上"，用了写实化的大船和小船。

《金山寺》中有庙，庙下有水，水之作以璃璃棍，后台有人旋转之以示流动之状（《曹山泉谈二黄今昔》）。

写实化砌末，除船、庙外，还有山、石、树、林、桥、亭、城、楼、等等。

大戏台上还有写实化绘画的软景与硬景。受西方画的影响，光绪九年（1883年）进宫的砌末艺人张七，"制砌末多参西法，虽一山一水一草一木，必求逼真"（张次溪《燕都名伶传》）。

在大戏台的演出中，使用了挂在演区中间、接近现代的"二道幕"的幕幔。这种幕幔带装饰，有祥云帐、烟云帐幔等。中国的戏曲演出一般是不隐蔽捡场活动的。在大戏台上有些场面用的砌末较大，搭起来费工夫，或者还要结合演员摆出个画面来，会采用帐幔隐蔽一下，使得场上的演出不受干扰，到时候揭开，让观众突然见到一个新的完整的画面，有利于增加演出的效果。

《劝善金科》第八本第二十四出，"场上设平台、虎皮椅"，阎君升座、审判鬼犯，"后场设烟云帐幔，隐设刀山科"。阎君审案毕，把平台、虎皮椅移到右侧。等阎君吩咐"速现刀山者"时，"场上出火彩，随撤烟云帐幔，现出刀山科"。下面就在刀山上表演，由鬼卒们持叉驱赶众鬼"上刀山"，"出种种刀山砌末科"。

四、几点看法

（1）目前清宫多层戏台已引起广泛重视，但是我国戏曲界对多层戏台的舞台技术，有过不少非议，认为中国传统戏曲追求的是"空"的艺术，讲究虚中成像，强调虚拟，强调写意。他们认为对戏曲而言有一空台足矣，舞台技术的参与，写实性的强化反而有碍戏曲的表演。写意与写实两种表演手段的比较是个大题目，本文不准备展开讨论。表演与舞台是相辅相成的，舞台是演员表演的场地，会按照表演的要求而建，又会反过来影响表演艺术。舞台的建造会受到当时经济技术水平的制约。综观世界上戏剧和舞台的发展，一开始在古希腊剧场、古罗马剧场、莎士比亚剧场、印度梵剧剧场、中国传统戏台、日本能乐舞台上，演出的都是以写意为主的戏剧，这与当时的舞台条件密切相关。直到文艺复兴时代，随着科学技术水平的发展，在意大利出现了镜框式舞台剧场，才开始有以写实为主的戏剧。而镜框式舞台一出现就受到了欢迎，很快就在全世界成了主流剧场，直到现在，这决不会是偶然的。戏剧并不仅仅是表演艺术，一直公认是综合艺术，戏曲要发展，在继承发扬我国写意传统的同时，应该要寻求新的手段，丰富表演形式。多层戏台在这方面进行了开创性的有益探索，当时见到过多层戏台演出的，无论是大臣，还是外国使节，无不印象深刻，大加叹赏，有的写诗，有的记述，充分说明应用多种舞台技术的多层戏台的演出是很精彩的，多层戏台是非常成功的戏台。对多层戏台的非议，其实质是反对我国传统戏台有进一步的发展和创新，在世界上正从一个时期以一种剧场形式为主，向剧场多样性发展的大背景下，这种因循守旧，固步自封，是很不合时宜的，将会把我国的戏曲固定在一个有限的相对窄的空间，会限止它的发展。

（2）不少文章都谈到，清宫多层戏台是在康雍乾盛世经济繁荣的背景下发展起来的，体现了当时科学技术的发展程度，这些都是很有道理的。笔者想要补充的是多层戏台的出现，应当还有受到了西方文化影响的因素。当时在圆明园的众多戏台中已经有西洋戏台，演出中已经有参照西洋写实画画法的硬景软景，已经用了管风琴等等，可见西方戏剧文化对当时宫廷中的戏曲已经有一定影响。在经济繁荣，技术发展，西方影响几个方面的共同作用下，戏曲出现了应用舞台技术，探索新的表演形式的需求，这应该是出现多层戏台的背景。

虽然多层戏台上设置升降机械，很可能是受了西方的影响。但是安装了大型升降机械的多层戏台，采用了中国传统的木结构建筑技术，巍峨壮观的多层戏台完完全全是中国式的传统戏台。

多层戏台既吸取了西方文化，又坚持了中国的传统，这种发展和创新是十分难能可贵的。

（3）清宫多层戏台不仅使我国的传统戏台达到了空前的水平，与世界上的各种类型的舞台比较也毫不逊色，并且有其优势。莎士比亚剧场以可以有外台、内台、楼台、台仓多个表演区而著称，多层戏台的表演区比莎士比亚剧场更多，更富于变化，而且在各表演区之间，有完整的四通八达的演员跑场通道。从现代观点看，多层戏台有升降机械，它的台仓具有类似下空舞台的功能，可以说它兼有当前欧洲流行的机械舞台与北美流行的下空舞台的优点。当时的多层戏台上还可以有推着跑的车台，各种砌末，灯彩，软硬景，幕布，以及烟火、水法等等，多层戏台表演力极其丰富多彩。

虽然多层戏台也不是十全十美的，由于二层禄台，特别是三层福台较高，观众看到的场面会受到限制；由于戏台面积大，空间开放，演员与观众距离较远，观众听的主要是直达声，声音效果不会很理想，因此在视听两方面都有一些缺陷。但无论如何我们应该充分肯定清宫多层戏台在我国剧场史上的重要地位。

（4）当前国内的剧场建设方兴未艾，不少新建的剧场，不分青红皂白地互相盲目模仿，以至于很多剧场过于类同，缺乏特色，又往往会建有很多利用率极低的设备，而造成浪费，却很少有机会研究建设现代的中国传统剧场。为此当前加强对清宫多层戏台的研究就显得特别重要，我们应当从中寻求启示，积极研究设计，既继承传统，又采用现代技术的中国式剧场。这可以以传统多层戏台为基础，应用现代舞台技术，改进多层戏台的不足；也可以以现代剧场为基础，吸收中国传统多层戏台的元素。总之我们应该有继承并超越多层戏台的中国式剧场，并让它在我国和世界的现代化剧场中占有应有的地位，为我国的剧场建设添彩，为繁荣我国的文艺增光。

五、结语

清代的多层戏台有不少出彩的亮点，但是民国之后，由于种种原因，没能与时俱进，未能在现代剧场群中占有一席之地，而彻底退出了历史舞台，成为了文物。这虽然自有其道理，但还是让人感到十分可惜和遗憾。现在应该是到了可以做一些补救工作的时候了，除了前面提到的应该加强对多层戏台的研究，积极研究设计继承并超越多层戏台的中国式剧场外，笔者认为至少有一个课题也应该提上议事日程，即应当呼吁选一至二个多层戏台，挑选一些原来的剧目，或加以改编，恢复演出，重现当年的盛况，让多层戏台成为活的文化遗产。

【参考文献】

俞健．清宫大戏台与舞台技术 [J]. 艺术科技，1999（2）.

浙江嵊州古戏台建筑架构及特点

王荣法[①]
（浙江省嵊州市文物管理处）

【摘　要】千百年来，古戏台作为戏曲艺术的载体，提供给人们的不仅仅是戏曲表现，更重要的是展示出它建筑的魅力。嵊州古戏台数量之多，形式之美，建筑之精较为少见。小小古戏台，融造型艺术、戏曲艺术、文学艺术、绘画艺术、雕刻艺术、灰塑艺术于一体，可谓是艺术的荟萃和浓缩，有着显着的建筑架构特点。

【关键词】古戏台，架构，艺术，特点

嵊州位于浙江省东部，东邻奉化，南连新昌，西毗诸暨，北接绍兴。境域总面积1784平方公里，全市人口67.98万人。城邑所在，四面环山，建县已有二千多年历史，良好的人文环境，深深地影响了建筑历史的较早形成和发展，古戏台是其中之一。嵊州又是越剧发源地，戏剧与戏台相生相伴，互为促进和繁荣。因而，古戏台遍布全市每个角落，至今仍保存了204座（图1），其中列为全国重点文保单位的古戏台2座，列为省、市级文保单位的古戏台16座，列为市级文保点的古戏台30座。全市共有行政村464个，平均2.2个行政村就占有一座古戏台。如此众多的古戏台，风格不同，形态各异，根据类型分有庙宇台、祠堂台、街心台、过路台、穿台、草台六种。尽管它们历经沧桑，可有特殊的生命力，极具历史和艺术价值，似一颗颗璀璨的明珠，散落在嵊州这片圣土上，散发着熠熠的光辉。

一、古戏台的空间架构

首先，在空间组织上突出功能性，实现有效利用。嵊州古戏台都具有依附性，附着于祠堂庙宇之中。但在总体设计上，将其作为主体建筑安排在主轴线上，置戏台于显要位置，从前至后依次是山门、戏台、正殿、后大殿，戏台左右为厢房。以戏台为中心，构成四合院式的建筑群体。左右厢房与大殿围合成“凹”字形的天井，为观赏区，也称作戏坪。古代祠庙建筑有个奇特的现象，四周外围是全封闭的，外墙从来不设窗户。可戏台、厢房、大殿室内都具有良好的采光度和空气流通量，而且做到了排水的畅通，无论从哪方面都非常合理。关键是这“凹”字形的天井在发挥作用，它除了用以观赏区外，还承担了采光、换气、泄水三大功能，保证了足够的光线和新鲜空气的进入。尤其是戏台，前方和左右两侧三面凌空，是整组建筑中采光度最高，也是空气最流通的单体建筑。在戏台与山门之间的关系上，采用构连式建造，构成“凸”字形，山门二楼设楼梯向下通往戏台，当地称之为“倒挂楼”。这是一种“借楼”法，借他楼为我所用，这种空间格局既节省了占地面积，又拓展了戏剧活动的空间，可借山门二楼作为存放道具、演员化妆和生活的场所。并且，戏台檐口与山门檐口相平，左右相接，气脉相连，看上去得体优雅。这是当地最常见，最普遍的构建形式，从早期到明清，一直沿续至今，

① 王荣法，浙江省嵊州市文物管理处，地址：浙江省嵊州市剡湖街道百步阶8号（越剧博物馆内），邮编：312400，QQ：654806131，E-mail：wangfa.5901@163.com，电话：0575—83018791，手机：013587351508。

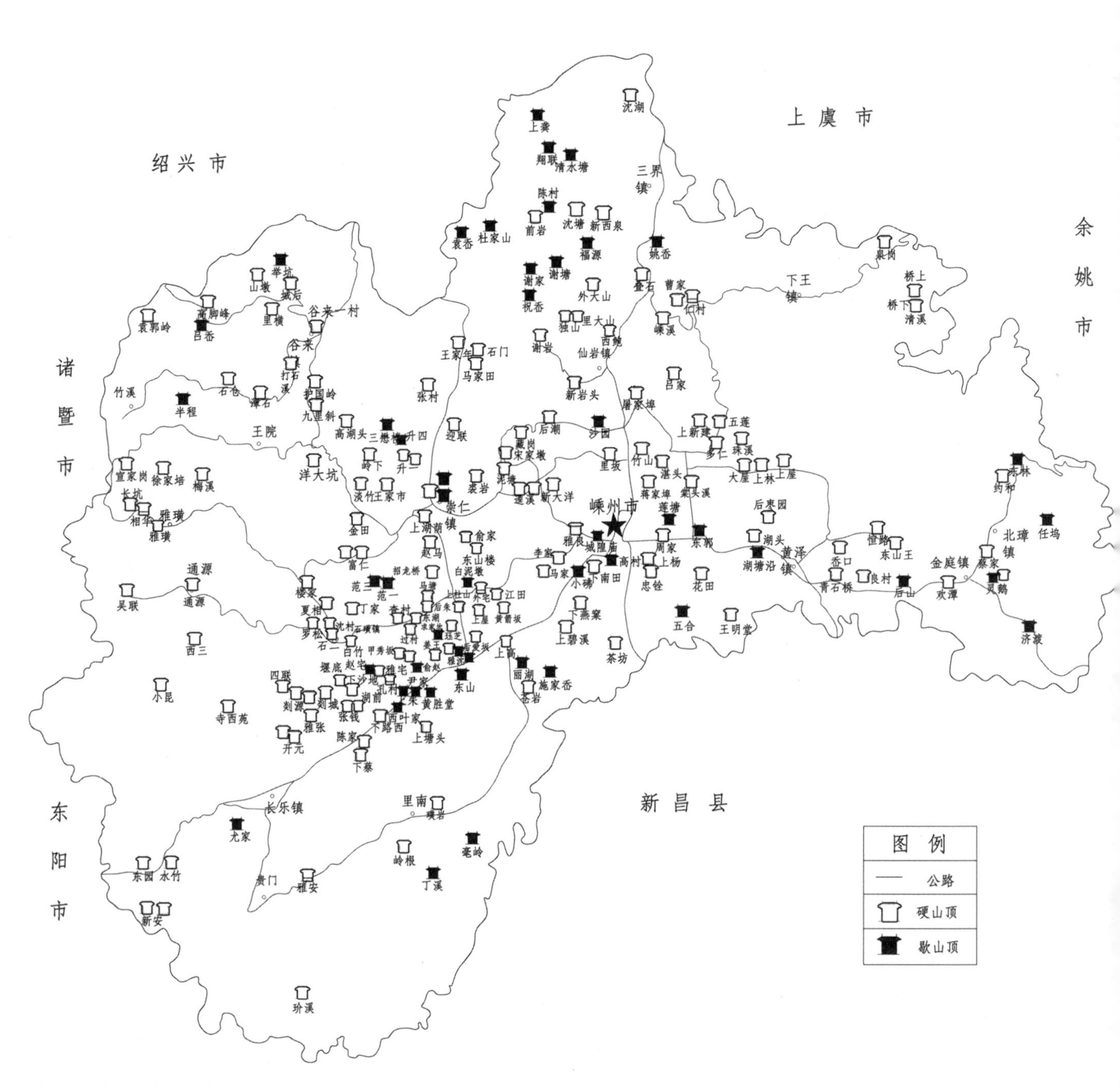

图 1　嵊州市古戏台分布图

都保持着这种优良的传统风格。一种建筑形式，能够长期一成不变地保持到最后，自然有它的独到之处，充分体现了它的历史价值和利用价值。

其次，在观演空间处理上适应主体要求，趋于合理。旧时，视神明为救世主，能使天下太平，祛灾得福，旺族富民。因而，戏台的朝向与其他建筑相背，面向正大殿，对准神位和祖宗灵位，凡演戏以酬神。嵊州《葛仙翁祠演戏田记》曰："敬奉仙翁不衰，爰捐□□仙翁，每岁九月十五良辰，演戏酬神。费复，独建仙寮五楹。"[①]嵊州上江村《中欲唐戏田碑记》中载："剡[②]东上江村，向有赵、叶、杨、滕、陈五姓。贤者□以为，新春境庙演戏之资，惟杂姓无田，则照丁敛资，亦演戏一台以庆赏元宵，是□春祈之意也。至于秋报，老姓杂姓均无戏田，演戏时不论男妇老幼，每丁捐钱二十五文，共演戏四台，历有年矣！"[③]清代《钦定吏部处分则例》卷四十五《刑杂犯》载："城市乡村，于当街搭台酬神者，止许白昼演戏。"[④]这些史料表明祠庙中建戏台是为了奉祀神灵，神是看戏的主体。因而，在空间架构上，充分考虑到神的因素，尽最大可能把握神明看戏时的最佳角度和效果，要达到这一目的，有一个决定性因素，就是戏台的高度控制。嵊州古戏台台板高度一般为1.9m左右，大殿比戏台地面一般高出三至五步踏步，大殿神像都设有座台，座台上神像高度一般略高于戏台上演员的高度，也就是说，神像的眼睛高度与演员的头顶高度相当。人观看一个物体看的最清晰、最舒服的观看角度称为"最佳视角"，人眼90° 向前平视下倾俯视在0° 至30° 间为最佳视野角。这个角度可以大大的延长人的用眼时间而不感觉到疲劳，并能提高观看的效率。我们考查了众多祠庙后发现，古戏台在处理戏台与神殿之间的视觉关系上都是非常合理，以神眼为焦点，来布设各单体建筑的空间位置，获得理想的视觉效应。如嵊州金庭镇济渡村炉峰庙戏台，以戏坪地面为正负零零，戏台台面高出地面1.91m，演员头顶离地面总高度3.63m，大殿神像眼睛离地面高度3.65m，略高于戏台演员的头顶高度，神明向前视角为俯视7° ，在自然状态下，不需低头抬眼，台上演员从头到脚尽收眼底，看得清清楚楚，观众无论在什么位置，站在大殿也好，还是站在戏坪也好，都挡不住神像的视线，神像的俯视线都从观众的头顶掠过（图2）。其他祠庙同样如此，嵊州瞻山庙古戏台神明向前视角为俯视7° ，城隍庙

图2　神像观演视角图

① 《葛仙翁祠演戏田记》碑文为作者于2012年10实地调查抄录。该碑立于大清咸丰二年（1852）。
② 剡：剡县，古代县名，即今浙江省嵊州市。
③ 《中欲唐戏田碑记》为作者于2012年10实地调查抄录。该碑立于大清乾隆五十九年（1795）。
④ 王晓传《元明清三代禁毁小说戏曲史料》·作家出版社，1958年，第53页。

古戏台俯视7° ，陈侯庙古戏台俯视5° ，湖清庙古戏台仰视1° 至俯视5° 之间。湖清庙虽略有仰视，但也非常接近最佳视角。这些现象告诉我们，古代祠庙建筑观赏区与演出区空间设计精确到位，以最佳的视角效果出现，充分体现出神性化的设计理念，有着浓重的主体意识，在某种程度上也可以说是敬神酬谢，尊祖明礼的思想反映。

另外，在处理戏台与殿宇屋顶之间的空间关系上，也考虑了整体建筑的美观和气势，戏台屋顶高度略高于山门，又低于大殿。从外观上看高低有别，错落有致。山门、戏台、大殿的屋顶形成阶梯状，有层层向上，步步登天之意。

二、古戏台的造型

祠堂也好，庙宇也好，最注目、最能吸引眼球的是戏台，那是因为古戏台的造型至精至美。嵊州古戏台集殿宇之台基、楼阁之梁架、亭子之屋盖于一体，结构形式可分为硬山顶和歇山顶两种。硬山顶用五架梁，连廊式露明造，结构简单，无太多造型。我们重点关注歇山顶造型，从它的刑制、屋脊和灰塑三方面去考察。

1. 刑制

歇山顶共有九条屋脊，即一条正脊、四条垂脊和四条戗脊，因此称之为九脊顶。它是古建筑中最有代表性和特色的屋顶造型，但有严格的等级限制，普通百姓是不许住歇山式房屋的，我市歇山顶样式最早可见于晋代青瓷堆塑罐中。歇山顶又分单檐和重檐两种，重檐歇山顶在我市县级城隍庙中出现，仅此一例， 其他乡村从未发现，显示出它的等级森严，之尊之高（图3）。戏台的歇山顶梁架结构与一般的大殿歇山顶有所不同，主要区别在于它的收山，一般殿宇收山之采步金是纵深向设置的，而戏

图3　城隍庙戏台

台的四根采步金分别斜置于四根正心桁上，再在采步金上放五架梁，上施童柱，承接脊檩，形成向内收分之山面（图 4）。戏台歇山顶收山在设计施工中是十分讲究的，因它的体量比殿宇小得多，一般面阔、进深 4.5m 左右，计算要十分精确，如果收山太大，会出现正脊短，屋盖大，造成比例失调。假如收山太小，会造成戗角短小，失去飘逸感。一般采步金置于正心桁十三分之五处，五架梁在采步金上居中放置。这样的处理结果屋脊与层面比较协调。四屋角采用发戗做法，老戗一端固定于五架梁头上，一端置于台柱柱头科上，向下向外伸出，老戗与嫩戗成 45° 夹角。老戗和嫩戗上皮施三角木和扁担木，呈弧形状，向上起翘。一般前后施檩条五根，即脊檩、上金檩、下金檩、檐檩和挑檐檩。举架檐步较缓，越往向上，举架越大，坡度越陡。一般檐步五举，金步七举，脊步十举，甚至十举以上。过去有句话叫做“戏台好看，屋面难筑。”它的屋面坡度在古建筑系列中是最大的，它的目的是为了突出美观的一面，让人看到整个戏台屋面。戏台利用每步架不同而筑成中间下凹，两端反曲的弧形屋面，既保证了屋面的泄水，又能使在有限的屋面上产生一种曲线美，增加立体效果。为了出檐深远，又不使檐口太低，均用飞椽出檐，飞椽能使檐部微微翘起，又不影响光线进入，却到好处。

图 4　戏台梁架结构仰视图

2. 屋脊

一座建筑美观与否，要看它的外观，屋面是最直观最显要的部位，而屋面中的屋脊是第一感观。嵊州古戏台中的屋脊给人以美的享受，它以砖瓦和灰塑垒筑而成。屋脊中的正脊高耸挺立，高度为 70~90cm，是屋顶的至高点，在构筑上采取相应的技术手段，主要是设置有意蕴的传统得体的图案造型，主体图案有“三星”、“福禄寿”、“松鹤图”、“三星云”、“宝珠”等。四条戗脊与屋角以柔和的弧线构划成翘首状，似展翅待飞的鸟翼，称之为翼角。戗脊的制作非常精致到位，每条线脚均称，与垂脊同高。戗脊头上设置花板，采用凤凰、草龙、回纹等图案，花板向外向上微翘伸展。垂脊起到连接正脊与戗脊的作用，形成完整的屋脊系统。正面垂脊头上施瓦将军，内容有“狄青和黄天化比武”、“黄飞虎和闻太师”、“哪吒和杨戬”“和合二仙”等历史故事题材。如鹿山街道马家村马家祠堂戏台在垂脊、戗脊和屋面上设计了三国“五虎上将图”，即关公、黄忠、赵云、张飞、马超五个历史人物形象。形象生动，气势昂然（图 5）。戏台屋面虽然有限，但经匠工们的艺术处理，显得惟妙惟巧，

图 5　马家祠堂屋脊瓦将军

气韵不凡，令人佩服。

3. 灰塑

屋顶造型中起到重要作用的灰塑，在嵊州又称其为堆塑，该工艺的应用由来已久。在嵊州城西出土了一件西晋太康九年（288）的青瓷堆塑罐，其盘口堆塑了亭阙和人物，亭阙上所呈现之屋脊和屋角高起反翘，舒展飘逸，形式美观。表明先民早在1 700多年前已运用了堆塑工艺。至唐宋时期，灰塑艺术已发展成熟，明清已十分盛行。与 其他民间传统建筑工艺相比，嵊州灰塑特点鲜明，制作工艺复杂，它选用上乘的石灰、麻筋、桐油或骨膏等传统材料，将其反复捣固，经打样、选料、制灰、立架、挂壳、批灰、刻划、圆活、上色等工序成活。与砖、石、木雕工艺同时使用，相互辉映，相得益彰，对建筑物起到锦上添花的作用。灰塑在创作设计上，既讲究形式美，更注重意境的表达，形式与意境相结合。如嵊州市城隍庙中的古戏台，于垂脊头上灰塑瓦将军“岳飞抢战小梁王”，所塑立的形象神情兼备，形态自如。岳飞单骑战马，身披铠甲，手持历泉枪；而小梁王只身前倾，手握大刀，摆开战势；双方怒目对方，两兵相见，似乎看到一场你死我活的交战正在进行中，而且是那么的激烈。此场景与戏剧演出专用场所古戏台相呼应，达到了形式和意境两相宜。又如黄胜堂祠堂戏台正脊用“龙吻”灰塑，两条龙分别吞咬正脊两端，龙身屈体盘升，龙尾直冲青天（图6）。“龙吻”也称“鸱尾”，“螭吻”，据王溥（北宋）《唐会要》载：“汉相梁殿灾后，越巫海中有鱼虬尾似鸱，激浪降雨，遂作其像于屋上以压火祥。”[1]传统的园林建筑均为木结构，易遭火患，龙吻原本为水上动物，有激浪

图6　黄胜堂祠堂屋脊龙吻

① 高军《绍兴古戏台的文化建构》· 浙江大学出版社，2005年，第十四辑，第41页。

降雨的威力，能克火。因此，屋脊上灰塑“龙吻”造型，寓意消灾驱害，永保太平。这种艺术处理的效果都是通过灰塑来实现的，可以说屋面造型离不开灰塑艺术。

三、古戏台的装修

嵊州古戏台不但注重结构美，而且十分讲究形式美，可谓是不惜血本，在装饰上下功夫，从梁架结构中的台柱、梁枋、檩条、戗角；从装饰构件中的牛腿、雀替、挂落、美人靠、望柱以及出入相等无处不雕，无处不饰，可以用精、巧、美三字概括。但最有特点的是藻井、牛腿和望柱的装饰，下面着重探析这三方面的问题。

1. 藻井

藻井形似鸡笼，故民间称“鸡笼顶”。藻井装饰历史悠久，宋代《营造法式》载有“斗八藻井”、“小斗八藻井”的形制做法[①]。古时藻井有严格的等级规定，《稽古定制·唐制》中曰：“王公以下屋舍，不得施重栱、藻井。”[②]明以后，藻井在民间戏台中较多出现。它不仅体现出形式上的壮美，而且运用声学原理，起着扩音和拢音的作用，达到“余音绕梁”的音响效果。应劭（东汉）《风俗通》中载：“今殿作天井，井者，东井之象也，藻水中之物也，皆取以压火灾也。”由此可知，藻井除了装饰外，亦有避火灾之意。

戏台的好坏很大程度上要看藻井结构精致程度，而藻井的有机组合，是木制零件与工匠心灵的组合，是技术和艺术的融合。嵊州地区戏台藻井从造型上分有圆形和八卦型二种，圆形藻井属个别现象，形式单一。绝大多数采用八卦型藻井，八卦型又称八角型。那么，为何不采用四角型、六角型或 其他型，而对八角形情有独钟呢？这是有原因的，八卦源于古代对基本的宇宙生成、相应日月的地球自转关系、人生哲理的认识观念。最原始来源于西周的《易传》，古人以为“易有太极，始生两仪。两仪生四象，四象生八卦。”[③]《易传》还认为八卦主要象征天、地、雷、风、水、火、山、泽八种自然现象。八卦最初是人们记事的符号，后被用为卜筮符号，以推测自然和社会的变化。它又为以后的道教所利用，道家认为，太极八卦意为神通广大，镇慑邪恶。由于八卦包含天地万象，覆盖所有，能化解一切，有求福弭灾的象征意义。因此，古代人在戏台设计中用八卦图作为除凶避灾的吉祥图案，得以大众认同，以祈求天下太平，民众安居乐业。八卦藻井在表现手法上，有叠涩式、螺旋式、雕筑式、画作式、混筑式五种。

（1）叠涩式。所谓叠涩式就是利用斗栱层层叠筑，逐步收缩至顶的形式。嵊州市甘霖镇西叶村叶氏宗祠戏台藻井即为该款式，藻井井口四周设船蓬轩，穹窿部分呈八角形，用十三踩斗栱十六攒，每攒斗栱下宽上窄，呈宝塔状，逐层聚缩，斗栱间以雕花短机修饰，井顶雕刻回纹和蝙蝠。这种结构形式典雅精致，古朴大方。看上花繁却不失韵律，密布而不失章法（图7）。

（2）螺旋式。所谓螺旋式，就是以斗栱旋转向上盘筑的形式。这种形式具有很强的韵律和动感，似乎有一种强大的能量聚集旋变冲顶。如嵊州谷来镇举坑村马氏宗祠戏台藻井，用二十一踩十昂斗拱二十四攒，旋转向上，聚会于顶。举目仰望，恍如狂涛怒潮，飓风席卷，似音乐美妙的旋律，似旦角婀娜的姿态，令人惊叹不异。如此设计能引起声音的回荡，提高音响效果，具有很高的艺术性和科学

① 李诫（宋）·营造法式·卷八“小木作”，转引自：梁思成全集第七集·中国建筑工业出版社，2001年，第213页。
② 《新唐书》卷二十四，转引自：侯幼彬·中国建筑美学·黑龙江科学技术出版社，1997年，第48页。
③ 《易传·系辞上》。

图7 叶氏宗祠戏台藻井

图8 马氏宗祠戏台藻井

性（图8）。

（3）画作式。所谓的画作式，就是在穹窿面上绘画传统图案的形式。这种形式在当地比较常见。以画八仙图的居多，因为八仙是深受大家喜爱的图案，八仙过海系脍炙人口的故事之一，民间还有“八仙过海，各显神通”的谚语。北漳镇东林祠堂戏台、甘霖镇尹家村尹家祠堂戏台、崇仁镇富润村温泉庙戏台、长乐镇尤家村过氏宗祠戏台等，都利用藻井的八个画面，彩绘了八仙图。李家祠堂戏台藻井画有一幅较为少见的画作，最里面画“八卦图”，中间是“河图”，最外面为“洛书”。“八卦图”见得较多，而“河图”和“洛书”当地很少出现，它是古代流传下来的神秘图案，历来被认为是河洛文化的滥觞。“河图”“洛书”最早记录在《尚书》之中，其次在《易传》之中，诸子百家多有记述。太极、八卦、周易、六甲、九星、风水、等等皆可追源至此。古书上有：“河出图，洛出书，圣人则之”[①]之说，是阴阳五行术数之源，并据此认为八卦就是根据这二幅图推演而来的，得出五行相生之理，天地生成之道。八卦图用以藻井装饰有镇邪、平安之意。它的出现和存在对于易学研究具有重要意义（图9）。

（4）雕筑式。所谓雕筑式，就是采用雕刻的形式装饰藻井。嵊州城隍庙戏台藻井底层布设斗栱与雕花件，上层斗栱与倒置金龙穿插构筑。井顶浮雕云龙，盘旋飞舞，它与八条金龙构成了一幅宏丽壮观的生动画面。凡是雕刻部位都裱金，虽经历了几百年，但还是金光灿灿，经检测含金量达到99.9%（图10）。崇仁镇范村竺家祠堂古戏台藻井，分上下二层盘筑，底层设九十六块不同造型的花板，上层置八仙人物雕刻。在有限的空间里容下了无限的精彩，透出秀美之丽质。

（5）混筑式。所谓混筑式，就是同时使用两种构筑手法，如叠涩式和雕筑式，或雕筑式与画作式合二为一，这种形式具有更丰富的层次感。嵊州市崇仁镇六村玉山公祠藻井便是这种形式。它分层设置，底层施二十一踩十昂微型斗栱十六攒，每攒斗栱出跳73.5cm，向上升距85cm。看上去，像深邃的天空，使人目不暇接。上层雕刻姿态各异，形象逼真，深动有趣的八仙图，顶盖雕刻云纹盘龙，

①《易传·系辞上》。

图 9　李氏宗祠戏台藻井

图 10　城隍庙戏台藻井

井口四周施船蓬轩，用万字纹盘筑，其间镶嵌博古雕花盘和花节。这只藻井是当地最为精致的，无论是从它的图案设计，还是细部的刻划，都是一流的，达到了无以伦比的地步（图 11）。

图 11　玉山公祠戏台藻井

2. 牛腿

牛腿在当地的戏台建筑中几乎都能看到，有戏台就有牛腿。牛腿的作用主要是配合挑梁承托挑檐枋。古戏台建筑，追求施展飘举，屋面出檐一般较深，深远的屋面出檐要靠椽子来承重，而椽子悬挑过大承载不起沉重的屋盖，增加挑檐枋便是必然的选择。挑檐枋的支撑必须用挑梁与牛腿一起来承担，牛腿自然成了不可缺少的构件。牛腿上面的挑梁，当地称为压头，因压着牛腿故称，很多地方称其横枋，或按其外形称为琴枋。挑梁上直接承托挑檐枋，有的则先置斗栱后再承托挑檐枋。牛腿与柱之间一般用榫卯连接，并辅以销钉，它处于台柱上方，位置显著，犹如人的颈项，为了改变原来的粗笨形象，用雕刻手段进行掩饰。牛腿虽然仅是古戏台中的一个构配件，却千姿百态，造型各一，成为装饰件中的一朵奇葩（图 12）。概括起来，牛腿的主体雕刻题材多采用历史故事、民间传说、神话及戏曲人物，有明显的教化作用；

狮子牛腿

人物牛腿

图 12　牛腿

图 13 鹿牛腿

图 14 台前望柱

装饰图案有山水、花鸟、走兽、人物、几何图案或文字等，种类繁多，内涵丰富。图案多采取象征及隐喻，如长乐镇小昆马氏家庙戏台牛腿，雕刻动物鹿牛腿。鹿本身是一种很有灵性的动物，人们常用善良、美丽、惠和来形容鹿的品性。民间又传说鹿能活千岁，因此鹿纹又常用来代表长寿。该戏台的鹿形象有一种与众不同的感觉，一只有些年长的母鹿口衔仙草，看上去有些忧愁和悲伤，母鹿怀中有一只刚出生不久又十分可爱的小鹿，它们似乎在倾诉着什么（图 13）。其实这个造型包含了一个深动的故事：古时候有一个叫陈惠度的猎人，一次外出打猎，不料一箭射出，将一头怀孕的母鹿射伤。被箭射伤后的母鹿在逃跑途中，带伤生下小鹿。它的伤口流着血，但它不顾自己的安危，用舌头舔干小鹿身上的污水。不久，母鹿因流血过多，倒在血泊中死去。陈看到这般情景，心灵受到震撼，随即抛弃弓箭，抱养了这只刚生下的小鹿，痛改前非，进寺院做了和尚。后来，鹿死的地方，长出了一种草，人们叫它"鹿胎草"，而山名取为鹿胎山。看到鹿衔仙草的牛腿人们就会联想到母鹿带伤产子的典故，使人从中受到感悟，有劝人为善，善待动物的教育意义。总之，牛腿给人以欣赏，让人以惴磨，在形态各异、美伦美奂的牛腿"世界里"，透射出人们心中的情怀，寄寓着美好的希望和祝愿。

3. 望柱

在当地的古戏台建筑中，台前都饰有望柱，做工精细，造型别致，这是嵊州戏台的一大特色。柱头一律雕饰狮子，未发现雕刻 其他图案，这是为何？这与传统观念有关，人们历来把狮子视为吉祥动物，在众多的古建筑石雕中，各种造型的狮子随处可见，古代的官衙府邸，豪门富宅门前都摆放石狮。至今，这种石狮子护宅守院的遗风仍然不泯。狮子之所以受到人们的青睐，是因为狮子威武凶猛，有王者风范，可以镇魔驱煞，祈佑生财，招来祥瑞，是平安、吉祥的象征，被视为镇宅之宝。当地民间流行着这样的口头弹："摸摸石狮头，一生不用愁，摸摸石狮腚，永远不生病；从头摸到尾，财源如水流。"石狮子成了人们心目中的"守护神"。用石狮子饰作戏台望柱其用意是镇台纳吉，祈求永固。

狮子望柱设置高出台面 40cm 左右，前方设左右二根，边长约 18cm。成对设置，一雌一雄，雄狮子脚踩绣球，气势威武。雌狮子怀搂小狮子，温顺可鞠。两狮子扭头相对，眯眼裂嘴，犹如一对恋人在吐语倾情。这是一种借景抒情的处理方法，在体现狮子镇守护台的寓意外，又反映出温馨细腻的情感（图 14）。

四、古戏台的楹联

古戏台之美，不仅表现在它的构架、造型，同时还表现在它的诗情画意。楹联，俗称柱对，它不但为戏台建筑增色添彩，提高艺术品位，而且为人们观赏戏剧提供了无尽的情趣。戏台楹联表现要求非同一般，因为它面对的是成千上万的观众，借戏喻理，意蕴深邃，可以说是戏台的“点睛”之笔。通过这种形式实现娱乐、启智、警示、励志等功效。嵊州戏台楹联根据意含可分为以下几类：

（1）反映戏曲感染力。如“曲精艺美游五糊，丝竹韵音飘四海。”这是嵊州市下朱祠堂戏台楹联，它从戏曲艺术的魅力入手，是说之精、之美的曲目，感人动听的音乐唱响大地，飘扬四海，给人以振奋。又如“金鼓擂动千载上，银弦唤醒万代心。”这副台联出自黄泽白泥坎大王庙戏台。是说在振聋悦耳的金鼓银弦中所演绎的戏曲是千年史话，所表现的史实、情理，为之感动，为之心悦城服，能振兴千众，唤醒万心。

（2）反映舞台魅力。如：“戏场小天地，天地大戏场；”[①]“顷刻间千秋事业，咫尺地万里江山。”[②]“数尺地五湖四海，几更天万古千秋。”[③]这些楹联是说小小古戏台能包罗万象，涵盖人世间，什么真善丑恶，古今中外，天南地北，人文地理等等任凭方寸之地统统能表现出来。显示它魅力无限，怀情万千。

（3）反映涉世警语。这类楹联较普遍。如：“凡是莫当前，看戏何如听戏好；为人须顾后，上台总有下台时。（图 15）”这是嵊州市瞻山庙戏台楹联，上联是说拥挤在台前吵吵嚷嚷中看戏，还不是僻于一角安静之处听戏逍遥自在。下联是说在台上演戏哪怕演的是天皇老子，下台还是百姓一个。是说在演戏上，更是说在现实生活中，一语双关，言浅意深。又如开元镇三村冠华祠堂台联：“人情到底好排场耀武扬威任尔放开眉眼做，世事原来仍假局装模作样惟吾踏实脚跟看。”如此立意高明，令人拍案。

图 15　瞻山庙戏台楹联

（4）反映怀古叙旧。如：“我问金庭怀墨史，人依玉洞听笙歌。”这是嵊州市炉峰庙戏台之楹联，炉峰庙为祭祀高士许洵（许远度）而筑，此对联仿佛在讲述许氏与墨友领略音韵的故事。又：“往事逆今朝若此，古人在当日如何。”同样也表现出借故喻今的情形。

（5）反映历史典故。甘霖镇尹家村尹氏宗祠后台柱写有这么一副对联：“静躁不同俯仰一世，少长咸集趣舍万殊。（图 16）”这是从王羲之《兰亭集序》中“少长咸集”、“俯仰一世”、“虽趣舍万殊”“静躁不同”、四句词里集句成对的，是对绍兴兰亭“曲

① 嵊州石璜镇沈村祠堂戏台前台柱楹联，作者于 2009 年 10 实地调查抄录。
② 嵊州三界镇陈村花祠堂戏台前台住楹联。作者于 2009 年 7 实地调查抄录。
③ 嵊州甘霖镇后史村史氏宗祠戏台前台柱楹联。作者于 2008 年 8 实地调查抄录。

图 16 尹家祠堂戏台楹联

觞流水”故事的传颂，更是对书圣王羲之的怀念之情。嵊州市长善寺戏台楹联曰：“古往今来只如此，淡妆浓抹总相宜。”上联借用了唐杜牧的一句诗，下一联借用了宋苏轼的诗，后人集句成联，讲述了两个不同时代的人物故事。

（6）反映人生哲理。如“善恶到头看结果，利名过眼是空花。”这是长乐镇四联村胡公庙戏台楹联。又如东岳庙戏台楹联：“吐角会商悠扬化导，歌功颂德折报庆成”。再如陈候庙古戏台楹联：“钟声明花水里月；元中色相幻中空。”这些对子反映了人生理念和人生哲学，能引起人的感悟和思虑。

（7）反映事理。石璜镇夏相村义学台联中写道：“人尚正与诚，天酬善和勤。”（前台柱）一个有正直而有诚信的永远被人尊敬和崇尚，苍天永远赐予善良和勤劳者。后台柱上写道：“民富国无忧，国安民有福。”这些楹联虽然没有华丽的字眼，但看上去明明白白，意义深刻，给人以鼓舞和励志。

（8）反映处世。石璜镇寺新村新塘村土谷祠戏台有这么一幅台联：“仔细看世态炎凉都显着，认真做戏文好歹点分明。”楼家楼氏宗祠戏台前台柱上携刻曰：“任他什么登场认真着眼，到底如何结局仔细留心。”从这些联语中告诉我们，设身处世要认清世事变幻，处处留意，分清是非，认真对待每一件事。

（9）反映修身。如“试看一番做人榜样，胜读几篇醒世文章。”此对联出自崇仁镇富润村温泉庙戏台。甘霖镇外宅村镜庙前台柱上写道：“行险小人自当出丑，固穷君子绝处逢生。”这些都是修身养性的忠言相告，能帮助人提高修养和品质。

五、结语

嵊州独特的人文环境，造就了大量的古戏台。它的存在以祠庙为依托，这种依存关系，自开始至今从未改变。古戏台无论是从布局上，还是结构上，不论是装饰上，还是文学表现上都很有特色。嵊州古戏台的出现虽然远远早于越剧的发源，但它为越剧的诞生奠定了深厚的戏曲文化底蕴。自 1906 年越剧诞生后，戏台与越剧进入了相互发展和繁荣的阶段，戏台成为不可缺少的建筑形式。古戏台带给我们的是艺术享受，但同样是一种责任，虽然近六年来抢修了 25 座濒危的古戏台，可还有相当数量的古戏台需要修缮，可以说保护工作任重而道远。

总之，尚具古致和特点的嵊州古戏台是历史建筑的精髓，是艺术的宝库，珍惜它，保护它，传承它是我们的使命。

【参考文献】

[1] 王晓传 . 元明清三代禁毁小说戏曲史料 [M]. 北京：作家出版社，1958.

[2] 高军 . 绍兴古戏台的文化建构 [M]. 浙江：浙江大学出版社，2005.

[3] （宋）李诫 . 营造法式·卷八“小木作”，转引自：梁思成全集第七集 [M]. 北京：中国建筑工业出版社，2001.

[4] 侯幼彬 . 中国建筑美学 [M]. 哈尔滨：黑龙江科学技术出版社，1997.

清代太原府剧场功能初探

牛白琳[①]
（山西广播电视大学，030027）

【摘　要】清代太原府剧场呈现布局、式样多样化发展，并表现出显明之地方特色。一是山门以外独立设置的乐楼比较流行。这对乐楼的造型及剧场的整体功能都产生了影响，相比较于设置在庙宇里的剧场，观剧的场所更宽展，也因此不再考虑女性不能进入庙宇的习俗，专为女性看戏设置的看楼也不再成为必需，使得太原府剧场看楼设置相比较晋东南、晋南要少得多。

清代太原府剧场功能的完善过程大体上是沿着这样一条路线：最先完善演出主体的乐楼的功能，扩大后台空间以便于演员的演出准备，设置八字音壁、台基置缸或筑空以优化音响效果，前台次间搭幕布或另建耳房以安置文武乐队，而后，在观剧辅助设施方面也做了多种探索，戏房、看厅等因此而起。以往论者一般将这种功能扩展的动力归之于演出规模的扩大，笔者以为，更重要的动力来自于在演出实践中对剧场功能要求的不断细化或曰专门化，剧场功能的完善有其逐步认识与实践的历史过程。

地域性视角的剧场史探索是有意义的，有利于在比较中细化对剧场史的认识。

【关键词】太原府，剧场功能，后台，戏房，看厅

成熟的剧场要具备“演”和“观”两大基本功能，另外还有一些 其他辅助功能。研究两大基本功能，分析其平面布局与空间分配最有意义。“演”的功能完善，人们首先注意到的是直接用于“演”的空间，即表演区，早期的露台，及宋金时期乐楼产生后，其台上空间大概还基本用作表演区。至迟到元代时，人们已注意到需要有专门的演出准备场所，拿帐幔分割出前后台，前面部分专门用于表演，后面则用来作化妆等演出准备。但这时还不从建筑设置上进行专门分隔。据车文明先生研究，大约从明中叶开始，戏台上设置固定的木质槅断或砌墙以分前后台[1]，人们终于懂得用槅断将这种分割以建筑设置固定下来。到明末时，在总体扩大戏台总面积的同时，对前台与后台的空间比例进行重新分配，其扩大的重点实际上是后台。

随着乐队从前台后部撤向前台两侧，一方面使后台有可能向前扩大，另一方面又对前台左右两侧提出了新的空间要求。戏台上常见的八字音壁，其向外斜向扩出的部分，往往被用作安置乐队。可能八字音壁的出现要早于乐队的撤出时间，但其空间的利用却再次发展了戏台功能；有些地方将三间前台面阔很小的两次间以幕布遮起来，用以安置文武场，而以远远宽于次间的明间作为演出的空间。少数戏台还专门在前台两侧前隅向外扩出规整的空间，专门用于安置乐队。

“观”的功能完善，首先要空间足够，这应该与社区的人口规模有关系；其次要考虑对特殊人群的特殊安置，主要是基于“男女有别”的习俗基础在空间上实行男女分开，以及基于尊老敬贵社会等级差别文化为基础的，对耆老、乡绅、社首、官员等的专门安排。

① 牛白琳（1963），男，山西太原，山西广播电视大学，教授，文学博士。邮箱：sxcmnbl@126.com。

一、“演”的功能

由明入清及有清一代，在太原府特别是康乾时期的新建高峰与道光年间的改建高潮中，人们对戏台布局不断调整。现存明代太原府的9座戏台，其平均面积65.92m²，到清代，经笔者对考察过的现存74座戏台的统计，其平均面积60.97m²，总面积并没有扩大反而缩小5m²多。一般人的印象，后代的戏台较之前代，总是不断扩大的，碑刻中也有许多扩大的记载，如阳曲县棘针沟村在乾隆十年（1745），因不满足于本村菩萨庙“乐亭之狭隘”，对“乐亭之地基于以展阔”[①]。乾隆五十一年（1786），太谷县中咸阳村改建圣果寺乐楼，“移后五尺，亭式改为四楹”[②]。道光五年（1825），太谷县阳邑净信寺也由杜公独立出资三千六百余金“改建戏楼，恢廊其基”[③]。道光二十年（1840），时属交城县的安家沟村也对狐神庙乐楼进行了扩建，“向之乐楼阙小者，今则修葺巍然矣”[④]。出现这种看似矛盾的情况，一方面是因为清代戏台在农村中比之明代更加普及，一些经济条件很差的偏僻乡村也建了戏台，因陋就简者比例大，使平均数没能提高；二是明代戏台保留下来的都是仍能满足清代演出需求者，狭小者更易被改建掉，使现存明代戏台面积的平均数提高。另一方面，也使我们明白，清代改建的主要目的可能是扩大后台，一般而言的“扩”，主要落实在了后台上。

1. 演出准备的空间

（1）保证后台空间。清代太原府各地在新建戏台时都注意到了保证后台面积，明代已分前后台的5座戏台后台面积平均23.36m²，到清代74座戏台在总面积平均减少约5m²的情况下，达到27.84m²；后台面积在戏台总面积中的比例，由明代的36%，达到46%。可以说，扩大了的面积主要用于后台，而扩大后台的途径主要有以下几种：

图1　榆次城隍庙乐楼

一是在原戏台前增建新台，将原台作后台，新台作前台。最典型的是榆次城隍庙乐楼。榆次城隍庙早在明代正德六年（1511）就建了乐楼，但大约在道光年间重修时，又在其前面增建了通面阔单间5.35m，通进深5.9m，总面积31.57m²的三开口的过路戏台，将明代二层乐楼明五暗三间约40.55m²的底层做了其后台（图1、图2）。实际上清代建的戏台规模并不大，其扩建的目的显然不是为了扩大表演区，可能也为了壮观瞻，但

① 清乾隆十年《阳曲县安生四都棘针沟村彩妆阎罗重修两廊□并乐亭碑记》碑，高169cm，宽87cm，厚17cm，现存阳曲县棘针沟村菩萨庙

② 清乾隆五十一年《重修戏楼碑记》碑，高103cm，宽48cm，厚14cm，现存太谷县中咸阳村圣果寺。

③ 清道光六年《诰授中宪大夫候铨同知加二级大径杜公独修戏楼碑记》碑，高188m，宽76cm，厚17cm，现存太谷县阳邑镇阳邑村净信寺

④ 清道光二十三年《重修狐神庙观音堂记》碑，现存古交市（清属交城县）岔口安家沟狐神庙

扩展演员演出的准备区域，还是其主要追求。晋祠水镜台也发生了同样的情形。水镜台位置早在明嘉靖年间就建了乐楼，其正脊万岁牌上刻有“万历元年六月吉”字样，说明这个时间重修甚至改建过，但仍然面积不大，只有通面阔三间9.6m，通进深5.6m，共53.75m^2。到清代某个时期，人们也想到了对其进行扩建，保留原乐楼，增加通面阔三间9.9m，进深4.8m，共47.52m^{2}的新戏台作前台，明代乐楼改作宽敞的后台，戏台总面积共达到101.27m^2。以上这两处时隔两代的改建，从建筑外观看都非常成功，二者均成为自然融合的有机整体，尤其是水镜台。榆次城隍庙略有欠缺的是，演员从明代乐楼所作的后台走向前台，因清代台基比之明代增高0.77m，要迈几级踏跺。另外因前台面积小，文武场的安置也有问题，以笔者判断，只能放在前台两侧明代影壁前的露天空地上，这可能要影响乐队与演员表演之间的配合。

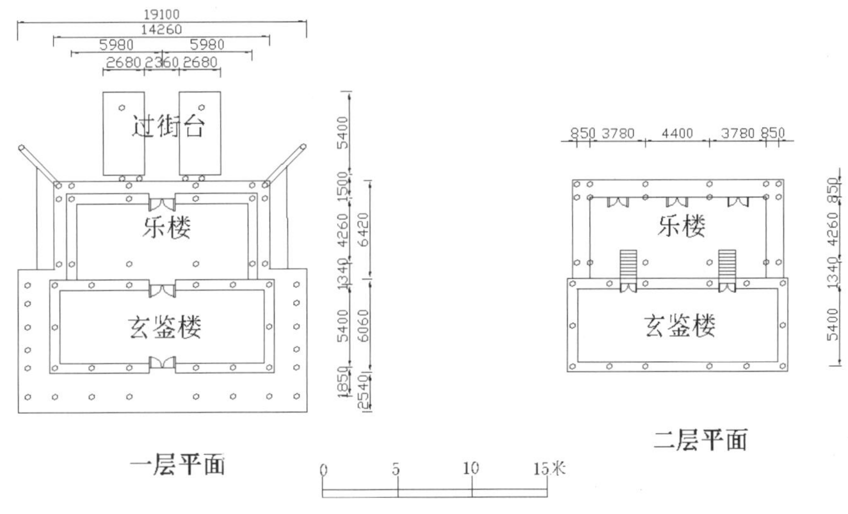

图2　榆次城隍庙乐楼平面示意图

图3　阳曲县中兵村徘徊寺乐楼

二是重建更宽阔的戏台。前所引碑文描述的都是这方面的情况。阳曲县中兵村徘徊寺在明万历四十四年建了乐楼。中兵村是一个山区小村庄，其时既无高官，也无富商，但却率先建起了乐楼，可随着时代的发展，人们已认为“然而乐亭不敷民情，不能上达。我徘徊寺旧有乐亭，不惟浅陋，而且偏倚”，竟然到了“虽一年之献戏，十人九咨嗟”的地步①，大部分人不满意其浅陋与偏倚，也遗憾其“不能上达”，有慢神之嫌。于是在嘉庆七年（1802）进行了以扩大规模为主要目的的重建。改建后的乐亭现在仍保存完好，为联体建筑。台基砖砌，宽11m，深8.1m，高0.95m。只在前台两角设阶条石砌边，上有卯痕，可能为文武场临时搭棚撑杆用，这一带有此习惯。前台卷棚歇山顶，后台为硬山顶，均

① 清嘉庆七年《圣母庙重修后新建乐亭碑序》碑，高140cm，宽59cm，厚13cm，现存阳曲县中兵村徘徊寺。

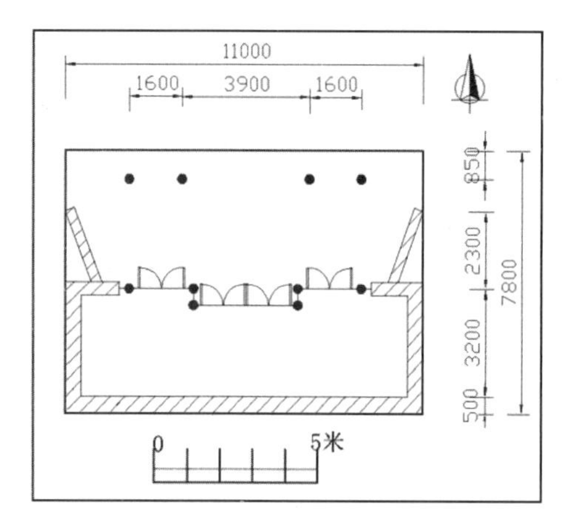

图 4　阳曲县中兵村徘徊寺乐楼平面图

为三间，但后台略宽于前台。前台通面阔 7.05m，后台通面阔则为 10m。前后台通进深 6.75m，其中前台进深 3.45m，后台 3.3m。后台总面积 $33m^2$，比前台还多出 $8.68m^2$，显见村民在重建乐亭时对后台的重视（图 3、图 4）。

三是建组合式戏台。明代太原府一带乐楼以单体建筑为主，现存 9 座乐楼中，只有忻州东张村关帝庙万历九年建一座组合式，而到清代，在笔者考察过的 74 座现存戏台中，组合式占到 28 座。罗德胤先生指出："分离式戏台的最大好处是让后台得到解放。"[①]此言诚是，早在明代，现存唯一一座组合式戏台的后台优势即已显示出来，单体台的 其他五座后台最深 2.83m，最少的仅 1.9m，还不包括无法设置后台的寿

图 5　太原县高家堡村真武庙戏台

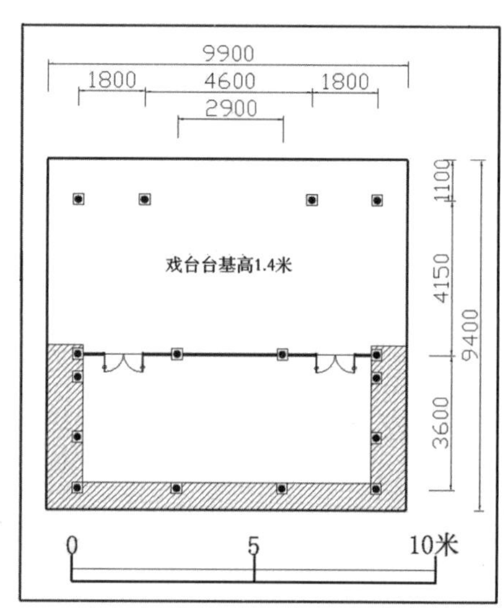

图 6　高家堡村真武庙戏台平面图

阳县龙天庙戏台，而东张村关帝庙戏台的后台进深达到 3.3m。清代太原府组合式戏台后台平均面积达 $34.79m^2$，也比总平均 $27.84m^2$ 高出 $6.95m^2$，且总平均数中已包括组合式的数据。尽管许多单体戏台还采取了 其他扩大后台面积的结构方法。

四是单体建筑将槅断前移，如置于戏台正中略靠后一点，特别是卷棚顶后脊桁下，甚至置于整个戏台正中。太原县（今属晋源区）高家堡村真武庙戏台，单体卷棚顶三间，居中设隔断，前台进深 3.9m，后台减去墙体也达 3.8m，前后台面积基本一致。（图 5、图 6）清徐县北营村宏明寺戏台，单体卷棚顶三间，也是居中设隔断，前后台通面阔均为 8m，进深前台 3.8m，后台去墙体后 3.75m。交城县坡底村真武庙戏台，始建于乾隆三十八年（1773）前，单体硬山顶，隔断设于脊桁下，前后坡各三椽。这种前后台的分配方式，更能体现人们对后台的重视。

五是单体建筑后出坡比前坡加一椽，或后台某一椽加长，实现扩大后台的目的。阳曲县下安村清凉寺戏台，单体卷棚顶，隔断设于后脊桁位置，前后台各三椽，即后坡另加一椽，使后台面积达到

① 罗德胤. 中国古代戏台建筑 [M]. 南京：东南大学出版社，2009.

30.42m²，大于前台的28.08m²（图7）。交城县塔上村庑殿庙戏台，卷棚硬山顶，前坡两椽，后坡则两椽与前坡对称外，又加一长椽，使后坡共形成三椽。采用后坡加一椽的方式扩大后台面积。交城县东社村庑殿庙戏台为单体卷棚顶，前后台均为三间通面阔8.8m，通进深五椽6.8m，其隔断设在后金桁位置，使得前台有四椽，后台只有后金桁至檐桁一椽，但这一椽明显加长，后台也获得2.8m的进深。这样结构的结果是使后坡延长，导致后台低矮，但毕竟解决了空间问题，完善了戏台的演出准备功能。

（2）在前台或后台左右建耳房。除了扩大后台面积外，清代太原府一带保证演出准备空间的另一个途径，就是在戏台两侧建耳房。交城县卦山天宁寺戏台建于清雍正三年（1725），单体卷棚，通面阔三间7.95m，通进深6.7m，在后金桁下设隔断，使后台进深只有2.9m，面积23.06m²，但两边设耳房，各面阔2.8m，进深4m，面积11.2m²，两耳房相加22.4m²，作演员化妆室。加上后台面积，这座戏台用作演出准备功能的面积达到45.46m²。（图8、图9）清徐上闫村宏福寺戏台单体卷棚前台加歇山，通面阔三间9m，隔断设在中线靠后位置，前台进深4.7m，后台3.6m，也在后台左右设了耳房。交城县大营村戏台在前台左右另各设耳房，隔断后设门相通，成为演员们的演出准备和住宿场所。（图10）交城县瓷尧村狐神庙戏台、坡底村真武

图7 阳曲县下安村清凉寺戏台

图8 交城县天宁寺戏台

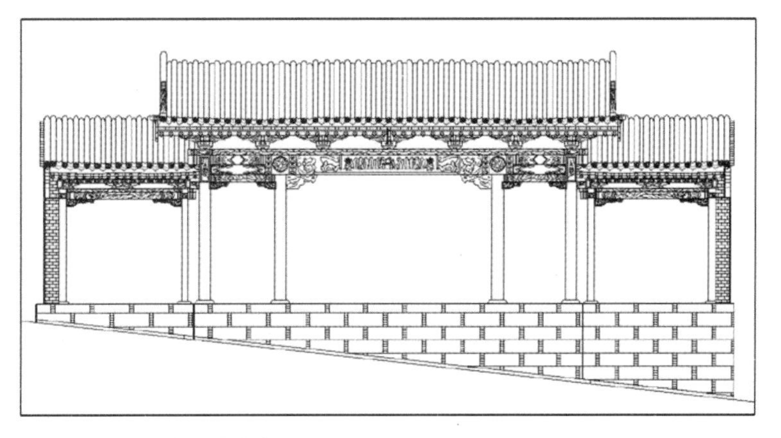

图9 交城县天宁寺戏台立面图

图 10　交城县大营村戏台

庙戏台等都在两侧建了耳房。这种方法实际上是对后台的准备功能进行了进一步的分割，使这一功能也通过分割更加专门化，虽然还不太清楚其对准备内容的具体分配。

2. 安置乐队的空间

明代戏台突破了元代四角立柱、平面布局近正方形的格局，向两侧扩展，建设三间甚至五间的戏台。这种突破不知是否与戏曲演出的乐队由戏台中央移向两侧有关，因为乐队移向两侧，一定要产生空间要求。笔者还不知道乐队移出的具体时代，不好判断二者时间上的对应关系，但最起码这种三间以上矩形结构的戏台，为安置移到两侧的乐队提供了必要的空间。太原府一带，在清同治年间才由祁县巨商渠元鑫，人称“金财主”者主办的戏班“聚梨园”进行了文武场分家的改革，据《晋剧百年史话》载：

> 上路戏的文武场面历来是“文武一家”坐在一起的，用的是手提马锣，声音尖细很不是味儿。聚梨园首创文武场面分家，“文东武西”，即文场在舞台左侧，即下场门一边，武场在舞台右侧，即上场门一边。四股弦、二股弦居中，即舞台正面，四股弦坐上场门左角位，二股弦座下场门右角位。拉葫芦与打板对面坐。①

图 11　交城县石侯村戏台

《晋剧百年史话》是 1985 年，根据时已 88 岁高龄的王永年先生的追忆整理而成的，其中提到的聚梨园乐队位置的改革，“文东武西”外，还留四股弦和二股弦居中，仍然是乐队从中到侧的过渡阶段。改革后的的乐队位置，大的方向是到了两侧，但其在戏台上所占具体面积，因没有明确的建筑设置方面的界线，很难作出详细的统计和判断。在笔者实地调查时发现，清代安置文武场一般有三种方式：

（1）八字音壁向左右斜向扩出的空间。笔者多次听到当地老人

① 王永年，刘巨才，段树人 . 晋剧百年史话 [M]. 太原：三晋出版社，2009.

介绍，文武场即分设在这个地方，如阳曲县大卜村关帝庙戏台的八字音壁。

（2）设置专门的文武场场所。交城石侯村戏台后台三间，前台则比后台左右各宽出一间成五间，梢间面阔 1.95m，进深 3.25m，与次间不加隔墙，成为面积 6.34m^2 的两个专门乐池，功能进一步专门化（图 11）。

（3）用幕布遮挡三间戏台的次间，作文武场。一般设在明间足够开阔，完全可满足演出需要，而次间又相对面阔较小的戏台。榆次南张村老爷庙戏台为过街台，前台明间与后台整体上作卷棚顶，而前台又以加歇山的办法左右各加出一间。前台通面阔 6.7m，其中明间 3.7m，次间面阔 1.5m，进深 3.22m，这两个各 4.83m^2 的地方，据村民介绍就是用幕布将前檐及山面遮挡起来后放文武场。南张村北还有一座戏台，本来是平面成凸字形，后台五间通面阔 7.95m，通进深 3.52m，前台一间通面阔 5.05m，通进深 4.2m，但后来又将前台用另加歇山的方式向左右扩大，使前后台基等宽，达到 9.15m，并将前台改建为三间，其扩展的部分非常明显，留下了砖缝。（图 13、图 14）扩出的部分成为安置乐队的空间。现在太原府一带演戏时，仍多保留这种以幕布遮挡次间的习俗。这就是为什么有些戏台虽三开口，但次间柱网密集，如原平县张家村石鼓祠戏台，观众从两侧根本无法观看，论者认为会“吃柱子”的原因。

图 12　榆次南张村老爷庙戏台

图 13　榆次南张村北戏台

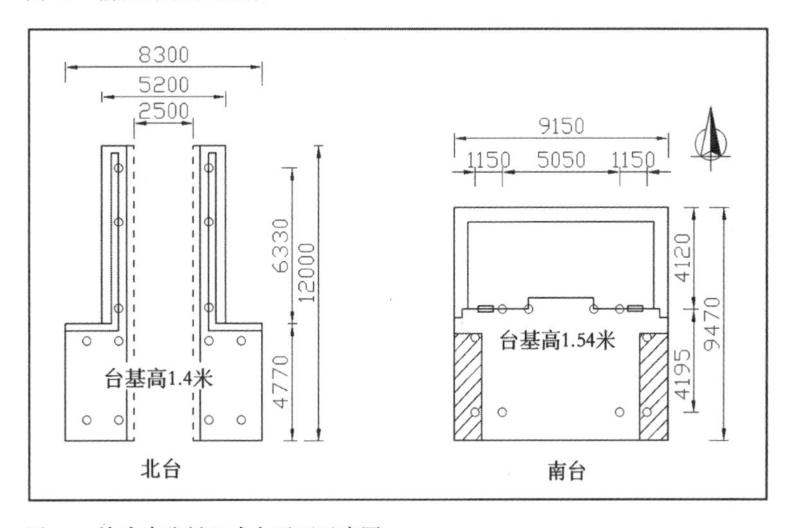

图 14　榆次南张村双戏台平面示意图

二、“观”的功能

以神庙剧场为主的清代太原府剧场，其“观”的场所有三种，主体是戏台前的空场，少部分剧场设置了看楼或看厅，许多剧场也把山门、直对戏台的殿堂前廊、月台等兼做观剧场所。

（1）戏台正面空场。修建戏台时，人们注意到了戏台前的空场要足够使用，在满足祭神需求的同时，满足人的看戏娱乐需求，达到“神人以和”，“人神共乐”。清雍正十一年阳曲县青龙镇圣母庙重修时，“余先君复于正北阔地建乐楼一座”①。强调乐楼要建在“阔地”。阳曲县郭家堡村西林寺。

> 创建之初，限于地势，神棚、戏台相去不过数武，规模狭隘，每春秋报赛，前后稠匝，执事者病焉。寺又岁月寖久，栋楹朵桷，盖瓦级砖，丹垩圬镘，悉有腐挠、穿漏、漫漶、缺落之处，同治年邑人善士于台后、神棚后各施地一块，众议徙置戏台于后，而神棚亦退后数丈，寺内地步则绰乎有余矣。议既成，纠首等鸠工庀材量功度费，移盖神棚、戏台。②

此次修缮的重要目的之一是将神棚与戏台间的距离扩大，解决“规模狭隘，每春秋报赛，前后稠匝”的弊端，结果也是使“寺内地步则绰乎有余矣”，客观上扩大了观剧空场的空间。

对台前空场，人们还有意无意地利用自然地理，特别是相对于戏台而言，由近而远成上升趋势的缓坡，比如太原县（今晋源区）太山寺乐楼，其前面升向山门及院墙的缓坡，成为天然的便于前后错落观看的看场。阳曲县青龙镇龙王庙戏台前也是比太山寺更陡一些的缓坡。

（2）看楼、看厅。即在空场左右设置专门的二层或一层的廊式建筑，前檐不设窗，安置妇女，以实现男女隔离；还有乡村耆老、回乡官员等有地位的人，以体现尊老敬贵。但太原府一带神庙设看楼、厅的似乎不多，比之晋东南、晋南几乎普及的情形，少之又少，只发现太谷阳邑净信寺道光六年“其下增修看亭各三间”③，太谷县东里村李靖庙清光绪七年建“看厦三楹”④，阳曲县北社村五爷庙清光绪二十年修“看棚三间”⑤。现存的看厅有太谷净信寺看厅和阳曲县大卜村关帝庙，其中后者戏台与关帝庙山门间只隔一条街道，空场极其狭窄，但对面山门三间及左右各两间廊式建筑，共七间，面对戏台不设窗，是很好的看厅。（图15、图16）阳曲县下安村清凉寺戏

图 15 大卜村关帝庙

① 大清雍正十一年《重修 泰山殿 圣母洞碑记》碑，高 138cm，宽 58cm，厚 17cm，现存阳曲县侯村乡青龙村奶奶庙遗址。
② 清同治六年（1867）《重修西林寺神棚等碑记》碑，高 175cm，宽 66cm，厚 17cm，现存阳曲县郭家堡村西林寺。
③ 清道光六年《重修净信寺碑记》碑，高 191.5cm，宽 76cm，厚 13.5cm，现存太谷县阳邑镇阳邑村净信寺
④ 清光绪七年（1881）无题碑。碑体已断裂。高 43cm，宽 75cm，厚 9cm。四方形，应为壁碑。太谷县东里村李靖庙。
⑤ 清光绪二十年《观音庙添建会馆看棚记》碑，高 158cm，宽 62cm，厚 14cm，现存阳曲北社村五爷庙。

台也留有西侧看厅。前述现存或现修复的孔家大院、太谷曹家三多堂、祁县渠家大院的庭院剧场均设有看厅，徐沟王家“天禄堂”戏楼院据当地人回忆，也设有看厅。太原府一带神庙剧场少设看楼不是因为经济原因。明清之际晋商崛起，其核心区就在太原府与汾州府所在的晋中地区，富商们对当地的戏台建设进行了大力支持，其建筑的规模、装饰等档次高于其他地区。少设的原因可能一是该地区历史上为民族融合的剧烈区，礼教相对松弛一些，在男女有别的问题上相当薄弱一点，这从这一带的民歌内容也能反映出来。笔者的老家清时期也属太原府，农村中人们对戏场看戏时男女交往持相当宽容的态度，应有其习俗基础。二是山门外戏台比例大，这使女人不得进庙院的规矩与看戏需求的冲突减少，必要时看场中拉绳相隔即可，降低了建筑看楼的迫切性。

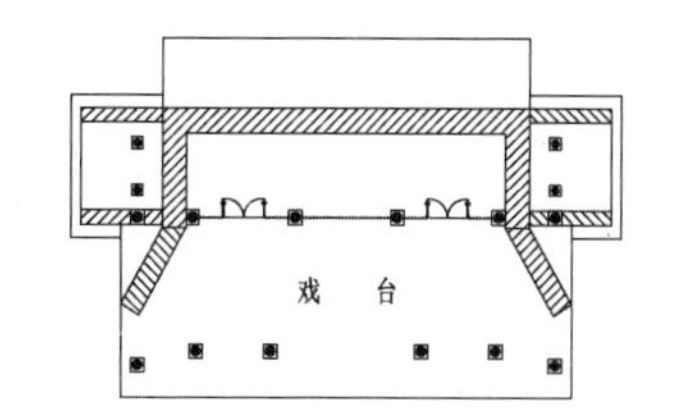

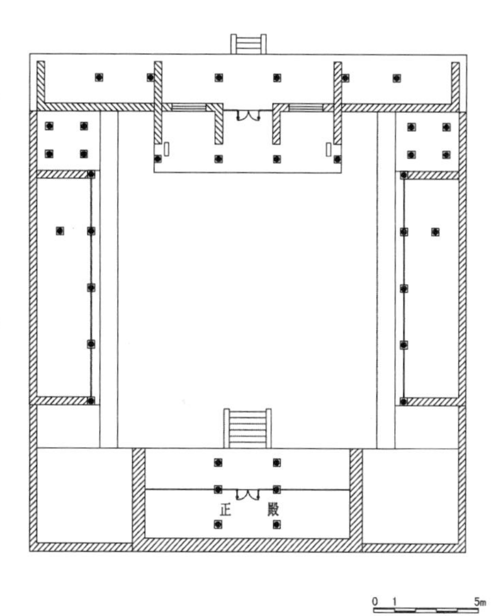

图 16　大卜村关帝庙平面图

（3）山门、殿堂前廊、月台等。神庙剧场常利用正对戏台的山门、殿堂前廊，献殿、月台等兼做看厅或看台。阳曲县中兵村徘徊寺山门现存，三间，悬山顶，与左右耳房、钟鼓楼共享 0.8m 高的砖垒阶条石砌边台基。山门柱为上木下石对接而成，覆盆础。其南向、也就是面向戏台一面出廊，斗栱七攒，斗口跳，平身科耍头刻作象头。廊深 2.3m，阔 14.2m，此为可避风雨的部分，加上耳房、钟鼓楼台基露明部分，则通阔 24.3m，共有 50.6m^2（钟、鼓楼下破台基设通道各宽约 1.15m）。因钟、鼓楼下为偏门，在不影响出入交通的情况下，将山门一关，演剧时就是很好的看台①。榆次城隍庙戏台前有空场，空场后有月台，月台上有献殿，既高低错落，又露避兼顾，是很好的观剧场所。

三、其他功能

除了“演”和“观”两项基本职能外，还有 其他的一些设施服务于演出活动。一是戏房。即供演员吃住的地方，有专门独立设置的，一般称为“戏房”，大部分时候由戏台的后台、耳房，以及庙宇里的厢房等兼作。二是供赶庙会存放车辆、马匹的车棚、马棚， 这些设施不只为看戏服务，是综合服务于庙会活动的，但看戏是庙会的重要内容之一，因此也可被看作是神庙剧场的功能。现存李靖庙无题壁碑记，可使我们对这一问题获得整体的理解：

本村乐亭后旧有社房院一所，马棚六间，东西相向不便车行，虽道光二十三年新建，而所用之木俱属旧料改作，梁檩待将折焉。马棚西又有五尺古道一条，多年未走，壅塞不通；且庙西有空地，而外村车来无寓所。每年四月二十三日乃庙会之期，客旅云集，观者如堵，以故肩磨毂擊，争攘喧闹之声恒终刻不息。余于同治六年始充公事，每逢会期，于心有戚戚焉。尝与同事相叙改变，只因杂务忽

① 参见拙作《阳曲县徘徊寺神庙剧场考论》，《戏曲研究》第八十四辑，文化艺术出版社 2012 年 4 月第一版，第 250 页。

忽，遂中焉。岁庚辰，社有余资，将马棚改为北向五间，空出西边车路，以便往来通行。又庙西辟大门一间，使外村车得其所。今辛巳六月大寺工竣，喜有余暇，庙西建造厢房五楹，门楼一楹，以为优人栖止之所。至若戏场看厦三楹，临街大门一间，以及庙东置买屋基，修理墙垣，皆同时而兴，次第完竣。适值信士乔国塘施钱，旗杆一对，金碧辉煌，涂抹□□殆，焕然为之一新。是役也，两次举行，共费钱柒百来吊，皆□社内余积，毫未累及闾民。以视向之棚将圮，栋待折，道不通，车相撞，门不辟，踵相踏，庙有空，其而车无寓所，不亦愈乎！时□同事商序于余，因述其始末而并摅其愚见，以为之记云①。

李靖庙的剧场是很完善的，有“看厦三楹”外，还有“以为优人栖止之所”的戏房，有为来赶会看戏者提供的宽敞马棚、车棚，即专门栓马喂马和专门停车的地方。

清代太原府剧场功能的完善，人们有一个逐渐认识并付诸实践的过程，需要演员、社首及纠首为代表的村民以及工匠之间的互动，以及不同区域间的相互交流与影响。论者一般总将戏台空间的扩大归之于演出规模扩大产生的需求，这确实有道理，但“扩大”的目的并不都是或全部是服务于演出规模，完善功能也是剧场发展的基本动力。清代太原府剧场正沿着这样的轨迹发展。另外需注意地域性的文化习俗对剧场的深刻影响，这是生成不同地域剧场特点的根源，也是地域性视角考察古代剧场的意义所在。

【参考文献】

[1] 车文明 .20 世纪戏曲文物的发现与曲学研究 [M]. 北京 : 文化艺术出版社，2001.

[2] 罗德胤 . 中国古代戏台建筑 [M]. 南京：东南大学出版社，2009.

[3] 王永年，刘巨才，段树人 . 晋剧百年史话 [M]. 太原：三晋出版社，2009.

[4] 牛白琳 . 阳曲县徘徊寺神庙剧场考论 [C]// 刘祯 . 戏曲研究 .（84）辑 . 北京：文化艺术出版社，2012.

① 清光绪七年无题碑。现存太谷县东里村李靖庙。

论栏杆与宋代戏剧剧场

王之涵[①]
（合肥师范学院，230601）

【摘　要】中国传统戏剧舞台周围的栏杆，是舞台的固定组成部分之一。栏杆的产生由来已久，它一直是中国传统建筑的重要元素之一。

栏杆成为戏剧表演场地的组成部分是在宋代，随着商业化娱乐场所勾栏瓦舍的兴起而确定下来的。勾栏得名的原因，主要是因为当时的戏剧表演场地是由栏杆围绕而成。

宋代的戏剧表演场地的形式继承和模仿了宋代之前的寺庙中的戏剧表演场地。宋代宫廷中的戏剧表演场地也是有栏杆的，栏杆不仅划定了表演的场地，还是表演的道具。宋代皇帝将在宫廷中欣赏戏剧演出的模式都搬到了开封城内，使得当时的百姓争相模仿。

宋代戏剧表演场地中栏杆的运用受到宋代社会审美倾向的影响。宋代众多文人士大夫在文学创作和绘画创作中，都体现出了对栏杆的审美偏好。宋代普通百姓在生活中也非常重视栏杆的作用，栏杆实际上是人们对于神的敬仰和崇拜的标志，是用来划分人间和神界的界线也是沟通人与神之间的桥梁。因此栏杆的图像也被运用到了宋代的墓葬壁画和雕刻之中，宋代的墓葬壁画作品中，多次同时使用“栏杆”和“杂剧”两个元素，这是因为除了栏杆有祭祀作用以外，戏剧在其产生的源头也是用于祭祀。宋代墓葬壁画的主题——栏杆后的戏剧表演，是宋代人对死者往生世界的描绘，体现了宋代的民间习俗与信仰。这种习俗与信仰进一步促使栏杆成为宋代戏剧表演场地的重要组成部分。

【关键词】宋代，栏杆，剧场，戏剧

如果将中国戏剧和西方戏剧做对比，西方的圆形剧场，观众位于高处，表演者位于低处，整个舞台一览无遗，而中国传统戏剧舞台则正好相反，舞台在高处，观众在低处，舞台周围有栏杆，遮挡住观众的部分视线。

这种舞台的形成，最早可以追溯到六朝梁武帝时期的“熊罴案”（图1），舞台平面形状呈方形，有台阶上下，台周有栏杆。可以临时置于殿庭，不用即可撤去。熊罴案的构造基本和今天可见的明清古戏台文物类似，值得注意的是，在熊罴案上的栏杆也出现在后世大部分的戏台上。

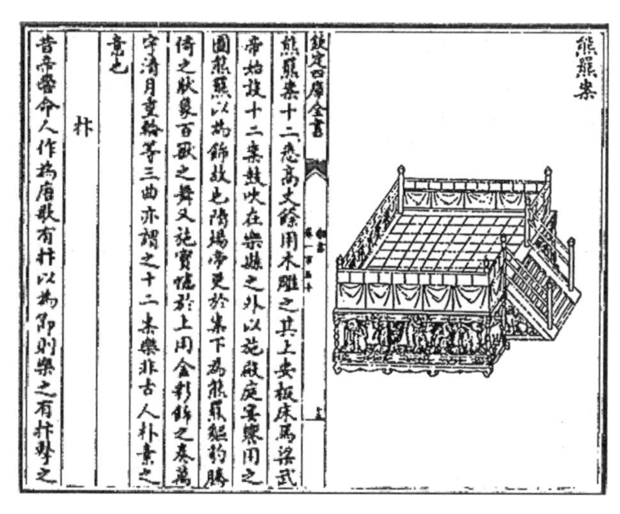
熊羆案

欽定四庫全書

熊羆案十二悉高丈餘用木雕之其上安版牀焉梁武
帝始設十二案鼓吹在樂懸之外以施殿庭宴饗用之
圖熊羆以為飾故也隋煬帝更於案下為熊羆貙豹騰
倚之狀象百獸之舞又施寶幰於上用金彩飾之奏萬
宇清月重輪等三曲亦謂之十二案樂非古人朴素之
意也

朴

昔帝嚳命人作為唐歌有朴以為節則樂之有朴尚之

图1　四库全书本·乐书·书影熊罴案

熊罴案十二，悉高丈余，用木雕之，

---

① 王之涵（1982—）女，合肥师范学院文学院讲师，上海师范大学人文与传播学院博士生，通信地址：合肥市经济开发区莲花路1688号，合肥师范学院文学院办公室，邮编230601。邮箱：wangzhihan_jwk@126.com。

其上安板床焉。梁武帝始设十二案鼓吹，在乐悬之外，以施殿廷，宴飨用之，图熊罴以为饰故也。隋炀帝更于案下为熊罴豹腾倚之状，像百兽之舞，又施宝于上，用金彩饰之，奏《万宇清》、《月重轮》等三曲，亦谓之十二案乐，非古人朴素之愈也。①

栏杆的产生由来已久，它一直是中国传统建筑的重要元素之一。栏杆的存在，首要的作用是安全。但是根据史料记载，熊罴案的高度不过“丈余”，并没有到需要栏杆保证安全的高度。更重要的是，原本就高于观众，不便观赏的舞台，周围又加上栏杆，更进一步的增加了观赏的困难。即使如此，中国传统舞台的栏杆仍然被保留了下来，并且成为了后世戏剧舞台重要的组成部分。

栏杆作为戏剧表演场地的组成部分，是在宋代，随着商业化娱乐场所——勾栏瓦舍的兴起，而确定下来的。

宋元时期戏剧表演场地被称作勾栏，实际上，勾栏在宋代的官方记录中所指，原本就是栏杆。在《宋史·舆服志》中有相关的记载：

小舆赤质顶，轮下施曲柄如盖，绯绣轮衣络带，制如凤辇而小，下有勾闌，牙床绣沥水，中设方床，绯绣罗衣锦褥，上有小案坐床，皆绣衣踏床，绯衣前后长竿，二银饰，梯行马奉舆二十四人。中兴后去其轮蓋，方四十九寸，高三十一寸，舆上周以勾阑。

太祖干德元年改，仍旧四马赤质制，如屋重櫩勾阑，上有金龙四角垂铜铎，上层四面垂帘，下层周以花版，三辕驾士四十人，服绣对凤，羊车，古辇车也。亦为画轮，车驾以牛隋驾，以果下马，今亦驾以二小马，赤质两壁，画龟文，金凤翅绯幰衣络带门帘，皆绣瑞羊，童子十八人。

指南车，一曰：司南车，赤质两箱，画青龙白虎，四面画花鸟，重台勾阑，镂拱四角垂香囊，上有仙人车，虽转而手常南指。②

宋代李诫《营造法式》卷二、卷三、卷八皆有“钩栏”或“重台钩栏”条，不仅更明确地指出勾栏即栏杆，而且具体说明了勾栏的制作样式、尺寸和方法，当时的栏杆，和我们今天所能看到的传统建筑的栏杆形式基本一致。在《东京梦华录》中，我们可以发现，在宋代“勾栏”可以同时指称娱乐场所和栏杆。在下面的材料中，前一个例子中的勾栏指娱乐场所，后一个例子的勾栏则指车子旁边的栏杆。

卷二“东角楼街巷”条：“街南桑家瓦子，近北则中瓦，次里瓦。其中大小勾栏五十余座。”

卷四“皇后出乘舆”条：“命妇王宫士庶通乘坐车子，如檐子样制，亦可容六人，前后有小勾栏。”③

勾栏得名的原因，主要是因为当时的戏剧表演场地是由栏杆围绕而成。用围绕戏剧表演场地的栏杆作为指代戏场的名称，可见栏杆在宋代戏剧表演中的重要性。

一、戏剧自身的传承是宋代剧场中栏杆使用的源头

在宋代之前的戏剧尚未形成商业化的表演模式，当时的戏剧表演，主要在寺庙和宫廷中进行，另外还有少数“路岐人”偶尔的街头表演。这些表演所使用的场地，往往并非为戏剧表演而专门设立。

① 宋·陈旸·乐书（卷一五零），列“熊罴案”于“俗部·八音·匏之属”。
② 元·脱脱等撰，《宋史》，中华书局校点本1985版，第3489页。
③ 宋·孟元老，《东京梦华录》，中华书局1985年新一版，第42、79页。

虽然寺庙中的戏剧表演可能会有专门的戏剧表演场地，但是其表演的目的是通过表演祭祀神灵，也就是说，表演服务的对象是神而非人。到了宋代，由于商业化戏剧表演的产生，随之而来的是专为商业化表演而设立的商业性表演场地。这些表演场地是在借鉴已有戏剧表演场地的基础上，为了配合新兴的戏剧表演服务对象，而产生的新的戏剧剧场形态。这些新兴的剧场有一个重要的特质，就是场地中有栏杆存在。

1. 寺庙剧场中的栏杆

宋代的戏剧表演场地的形式，首先是继承和模仿了宋代之前的寺庙中的戏剧表演场地。寺庙中的戏剧表演，和人们的宗教信仰息息相关，其最初的表演目的是“娱神”，所以寺庙剧场的形式也是对彼岸世界的模拟。在这种模拟中，栏杆是必不可少的一环。

在佛教文献和敦煌壁画中，“勾栏”与“栏循”的出现颇多。栏楯就是栏杆，根据宋代的文献《南宋馆阁录》卷二所载，秘书省内：

右文殿五间……后山墙周……绕以栏循……殿后秘阁五间……阁上下周回……绕以栏循。……阁前有拜阁台，台左右有踏道砖路通东西廊，皆有栏循。④

在佛经所描绘的西方极乐世界画面中，勾栏与栏循是极乐世界建筑的一个组成部分。它往往以七宝或四宝装饰，围绕在水榭的周围。勾栏之内时常举行歌舞表演。西晋竺法护译《佛说德光太子经》中有一段描述：

佛语赖吒和罗：时王硕真无他域之中，有一大城名乐施财，为德光太子造。南北行有八重，八百交道，以七宝为城。其城七重，以七宝为帐，皆以白珠而琪路之。一切诸栏循间有八万宝柱，一切诸宝柱各有六万宝绳互相交系，一切诸宝绳各有千四百亿带系。若有风吹，展转相楷，出百千伎乐之音声。一切诸栏循前，各有五百采女，善鼓音乐，皆工歌舞。得第一伎所作具足，能欢悦一切天下诸国人王，以是供给德光太子。王告诸采女曰：“汝等舍诸因缘，昼夜作诸伎乐，以乐太子。令可其意，无得使见不善之事。”一切栏循边，里诸施具。饥者与饭，渴者与浆，欲得车马者与之；欲得衣服、花香、坐具、舍宅、灯火，随其所求供养。具金、银、明月珠、琉魂、水精、象、马，一切诸七宝理洛以给天下。其城中央，为德光太子作七宝官殿，八重交德。彼一讲堂上，有四亿床座以给太子。城中有园观。生花树宝树，其树常生。悉追覆盖。佛语轶吒和罗：其园观中央有七宝浴池，以四宝金、银、水精、琉满为栏循，中有八百师子之头，其水由中入浴池，其浴池中复有八百师子头，池水从中流出。池中常生四种花，青莲花、红莲花、白莲花、黄莲花。周匝有宝树，其树皆有花实。其浴池边复有八百庄饰宝树，一切诸宝树问各复有十二宝树，各以八十八宝缕转相连结。风起吹树转相敲，概出百千种音声。诸浴池上皆有七宝交慈帐，德光太子在其中浴。⑤

“一切诸栏循前，各有五百采女，善鼓音乐，皆工歌舞。”的表演形式，实际上已经非常类似后来的勾栏表演。我们还可以从敦煌壁画中更为直观的了解到宋代以前佛教寺庙中戏台的情况。图 2，图 3 来自萧默先生《敦煌建筑研究》⑥，图 2 是对敦煌壁画晚唐第 85 窟北壁药师经变佛寺图的摹写，

④ 南宋·陈骙，《南宋馆阁录》，张富祥校点本，中华书局 1998 年版. 第 10 页。
⑤《大正新修大藏经》，第 3 册，台湾佛陀教育基金会，1990 年，第 414 页。
⑥ 萧默，《敦煌建筑研究》，文物出版社 1989 年版，第 78、195 页

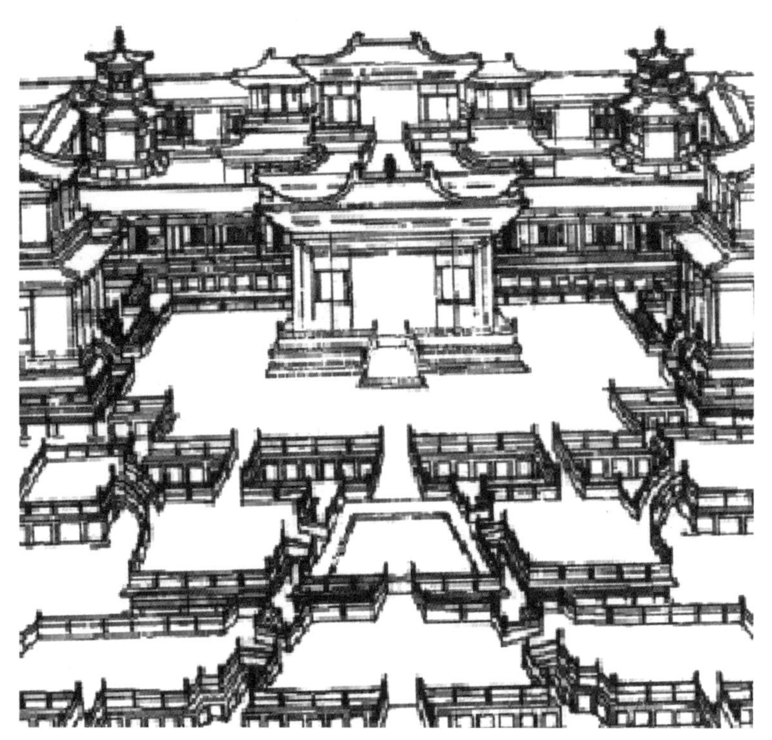

图2　敦煌壁画晚唐第85窟北壁药师经变佛寺图摹写

图3　盛唐第445窟木台摹写

图3是盛唐第445窟的一种木台，分上下两层，上层围以勾栏，勾栏内立乐人演奏，萧默先生认为这也是一种“乐台”。

从图片可知，宋代之前，寺庙剧场中的舞台，栏杆是非常重要的组成部分，栏杆在这里不仅是用来围绕划分出戏剧表演场地，实际上还包含了佛教信仰的含义，是对佛经中描绘的西方极乐世界的模拟。

到了宋代，佛教寺庙仍然继续担任公共娱乐设施的重任，北宋汴京的大相国寺，是演出百戏的重要娱乐场所。相国寺之外，开宝寺、景德大佛寺等寺庙，也都设乐棚，在节日举行乐舞表演。但是传统的寺庙场地到了宋代，已经远不能满足社会生活中的娱乐需求，因此，中国传统剧场在宋代开始走出寺庙。虽然走出了寺庙，但是宋代瓦舍的形式仍然模仿寺庙剧场而建，因此，寺庙剧场中的重要标志——栏杆也就顺理成章的被商业化的勾栏继承了下来。

2. 宫廷戏剧表演中的栏杆

宋代宫廷中的戏剧表演，其表演场地也是有栏杆围绕的。《东京梦华录》卷九记载了“宰执亲王宗室百官入内上寿”的过程，在皇帝的寿宴上，九盏御酒的间隔中，要进行歌舞及戏剧表演，表演场地都是在栏杆所划定的范围内。在第一盏御酒之前，表演的准备阶段，需要有“教坊色长二人，在殿上栏杆边，皆诨裹宽紫袍，金带义襴，看盏斟御酒。看盏者，举其袖唱引曰“绥御酒”，声绝，拂双袖于栏干而止。”[①]在这里，栏杆不仅划定了表演的场地，还是表演的道具。此外，表演中还为“教坊乐部”设有专门的乐棚。

① 宋·孟元老，《东京梦华录》，中华书局1985年新一版，第171页。

教坊乐部，列地山楼下彩棚中，皆裹长脚幞头，随逐部服紫绯绿三色宽衫，黄义襕，镀金凹面腰带，前列柏板，十串一行，次一色画面琵琶五十面，次列箜篌两座，箜篌高三尺许，形如半边木梳，墨漆镂花金装画。下有台座，张二十五弦，一人跪而交擘之。以次高架大鼓二面，彩画花地金龙，击鼓人背结宽袖，别套黄窄袖，垂结带金裹鼓棒，两手高举互击，宛若流星。后有羯鼓两座，如寻常番鼓子，置之小桌子上，两手皆执仗击之，杖鼓应焉。次列铁石方响明金，彩画架子，双垂流苏。次列箫、笙、埙、篪、觱篥、龙笛之类，两旁对列杖鼓二百面，皆长脚幞头、紫绣抹额、背系紫宽衫、黄窄袖、结带黄义襕。诸杂剧色皆诨裹，各服本色紫绯绿宽衫，义襕，镀金带。自殿陛对立，直至乐棚。每遇舞者入场，则排立者叉手，举左右肩，动足应拍，一齐群舞，谓之“挼曲子”。[①]

在这段资料中，对于乐棚的形式并没有直接描述，但是我们考察《东京梦华录》卷六的另一段记录的元宵活动可以发现，乐棚的形式是有栏杆围绕并高出地面的露台，各种乐舞和戏剧都在这个露台上进行，并且有大量的百姓在周围观看。

正月十五日元宵，大内前自岁前冬至后，开封府绞缚山棚，立木正对宣德楼，游人已集御街两廊下。……自灯山至宣德门楼横大街，约百余丈，用棘围绕，谓之“棘盆”，内设两长竿高数十丈，以绘彩结束，纸糊百戏人物，悬于竿上，风动宛若飞仙。内设乐棚，差衙前乐人作乐杂戏，并左右军百戏，在其中驾坐一时呈拽。宣德楼上，皆垂黄缘，帘中一位，乃御座。用黄罗设一彩棚，御龙直执黄盖掌扇，列于帘外。两朵楼各挂灯球一枚，约方圆丈余，内燃椽烛，帘内亦作乐。宫嫔嬉笑之声，下闻于外。楼下用枋木垒成露台一所，彩结栏槛，两边皆禁卫排立，锦袍，幞头簪赐花，执骨朵子，面此乐棚。教坊钧容直、露台弟子，更互杂剧。近门亦有内等子班直排立。万姓皆在露台下观看，乐人时引万姓山呼。[②]

比较这两段材料我们可以发现，第一段材料中的戏剧表演，是在宫廷内部的皇帝和文武百官之间进行的，而到了第二段材料中，皇帝将在宫廷中欣赏戏剧演出的模式“彩棚”和“乐棚”都搬到了开封城内，并且亲自到场观看，这一举动吸引了大量的百姓聚集到此观看表演。

在封建社会，封建帝王的一举一动都会给百姓带来巨大的影响，宫廷中的生活方式会引得百姓争相效仿，是当时的流行趋势和时尚指标。因此才有了“城中好高髻，四方高一尺；城中好广眉，四方且半额；城中好大袖，四方全匹帛。”这样的歌谣流传。上文中这场由皇帝亲自到场做宣传的年度文化娱乐盛世，必然引起百姓的极大热情和模仿欲。这种模仿当然也包括了对于宫廷中表演场地形式的复制。

二、宋代文人创作丰富了栏杆的审美意味

除了受到传统寺庙剧场和宫廷歌舞戏剧表演场地的影响以外，宋代戏剧表演场地中栏杆的运用，也是宋代社会审美倾向的体现。在宋代，众多文人士大夫在其文学艺术创作中，都体现出了对栏杆的审美偏好，这种偏好无疑会影响到戏剧舞台。

① 宋·孟元老，《东京梦华录》，中华书局1985年新一版，第171-173页。
② 宋·孟元老，《东京梦华录》，中华书局1985年新一版，第108页。

1. 宋代诗歌创作中的栏杆意象

宋代文人诗词中大量出现栏杆的意象。我国古代很早就有登高怀远的传统，《诗经·周南·卷耳》中就有了"陟彼崔嵬，我马虺隤，我姑酌彼金罍，维以不永怀"。但是，早期人们登高受到诸多客观条件的限制，那时高层建筑太少，登高多半是登山，而受到人力物力的限制，在当时登山是非常艰难而危险的。

随着宋代建筑业的发展，各种亭台楼阁遍布各地，为人们登高倚栏提供了可能。因此到了宋代，文人墨客创作了大量和登高有关的文学作品。在宋代以登高为主题的诗词作品中，往往有"倚栏""凭栏"的场景相伴出现。宋词中的豪放派和婉约派词人，都不约而同多次运用"栏杆"一词，或是"阑干"、"槛"、"栏干"等异名同质的表述。

争知我、倚阑干处，正恁凝愁。(柳永《八声甘州》)

望处雨收云断，凭阑悄悄，目送秋光。(柳永(《玉蝴蝶》)

寸寸柔肠，盈盈粉泪，楼高莫近危阑倚。(欧阳修《踏莎行》)

楼上几日春寒，帘垂四面，玉阑干慵倚。(李清照《念奴娇》)

休去倚危栏，斜阳正在，烟柳断肠处。(辛弃疾《摸鱼儿》)

把阑干拍遍，无人会，登临意。(辛弃疾《水龙吟》)

怒发冲冠，凭阑处，潇潇雨歇。(岳飞《满江红》)

今何许？凭阑怀古，残柳参差舞。(姜夔《点绛唇》)

愁损翠黛双蛾，日日画阑独凭。(史达祖《双双燕》)

从上面的例子我们可以了解到一个模式，就是"登高(亭台楼阁)→(倚)栏杆→(赏)风景"。

实际上登高之时，不需要通过栏杆作为介质，也完全不影响对风景的欣赏，但是在以上众多的作品中，却一再出现了栏杆。与宋代以前的文人相比，宋代文人的生活更加安逸富足，相应的也就缺乏一些远离尘世，跋山涉水的激情，宋代的文人更多的是留在城市中，在亭台楼阁之间欣赏风景。

倚栏赏景与其说是诗人将眼前所见的真实景象写入了作品，不如说是诗人内心世界的一种展现，一种与真实世界的隔离状态。诗人欣赏风景，又与风景保持一定的距离，并没有投入其中，诗人欣赏风景的最终目的，也不是风景本身，而是借由欣赏风景来抒发心中的种种思绪。

宋代戏剧演出过程中，观众欣赏表演的模式，与宋代诗人欣赏风景的模式如出一辙。早期的戏台，也曾经出现过犹如登高赏景的模式，所不同的是，栏杆围住的是观赏表演的观众。《隋书·志第十·音乐下》载：

至隋炀帝大业二年，突厥染干来朝，炀帝与夸之，总追四方散乐，大集东都。自是每岁正月，万国来朝，留至十五，于端门外，建国门内，绵亘八里，列为戏场。百官起棚夹路，从昏达旦，以纵观之。故戏场亦谓之场屋。[①]

原本在露天平地也可以观看的表演，却特意建起了看棚，拉开和表演的距离。这种看棚，古代称为"神楼"或"腰棚"。"神楼"和"腰棚"正是欣赏风景的地方，由栏杆围起，观众坐在其中，欣赏戏剧表演，正如诗人欣赏风景一般。时至今日，传统戏剧舞台仍然保留了这种座位，也就是"包厢"。

① 唐·魏征等，《隋书》，中华书局1973年版，第381页。

由此我们可以发现，在中国古代剧场中，栏杆不论是用于围绕舞台，还是用于围绕观众，其作用是一样的，都是用来提醒观赏者，戏剧中的一切是供人欣赏的风景，而并非真实的生活，观赏时不可过于投入而忘记自我。

这也就是西方戏剧家布莱希特所提出的戏曲的“间离效果”，在表演过程中，演员在情感上与角色保持距离，观众同角色之间也保持距离，双方都不能过于投入戏剧表演所创造的情境。在中国传统戏剧舞台上，栏杆的存在就保证了这一点。

2. 宋代文人绘画中的栏杆

栏杆的另外一个重要作用，是增加空间感和层次感。栏杆是古代建筑不可缺少的一个部分，也是构成空间层次的重要道具，从中国古代的画作中，很多以庭园楼阁为主题的作品都有栏杆出现。栏杆在画面中的布置，对于建筑和庭园绘画都非常重要。明人专门研究绘画技艺的《绘事微言》卷一“楼阁”条目，对建筑绘画有如下分析：

> 凡写楼阁，若一楼一阁何难，至写十步一楼，五步一阁，其间便有许多穿插，许多布置，许多异式，许多枅拱楹槛阑干，周围环遶，花木掩映，路径参差，若使有一犯重处，便不可入目。[①]

在这段分析中我们可以了解，作为古代建筑的重要组成部分，画家在绘画中对于栏杆的处理和布局，对于整个画面的影响是非常大，体现了画家对全局掌控的功力。

下面的《百子嬉春图》（图4）中，由栏杆围绕的露台，划分出了上下两层空间。在《百子戏剧图》（图5）中，栏杆强调了画面的主体部分的人物，将观看者的视线集中在了一定的范围内，突出强调了画面的中心。《蕉石婴戏图》（图6）和《小庭婴戏图》（图7）分别将栏杆作为画面的背景和前景，增添了画面的进深感。宋代出土的《童戏图三彩枕》（图8）中，栏杆是画面中一个颇为重要的部分，不仅增加了层次感，还为画面增添了一抹鲜艳的色彩。

图4　南宋苏汉臣百子嬉春图

图5　宋陈宗训百子戏剧图

① 明·唐志契，《绘事微言》，人民美术出版社1985年版，第23页。

图 6　蕉石婴戏图

图 7　小庭婴戏图

图 8　童戏图三彩枕

“庭园——栏杆——人物”是宋代绘画中常见的元素，三者之间的关系，类似于传统戏剧的“舞台——栏杆——表演者”。图 4 中的露台，原本就是戏剧表演最初的舞台样式。图 5、图 6、图 8 都有孩子在模仿戏剧表演的场景，同时画面中又有栏杆，我们可以推测，这种类型的场景，可能是对宋代勾栏中的实际表演的模拟。图 7 的栏杆位于画面的最前方，隔开了观者和画面的主体部分——游戏的孩童，这种画面构图，与戏剧表演“观众——栏杆——表演者”的结构非常类似。

栏杆作为最早的中国古代戏剧舞台美术的一个部分，它在实际的空间中，和在绘画作品中一样，可以增加舞台空间的层次感，与没有划定范围的戏剧演出场地相比，有栏杆的舞台，更加能够突出舞台的存在感，集中观众的注意力。因此，绘画中的这种场景布置，很有可能会被引用到舞台表演上。

三、宋代民间俗信促进剧场栏杆的普及

1. 栏杆供桌在宋代的推广

除了文人创作中频繁出现的栏杆，宋代普通百姓在生活中，也非常重视栏杆的作用。在宋代的家具中，出现了一种栏杆供桌。

在晚唐出现了加了栏杆的手捧牙盘，莫高窟晚唐第 196 窟甬道南北两壁，两位供养人的手中所捧牙盘，边缘处有矮栏，这种牙盘是用于摆放祭祀用品的。到了宋代，由于高足家具的普及，栏杆也被加在了作为供桌使用的高脚桌上。台北故宫博物院藏《宋时大理国描工张胜温画梵像》（图 9），尊者像前就有一具栏杆供案。《甘肃宋元画像砖》（图 10）中有一副作为墓室建筑装饰的画像砖，画

面背景中有高桌，桌上放置器皿，桌边有栏杆。[1]这种栏杆桌子，在宋代的文物中多见，其栏杆形状，和前文中的戏剧舞台栏杆，以及宋代绘画中的庭园栏杆形状相似。很明显这种桌子是只能置物而人无法使用，实际上，这种桌子和晚唐敦煌壁画中的供养人牙盘一样，是用来放置贡品的供桌。

图 9 《张胜温画卷》（局部）台北故宫博物院

结合前文所述，传统的佛教经文中，对于极乐世界的描绘往往都有栏杆的出现，是西方极乐世界的标志。因此，宋人在普通的高脚桌边缘加上栏杆，作为专门的供桌。栏杆在这里实际上是人们对于神的敬仰和崇拜的标志，是用来划分人间和神界的界线，而同时又是沟通人与神之间的桥梁。

栏杆的这种沟通两个世界的象征意义，在 其他与栏杆有关的事物上也得到了体现，比如桥梁。中国传统桥梁与栏杆有着密不可分的联系，或是桥梁自身的建筑结构类似栏杆，或是桥上装饰有栏杆。桥的作用是沟通和连接，因此，在中国民间信仰中，“奈何桥”有着沟通阴阳两界的功能，死去的人必须要在奈何桥前喝下孟婆汤，将过去的种种全部忘记，才能够通过奈何桥，走向彼岸世界。

图 10 甘肃宋元画像砖

2. 宋代墓葬壁画中的栏杆

通过栏杆供桌我们可以了解到，在宋代的民间信仰中，栏杆起到了沟通神与人的作用，同时栏杆也隔开了现实和彼岸世界。因此栏杆的图像也被运用到了宋代的墓葬壁画和雕刻之中，用来表现墓主人的身后事。

在 1978 年河南荥阳槐西村出土的北宋绍圣三年 (1096) 的朱三翁石棺上（图 11），绘画了自汉唐以来首次出现的杂剧表演场景。该棺左帮上刻有由宅院出行到墓地送亡的场面，右帮刻有墓主夫妇在自家宅院中欣赏四人杂剧表演，边上有侍者献上食物，仆从牵马，厨工工作。工匠将墓主夫妇的宴饮、杂剧的演出、仆侍的劳作联系起来，并刻在一幅完整的画面中，用来供奉墓主在地下的继续享乐。而对于墓主人所有这些生活的描述，都被隔离在了栏杆之外，某种程度上强调了这一切都是“彼岸世界”，需要用栏杆，将之与现实世界隔开。

图 11 河南荥阳槐西村北宋绍圣三年 (1096) 朱三翁石棺杂剧图

① 陈履生等，《甘肃宋元画像砖》，人民美术出版社 1996 年版，第 8 页。

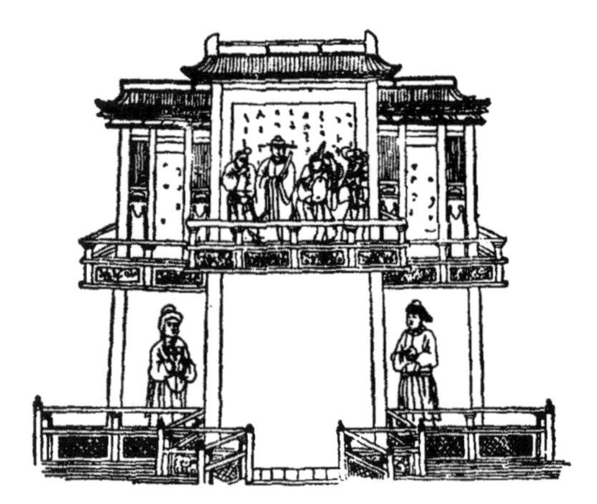

图 12 纽约大都会博物馆金代石棺戏台杂剧图

1959 年，晋南芮城永乐宫出土的金代石棺（约 1260 年）的棺前挡上发现一幅戏台杂剧图（图 12），与荥阳石棺上的杂剧图有很大的不同。图中刻有一座两层门楼，楼上有演员在装扮杂剧；楼下正中一门，门左右立有一男一女侍从，似在恭候墓主。和荥阳石棺的杂剧图相比，这幅图的“彼岸”意味更加鲜明。整副画面构图就像是墓主人的视角所看到的“彼岸”景象。而上下二层的结构和前文图 3 的盛唐第 445 窟木台类似，歌舞戏剧表演，位于上下两层结构的上面一层，并且在栏杆内，这种画面的安排，无疑更进一步强调了杂剧表演的彼岸含义。

以上两幅墓葬壁画作品虽然表现方式不同，却同样使用“栏杆”和“杂剧”两个元素，作为画面的内容。栏杆的祭祀作用前文已经有所论述，同时，戏剧在其产生的源头，一个重要的作用也是用于祭祀。人们在戏剧表演中模仿鬼和神的形象，通过歌舞表演，与鬼神沟通，借此愉悦神灵，从而求得某种愿望的实现，获得庇佑。因此，戏剧也有着模拟彼岸世界的功能。

宋代戏剧表演所蕴含的彼岸含义，以从多方面得到印证。宋代将舞台上表演者上下场的通道称“鬼门道”，意指戏剧中的角色都是已故之人。清人姚燮在《今乐考证》中引元代柯九思《论曲》中对鬼门道的解释：

> 构肆中戏房出入之所，谓之“鬼门道”。言其所扮者皆已往昔人，出入于此，故云“鬼门”。愚俗无知，以置鼓于门，改为“鼓门道”，后又讹而为“古”，皆非也。苏东坡有诗云：搬演古人事，出入鬼门道。[1]

元代钟嗣成着《录鬼簿》，记录了自金代末年到元朝中期的杂剧、散曲艺人 80 余人，为艺人立传，却称这些艺人为鬼，显然也受到戏剧舞台对彼岸世界模拟的影响。元代黄雪蓑在《青楼集》中记载：“孙秀秀，都下小旦色也。名公巨卿，多爱重之。京师谚曰：人间孙秀秀，天上鬼婆婆。”[2]这里将杂剧女艺人与鬼做了类比，也印证了表演者在舞台上的另一重身份——鬼魂。

通过以上的分析，我们可以复制出宋代对于戏剧表演彼岸意味的理解：在戏剧舞台上，表演者通过鬼门道上场，成为“鬼”，搬演一番鬼故事后，再次通过鬼门道走向人间，从鬼变回人。所有的表演都在舞台栏杆内进行，栏杆内是鬼（或神）的世界，观众必须隔着栏杆观看，方能体现阴阳两界的不同。

宋代墓葬壁画的主题——栏杆后的戏剧表演，是宋代人对死者往生世界的描绘，体现了宋代的民间习俗与信仰。这种习俗与信仰，进一步推广了栏杆成为宋代戏剧表演场地的组成部分。

① 清·姚燮，《今乐考证》，北京大学图书馆 1936 年版，第一卷·缘起·第十八页·鬼门条目。
② 元·黄雪蓑，《青楼集》（及其他四种），中华书局 1985 年新一版，第 11 页。

【参考文献】

[1] [唐] 魏征等 . 隋书，中华书局 1973.
[2] [宋] 孟元老 . 东京梦华录，中华书局 1985.
[3] [南宋] 陈骙 . 南宋馆阁录，张富祥校点本，中华书局，1998.
[4] [元] 脱脱等 . 宋史，中华书局，1985.
[5] [元] 黄雪蓑 . 青楼集（及其他四种），中华书局 1985.
[6] [明] 唐志契 . 绘事微言，人民美术出版社，1985.
[7] [清] 姚燮 . 今乐考证 [M]. 北京：北京大学图书馆，1936.
[8] 《大正新修大藏经》，台湾佛陀教育基金会，1990.
[9] 萧默 . 敦煌建筑研究 [M]. 北京：文物出版社，1989.
[10] 陈履生等 . 甘肃宋元画像砖 [M]. 北京：人民美术出版社，1996.

古戏台田野调查与文献关系之研讨①

王黑特②
（中国传媒大学）

【摘　要】本文研究目的：文章通过宁海、祁门、蔚县三地的古戏台田野调查实践与关于三地古戏台的文献之间形成的各种关系进行有针对性的分析研讨，在纠正文献错误的同时强化调查与论文撰写的严谨态度，同时使学术界认识到反复调查的重要意义。研究方法：将田野调查实践与既有文献对比探寻，并进一步延展深入讨论。研究结果：纠正了一些文献的错误，拓展了学术视野。结论：指出田野调查应以文献为参考依据和出发点，同时不迷信文献，应在考察中检验文献、纠正文献。田野调查还有对文献的创建、保存和完善的意义。

【关键词】古戏台，田野调查，文献

田野调查与既有文献之间以一种相互利用、相互生发的积极关系推动着古戏台以及 其他学科研究的步步深入。田野调查以既有文献为依托，同时又检验和完善了既有文献。没有文献支持的田野调查不仅仅是盲目和造成浪费，而且会失去学术深化的可能性。同时没有田野调查的案头文献研究亦有可能导致研究成果的空泛和缺乏依据。田野调查与文献研究并行不悖应是学术研究的务实态度。车文明先生50多万字的全国百优博士论文就是以田野调查为扎实的基础，加之严谨的文献考证而成就的典范例证。本文以田野调查的实际案例与既有文献形成的关系做两点探讨。

一、田野调查对文献的参考、商榷和纠正

考察之前翻阅与考察目的地相关的文献这是田野调查的基本做法。已经有文献出版或发表的考察对象是否还有必要再做考察，这是研究生们向我提出的问题。这样的问题在考察过程中以及考察回来撰写论文的过程中研究生们自会得到肯定的回答。我们在考察宁海县西店镇香石村的崇兴庙古戏台时就发现了现场考察与出版文献的诸多差异，如书中描述与现场观察不一致，书中给出的戏台面阔，进深数据与现场测量的巨大差距等等。下面以祁门县、蔚县两地考察的案例对文献的参考与纠正进行讨论。

1. 安徽祁门古戏台

2012年6月笔者带领学生们到祁门县考察古戏楼，考察之前查阅了已经发表的一些文献，如：姚光钰《浅析祁门古戏台——会源堂建筑布局》③、薛林平的著作《中国传统剧场建筑》④吴健《中国古建筑与文化的关系初探——以祁门古戏台为例》⑤等。在闪里镇坑口村考察会源堂古戏楼及其祠

① 本论文系中国传媒大学重点和优势学科项目“中国戏曲田野调查”（项目编号：CUC11A24）阶段性成果。
② 王黑特，1961年出生，男，中国传媒大学，教授。邮箱：wht@cuc.edu.cn。详情可到百度查询。
③ 见《古园林技术》2005年04期。
④ 薛林平著《中国传统剧场建筑》，北京：中国建筑工业出版社，2009。
⑤ 见《家具与室内装饰》2009年01期。

堂建筑时发现，姚光钰的文章所述与现场差距很大。其文章这样描述会源堂古戏台：

舞台明间为演出区，两侧为文武场（乐台），后台两边各有小厢房为男女化妆室，用花瓶式景门装点。戏台前设有木雕栏板安全防护，戏台两边靠墙有木梯与观戏楼接通。……会源堂藻井井口为八卦形，顶是用36根S形木筋汇集的莲花结，像一个倒扣的大碗称“鸡笼罩”。……舞台檐口采用密集“雀巢式”小斗拱显得非常繁华，增加出檐层次与延伸长度。舞台演出区明间檐口抬高，稍间略低，为四柱三楼门面造型。屋面坡度为传统举折水法，即屋面檐口反翘，既把雨水抛向远方，又不挡阳光，《营造法式》称“反宇朝阳”做法，还扩大台口观赏面积。①

图1　祁门县闪里镇坑口村会源堂古戏楼

现场考察与文献差异具体体现在以下方面：

（1）文章描述：戏台前设有木雕栏板安全防护。

现场观察：戏台前设有石雕护栏，护栏高26cm（图1）。

（2）文章描述：会源堂藻井井口为八卦形，顶是用36根S形木筋汇集的莲花结，

现场观察：藻井井口为正圆形，以30根雁飞形（类似英文M，但起伏较小）木筋向上收缩汇集至顶部，顶部圆心雕做莲花，井口一圈木箍以回形文雕塑，中间圈箍看似花草雕饰，圆心莲花外再做一圈雕饰（图2）。

图2　闪里镇坑口村会源堂古戏楼藻井

① 姚光钰《浅析祁门古戏台——会源堂建筑布局》，《古园林技术》2005年04期，第23页。

（3）文章描述：舞台檐口采用密集“雀巢式”小斗拱显得非常繁华，增加出檐层次与延伸长度。

现场观察：没有任何形式的斗拱。（图1）

（4）文章描述：舞台演出区明间檐口抬高，稍间略低，为四柱三楼门面造型。

现场观察：舞台演出区檐口与次间檐口在同一个水平线上，没有高低差异；只有三个开间，即一个明间，两个次间，不存在稍间（如果存在稍间就意味着面阔五间）；戏楼为四柱但非四柱三楼门面造型。（图1）

（5）文章描述：屋面坡度为传统举折水法，即屋面檐口反翘，既把雨水抛向远方，又不挡阳光，《营造法式》称“反宇朝阳”做法，还扩大台口观赏面积。

现场观察：屋面没有采用“反宇”做法，也没有类似“反宇”的檐口反翘。（图1）

（6）文章描述：姚光钰的文章认为：“后台两边各有小厢房为男女化妆室，用花瓶式景门装点。”薛林平著作则认为：“两侧各有一间小厢房，均有花瓶式的景门，是乐队伴奏之处。后台两侧各有小厢房，为男女化妆间。”①；吴健的文章认为：“两侧各有厢室一个，为乐队伴奏处”②。

现场考察：当地村民认为两侧带花瓶景门的小厢室是乐队伴奏的地方。

另外，姚光钰这篇文章对会源堂享堂地面的描述、对天井地面的描述等方面也同样存在与现场观察无法对应的情况，在此不一一赘述。总之，姚光钰文章对会源堂古戏楼的描述与我们现场考察存在诸多差异。如果认为姚光钰发表文章是在2005年，考察时间较早，近几年古戏台经过维修可能被改建，因此造成文献与现场考察的差异；那么从考察现场看古戏台的木结构几乎全部为老木料，包浆不可能在短短几年形成。石护栏也是古代遗存，而非现代新制。姚光钰考察时的古戏台应该和我们观察时的古戏台没有什么明显的变化。当时采访本村村民，村民们说自他们记事时开始戏台就是考察时的样子，没有改变。

2. 河北蔚县古戏台

2012年8月和10月笔者两次带领学生到河北省张家口市及其下属的蔚县做田野调查。张家口市和蔚县文化、文物部门的领导、专家对当地的重要古戏台都给我们做了热心的介绍，并给我们提供了一批非常重要的文献资料。③这些文献资料中包括邓幼明主编的《独特的古戏楼》④和蔚县政协文史资料《蔚县古戏楼》⑤两本书，这两本书对我们开展调查起到了非常重要的指导作用。但是，在考察现场详读这两本书的相关章节，我们仍发现一批值得探讨的问题。下面仅以蔚县宋家庄镇宋家庄村穿心戏楼和南留庄镇小饮马泉村戏楼为例进行探讨。

邓幼明主编的《独特的古戏楼》这样描述宋家庄古戏楼：

> 阑额、普柏枋枋心浮雕泥塑金龙五条，呈飞舞状，普柏枋两侧为卷草雀替，抹斜卷草，下垫小斗，小斗两侧出三幅云。下层檩垫枋明间绘“碾玉装”，次间枋心绘“戏剧人物”画，枋心两侧绘“梅、兰、竹、菊”。前檐椽头浮贴彩绘狮子头。
>
> 后硬山顶部分为三架梁中置通柱。后台面南檐下走马板上有“屡庆年丰”行楷大字木雕匾额。

① 薛林平著《中国传统剧场建筑》，第310页至313页，北京：中国建筑工业出版社，2009。
② 吴健《中国古建筑与文化的关系初探——以祁门古戏台为例》，载于《家具与室内装饰》2009年01期，第16页。
③ 在此特向张家口市文物研究所高鸿宾先生，蔚县文化局郑玉君局长表示诚挚的感谢。
④ 邓幼明主编，常进忠，陈希英，李建利副主编.《张家口历史文化丛书之九·张家口独特的古戏楼》，北京：党建读物出版社，2006。
⑤ 蔚县政协文史资料文员会编，杨建军主编《蔚县古戏楼》，冀出内准字（2000）第AZ013号，2008.

撩檐檩垫枋，枋心贴泥塑金龙四条。①

成书较晚的蔚县政协文史资料《蔚县古戏楼》也这样描述宋家庄穿心戏楼：

栏额、普柏枋枋心浮雕泥塑金龙五条，呈飞舞。普柏枋两侧为卷草雀替，抹斜卷草。下垫小斗栱，小斗两侧出三雾云。下层檩垫枋明间绘“碾玉装”，次间枋心绘“戏剧人物”，枋心两侧绘“梅、兰、竹、菊”。前檐椽头浮贴彩绘狮子头。

后台面南檐下走马板上木雕匾额，“屡庆年丰”四个行楷大字。撩檐檩、垫、枋，枋心贴泥塑金龙四条。②

现场考察宋家庄古戏楼和小饮马泉古戏楼时发现上述两书描述与现场观察颇有几点值得商榷：

（1）关于宋家庄古戏楼“阑额、普柏枋”的描述，从考察现场看“枋心浮雕泥塑金龙五条”的木构件所处位置及功能与上述不符。即使考虑到地方建筑称谓特点也不应理解为阑额、普柏枋。因为上述两部书在描述 其他古戏楼时同样位置的同样木结构则描述为“撩檐檩枋”（当地工匠称为盖檩）。例如对南留庄镇小饮马泉古戏楼相同位置的木构件的描述两书均写为“撩檐檩枋”； 南杨庄乡牛大人庄戏楼则用地方称谓：“外檐正心檩枋外又加一组盖檩”；下平油村戏楼也以同样文字描述；对九宫口村戏楼的否定性描述更能说明问题：“前檐无外挑撩檐檩”等等③。同样位置，相同构件均不用“阑额、普柏枋”称谓。从现场考察看，这两个木构件的功能是使外檐挑出更远，所以理解成撩檐檩枋比理解成阑额、普柏枋更合适。如按两书上述描述为“阑额、普柏枋”，再以“下层檩垫枋”进一步描述就会造成逻辑混乱，不看大幅而且清晰的多角度照片无法弄懂戏楼前檐的木结构关系，也无法体现外挑的功能意义。当然按宋《营造法式》所述“撩檐方”是直接承托檐椽，而清式“挑檐枋”是附属于挑檐檩下面，并与之平行。“撩檐方”和“挑檐枋”的共同点是均穿过斗拱，由斗拱承托。由于地域性建筑并不一定符合《营造法式》或“清式则例”，但可从构件的部位和功能借用官式名称。从蔚县一批古戏楼都在上述位置用上述木构件看，此处应用“挑檐檩枋”较合理。而“下层檩垫枋”似应为大额枋、垫板、小额枋。蔚县古戏楼大多为清代建筑，少数明代建筑。目前尚未发现宋、金、元建筑。因此，宜用清式称谓（图 3、图 5）。

再看后硬山顶部分（后台面南檐）两书都描述成“撩檐檩垫枋，枋心贴泥塑金龙四条”，这样的描述也值得商榷。从考察现场看此处并没有进一步外挑的功能，何以此处用“撩檐檩垫枋”呢？此处的檩垫枋显然与后檐柱处于相同水平位置，是后檐维护结构的露檐出（或老檐出），不是挑出的部分，所以，此处描述为后檐檩垫枋较准确（图 4）。

（2）上述两书对宋家庄戏楼的雀替和三幅云的描述也需要探讨。《独特的古戏楼》的描述是“普柏枋两侧为卷草雀替，抹斜卷草，下垫小斗，小斗两侧出三幅云。”《蔚县古戏楼》的描述是“普柏枋两侧为卷草雀替，抹斜卷草。下垫小斗栱，小斗两侧出三雾云。”如果按两书认定的挑檐枋为普柏枋的话，我们现场看到的卷草雀替、抹斜卷草不是在“普柏枋”的下面（即不是在挑檐枋下面），卷草雀替是在小额枋下面，即两书称谓的下层檩垫枋下面。“小斗”是在四架梁的梁头下面，四架梁上

① 邓幼明主编，常进忠，陈希英，李建利副主编.《张家口历史文化丛书之九·张家口独特的古戏楼》，北京：党建读物出版社，2006.103.

② 蔚县政协文史资料文员会编，杨建军主编《蔚县古戏楼》，冀出内准字（2000）第 AZ013 号，2008.48.

③ 邓幼明主编，常进忠，陈希英，李建利副主编.《张家口历史文化丛书之九·张家口独特的古戏楼》，北京：党建读物出版社，2006.5-11

图3　蔚县宋家庄镇宋家庄村穿心戏楼正面（北面）

图4　蔚县宋家庄镇宋家庄村穿心戏楼背面（南面）

图5　蔚县宋家庄镇宋家庄村穿心戏楼正面明间木结构

承挑檐檩，挑檐枋两侧插入四架梁的梁头内。即小斗及其两侧出三幅云和卷草雀替在此戏楼上不是一套构件。小斗及三幅云在上面，卷草雀替在下面（图3）。《清式营造则例》称“三福云”为：“雀替或昂尾上斗口内伸出之一种云形雕饰。”现大多写成“三幅云”，为清官式建筑的突出特点，此构件横穿于秤杆之间，与横栱平行，起装饰美观作用，没有结构意义。《蔚县古戏楼》一书所称“三雾云”可能为地方话的误写，按《营造法原》所述，“山雾云”为殿阁厅堂建筑正帖梁架使用。在梁架中它只与扁作梁配合，但现存圆作也有发现。从形制分析，“山雾云”由云板、斗子蜀柱构成，其两侧的云板为装饰性构件，不具结构作用。有些建筑则做成三幅云状，也称“山雾云”，而“山雾云”则是三幅云的谐音。[①]将挑檐枋下的构件称山雾云（三雾云）不妥。四架梁梁头下的这套木构件称三幅云栱更接近实际。

（3）两书对小饮马泉戏楼雀替的描述如下：

> 外檐正心檩垫枋组合，以下额枋与由额之间用木雕云子墩相间隔……外挑一步撩檐檩枋（当地工匠称盖檩）。枋下置通体雀替花牙子，明间图案为二条苍龙回首相望，次间一侧雕二只凤鸟飞翔在牡丹丛中二鲤戏水；一侧雕水草、芦苇、荷花、鹭鸶、水浪等。[②]

《蔚县古戏楼》书中描述与上述约略相同。但从考察现场看，外挑的檩垫枋下面明间已经没有雀替，次间有通体雀替花牙子但是图案仅仅是较简单的卷叶花草，而不是“一侧雕二只凤鸟飞翔在牡丹从中二鲤戏水；一侧雕水草、芦苇、荷花、鹭鸶、水浪等”。“明间图案为二条苍龙回首相望”的通体雀替花牙子是在明间小额枋下边，“一侧雕二只凤鸟飞翔在牡丹丛中二鲤戏水；一侧雕水草、芦苇、荷花、鹭鸶、水浪等”的通体雀替花牙子也是用于次间的小额枋下方，均与外挑檩垫枋无关（图6）。另外，此处只称“通体雀替”即可，不必再加“花牙子”。“花牙子”是用于挂落下边的构件，此处非挂落构件。

（4）两书对小饮马泉戏台彩绘的描述也值得商榷，描述如下：“梁架彩绘以沥粉贴金、青绿和玺碾玉装为主……台中隔扇皆为青绿彩绘，正中枋心卷云退晕边框，内绘一只大金蟾。小枋心卡子边均为官式之字线……”。[③]从考察现场看戏台梁

图6　蔚县南留庄镇小饮马泉古戏楼

① 见李剑平编著《中国古建筑名词图解辞典》，第37页、第96页，太原：山西出版集团，山西科学技术出版社，2012。

② 邓幼明主编，常进忠，陈希英，李建利副主编.《张家口历史文化丛书之九·张家口独特的古戏楼》，北京：党建读物出版社，2006.2-3；蔚县政协文史资料文员会编，杨建军主编《蔚县古戏楼》，冀出内准字（2000）第AZ013号，2008.16

③ 邓幼明主编，常进忠，陈希英，李建利副主编.《张家口历史文化丛书之九·张家口独特的古戏楼》，北京：党建读物出版社，2006.3；蔚县政协文史资料文员会编，杨建军主编《蔚县古戏楼》，冀出内准字（2000）第AZ013号，2008.16

架虽有龙凤彩绘和沥粉贴金，但缺少和玺彩绘应有的三停线，更未见“Σ”型岔口线。台中隔扇所述“小枋心卡子边均为官式之字线”，从考察现场看各部分彩绘均未见“卡子”。“卡子”是苏式彩绘独特的藻头（找头）图案，分软卡子和硬卡子。所谓“之字线”，从现场看事实上是“Σ”型线的反向使用。所以，此戏台彩绘不宜用“和玺”定义。从考察现场看彩绘中既有《营造法式》“碾玉装”退晕至白之处，有沥粉贴金之龙凤，更有苏式海墁彩绘的檩枋连绘。如果认为书中描述的是清式“石碾玉”则差距更大。

宋家庄戏楼彩绘描述也有不妥之处，两书均认为：“下层檀垫枋明间绘“碾玉装”，次间枋心绘戏剧人物画”。从现场考察看所谓“下层檩垫枋”（应为大小额枋）彩绘未见戏曲人物，可以辨认的是东侧次间挑檐檩上的彩绘是戏曲人物。用“碾玉装”定义仍需考虑。

（5）两书对宋家庄戏楼建筑年代的断定也不一致，《独特的古戏楼》断为明嘉靖年所建；《蔚县古戏楼》断为清代中叶建筑，并指出宋家庄城堡券门上镶石扁，书“昌明”二楷书，落款为嘉靖拾叁年。若《独特的古戏楼》断代依据为此落款，则需斟酌，因为戏台不一定与城堡及堡门等建筑同时修筑。应注意现存蔚县古戏楼大多建于清代，如果没有石碑或县志等确切文献记载，断代的语言表述不宜太确定。从蔚县县志看没有对宋家庄戏楼的记载，也没有石碑文献记载。

（6）《独特的古戏楼》认为宋家庄穿心戏楼的进深是 4 间，《蔚县古戏楼》则认为进深 3 间，从现场考察看进深应为 3 间。罗德胤先生也认为宋家庄戏楼进深是 3 间，即：表演台进深 1 间，扮戏房进深 2 间。①

上述两书记载与古戏台现状之间值得商榷之处颇多，在此不一一赘述。

综上所述，古戏台文献是对古戏台田野调查结果的学术记录与总结，但由于受到考察时间、考察方法、记录方法、观察角度以及知识水平等方面的限制，难免会出现文献表述与古戏台实际不符的情况。这就要求在田野调查中既以文献为考察的基本依据，又不迷信文献。而应有意识地检验文献、纠正文献的错谬。这应该成为田野考察活动的目的之一，亦应成为此类学术学术活动的价值之一。

二、田野调查对文献的创建、保存和完善

（1）将田野调查的结果公开发表和出版是创建新的文献。其意义不仅仅是目前学术研究的需要，同时也是对后世的学术、社会发展、民族记忆和人类文明的文化战略贡献。笔者在 20 世纪 90 年代与山西师范大学戏曲文物研究所的师生做田野调查时就有这样的经历，我们在前一年刚刚考察过的古戏台、古庙宇，第二年再去补充考察时往往会发现这些古建筑已经夷为平地，或新建成了现代建筑。因此，山西师大戏研所的部分考察记录就可能成为仅存的文献档案。山西师范大学从 20 世纪 80 年代开始对山西古戏台做田野调查，几十年时间发表文献几百万字，这些文献基本涵盖了山西省大部分古戏台。但也绝对不是穷尽性研究，山西肯定还有尚未考察和发表的古戏台。

对河北蔚县古戏台研究成果的出版和发表，目前看只有上述《独特的古戏楼》和《蔚县古戏楼》两本书。罗德胤先生的《中国古戏台建筑》中只分析了蔚县的宋家庄古戏楼（代王城三面观古戏楼只提到一句话）。从中国知网检索只有 2 篇文章，而且 2 篇中只有 1 篇学术文章。《蔚县古戏楼》事实上不算公开发表的文献，只算内部资料。《中国戏曲志 · 河北卷》只简单记录了蔚县白草村古戏台，

① 罗德胤著《中国古戏台建筑》，第 102 页，南京：东南大学出版社，2009.

此戏台也已经包含在《蔚县古戏楼》一书之中，其他戏台均未涉及。从张家口市文物局给我们提供的统计资料看，列入统计范围的蔚县古戏台有 202 个。《独特的古戏楼》和《蔚县古戏楼》发表和记载的古戏台共计 39 个，《独特的古戏楼》记载的古戏台全部包含于《蔚县古戏楼》一书中，所以两书重复记载的古戏台只做一次统计。上述发表文章的古戏台也包含于《独特的古戏楼》和《蔚县古戏楼》两书记载之内。《蔚县古戏楼》记载的 39 座古戏台中有 8 个没有列入张家口市文物局的统计范围，因此，目前有据可查的蔚县古戏台应为 210（202+8）个。此数减去 39 个古戏台，就意味着至少还有 171 个古戏台需要调查和发表，以建立新的文献。

宁海县古戏台也同样需要进一步开展田野调查工作。徐培良、应可军的《宁海古戏台》一书说："保存下来了明清两代的古戏台一百几十座。"[①]《宁海古戏台》书中较详细记载了 10 个较著名的古戏台，从中国知网上查阅宁海古戏台文章有 10 篇，其中徐培良、应可军《宁海古戏台》一书未记载的有 5 个古戏台。《中国戏曲志・浙江卷》仅简略记载了宁海城隍庙戏台，也已经包含于徐培良书中。这就意味着宁海仍有上百座古戏台尚需考察和发表。

或许有人指出，已经发表的古戏台都是有较高学术价值的文化遗产，没有发表的或许价值不大。众所周知，人文学术是一种视角学术、有机学术和生命学术。随着时代的发展，人们的认识论和方法论都在发生着迁移。原来认为价值不大的文化艺术作品在未来有可能成为非常有价值的稀缺遗存，原来认为非常重要的文献也可能逐步淡出人们的视野。在收藏界海南黄花梨木器曾经是海南农民的普通农具，但现在成为价值昂贵的奢侈收藏品。元青花原来也没有现在这样引人注目。清末和民国时期钧瓷曾经价值连城，现在则不如元青花昂贵。西方艺术界也曾经历过对印象派作品的鄙视，对毕加索、马蒂斯作品的不理解等阶段。这些都佐证了文化艺术价值和人文学术视角的变动不居。目前对古戏台的研究属于戏剧戏曲学、建筑学、文化遗产学等学科。将来作为人类学的价值会逐步加大，社会学、史学、民俗学、宗教学都可能对古戏台形成较强的学术期待。无论将来这些古戏台是否可能形成较高的文化遗产价值和学术价值，它们都可能随着人类行为的变化而逐步消失，是不可再生的文化遗产和人文学术资源。

（2）田野调查不仅仅保存了文献档案，而且有可能对文化遗产的保护和部分保存做出贡献。这在我们的田野实践中屡有发生。在田野调查中制作石碑拓片就是间接保存石碑的原貌、原文。20 世纪 90 年代笔者在山西参加田野调查时曾经多次遇到石碑文献被村民作为铺地石料，台阶石料，甚至猪圈、厕所用材等。在荒野和农田中也见过一些遗弃的石碑。石碑文献中有关戏曲演出、戏台庙宇修建、风土人情、自然灾害等方面的生动记载是书面历史文献无法替代的。2012 年 10 月笔者带学生们在河北省蔚县宋家庄镇王良庄村考察时发现一批石碑用于修葺古戏台的台口，其中有一通康熙四十四年的石碑碑文朝上，已经严重磨损，碑文字迹勉强可辨，我们现场制作了拓片（图 7）。在该村的古井边，遗弃着另外一通石碑，只有少半边碑文可以辨认，因与古戏台研究有关，我们也拓了这残存的少半面碑文。在蔚县更多的石碑作为碾坊、井边的石料被常年踩踏，碑文全部磨平，无法辨认（图 8）。20 世纪 90 年代笔者在山西省阳城县崦山白龙庙考察时，恰遇村民们在刚拆毁的古庙宇原地建成新庙，拆毁的古庙琉璃瓦件到处丢弃，笔者随手保存了几件琉璃残件。其中就有脊刹琉璃，上面刻写着"乾隆五十四年三月十九日记"。这就确切地记载了白龙庙的一段经历（图 9）。最容易损毁的是古戏台

① 徐培良、应可军著《宁海古戏台》，序一，北京：中华书局，2007。

图 7　蔚县宋家庄镇王良庄村戏台台口康熙年间石碑

图 8　蔚县宋家庄遗弃的石碑

图 10　蔚县古戏楼咸丰八年题记残迹

图 9　山西省阳城县崦山白龙庙乾隆五十四年琉璃脊刹

上的演员题记。古代演员在演出之余，常常将戏班名称、演出剧目、演出时间等信息写在墙壁上，甚至还有将演出酬金、演员心态等题于墙壁者。这些文字，向我们提供了生动的微观戏曲史资料，这将对戏曲研究的深入提供有价值的文献。这些题记或许对 其他学科还有 其他价值。这些题记也是最容易被毁坏的历史文献。无论自然剥落还是人为覆盖，这些题记都是最脆弱的部分（图 10）。没有人会认为这些随手“乱写”的文字有什么价值。

田野调查还是一支宣传队。我们考察所到之处，都会给当地村民留下印象，他们会知道这些没人重视的古戏台、古庙宇、古石碑还是有些价值的，否则这些远道而来的师生们不会如此认真地测量、拍照、录像、记录、采访、拓碑，等等。我们也曾经多次向当地有关部门反映了在考察中遇到的文物保护的具体问题并提出具体建议。回到北京之后我们还给他们邮寄如何保护文物的技术书籍，以及我们拍摄的影像资料，以引起地方政府的重视。

（3）田野调查应该是一个历时性过程，是一个反复考察的过程，这不仅仅在于上文所述对文献的纠正，同时也是对文物的历时性记录。随着现代化进程的加快，文物的毁灭速度也在加快。来自不同地方的学者们每隔一段时间到有文献记载的古戏台、古庙宇做一次调查是十分必要的。因为，这些古戏台过一段时间就会有一些人为的变化。

在宁海县，一些古戏台仍然具有使用功能，村民们过几年就会维修一下，或者随时损坏随时维修。比如我们考察过的一座宁海古戏台，原有的额枋上面有精美的清代工笔彩绘戏曲故事，但额枋已经被白蚁蛀空，失去了使用功能，村民就换上了新的木料。为保护额枋上的原始彩绘，徐培良先生[①]曾经发明了将彩绘一层锯下，再贴于新额枋上的办法加以保护。但是后来徐培良先生不再担任文物局长，新上任的局长对文物没有时间事必躬亲，这些方法就不再使用。村民们就将绘有古代彩画的几根老额枋扔在祠堂墙角下，继续任由白蚁等侵蚀（图 11）。乡文物管理员曾经建议我将这些有彩绘的老额枋带回北京保护起来，我没有答应。我认为文物最好保存在当地。在宁海更有一些村子的古戏台、古庙宇被村民们好心花钱完全粉饰一新，古代彩画被完全覆盖。

安徽祁门县有一种锯木蜂，随时都在古代木结构上不停地锯着，一些古祠堂、古戏台的下面堆积着一堆崭新的木屑，并且新的木屑正在像水流一样不停地向下流淌。这些被锯坏的木构件过些年必然要更换。至于偷窃木雕、砖雕的事情在全国各地更常见，原有文献描述的一些木雕、砖雕待我等考察时已经不见踪迹。宁海县徐培良先生在书中描述的宁海县西店镇香石村崇兴庙古戏台藻井："其中有八条龙升至顶部铜镜处。铜镜正中原有圆雕龙头，现无存。"[②]说明徐先生考察时圆雕龙头已不存在，但铜镜尚在。2012 年 1 月我们考察时铜镜亦亡矣。

蔚县代王城镇三村十字路口有一座三面开口的古戏台，山西师大戏研所的刘娜同学曾经对这座古戏台做过考察，并发表了文章。将蔚县代王城有三面开口的古戏台与山西省介休市板峪村龙天庙及其嘉庆九年（1804）以前之三面开口戏台做了比较研究。[③]无论从刘娜文章所附的照片看，还是从《独特的古戏楼》和《蔚县古戏楼》看，代王城古戏台三面台口都砌有土墙，基本保持着原貌，应该是曾经用作演戏之外的 其他用途（图 12）。但我们在 2012 年 8 月考察时土墙已经不见，展现给我们的却是内外崭新的"古"戏台（图 13）。刘娜的文章发表于 2009 年，上述两书出版时间是 2006 年和 2008 年，即这座古戏台可能是在 2009 年之后被大修并粉饰一新的。

图 11　宁海县遗弃的古戏台额枋彩绘

（4）田野调查之所以要重复进行，还因为文献的有限性，即文献本

①《宁海古戏台》（中华书局，2007）作者，曾任宁海县文物局局长。
② 徐培良、应可军著《宁海古戏台》，第 30 页，北京：中华书局，2007。
③ 刘娜《两例罕见的三面开口戏楼》，载于《中华戏曲》2009 年第 06 期。

图 12　图片截自薛林平著《中国传统剧场建筑》，见注释 7

图 13　蔚县代王城镇三面开口古戏台（2012 年 8 月拍摄）

身还不够全面和深入。以上述《独特的古戏楼》和《蔚县古戏楼》为例，即使抛开描述错误的问题，我们还会发现古戏台与周围建筑的关系，尤其是与乡村庙宇的关系缺乏陈述。从戏剧戏曲学角度看，还缺乏对戏台演戏历史与现状的采访追忆，以及对村民宗教信仰、年节庆典、祭祀和生活状态的调查采访。对石碑文献、宗族传承的记述也未体现。即使戏台本身，描述也较粗放。如对戏楼高度、戏台尺寸、演出空间面积、扮演间的面积等等都需要进一步调查测量。最好绘制平、立、剖图。关于祁门县古戏台的上述文章虽有部分平面图和剖面图，但是对木结构的描述过于粗放，对南方古建筑特有的木雕几乎没有较详尽的内涵描述。同一个文献作者对同一个古戏台也需要反复考察，田野调查者往往都有调查的遗憾。虽然每次出去调查都做好了充分的准备，每次在调查现场都认真拍摄、记录，但是每次回来写文章时都会发现一些需要补充调查的遗漏。文章发表后还会有许多遗憾留在心里等待下次考察加以完善。

绝大部分人文学者的学术研究活动都是在书斋进行的，能够将自己关进书斋在当下浮躁的氛围中已然难能可贵。但这同时也是不够宽泛的学术活动。田野调查作为人类学的学术实践带给我们新的学术体验，它具有广泛的学术生命力，并已经伸展到许多学术领域。在古戏台研究方面，田野调查作为重要研究方法已经超越了方法论层面，而成为评价学术价值和观察学术现象的独立视角，因此，亦可作为一种认识论。

【参考文献】

[1] 姚光钰．浅析祁门古戏台——会源堂建筑布局 [J]. 古园林技术，2005（4）：23.

[2] 薛林平．中国传统剧场建筑 [M]. 北京：中国建筑工业出版社，2009.

[3] 吴健．中国古建筑与文化的关系初探——以祁门古戏台为例 [J]. 家具与室内装饰，2009（1）：16.

[4] 邓幼明，常进忠，陈希英，等．张家口历史文化丛书之九·张家口独特的古戏楼 [C]. 北京：党建读物出版社，2006.

[5] 蔚县政协文史资料文员会，杨建军．蔚县古戏楼 [内部资料集]，冀出内准字（2000）第 AZ013 号，2008.

[6] 李剑平．中国古建筑名词图解辞典 [M]. 太原：山西出版集团，山西科学技术出版社，2012.

[7] 罗德胤．中国古戏台建筑 [M]. 南京：东南大学出版社，2009.

[8] 徐培良，应可军．宁海古戏台 [M]. 北京：中华书局，2007.

[9] 刘娜．两例罕见的三面开口戏楼 [C]. 中华戏曲，2009（6）.

二十一世纪的戏曲中心

茹国烈[①]
（西九文化区管理局　香港）

【摘　要】西九文化区是目前全球最大型的文化项目之一，作为区内第一座落成及启用的艺术设施，戏曲中心是专门为戏曲演出、创作、教育、研究等艺术发展而建的艺术中心。方法 建设一座拥有完备设施的殿堂级戏曲表演艺术场地，并具备充足的培训、教育设施和宽敞的公共休憩空间，以满足演出、委约创作、教育、研究、交流与合作等不同需要。结果 发挥"中心"作用，达到开拓观众、提升质素、促进交流的功能。结论 传承粤剧及其他地方剧种；推动中国传统表演艺术及非物质文化遗产的持续发展；培育二十一世纪新一代艺术家和观众，以此传承戏曲文化。
【关键词】西九文化区，戏曲中心，开拓观众，提升质素，促进交流，传承戏曲文化

一、粤剧

1. 早年香港粤剧

粤剧是香港最受欢迎的戏曲节目。

根据文献数据显示，香港早于清朝乾隆五十一年（1786），于新界元朗大树下的天后庙便有戏曲演出，也就是香港粤剧棚戏（即野台戏）的雏型。

香港自 1841 年成为英国的殖民地。自此之后，渔港逐渐变成东方之珠，娱乐事业萌芽，演出粤剧的戏院纷纷建成。直到 20 世纪中叶，香港的粤剧事业仍然十分兴旺，其中一个原因在于粤剧戏院林立，该时期约有 12 间专门演出粤剧的戏院。

2. 戏棚"神功戏"

另一个粤剧主要表演场地是戏棚，多年来维持了粤剧的生命力。

香港市民为了酬神和还愿，保佑地方的太平和清净，除聘请道士、僧侣做法事外，地区团体还聘请粤剧团于临时搭建的竹竿戏棚演出"神功戏"。这种戏棚一般历时 3~5 天，演出后便会被拆卸。

每年农历三月天后诞是粤剧神功戏的尖峰期；农历七月盂兰盛会亦有不少戏棚演出潮州戏。时至今日，戏棚"神功戏"除了是氏族礼教，也成为香港具代表性的文化活动之一，每年吸引不少外地游客参观。

3. 兴衰更替

粤剧源于湖北汉剧，早期的演出方言都是用中州音的官话，又称为"戏棚官话"。粤剧演员为使观众，尤其是操广州地方语言的民众更容易理解表演内容，20 世纪 30 年代起逐渐将大部份唱词改为白话（广州话），自此更有效地让观众产生共鸣。该年代著名粤剧演员薛觉先及马师曾先后从上海及美国到港，各自成立了"觉先声剧团"及"太平剧团"。二人对粤剧艺术皆有炽热的追求，成就了"薛马争雄"的局面，开展了粤剧的黄金年代。

---

① 茹国烈（1966），男，香港，西九文化区管理局表演艺术行政总监。邮箱：louis.yu@wkcda.hk；isabel.lee@wkcda.hk。

该时期香港的粤剧事业十分兴旺，而至五、六十年代，香港粤剧的编剧、音乐及演员人材辈出，市场竞争促使演员提升个人表演质素，以及创作可突显个人特色的剧目，致使剧目题材、表演方式及唱腔音乐各方面均推陈出新，让粤剧成为民间最受欢迎的娱乐消闲活动。

粤剧本来就是一项雅俗共赏的表演艺术，但在兴旺的表演背后，粤剧亦开始受到好些客观因素的冲击，包括：

(1) 粤剧戏曲电影兴起，普罗市民可以低廉戏票在电影院观看粤剧，而不需要进入剧院；

(2) 新一代年轻人在西方思潮影响之下，对于传统艺术产生对抗观念；

(3) 社会设施陆续更替或兴建，民间戏院逐步减少；

(4) 其他娱乐媒介，例如广播电台、国语电影及时代曲，以至其后出现的电视，为市民的工余生活提供了更多不同的选择。

因此，粤剧作为香港民间最主要的大众娱乐，自六、七十年代起便开始踏入低潮。

4. 转型发展

粤剧从大众娱乐层面陆续边缘化，而香港在回归前的本土意识日益提升，粤语和中国文化被市民越来越重视，香港政府，尤其在回归之后的特区政府，为响应社会及粤剧界的诉求，陆续透过不同渠道和形式支持粤剧发展。

除此之外，粤剧于 2009 年被列入联合国教科文组织的“非物质文化遗产代表作名录”，也确认了粤剧的文化身份和地位。由是，特区政府的不同部门，都以不同形式和投放资源支持粤剧的传承，例如“康文署”统筹香港每年“粤剧日”的整体活动，粤剧发展基金及艺术发展局定期拨款资助粤剧的演出等等。

硬件方面，随着民间的私营剧院大幅减少，粤剧只有倚靠政府提供更多表演场地。特区政府为了让粤剧及戏曲艺术继续向前发展，已经将油麻地戏院 (300 座位) 和红砖屋两幢历史建筑物改建为专为戏曲演出和相关活动，于 2012 年落成启用。另外，高山剧场新翼 (600 座位) 亦作为粤剧演出场地，将于 2014 年底开放。西九文化区的戏曲中心，亦预计于 2017 年落成。

时至今日，对比于其他中国地方剧种，香港的粤剧还有相对庞大的市场需求和遍布海内外的受众群体。以 2009 至 2010 年度为例，该年香港有 1122 个戏曲节目合共 1418 场次，当中粤剧及曲艺演唱会占有 1 271 场次 (89.6%)，几近每晚 3 场，接触的观众人次，是戏剧 (西方话剧)、音乐、舞蹈、戏曲等四个表演艺术组别当中最多的一个，达 87 万，累积票房约港币 6 千 8 百万元。戏棚“神功戏”方面，2010 年全港便有 44 台粤剧神功戏，总共 187 天演出。

尽管如此，粤剧的承传危机不遑多让。广东省近年来招收学习粤剧的新学生越益困难；随着老一辈艺人陆续退休或辞世，一向以“口传身授”承传的香港粤剧，逐渐出现青黄不接的现象。此外，香港观众年龄层越趋老化；业界在剧烈竞争的商业市场，不易兼顾艺术开创和发展，艺术水平难以保持。

因此，技艺传承、数据保存、研究推广和培育创新，以至于在场地硬件方面寻求新的突破，均是粤剧未来发展的重要方向。

二、西九文化区戏曲中心

1. 西九文化区

西九文化区 (西九) 是目前香港最大型的文化建设项目，目的为香港提供一个充满活力的文化区；

西九文化区戏曲中心

一个让本地艺术界交流、发展及合作的平台，以及呈献世界级展览、演出及文化艺术活动的主要场地。

西九文化区是一个低密度的发展项目，将有17个核心文化艺术设施，提供宽敞的公共绿化空间、长达2km的海滨长廊、23公顷公共空间及林荫大道，并与邻近小区紧密连系。

西九项目将分阶段发展，第一期落成的首个场地将是戏曲中心，占地13 800m^2，位处西九文化区东面的黄金地段。戏曲中心将提供宽敞的公共休憩空间，除了占地2 000m^{2}的培训及教育设施外，更会有两个设计瑰丽的剧场，分别可提供1 100个及400个座位（后者将于第二期落成），以及一个可供表演及容纳200名观众的茶馆剧场。

2. 设计比赛

西九管理局于2012年3月举办戏曲中心设计比赛（“设计比赛”），目的是选择一个创新的设计，可成为标志性的建筑，并能与西九文化区的整体设计概念互相匹配。

世界各地超过50支建筑设计团队表示有意参与“设计比赛”。管理局先选出5支入围设计团队，入围设计团队于2012年10月初提交设计方案，然后由香港、国内及国际专业及文化艺术界的翘楚组成的评审团（“评审团”）负责评审。在另一个由专业技术人士组成的技术委员会支持下，“评审团”检视有关设计方案，并通过面试、工作坊等方式评定个别团队的能力。

3. 优胜设计

戏曲中心是“西九文化区”建造难度最高的建筑物之一。在当今年代，无论在世上任何地方，专为中国戏曲表演而建造的场所甚为罕见。正因如此，表演空间及设施方面的设计都没有太多先例可供参考，要从头摸索构思，以适应戏曲这种历史悠久又富当代气息，且不断演变的表演艺术。

“评审团”以四大范畴为入围设计的评审准则，包括：

（1）建筑设计范畴；

（2）技术设计范畴；

（3）可持续设计范畴；

（4）与客户团队 / 其他顾问 / 戏曲业界合作的能力。

“评审团”最终选出“谭秉荣＋吕元祥建筑设计有限公司”为“优胜设计”。根据初步的设计概念，戏曲中心的大门令人注目，整座建筑犹如一盏亮丽彩灯，采用了中国传统的月拱门图案，外观设计充满动感及活力。戏曲中心的流畅外型以至空间的铺排处理，都呈现出“气”的概念。

综合各评审的意见，“优胜设计”呈现了以下重要元素：

（1）能获公众认同的标志性建筑物。

（2）融合东方和西方建筑美学。

（3）具吸引力的外观能够成为西九文化区对外连系的门户。

（4）建筑物内具备充足和易于调节的商业设施。

（5）剧院从后舞台以至观众席都有卓越功能。

（6）后舞台的设计是各建议书中最好的一个。

（7）设计团队和不同范畴的专家都有很好的合作默契。

三、二十一世纪戏曲中心的愿景

戏曲中心的空间规划将配合发展戏曲的实际需要。由是，表演、彩排及制作设施需为艺术表演节目而设；教育设施需为艺术教育活动而设；广场及公共空间可支持小区艺术活动，将戏曲中心与周边区域互相链接。

戏曲中心不单是表演场地或商业地区，更会投入资源推动文化事业：

1. 开拓观众

戏曲中心不仅是演出场地，更着重软件的开发和延伸，以此培育新一代艺术家，从而开拓更多具质素的观众，让戏曲艺术能够获得群众的参与和支持。

2. 提升质素

借着充足的排练设备，以及专业的行政团队，协力强化粤剧排演和制作的制度。通过不同地方剧种之间的交流学习，推动粤剧的传承保育，改革创新，以此提升香港粤剧的质素。

3. 促进交流

优质的粤剧将是戏曲艺术的重要滋养成份，与其他地方剧种一起建构中国文化艺术的根基，并可与其他表演艺术的非物质文化遗产积极交流，将传统艺术活现于当代舞台，成就西九为“戏曲”的中心。

【参考文献】

[1] 陈守仁 . 香港粤剧导论 [C]. 香港 : 香港中文大学音乐系粤剧研究计划，1999.

[2] 粤剧大辞典 [M]. 广州 : 广州出版社，2008.

由出土文物试探先秦音乐演奏音律的标准化

程贞一[①]
（美国圣迭戈加州大学物理系）

【摘　要】音乐是戏剧的一个主要成份，是演员的一个主要表演媒介。为了充实演奏音乐的音质，人们很早就实行多种乐器一起演奏，这个实施不免牵涉到不同“固定音”乐器一起演奏。由此发现要保持不同“固定音”乐器演奏时的和谐，这些 “固定音” 乐器必需预先以同一音律调音。为了满足这个声学上的规律，人们预设了一个音律，作为共同应用的标准律。根据现存文献，中华文明默认标准音律的实施出现在舜帝时代。本文利用近代考古发掘出土的多种音乐文物，尤其是殷墟出土的一套三枚编磬和 1978 年出土的曾侯乙编钟，探讨古代中华文明标准律的实施。这套殷商时代的编磬不仅保留较好发音功能，而且具有组成五声音阶的“三音列”结构；这些铸造于公元前五世纪的 64 枚双音编钟（45 枚甬钟，19 枚钮钟）不仅保留了极好的发音功能，而且在每枚钟上刻有律名和音名。根据这些出土的音乐文物，发现 1939 年国际同意所定的国际标准律 440Hz 非常接近中华文明公元前五世纪黄钟律标准律，约相当于 420Hz。比较这些出土乐器，发现由殷商到战国相隔超过一世纪的时间，“三音列”频率几乎没有什么变迁。证实殷商时代的编磬和战国初期的编钟都用同一黄钟标准律调音。由此确定不迟于商代，中华文明已实行依据黄钟标准律调音的实施。这实施对周代礼制曾起过重要作用。
【关键词】标准律，律管，黄钟律，音律标准化，“固定音”乐器，七孔笛，石磬，曾侯乙编钟

一、前言

音乐是戏剧的一个主要成份，是演员的一个主要表演媒介。音乐演奏的发展是多方面的。自古以来，除音乐本质和演员艺技的发展之外，人们也时常创制和改善乐器，为了充实音乐演奏的音质；同时也时常设计和改进戏场，为了保质音乐演奏的音响。但是为了乐器交响演奏的和谐，必需预先执行乐器调音和音律标准化。这是一个基本声学的问题，因为在交响演奏时，通常牵涉到不同“固定音”乐器，就如这张宋人奏乐图所示：

图中有笙、箫、笛“固定音”乐器，这些不是临时可调音的乐器，必需预先以一个“共同律”协调这些交响乐器后，才能和谐地在一起演奏。

近来，考古发掘出土了多种保存发音功能的古代“固定音”乐器，给研究古代标准律实施和乐器调音提出可贵的实物考据。本文根据这些出土文物和现存记载，探讨先秦音律标准化和乐器调音的实施。为便于讨论，在下节先提供可作探讨这些实施的三种乐器。

图 1　宋人奏乐图

① 程贞一，美国圣迭戈加州大学物理系，教授。邮箱：jjcychen@gmail.com。

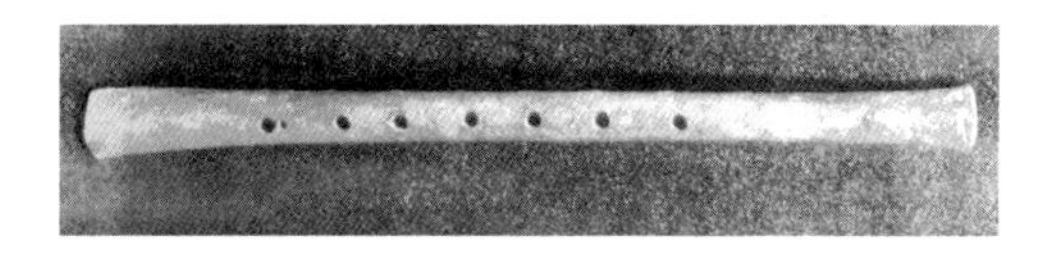

图 2　1987 年河南省舞阳县贾湖出土的公元前 6 000 年的禽骨制成的七孔笛（M282：20）。此笛长 22.2 cm，有七个指孔，开端两个管孔，和一个位于第七个指孔正上方的小孔

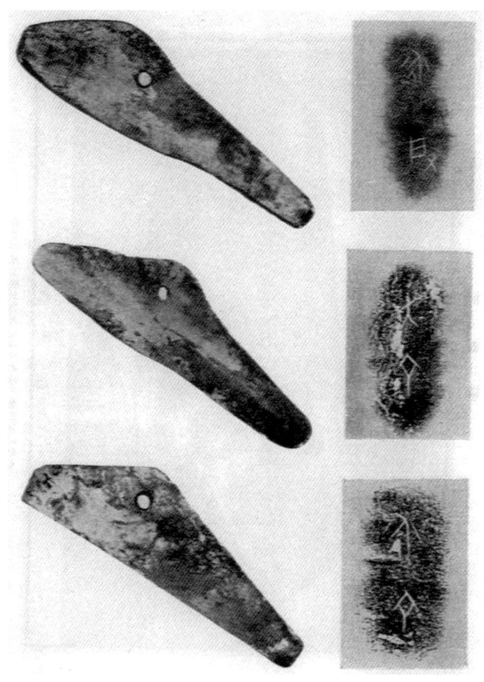

图 3　在安阳殷墟出土的一套三枚编磬和编磬上所刻：永启、永余、天余律名的拓片

二、保存发音功能的出土古代乐器

1. 新石器时代禽骨七孔笛

1987 年在河南省舞阳县贾湖，用含碳量测定为公元前六千年的第二舞阳文化层中①出土了十六支禽骨七孔笛。在这十六支骨笛中，仅存出土标号为 M282：20 的一支，没有裂缝，保存完好，可以发音（图 2）。

实验发现，此骨笛能发出八个音：七个指孔发七个音，另一音为封闭七个指孔所得的管音。位于七个指孔正上方的小孔可使第七音发出变音。测量表明，第一音和第七音之间的音程近似八度。连同管音在内的八个音构成一个七声音阶②。中华文明现存的乐器早就可以追溯到新石器时代，譬如公元前 6000 年河姆渡文化的骨哨③和公元前 5000 年仰韶文化的陶埙④。如今贾湖七孔禽骨笛的出土，充实地把中华音乐声学史推前到公元前 6 000 年⑤。

2. 殷商三枚编磬

考古发掘出土的商朝乐器比较多，譬如石磬、陶埙、青铜铙、青铜钟等乐器。其中出土于安阳殷墟的一套三枚编磬（图 3）最为珍贵。这套殷商时代（公元前 1384 年到 1030 年）的编磬不仅保存了较好的发音功能，而且刻有律名⑥。

根据民族音乐研究所的测量，这套编磬的频率见表 1⑦。

---

① 见湖南河南舞阳贾湖新石器时代遗址第二至六次发掘简报（1989）。从第二舞阳文化层取出的两个样本，测定日期分别为 7137±128（校正为 7762±128）和 7105±122（校正为 7737±122）年前。

② 见黄翔鹏（1989）。

③ 浙江省余姚河姆渡地区出土的骨哨，用禽类肢骨做成，有好几种型制，共有二十几支，多数可以吹奏五声音阶或七声音阶较复杂曲调。

④ 陶埙用陶土烧制而成。近代在西安半坡仰韶文化遗址出土的无音孔陶埙和 1 音孔陶埙，浙江河姆渡文化遗址出土的 1 音孔陶埙，山西万荣县、甘肃玉门火烧沟等地新石器时代遗址出土的 2 音孔陶埙和 3 音孔陶埙，经考古测定为距今 6700 到 7000 年前新石器时代中期的产物。河南辉县琉璃阁殷墟出土的埙，已发展到 5 个音孔，能吹出完整的七声音阶和部分半音。制作材料有石、骨、玉、象牙和陶土等多种，形状有球形、管形、鱼形和梨形等，以陶土烧制的梨形埙最为普遍。

⑤ 贾湖舞阳文化层的日期在 1999 年与美国布鲁克赫文国立实验室合作再次碳定测量，一共测定了 12 个 C^{14} 日期。下列的是三个分层的这些标定的测量日期：

最古　　公元前 7000 到 6600 年，
第二古　公元前 6600 到 6200 年，
第三古　公元前 6200 到 5700 年，

此文化层跨时 1 300 年。见 Juahong Zhang et al.， Nature 401， 366-368（1999）。

⑥ 据《双剑誃古器物图录》，此三枚编磬原为于省吾收藏，现收藏在北京古宫博物院。

⑦ 李纯一（1981），p.40。

表 1　　殷商三枚编磬的测定频率

殷商石磬律名	测得石磬频率（Hz）
永启	948.6
永余	1046.5
天余	1278.7

分析这三个频率之间的音程，发现其音程接近大二度 8/9 和纯四度 3/4：

$$永启－永余\quad \frac{948.6}{1046.5}=\frac{8}{9}+0.018$$

$$永启－永余\quad \frac{948.6}{1278.7}=\frac{3}{4}-0.008$$

如果假定“永启”律 948.6Hz 为已知频率，分别用大二度 8/9 和纯四度 3/4 推求“永余”律和“天余”律的频率，可得表 2 列出的比较①。

表 2　　商代一套三枚编磬测定频率与理论推测频率值的比较

音名	实测频率（Hz）	推算频率（Hz）	“永启”律一调式	
			商调	徵调
永启	948.6	948.6（给定值）	商（re）	徵（sol）
永余	1046.5	1067.2	角（mi）	羽（la）
天余	1278.7	1264.8	徵（sol）	宫（do）

这音程结构正是五声音阶中的“三音列”的结构。每一五声音阶都是由两个“三音列”一个全音（即“大二度”）连接组合而成。事实上，“三音列”在五声音阶中的作用，类似“四音列”在七声音阶中的作用。由此可见，在殷商时代中华文明已意识到由一个全音和一个小三度所构成的“三音列”。

3. 曾侯乙双音编钟

1978 年在武汉曾侯乙墓出土了 124 枚乐器，有瑟、琴、排箫、笙、鼓、编磬、编钟等乐器和一件调音器。其中最可贵的可能是 64 枚曾侯乙编钟（图 4）。这些编钟不仅保留了极好的发音功能，而且在每枚钟上刻有“正鼓”和“侧鼓”音的律名和音名。

图 4　1978 年在湖北随县（今随州市）曾侯乙墓出土的公元前五世纪 64 枚曾侯乙编钟和一枚钟。最重的钟高 153.4cm，重 203.6kg，最轻的钟高 20.4cm，重 2.4kg

图 4 中还有一枚镈钟（即 B-2-6 钟）②是楚王熊章送给曾侯乙的葬礼（图 5）。据镈钟钲上的铭文考证，此墓入葬于楚惠王 56 年（前 433）或稍后③。

① 李约瑟和鲁宾逊也作过类似的比较，不过他们误解了中华文明十二律音阶，把用五度旋生的八度作为八度（见 4.2.2 节），因而他们的数据出于错误的基础上（见 4.2.2 节）。

② 出土时，每一钟都作了编号：T-n-m，M-n-m，and B-n-m。其中“T”、“M”、“B”相对的代表“上层”、“中层”、“下层”；“n”代表组数；“m”代表位数。因此，B-2-6 钟即下层第二组第六枚钟（图四）。

③ 见擂鼓墩考古组．《文物》7 期，1-16 页，1979 年。

图5 钟（即图4中B-2-6钟）及钟钲上的铭文，此钟为楚王熊章送给曾侯乙的葬礼

图6 引示钮钟一枚（左），甬钟三枚（右）

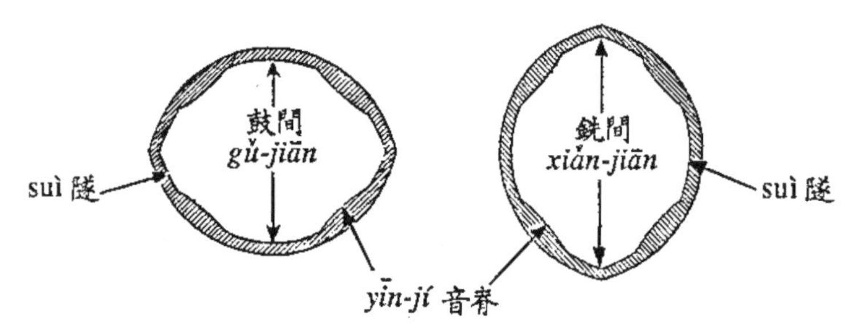

图7 曾侯乙合瓦式双音编钟的杏仁形横截面

这些铸造于公元前五世纪的64枚曾侯乙编钟，分有两种典型，一典型为铸造较早的钮钟，共19枚；另一典型为甬钟，共45枚。图6引示数枚此两种典型的编钟。

所有曾侯乙编钟的横截面呈现杏仁形，沈括曾形容这类结构为合瓦式①。这类合瓦式钟没有“中心对称轴”，而有两个“镜对称面”（图7）。含两瓦部联结铣线的平面是“正对称面”（图7(右)），对切“正对称面”的平面是“侧对称面”（图7(左)），这种几何安排，导致了“正鼓”和“侧鼓”不等价的振动打击区域，允许两个截然不同的打击音。同时，合瓦式的设计也导致了沿着钟联结线的导数不连续性，使打击音衰减得快，便于曾侯乙双音编钟的音乐演奏。

由全息摄影研究（holographic studies），证实不同敲击点能激励起“正鼓”和“侧鼓”两个互不干扰的不同振动模式②。因此，每一个曾侯乙合瓦式编钟可调出互不干扰的“正鼓”和“侧鼓”两个音。根据三次独立的基本频率测量③~⑤，得知，曾侯乙64只编钟的频率跨度达到五个半八度。分析这些测量的频率和钟上所刻的律名和音名，得知曾侯乙编钟的调音是以十二律声调为主。曾侯乙上层二组和三组的13枚钮钟所调的声调是“纯

① 《梦溪笔谈·补笔谈》，干道版。
② 见贾陇生、常滨久、王玉柱、林瑞、范皋淮、华觉明、满德发、孙惠清、张宏礼。〈用激光全息技术研究曾侯乙编钟的振动模式〉于《江汉考古》1期，19–24页，1981年。和《曾侯乙墓》（1989），卷二，版图294。
③ 见王湘〈曾侯乙墓编钟音率的探讨〉《音乐研究》1981年1期，68–78页。测量工作完成于1978年中国北京音乐研究。
④ 见上海博物馆青铜器研究小组〈曾侯乙编钟频率实测〉《上海博物馆集刊》1982年，90–92页。测量工作由复旦大学潘笃武、刘贵兴和上海博物馆马承源和潘建明1979年完成。
⑤ 见湖北省博物馆《曾侯乙墓》卷1，110–115页。测量工作1980年完成于哈尔滨科学技术大学。

自然”声调；曾侯乙 45 枚甬钟的声调是“三分损益”声调。由此可见，中华文明在公元前五世纪已利用双音特质成功地把曾侯乙编钟构成一个拥有十二律声调的多音阶乐器。

三、标准律的实施

中华文明可能在新石器时代，就面临到“固定音”乐器合奏和谐的问题。因为我们可合理地推测，贾湖第二舞阳新石器文化层中出土的十六支禽骨七孔笛中，有些曾在一起演奏过。虽然我们不能直接观察这些七孔笛在一起演奏，因为只有一支保留了发音功能（图 2），但是有些笛子上保存了手孔位置的刻痕标志。由此我们可推论，在公元前 6000 年的贾湖古笛制作者至少在实践上已有了初步认识，如何制作可在一起演奏的固定音七孔笛。

1. 标准律：一个基本物理单位

根据文字记载，“音律”在尧舜时代已有标准化的实施。《虞书・舜典》篇中记载了尧舜继承帝尧之后，在其实施的重要政策中有：

“同律度量衡。”

释文：把音律、度量、衡制同准化（即标准化）。

这是一个有深刻意义的科学措施，显示在虞帝时代的中华文明，已把音律、重量、长度同样地视为可计量的物理基本特质，可相等地执行标准化。在《虞书・舜典》篇的另一处记载了：

“诗言志，歌永言，声依永，律和声，……”

释文：诗以词句来表达思想，歌以咏颂来唱出诗词，声用来便于咏，而律用来协调声，……。

这正说明“律”标准化在音乐中的功能。

古人把与声波频率相关的感知称为“音律”，直到弦乐器出现后，才能利用弦长量化音律的表达，初步计量律的清浊（即高低）。但是因为那时还无法测量弦的“张力”，也无法长期固定同一“张力”，弦长不能保存和确定任何一个律。为了固定标准律，古人必需寻找另一个表达量化律的方法。为保存和固定标准律，中华文明创建了律管，利用律管的管长和管经作为量化律的表达。由此，律管成为确定和保存标准律的仪器。这不但是一个非常科学的创建，也是一个便于实践的选择。在古代，可以量化律的发音方法的选择余地并不多。除律钟之外，中华文明确定标准律的主要器具也许是律管。相对来说，律管不但构作比较容易，发音也比较稳定[①]。

1986 年，湖北江陵雨台山的战国时期楚墓 M21 中，出土了几支律管残段（图 8）[②]。律管用竹子去节制成，长度、孔径各不相同。多数已经破裂，但尚有四支的铭文可读。

根据潭维四，图 8 律管残段的铭文可认念如下[③]：

M21：17-1（见图 8 左 3 和左 1）

“定𣂷（新）钟之宫为浊穆□，坪皇角定吝（文）王商□。”

释文：确定新钟律的宫音为较低的穆［钟］律□，坪皇律的角确定为文王律的商□。

---

① 西方对中华文明古代“律管定音”有些误解，甚至于有些错误地认为中华文明古代不用弦长而用管长求律。

② 见湖北省博物馆，〈湖北江陵雨台二十一号战国楚墓〉《文物》，1988，4 册，35-38 页。

③ 见谭维四（1988）。

M21：17-2（见图8左2）

"□姑侁（洗）之宫为浊咨（文）王䎱（羽）为浊□。"

释文：□姑洗律的基音宫对应较低文王律的羽，较低的□。

M21：17-3（见图8左5）

"□之宫为浊兽钟䎱（羽）□。"

释文：□的基音对应较低的兽钟律的羽□。

M21：17-4（见图8左4倒）

"□为浊穆钟□。"

释文：□对应较低穆钟律的□。

图8 1986年在湖北江陵雨台山的战国时期楚墓M21中出土的律管残段[①]。律管是以竹子去节制成，长度、孔径各不相同。多数已经破裂，但尚有铭文可辨认

这些铭文记载了律名，还把赋予律的实施称为"定"。律管铭文上所有律名：新（新）钟、穆钟、坪皇、文王（吝王，咨王）、姑洗、兽钟，都可以由出土的曾侯乙编钟和编磬上的律名鉴别。这些律管是现存出土最早的律管。有两支律管的孔径可测定，遗憾的是，这两支的长度不能确定，因此无法进一步考察其频率，以便直接与曾侯乙编钟频率比较。

现存有关先秦律管的记载，也缺少同律管的管径记载。没有律管直径的数据，仅靠管长的数据是无法推定律管所保存的正确音律。因此，要体会和分辨中华文明所定标准律，我们只有从出土尚保留较好发音功能的先秦"固定音"乐器中探讨。杨荫浏、李纯一等音乐学家由测量当时尚有发音功能的乐器来推测音律标准化的实施。他们发现在商代就可能有律标准化的倾向[②]。

2. 标准律选择的思路

中华文明古代标准律是如何选定的呢？根据现存文字记载，标准律的寻求，至少受到两条思路的影响，一思路出自哲学思维，认为宇宙存在着一个与"天籁"相和谐的标准律。以此"宇宙"标准律调音，可普遍地与大自然和谐。另一思路出自人耳听觉的生理结构，中华文明很早就意识到人耳灵敏的高低有一个范围，超过这个音律范围听力受到局限，因此标准律应该是在此范围中听觉最舒适的一个音律。

① 作者致谢谭维四提供这些律管残段的照片。

② 见杨荫浏，《中国音乐史纲》，1952，（上海：万叶书店）；和李纯一，《中国古代音乐史稿》，1981（北京：人民音乐出版社），48页。

2.1 “宇宙”标准律的构想

源于“宇宙与我谐和为一”的自然观，凭直觉地出现了一个哲学思维，认为宇宙存在着一个自然律，如果能找到这个“宇宙”自然律作标准，那么人们的音乐可以普遍地与大自然和谐地相应。“伶伦作律”的传说就是追寻这个自然律的一个叙述，现由《吕氏春秋·古乐》复印如下：

昔黄帝令伶伦作为律，伶伦自大夏之西，
乃之阮隃之阴，取竹于嶰溪之谷，
以生空窍厚钧者，断两节间，其长三寸九分，
而吹之，以为黄钟之宫，吹曰[舍少]，
次制十二筒，以之阮隃之下，听凤凰之鸣，
以别十二律，其雄鸣为六，雌鸣亦六，
以比黄钟之宫适合。故曰[黄钟之宫，律吕之本]。

叙述文中说到伶伦选择“空窍厚钧”的竹筒作律管，符合科学。虽然文中给了管长三寸九分，但是没有提起管径的宽度，因此无法推算伶伦所作黄钟律的频率。文中叙述到伶伦听“凤凰之鸣”辨认十二律，实为与自然确认的一个构想。

2.2 听觉范围的考虑

叙述“听觉范围”这概念的记载，出现于单穆公与周景王公元前522年的对话中。为劝说周景王放弃把无射钟熔化，而改铸为音律更低的大林钟的计划，单穆公说：

耳之察和也，在清浊之间。
其察清浊也，不过一人之所胜。
是故先王之制钟也，大不出钧，重不过石。
律度量衡于是乎生。

这段话不仅说明了人耳听觉有范围，而且提出律的立均出度，应该由此听觉范围选定。根据周景王乐师州鸠，在公元前522年，给演导十二律的叙述[①]：

律所以立均出度也，
古之神瞽考中声而量之以制。
度律均钟，百官轨仪。
纪之以三，平之以六，成于十二，天之道也。

我们可推测，中华文明所设定的“标准律”可能起源于古之神瞽考察所得的“中音”。

3. 标准律的实行

根据周代“音律命名”的传统[②]，十二律是由六律和六閒（jian）：

六律：黄钟、太蔟、姑洗、蕤宾、夷则、无射
六閒（jian）[③]：大吕、夹钟、仲吕、林钟、南吕、应钟

---

① 见《国语》卷3〈周语〉。
② 也许值得在此提出，中华文明是一个多民族文明，她的音乐传统和声调系统有多种根源。关于“音律命名”的传统，本文就牵涉到商代文化、周代文化、楚文化等系统。由于这丰富的传统根源，使音律标准化的措施更为重要。周代的礼治与音乐体系也有密切的关系。
③ “閒（jian）”字在《国语·周语》中误为“同”字。

图9 曾侯乙 T-2-6 钮钟背面“钲”部所刻的“黄钟之宫”铭文①

组合而成，其中“黄钟律”即现代所谓的标准律。值得注意，曾侯乙 T-2-6 钮钟（即上层 2 排 6 号钮钟）的“钲”部刻有“黄钟之宫”铭文（图 9）。此钟所刻的“正鼓”和“侧鼓”音名，相对的为“商”和“羽曾”。由此可见，此钟的“商音”（即正鼓音）就是“黄钟之宫”。

因此，由曾侯乙 T-2-6 钮钟商音所测得的基本频率，我们可得到公元前五世纪所定的标准律。

表三列出曾侯乙编钟上二组和上三组 13 枚钮钟，三次独立基本频率测量的数据。由表三可见 T-2-6 钮钟“商音”（即正鼓音）三次测量的基本频率为 407.7Hz、410.1Hz、409.0Hz。值得提出，公元 1939 年在伦敦的国际标准协会上，西方首次正式定标准律为 440Hz，此频率甚为接近中华文明两千多年前所定的标准律。

表 3　曾侯乙编钟上二组和上三组钮钟正鼓和侧鼓基本频率的测量数据

十二音阶音名	曾侯乙钮编钟	第一“八度”(Hz)	第二“八度”(Hz)	第三“八度”(Hz)
宫 C	正鼓音 (T-3-7，T-3-4)	362.2[a] 365.1[b] 364.1[c]	728.5[a] 731.7[b] 729.8[c]	
羽角 C*	侧鼓音 (T-2-4，T-2-1)		814.9[a] 818.9[b] 817.8[c]	1668.9[a] 1678.7[b] 1673.8[c]
商 D	正鼓音 (T-2-6，T-2-3，T-3-1)	407.7[a] 410.1[b] 409.0[c]	818.7[a] 822.7[b] 820.6[c]	1775.3[a] 1781[b] 1778.1[c]
徵曾 D*	侧鼓音 e (T-3-7，T-3-4)	443.8[a] 446.6[b] 446.2[c]	885.6[a] 890[b] 889.2[c]	
宫角 E	正鼓音 (T-3-6，T-3-3)	469.1[a] 471.9[b] 470.2[c]	938.3[a] 944[b] 940.4[c]	
羽曾 F	侧鼓音 (T-2-6，T-2-3，T-3-1)	497.3[a] 500.5[b] 501.2[c]	979.3[a] 998[b] 996.6[c]	2111.2[a] 2117[b] 2111.9[c]
商角 F*	正鼓音 (T-2-5，T-2-2)	541.1[a] 543.5[b] 542.0[c]	1094.7[a] 110[b] 1097.4[c]	

① 作者致谢王纪潮和张翔提供此“黄钟之宫”铭文的照片。

续表

十二音阶音名	曾侯乙钮编钟	第一“八度”(Hz)	第二“八度”(Hz)	第三“八度”(Hz)
徵 G	侧鼓音 (T-3-6，T-3-3)	569.0[a] 571.2[b] 570.1[c]	1134.6[a] 1140[b] 1138.8[c]	
宫曾 G*	正鼓音 (T-3-5，T-3-2)	599.3[a] 599.3[b] 598.1[c]	1237.3[a] 1243[b] 1236.5[c]	
羽 A	侧鼓音 (T-2-5，T-2-2)	640.5[a] 642.6[b] 641.6[c]	1300.4[a] 1306.8[b] 1305.6[c]	
商曾 A*	正鼓音 (T-2-4，T-2-1)	681.3[a] 683.5[b] 681.0[c]	1381.7[a] 1390[b] 1385.7[c]	
徵角 B	侧鼓音 (T-3-5，T-3-2)	713.5[a] 716.4[b] 716.4[c]	1442.0[a] 1447[b] 1446.7[c]	

注：a. 1978 年，中国北京音乐研究所测定的数据（见王湘 pp.71-73）。

b. 1979 年，上海博物馆青铜器研究组与复旦大学物理系合作测定（见上海博物馆青铜器研究组，90-92 页）。

c. 1980 年，哈尔滨科学技术大学测定（见湖北省博物馆，《曾侯乙墓》卷 1，110-115 页）。

其实，此 13 枚钮钟的频率跨度达到两个八度多，在此钮钟音阶中“商音”出现了三次。因此，我们有 T-2-6、T-2-3、T-3-1 三个钮钟，其“商音”与标准律有直接八度关系。表四列出这些“商音”基本频率的测量数据。

表 4　　　曾侯乙编钟上二组和上三组钮钟“商音”基本频率的测量数据

Sources*	T-2-6“商音”(Hz)	T-2-3“商音”(Hz)	T-3-1“商音”(Hz)	Average
a (1978)	407.7	409.4 = $\frac{1}{2}$ (818.7)	443.8 = $\frac{1}{4}$ (1775.3)	420.3
b (1979)	410.1	411.4 = $\frac{1}{2}$ ((822.7)	445.3 = $\frac{1}{4}$ (1781)	422.3
c (1980)	409.0	410.3 = $\frac{1}{2}$ (820.6)	444.5 = $\frac{1}{4}$ (1778.1)	412.3
Average	408.9	410.4 = $\frac{1}{2}$ (820.7)	444.5 = $\frac{1}{4}$ (1778.1)	421.3

注：* 测量来源附注：a（1978 年）、b（1979 年）、c（1980 年）见表 3。

表 4 显示，由 T-3-1 钮钟高两个八度商音的测量频率所推算出的黄钟标准律比较高，其三个数据的平均值为 444.5 Hz。但是由 T-2-3 钮钟高一个八度商音的测量频率所推算出的黄钟标准律 410.4 Hz 接近由 T-2-6 钮钟直接测量黄钟标准律 408.9Hz。这情况可能出自 T-3-1 钮钟。如果相同处理此三钮钟和每枚钮钟三次独立测量共得九个测量数据，其平均值为 421.3 Hz。

测得公元前五世纪所定的标准律，我们可近一步的探讨中华文明什么时候开始使用这个标准音律？这问题可由殷商编磬测得的基本频率作局部探讨。因为编磬的音律比较高，配合曾侯乙编钟的钮钟音律范围，表五比较了殷商编磬和曾侯乙钮钟测得的基本频率。

表 5　　殷商编磬“三音列”与曾侯乙钮钟相应的“三音列”频率测量数据

周律名	曾侯乙纽钟音名	曾侯乙纽钟频率（赫兹）[*]	殷商石磬频率（赫兹）[d]	殷商石磬律名
太蔟	纽钟 T-3-3 正鼓音 – 宫角	938.3[a] 944[b] 940.4[c]	948.6	永启
姑洗	纽钟 T-2-2 正鼓音 – 商角	1094.7[a] 1101[b] 1097.4[c]	1046.5	永余
林钟	纽钟 T-2-2 侧鼓音 – 羽	1300.4a 1306.8b 1305.6c	1278.7	天余

注：*. 见测音资料：a（1978）、b（1979）、c（1980）列于表 3.

d. 民族音乐研究所测定数据，见李纯一《中国古代音乐史稿》（音乐出版社，40 页，1981）

由此比较可见，石磬频率的测量数据配合钮钟频率的测量数据，证实此两乐器的调音出自同一标准音律。因此，我们可结论标准率的实施不迟于殷商时代。

四、出土乐器的调音

在讨论出土乐器调音之前，我们先讨论古代生律的方法。人们对纯五度音可能比较喜爱，此音普遍地成为古代生律的一个主要音程，现存有“五度相生”、“五度旋生”等生律法。中华文明生律的方法是“三分损益”法，此法也应用五度生律。下节我们讨论“三分损益”法。

1. “三分损益”生律法

“三分损益”生律法首见于《管子》，在此书的第 58 章（即〈地员〉篇）记载了应用此法推导五声音阶的一个实例。《管子·地员》所载的推导步骤，可用图示意于图 10。

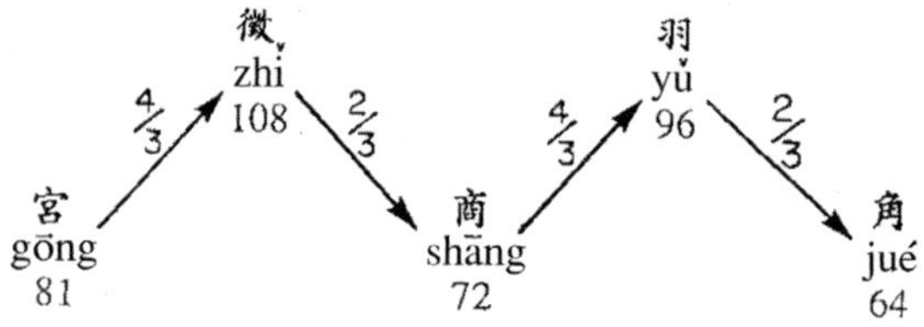

图 10　图示《管子·地员》所载五声音阶的推导步骤。

如图 10 所示，此五声音阶：“徵、羽、宫、商、角”是由两次上生和两次下生所推导得成。“上生”是以“三分益”（即 1+1/3，等于 4/3）所生；“下生”是以“三分损”（即 1 – 1/3，等于 2/3）所生①。由此可见，“三分益”4/3 和“三分损”2/3 都是五度，只是“三分损”比“三分益”高八度。因此，“三分损益”生律法也是一种五度生律法。《管子·地员》所载的五声音阶，是现存最早以数值推导音阶的记载。

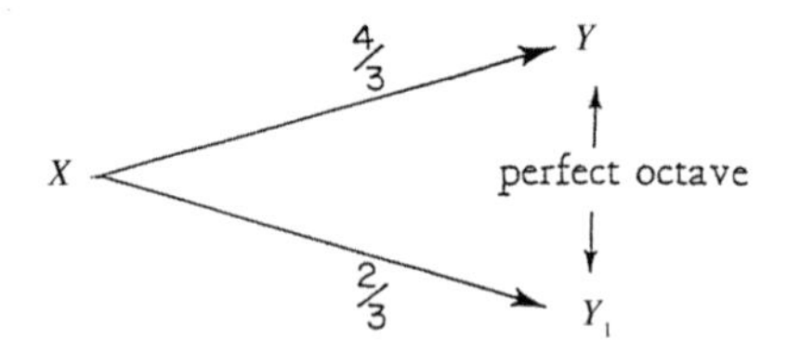

图 11　“三分损益”的“上下相生”原理：示意由“X”音以“三分益”4/3 上生得“Y”音，以“三分损”2/3 下生得“Y_1”音。“Y”音与“Y_1”音之间的音程正是八度 1/2

图 10 也说明，“三分损益”法的推导步骤不是“旋生”，而是如图 11 所示的“上下相生”。

① 值得说明，在此所谓的“上生”和“下生”是指震动弦长增长和缩短而言。因此，“上生”得一较低音；“下生”得一较高音。

图11示意：三分所生益之一分以上生，三分所生去其一分以下生。正如《吕氏春秋·音律》所载。

因为“三分损益”生律法可提供，“三分损”2/3和“三分益”4/3两个生律选择，而且此两个选择所生的两个音，相差正是八度，推算者可利用“上生五度”或“下生五度”的选择，限制所生律不超出同一“八度”，进行推导音阶。显然，“三分损益”法是一个普遍性的生律法，其“上下相生”推导步骤，可继续进行，推导多声音阶，譬如七声音阶或十二声音阶。此外，根据“三分损益”生律法的设计，每一上生所得律的高八度，可由选择下生而得。由此，中华文明的音律学，避免了西方“旋生”所遭遇到的“最大音差”问题。

2. 殷商编磬的调音

在前文（240页）分析殷商三枚编磬所测得的基本频率时，我们已发现，此三枚编磬的音程结构是一个“三音列”，由一个“全音”（即“大二度”）和一个“小三度”所构成。那么在殷商时代，这套编磬是如何调得“三音列”的呢？如果也是用五度调得，那么我们可引用这套编磬所测得的频率（表1）来固定五声音阶（图10）作一比较。

设“永启”律测得频率948.6Hz（表2）为推算五声音阶（图10）“徵”音的“固定律”，由此得图十二的比较：

在此推算中，取“永启”律频率，948.6Hz，为定五声音阶“徵”音的频率。图12展示五声音阶的“羽”音和“宫”音，相对地配合殷商编磬测得“永余”和“夭余”的频率。这说明殷商编磬极可能也是依照“五声相生”所调得。此结论与表二展示完全符合。值得说明，表2中的数据是依照“大二度”和“小三度”推算得出；图12中的数据是依照“三分损益”生律法推算得出。由此可见，在殷商时代中华文明不仅已意识到由一个全音和一个小三度所构成的“三音列”（表2），而且可能已意识到五声音阶[①]。

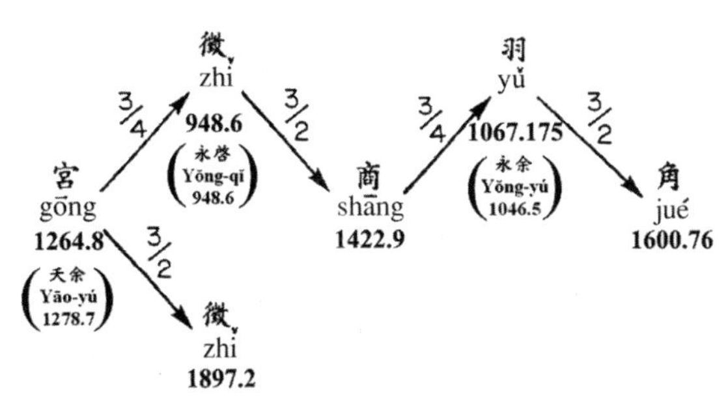

图12　殷商编磬测得的频率和推算所得五声音阶的一个比较。五声音阶的“徵”音是以“永启”律测率948.6Hz定音

3. 曾侯乙双音编钟的调音

探讨曾侯乙编钟的调音，我们可由“三分损益”调音法开始。根据现存文献，此法现存最早记载出现于《管子》。曾侯乙晚于《管子》时代，对“三分损益”法应该熟悉。根据基本频率测量，得知曾侯乙编钟的调音是以十二律声调为主，其频率跨度达到五个半八度。上层二组和三组的13枚钮钟所调的声调是“纯律”声调；曾侯乙45枚甬钟所调的声调是“三分损益”声调。在下分别探讨。

（1）钮钟的调音

探讨曾侯乙上层二组和三组的13枚钮钟，如何调得“纯律”声调，我们可由钮钟的测定频率，和钟上所刻的音名着手分析。在1987年，程贞一提出曾侯乙调其13枚钮钟的方法，可能是“角曾”生律法[②]。此法先采用“三分损益”法推生“徵”、“羽”、“宫”和“商”四核音（图13）。

---

① “五声音阶”现存最早记载出现于《虞书·益稷》篇中：“予欲闻六律、五声、八音”。
② 见程贞一《中华科技史文籍》英文（1987），155-197页。

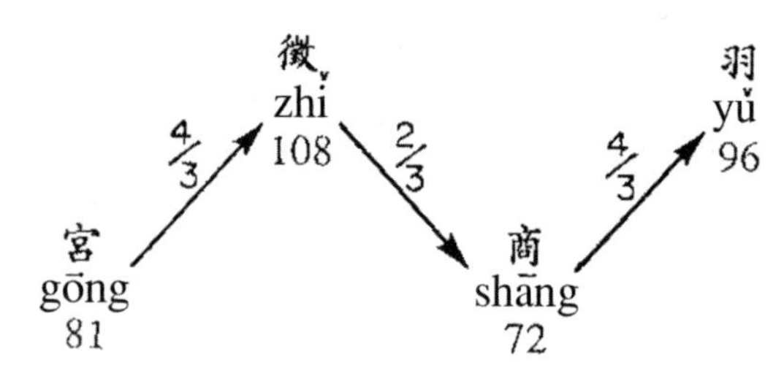

图 13 “三分损益”法推导宫、商、徵、羽四核音

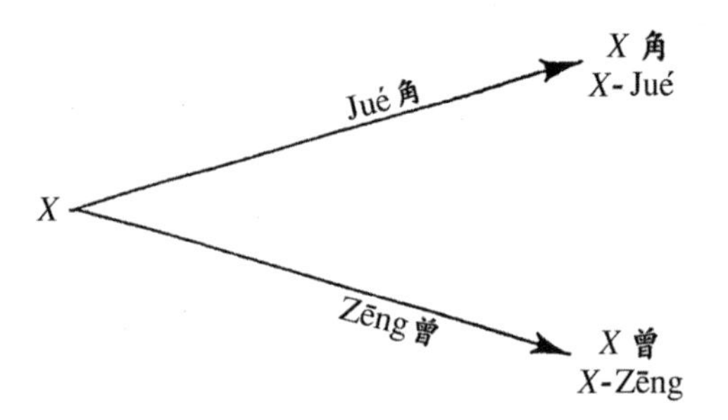

图 14 “角曾”生律法：示意一个“X”核音由“角音程”和“曾音程”生得“X 角”和“X 曾”两个音，图中“X”代表“徵”、“羽”、“宫”和“商”四个核音

接着由此四核音，每一音个别再生两音，形成一个十二半音音阶。如图十四所示，每一“X”核音是以角和曾两个音程生得“X 角”和“X 曾”两个音。

如图 14 所示，由此四个核音，用“角”音程可推生：“徵角”、“羽角”、“宫角”、“商角”四个音；用“曾”音程可推生：“徵曾”、“羽曾”、“宫曾”、“商曾”四个音。如此，推导得成“角曾”声调的十二半音音阶。这个由其音名所透露出来的“角曾”生律法，说明了曾侯乙编钟上二组和上三组 13 枚钮钟的调音。

分析曾侯乙钮钟正鼓和侧鼓基本频率的测定数据（表 3），发现此 13 枚钮钟，呈显“纯律”声调。推算“角曾”十二音阶，先得知到“曾”和“角”两个音程。“角曾”生律法的“角”音程，是大三度 4/5，但是关键在“曾”音程。程贞一发现“曾”音程该是小六度，如取其谐率 5/8 或近似值（4/5）2 都得出“纯律”十二音阶①。图 15 展示推算步骤程序和推算所得的十二半音的结构。

由图 15 的右图可见，“角曾”生律法推导所得的纯律十二音阶，是由四种不同“半音程”所组合而成：

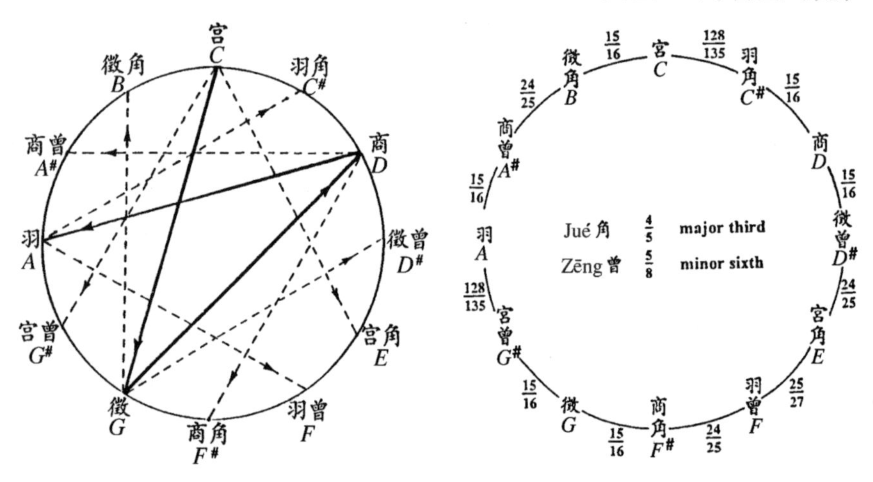

图 15 由“角曾”生律法推导得成“纯律”声调的十二音阶：左，分割八度音程为十二个半音程的步骤程序。右，“纯律”声调十二音阶的半音结构

$$\left(\frac{15}{16}\right)^6\left(\frac{24}{25}\right)^3\left(\frac{128}{135}\right)^2\left(\frac{25}{27}\right)=\frac{1}{2} \quad (1)$$

由此“八度—半音”关系，可见纯律声调的八度音程，是由六个“$\frac{15}{16}$ 半音程”、三个“$\frac{24}{25}$ 半音程”、

① 见程贞一《中华早期自然科学之再研讨》英文（1996），54-64 页和图 17。

两个"$\frac{128}{135}$半音程"、一个"$\frac{25}{27}$ 半音程"组合而成。

要比较曾侯乙钮钟基本频率测定数据和"角曾"生律法所推算的纯律声调十二音阶，需要先定音律。根据前文（245 页，标准律的实行）的讨论，T-2-6 钮钟的正鼓音（即"商音"）就是标准律。由表四可见，此音的平均测得频率为 408.9Hz。考虑到"商音"的不同八度，在此 13 枚钮钟中共出现三次和其九次频率测量数据，得出另一平均测得频率 421.3Hz。现以此两个平均数据作定音的标准律推算纯律声调十二音阶。表 6 比较曾侯乙钮钟基本频率测定数据和"角曾"生律法推算所得纯律十二音阶的第一个"八度"；表 7 比较第二个"八度"。

表 6　比较曾侯乙钮钟基本频率测定数据和"角曾"生律法推算所得的纯律声调黄钟律十二音阶（第一"八度"）

钮钟音名	钮钟 第一"八度"频率 (Hz)★	纯律声调 "角曾"生律法 频率 (Hz)
正鼓 商音 (T-2-6，T-2-3，T-3-1)	[a] 407.7 [b] 410.1 [c] 409.0	定 408.9 定 421.3
侧鼓 徵曾音 (T-3-7，T-3-4)	[a] 443.8 [b] 446.6 [c] 446.2	436.2 449.4
正鼓 宫角音 (T-3-6，T-3-3)	[a] 469.1 [b] 471.9 [c] 470.2	460.0 474.0
侧鼓 羽曾音 (T-2-6，T-2-3，T-3-1)	[a] 497.3 [b] 500.5 [c] 501.2	490.7 505.6
正鼓 商角音 (T-2-5，T-2-2)	[a] 541.1 [b] 543.5 [c] 542.0	511.1 526.6
侧鼓 徵音 (T-3-6，T-3-3)	[a] 569.0 [b] 571.2 [c] 570.1	545.2 561.7
正鼓 宫曾音 (T-3-5，T-3-2)	[a] 599.3 [b] 599.3 [c] 598.1	575.0 592.5
侧鼓 羽音 (T-2-5，T-2-2)	[a] 640.5 [b] 642.6 [c] 641.6	613.4 632.0
正鼓 商曾音 (T-2-4，T-2-1)	[a] 681.3 [b] 683.5 [c] 681.0	654.2 674.1
侧鼓 徵角音 (T-3-5，T-3-2)	[a] 713.5 [b] 716.4 [c] 716.4	681.5 702.2

续表

钮钟音名	钮钟 第一 “八度” 频率(赫兹)*	纯律声调 “角曾” 生律法 频率(赫兹)
正鼓 宫音 (T-3-7，T-3-4)	[a] 728.5 [b] 731.7 [c] 729.8	736.0 758.3
侧鼓 羽角音 (T-2-4，T-2-1)	[a] 814.9 [b] 818.9 [c] 817.8	766.7 789.9
正鼓 商音 (T-2-6，T-2-3，T-3-1)	[a] 818.7 [b] 822.7 [c] 820.6	817.8 842.6

注：* 测量来源文献资料：a（1978）、b（1979）、c（1980）见表 3。

表 7　比较曾侯乙纽钟基本频率测定数据和“角曾”生律法推算所得的纯律声调黄钟律十二音阶（第二“八度”）

钮钟音名	钮钟 第二 “八度” 频率(Hz)*	纯律声调 “角曾” 生律法频率(Hz 兹)
正鼓 商音 (T-2-6，T-2-3，T-3-1)	[a] 818.7 [b] 822.7 [c] 820.6	定 820.7 定 842.6
侧鼓 徵曾音 (T-3-7，T-3-4)	[a] 885.6 [b] 890 [c] 889.2	875.4 898.8
正鼓 宫角音 (T-3-6，T-3-3)	[a] 938.3 [b] 944 [c] 940.4	923.3 947.9
侧鼓 羽曾音 (T-2-6，T-2-3，T-3-1)	[a] 979.3 [b] 998 [c] 996.6	984.8 1011.1
正鼓 商角音 (T-2-5，T-2-2)	[a] 1094.7 [b] 1101 [c] 1097.4	1025.9 1053.3
侧鼓 徵音 (T-3-6，T-3-3)	[a] 1134.6 [b] 1140 [c] 1138.8	1094.3 1123.5
正鼓 宫曾音 (T-3-5，T-3-2)	[a] 1237.3 [b] 1243 [c] 1236.5	1154.1 1184.9
侧鼓 羽音 (T-2-5，T-2-2)	[a] 1300.4 [b] 1306.8 [c] 1305.6	1230 1263.9

续表

钮钟音名	钮钟 第二“八度”频率 (Hz)★	纯律声调 “角曾”生律法频率 (Hz 兹)
正鼓 商曾音 (T-2-4，T-2-1)	[a] 1381.7 [b] 1390 [c] 1385.7	1313.1 1348.2
侧鼓 徵角音 (T-3-5，T-3-2)	[a] 1442.0 [b] 1447 [c] 1446.7	1367.8 1404.3
正鼓 宫音 (T-3-7，T-3-4)	—	1477.3 1516.7
侧鼓 羽角音 (T-2-4，T-2-1)	[a] 1668.9 [b] 1678.7 [c] 1673.8	1538.8 1579.9
正鼓 商音 (T-2-6，T-2-3，T-3-1)	[a] 1775.3 [b] 1781 [c] 1778.1	1641.4 1685.2

注：★基本频率侧定文献：a（1978）、b（1979）、c（1980）见表 3。

这种纯律声调，虽然是由和谐纯音程组合而成，但是其四种半音的结构，不便于“换调迁移”和“旋律转变”，约束音乐家的创作表达。为了艺术的需要，中华音律学界很早就开始追求，纯律声调半音音阶的简化，便于“旋宫”原理在作乐上的应用。曾侯乙编钟中的 45 枚甬钟的调音，正是追求纯律声调，半音音阶简化的一个超时代产品。

（2）甬钟的调音

探讨曾侯乙 45 枚甬钟的调音，我们也由“三分损益”调音法开始。分析《管子・地员》五声音阶的推导步骤，我们可理解，其步骤是利用五度音程，把八度音程分为五段音程，如图 16 所示。

上面已讨论过，“三分损益”法是一个普遍的生律法，其“上下相生”推导步骤，可继续进行，把八度音程，分为十二半音音程，推导十二音阶。

显然，曾侯乙和他的音乐顾问们早已理解到“三分损益”的普遍性。应用了“三分损益”生律法把八度音程分为十二段音程。由此，把曾侯乙 45 枚双音甬钟调为十二律声调。图 17 展示“三

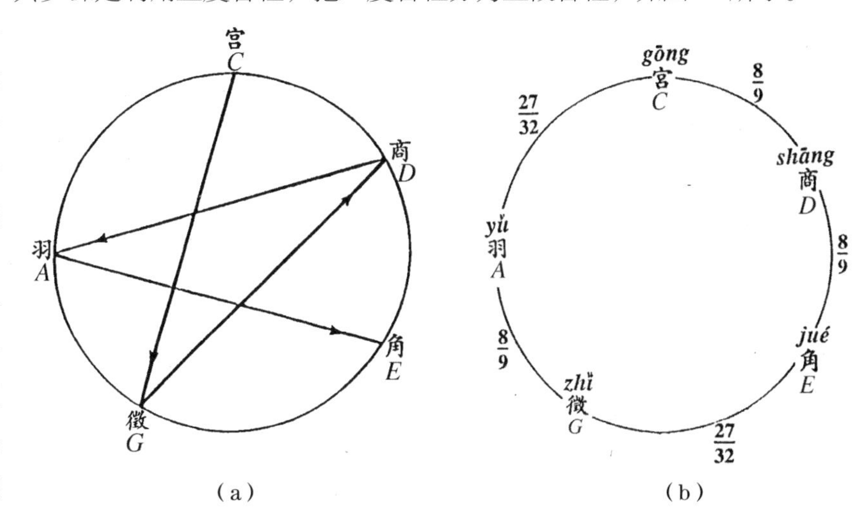

图 16　由“三分损益”生律法推导得成的五声音阶：左，分割八度音程为五段音程的步骤程序。右，五声音阶的“三音列”结构

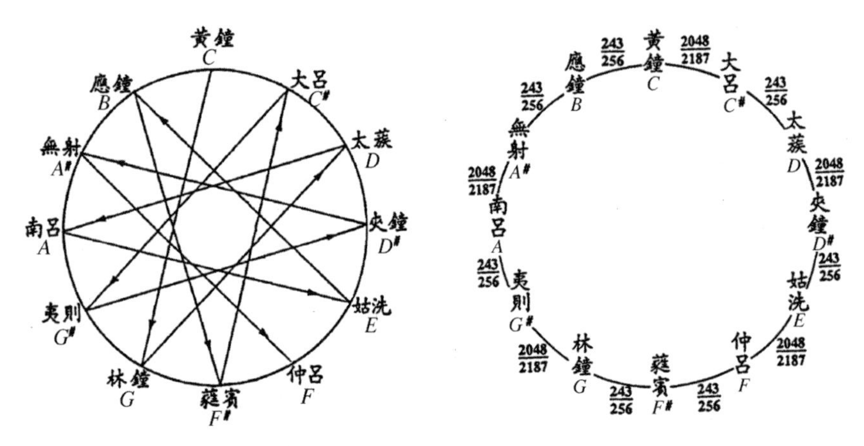

图 17　由“三分损益”生律法推导得成的十二音程：左，分割八度音程为十二个半音程的步骤程序。右，“三分损益”十二音阶的半音结构

分损益”生律的步骤程序和所得的十二律半音结构。

比较图 17 的左图和图十五的左图所展示十二律半音结构，显示两者之间的差异。“三分损益”十二音阶是由两种半音组合而成，而“纯律”声调的十二音阶是由 4 种半音组合而成。

由此，曾侯乙和他的音乐顾问们已成功地简化了纯律声调十二音阶的半音结构，把由四种半音组合的八度，简化为由“小半音 $\frac{243}{256}$”和“大半音 $\frac{2048}{2187}$ ”两种半音组合而成的八度。此外，此两种半音合并成为一个“全音 89 ”（即大二度）：

$$\left(\frac{2048}{2187}\right)\left(\frac{243}{256}\right)=\left(\frac{3^5}{2^8}\right)\left(\frac{2^{11}}{3^7}\right)=\frac{8}{9} \tag{2}$$

如图 17 的左图所示，“三分损益”十二音阶的八度，是由七个“小半音 $\frac{243}{256}$ ”和五个“大半音 $\frac{2048}{2187}$ ”组合而成，其“八度—半音”关系如下：

$$\left(\frac{243}{256}\right)^7\left(\frac{2048}{2187}\right)^5=\left(\frac{3^5}{2^8}\right)\left(\frac{2^{11}}{3^7}\right)^5=\frac{1}{2} \tag{3}$$

证实“三分损益”十二音阶没有最大音差的问题。

要把“三分损益”生律法推算所得的音阶，与曾侯乙甬钟基本频率测定数据作比较，需要先选律调和定音。取 M-3-8 甬钟正鼓音定音，得 256.4 赫兹、257.7 赫兹、256.7 赫兹三个独立测定频率数据，其平均测得频率是 256.9Hz。现以此平均数据定音，推算“三分损益”十二音阶。表 8 比较曾侯乙甬钟基本频率测量数据，和依照黄钟—宫律调和林钟—宫律调[①]，进行推算所得的“三分损益”十二音阶。

表 8　比较曾侯乙甬钟基本频率测定数据和“三分损益”生律法推算所得的黄钟—宫律调和林钟—宫律调“三分损益”十二音阶

甬钟音名	甬钟编号	甬钟 频率 (Hz)★	三分损益 黄钟—宫律调 频率 (Hz)	三分损益 林钟—宫律调 频率 (Hz)
宫	M-3-8 正鼓	a 256.4 b 257.7 c 256.7	定 256.9	定 256.9
羽角	M-3-9 （侧鼓音）	a 272.1 b 273.4 c 272.4	274.3	274.3

① 有关“三分损益”声调的律调结构，见程贞一《中华早期自然科学之再研讨》英文（1996），表三，55 页。

续表

甬钟音名	甬钟编号	甬钟 频率 (Hz)★	三分损益 黄钟—宫律调 频率 (Hz)	三分损益 林钟—宫律调 频率 (Hz)
商	M-1-11 （正鼓音）	[a] 286.1 [b] 286.8 [c] 285.9	289.0	289.0
徵曾	M-3-8 （侧鼓音）	[a] 304.0 [b] 306.2 [c] 304.8	308.6	308.6
宫角	M-3-6 （正鼓音）	[a] 319.3 [b] 320.3 [c] 319.6	325.1	325.1
羽曾	M-1-11 （侧鼓音）	[a] 344.2 [b] 345.7 [c] 344.1	347.2	342.5
商角	M-2-11 （正鼓音）	[a] 365.3 [b] 367.2 [c] 365.9	365.8	365.8
徵	M-3-6 （侧鼓音）	[a] 380.8 [b] 382.7 [c] 381.8	385.3	385.3
宫曾	M-1-10 （侧鼓音）	[a] 405.4 [b] 406.9 [c] 375.5 ?	411.50	411.50
羽	M-2-8 （正鼓音）	[a] 427.5 [b] 429.0 [c] 426.8	433.5	433.5
商曾	M-2-11 （侧鼓音）	[a] 467.0 [b] 469.3 [c] 468.0	462.9	462.9
徵角	M-1-9 （侧鼓音）	[a] 473.5 [b] 476.0 [c] 473.9	487.7	487.7
宫	M-3-5 （侧鼓音）	[a] 516.0 [b] 518.7 [c] 516.8	513.8	513.8

注：★基本频率侧定文献：a（1978）、b（1979）、c（1980）见表 3。

表 8 展示推算频率与测定频率数据十分近似，说明曾侯乙应用了“三分损益”上下相生法，调得甬钟的十二律声调。这也证实，“三分损益”上下相生法早在曾侯乙时代已推导得成，远早于《吕氏春秋》编辑年代。分析表 8 中黄钟—宫律调和林钟—宫律调，可见此两律调都保留了一些纯律，区别在“羽曾音”。在林钟—宫律调中，“羽曾音”的比率是纯四度 $\frac{3}{4}$ ，但是在黄钟—宫律调中，“羽曾音”的比率是一个近似值 $\frac{131072}{177147}$ 。曾侯乙 45 枚甬钟所保留下来的“三分损益”十二音阶，不仅简

化了纯律声调十二音阶的半音结构，增强了“旋宫”原理在作乐上的应用，而且还保留了一些纯律音程[①]。在 16 世纪朱载堉等比律 十二音阶出现之前，“三分损益”[②]十二音阶享有最佳转调功能的声调系统。朱载堉等比律虽把曾侯乙“三分损益”十二音阶两种半音改为一种半音，近一步简化了十二音阶半音结构，但是同时也放弃了多色多彩的音调变化。

五、曾侯乙双音编钟在美国的展演

1999 年，当湖北省博物馆曾侯乙文物首次在美国展出时[③]，第一站是在加洲圣迭戈艺术博物馆。此展览立名为“鸣雷：来自中国古代出墓文物”（Ringing Thunder：Tomb Treasures from Ancient China）。博物馆并以此名出版了《鸣雷：来自中国古代出墓文物》一书，由 Sara Bush 编辑。在展览期间，圣迭戈艺术博物馆与吾校加州大学圣迭戈分校合作，馆长 Caron Smith 与我在学校召开了一个两天的坐谈会，同时在博物馆设立了一个演讲系列。

这是在圣迭戈艺术博物馆前，一套“音响”复制的曾侯乙编钟，和湖北省博物馆编钟演员，与圣迭戈交响乐队和儿童歌唱团，一起演奏的一张空摄照片。

这个联合表演是一个非常有意义的活动。西方对“三分损益”声调有些误解。把公元前五世纪的“三分损益”上下相生调音法，误认为是“五度旋生”调音法[④]。因此认为，“三分损益”十二音阶有“最大音差”问题，不适合与西方乐器合奏。事实上，不论是在理论上或者是在实验上，中华文明古代声调系统中，根本就没有西方“最大音差”的问题[⑤]。

众所周知，约在公元 15 世纪，当欧洲在风琴键盘上每七个白键中增加五个黑键，把七声音阶中的五个全音分为十个半音，企图以“五度旋生”调音法把七声音阶推展到十二音阶时，出现了“最大音差”的问题。这问题直到 18 世纪“调节完好音阶”（Well-Tempered scale）的出现，才解

① 见《黄钟大吕：中国古代和十六世纪声学成就》表 3-5-1 和 4-5-1。

② 见《律吕精义》，内篇，卷一，节 4，页 10。

③ 湖北省博物馆由潭维四、舒之梅、陈中行等带队，文物保管由冯光生、王纪潮等带队，湖北省博物馆编钟演员由张翔带队。

④ 见譬如，李约瑟和鲁宾逊，他们误解了“三分损益”法，错认此法就是“五度旋生”法。虽然此两法都用五度生律，但是步骤不同。“三分损益”法的生律步骤不是“旋生”而是“上下相生”。

⑤ 乐律家京房（公元前 77 年到前 37 年）曾应用五度上下相生法，从生律 12 次扩大到生律 60 次，得到六十律，形成一个 60 微音的微音音阶。但是京房的推算，不是依照“五度旋生”法，仍然是根据五度上下相生法，保持每一生律于同一八度，所推算的 60 个微音统统限制在一个八度范围之内。

决。1722 年，德国音乐家巴赫（Bach）作了 24 首“前奏曲”和“赋格曲”，证实“调节完好音阶”可方便地容纳 24 大、小律调的调式变动[①]。其实，早在公元 1636 年，法国音乐学家摩奈（Mersenne，1588–1648）[②]就已建议用此法来处理“最大音差”，那就是把“最大音差”均分为十二小音差程，平分于十二音键中。因为当时欧洲的数学尚不能解“最大音差”的十二次根，巴赫所用的“调节完好音阶”不是由推算得出的音阶而是凭经验所调出来的音阶。利用现今数学，我们可证实依照摩奈的方法所推算出来的“调节完好音阶”正是朱载堉在公元 1584 年所得的“等比律”[③]。

曾侯乙双音编钟所保留下来的，不仅是发音功能极好的一套古代乐器，而且是一个公元前五世纪音乐发展的一个有活力的记录。钟上铭文不仅记录了音名和律名，还记录了钟之间的音调关系。每当演奏时，这些编钟不仅可发出公元前五世纪的声音和展示当时的音域，而且同时可由钮钟提供“纯律”声调和由甬钟提供“三分损益”声调。除此之外，曾侯乙编钟还保藏着中华文明“律调命名体系”和“声调推导理论”等多方面非物质遗产。曾侯乙编钟的这些物质遗产，现在是国家第一级保护文物，在湖北省博物馆的精心保管下，其前途是乐观的。但是中华文明“律调命名体系”和“声调推导理论”等非物质遗产，其前途却不乐观。

近代中国音乐界对这些非物质遗产，除中华传统音乐界之外，都比较生疏，但是对西方的“律调命名体系”和“声调推导理论”，不仅比较熟悉，而且是一体采用。这趋势无形中就淘汰了，中华文明的“律调命名体系”和“声调推导理论”等优秀的古代非物质遗产。难于理解的是这些遗产远超过西方十八世纪在这方面的成就。值得提出，近代音乐界一般所注意而比较的，是十八世纪以来西方的音乐成就。这此音乐作家和演奏家的成就，与“声调推导理论”有基本差异。至于“律调命名体系”，除律调名子之外，中西体系完全一样。只是因为欧洲利用五度生律，没有能成功地推导出，能保留律调变化的“三分损益”声调，而最终所推导出来的“调节完好音阶”只有大小两调，失去了多色多彩的音调变化。

【参考文献】

1800 年之前的中文书籍与文献

稷下门生编纂。《管子》约编于公元前五世纪。

左丘明。《国语》公元前五世纪。

戴圣编纂。《礼记》。约编于公元前 50 年。

编者不明 . 月令 . 约公元前 8 世纪 . 约公元前三世纪编入吕氏春秋 . 约公元前一世纪编入礼记。

编者不明 . 尚书 . 又名书经 . 周。

编者不明 . 诗经 . 周。

编者不明 . 书经 . 又名尚书 . 周。

司马迁和其父司马谈 .《史记》. 约公元前 90 年。

① 在公元 1744 年，巴赫又以“调节完好音阶”作了 24 首 “前奏曲” 和 “赋格曲”，并且与前 24 首合编成 The Well-Tempered Clavier 一书。

② 见《通用和声学》（Harmonie Universelle）（巴黎， 1636 年），第 2 册，第 11 节，132 页。

③ 见程贞一《黄钟大吕：中国古代和十六世纪声学的成就》，王翼勋译（上海科技教育出版社 2007 年），149–150 页。

吕不韦及其门人学者。《吕氏春秋》公元前239年。
朱载堉（生于1536年，卒于1611年）《律吕精义》内篇，1584。
沈括（生于1029年，卒于1093年）. 梦溪笔谈 . 1086。
左丘明 . 左传 . 约公元前5世纪。
左丘明 . 国语 . 公元前5世纪。

1800年以来的中文和日文书籍与论文

程贞一（1987a）。〈生律调公元前五世纪中华编钟十二音阶〉载：《中华科技史文集》英文（新加坡世界科学出版社，1987年），155-197页
程贞一（1987b）主编，助理编辑：Roger Cliff、程桂梅。《中华科技史文集》，英文（新加坡世界科学出版社，1987年）
程贞一（1994）主编，顾问编辑：谭维四、舒之梅。《编曾侯乙双音编钟》（新加坡世界科学出版社，1997年）
程贞一（1996）。《中华早期自然科学之再研讨》（香港大学出版社，1996年）
程贞一（1999）。〈再访朱载堉在声学方面的研究〉载：《现代视觉东亚科技史》（汉城国立大学出版社，1999年）编辑：金永值、Francesca Bray，330-346页
程贞一（2007）。《黄钟大吕：中国古代和十六世纪声学的成就》王翼勋译，（上海科技教育出版社，2007年）
河南省文物研究所。〈河南舞阳贾湖新石器时代遗址第二至六次发掘简报〉《文物》1，1-14页，47（1989年）
黄翔鹏。〈舞阳贾湖骨笛之测音研究〉《文物》1，15-17页（1989年）
湖北省博物馆（1988）。〈湖北江陵雨台山21号战国楚墓〉《文物》4，35-38页（1988年）
湖北省博物馆（1989）。《曾侯乙墓》（文物出版社，1989年）卷I和卷II
湖北省博物馆（1992）。编辑：王纪潮、冯光生、程贞一、谭维四、舒之梅等。《曾侯乙编钟研究》（湖北人民出版社，1992年）
Juahong Zhang，Garman Harbottle，Changsui Wang and Chaochen Kong（此三位著者的中文名字无法考察），《自然》“Nature”401，366-368页（1999年）
贾陇生、常滨久、王玉柱、林瑞、范皋淮、华觉明、满德发、孙惠清、张宏礼。〈用激光全息技术研究曾侯乙编钟的振动模式〉于《江汉考古》1，19-24页，1981年
金永值、Francesca Bray编辑。《现代视觉东亚科技史》（汉城国立大学出版社，1999年）
林瑞、王玉柱、华觉明、贾陇生、常滨久、满德发、张宏礼、孙惠清。〈对曾侯乙墓编钟的结构探讨〉《江汉考古》1，25-30页（1981年）
李约瑟。《中华文明与科学》（The University Press，Cambridge，1959年），卷3
李纯一。《中国古代音乐史稿》（音乐出版社，北京，1981年）.
随县擂鼓墩一号墓考古发掘队。〈湖北随县曾侯乙墓发掘简报〉《文物》（7），1-16页（1979年）
上海博物馆青铜器研究小组，潘笃武、刘贵兴、马承源、潘建明等。〈曾侯乙编钟频率实测〉《上海博物馆集刊》上海古籍出版社，1982年，89-92页

谭维四。〈江陵雨台山二十一号楚墓律管浅论〉《文物》4，39–42 页（1988 年）
王湘。〈曾侯乙墓编钟音率的探讨〉《音乐研究》1 期，68–78 页，（1981 年）
著者不明。《双剑誃古器物图录》

现场发言

目　录

中国古戏楼的辉煌与局限

（周华斌　中国传媒大学）

——根据录音整理（2013-1-24 经发言者审定）

我发言的题目在“论文摘要”里面有，是《中国古代戏楼的辉煌与局限》。以前我写过《京都古戏楼》，“局限”是第一次思考。

“戏楼”是中国传统剧场的代名词。中国戏曲的演出场所有多种称谓：“戏场”、“歌台”、“舞榭”、“乐棚”、“勾栏”、“戏楼”等等。近代以来又叫“戏园”、“剧场”。称谓的不同，反映着戏曲艺术演进的轨迹，也反映了戏曲演出场所的复杂情形：一方面是表演艺术的多元；另一方面是演出场所的多样——表演艺术含歌、舞、乐、戏；演出场所有场、馆、楼、台。

我也写过《中国古戏楼研究》，认为中国戏曲的演出方式以流动性的撂地为场为起点，进入三种演出场所：第一种是庙会、露台——开放型的广场；第二种是封闭式的厅堂——比如说堂会、宴乐；第三种是专业性的剧场——以宋代的“勾栏”作为起点，包括“勾栏”、“乐棚”、“戏园”。这实际是我在美国读到关于印度演剧场所的著作时得到的启发。传统印度的演剧场所，就被概括为“开放”的或“封闭”的。另外，美国哥伦布市的剧团团长（戏剧系硕士）跟我谈过：在美国戏剧史上，固定剧场的出现是美国戏剧的里程碑。于是，我对剧场的“固定”有了一些想法。

另外，就是“流动”的演出。传统戏楼数以万计，遍及中国的朝野和城乡。老百姓说：“有村必有庙，有庙必有台，有台必有戏”。我认为，中国的戏曲文化是一种“庙市文化”。传统的中国农业社会，日出而作，日落而息，封闭在自家的一块土地上。只有在“庙会”上，以及庙会周边的赶“集”市场，人们才有社会交往。宋代路歧人说书的“话本”等等，都属于庙市文化。中国通俗文艺基本上是庙市文化的产物。

搞了这么些年戏楼，我认为中国戏楼的辉煌在于清代康乾年间的宫廷戏楼。最辉煌的是宫廷园囿里的三层大戏楼。实际上它是五层，包括“仙楼”和“地井”。底层的戏台有“仙楼”和“地井”，所以实际上是五层。现在发现三层形式的戏楼不仅宫廷有，民间也有。像浙江宁海就有三层建筑的戏楼，山西榆次也有。

宫廷的三层戏楼表现为“天、地、人”三层，叫“福、禄、寿”三台——这是文化观念。这种三层戏楼在《康熙南巡图》、乾隆《崇庆太后万圣节》的长卷里都有表现。其中画有“草台”，就是临时搭设的戏台。除了三层大戏楼以外，还有中型的二层戏楼、小型的室内戏殿、厅堂式的戏厅——属于室内演戏场所。所以我认为，中国康乾时期的宫廷演剧场所可以与同时期法国的凡尔赛宫剧场媲美。

再说包括民间戏楼在内的中国古典剧场的辉煌——能够体现戏曲文化的辉煌。这种辉煌主要表现为精致华丽，而不是剧场的观演功能——虽然精致华丽，但是剧场功能不够。比如作为“宫廷戏楼”的颐和园的听鹂馆。文革时期听鹂馆没有开放，20世纪80年代我去了三次以后，才发现那是一个戏楼。听鹂馆对面的山坡上有一个景点，叫“画中游”，它可以是看戏的地方。按目测距离，在“画中游”的山坡上观赏戏曲，戏台上表演的声音听得见。在山坡上“画中游”看听鹂阁上演戏，简直是仙山琼阁，加上对面听鹂阁后的昆明湖，天地水一色，相当于“环境戏剧”。在这里看戏有画中的意境，所以叫“画中游”——不过，这是皇家独有的，不是面对公众的。

我的观念是，研究戏楼要研究“公众剧场”，而不仅是皇家剧场。尽管古典剧场的辉煌主要表现在宫廷戏楼，但是在“公众剧场”方面有所欠缺。

关注作为古建筑的戏楼，不能不关注神庙剧场以及庙宇文化的变异。特别值得关注的是巫教和道教。“庙”有各种形式，有佛家庙、道家庙、民俗庙宇，等等。其中建有戏楼最多的，是民间信仰的巫庙和由巫变为道的道家寺庙。佛教讲究“色戒”，一般不弄戏楼，连小尼姑都要下山了。但是到清代，民俗“侵蚀”了宗教，佛教也有建戏楼的——人们去拜佛求子，连佛教的观世音菩萨都变成了送子娘娘。所以，佛教庙宇也建起了戏楼。一般来说，神庙戏楼是娱神的，其实在民俗中也是为了娱人。

明代以后，戏楼往往建在庙宇外围——原来在庙宇里头，而且越建越豪华。即便建在神庙建筑里面，豪华程度也不亚于神殿。戏楼代表中国文化，从文化发展的角度来看，必然越建越豪华。在各种戏楼里，祠堂戏楼、会馆戏楼有相当程度的“公众”成分，后来又变异为茶园、酒楼、饭馆式演剧场所和戏园、戏院，这里就不多说了。

我在调查民间戏楼的时候，曾经跟河北梆子著名小生演员吴增彦老先生在一起考察。他说，当时他在戏班里到乡村戏楼里去演戏时，需要与当地“签会”。签会的时候，要对方准备几样东西，是一个顺口溜：“七桌八椅六板凳，里七八外一盏灯，上台的梯子、铡刀、鼓，擦脸的套子、画脸的油”。

值得注意的是“上台的梯子”。北方的庙宇戏台往往没有台阶上去，两米高的台没法上去。为什么要对方准备“上台的梯子”呢，因为戏班子一上台就不再下来，吃、喝、拉、撒、睡都在后台。还有，“桌子”戏班子也不用带，只需要带上桌围子、椅围子就行了。梯子、桌子、椅子，村里都有，村里准备很方便。大堂鼓也好准备，农村都有。

这是戏班子游村走巷的情况。另外，在调查中也可以发现，戏台建筑常常有一些榫孔和石槽的凹痕，那是上板子用的。于是，可以联想到戏曲习俗里的“封台”和“开台”。神庙演剧，开庙才开台。庙宇祭祀活动一过，连带着关庙门，就要封台，免得闲人和小孩子们上去——所以没梯子。只有在庙会期间才开台，有些戏楼是这样的。传统戏班在年节之际“封台”，过完年重新“开台”，这种戏俗就是这样来的。所以，可以从民间戏楼、神庙戏楼来分析戏曲的各种文化内涵。

就“公众剧场”的使用功能来说，中国戏场、戏台、戏楼始终限定于“一方空场，上下场门”的体制，就是演员的来路和去路。戏曲艺人携带着戏箱和中小道具流动演出，流动卖艺是戏曲艺人的基本栖生状态。我认为固定的剧场与艺人的流动演出带来了中国戏曲的普及，使中国戏曲与西方不大一样，能遍及朝野。近些年来，中央戏曲学院开过剧场专业的国际研讨会，来了二十几个国家，都在说剧场存在着危机，观众进入戏剧剧场的越来越少。但是，中国戏曲不完全是这样。中国戏曲在进进出出剧场方面没有像西方那样敏感，因为传统戏曲老是在剧场里进进出出，可以进去，也可以出来。这是各种“戏场”能够普及戏曲文化的特点。

说到戏楼的局限，是就公众剧场的使用功能而言的。中国的戏场、戏台有局限：一方戏台，空空如也，带来了戏曲的程式化的“写意”特征——戏曲是以表演为中心的。20 世纪初，中西方戏剧形态发生碰撞，我父亲周贻白写的《中国剧场史》（1936 年商务印书馆）开头就说：这个剧场观念不是物理性的建筑物概念，而是包括剧团、组织等在内的戏剧文化概念。

现在来看，中国戏楼局限的一个方面是传统意识带来的局限。包括尊卑、上下观念。北面为上：

不讲究采光；官员专设官座、分等级。还有主宾观念、风水观念、祸福观念，男女有别观念。看戏不讲安静的秩序，看客们连说带评，高谈阔论，获得一种“综合”的感官享受。还有茶资、小费等。

考察戏台时我往往注意后台，那是演职人员活动的地方。乾隆以后，后台越来越扩大。在建筑体制上，北京古北口关帝庙戏楼在明中叶以后两次扩大后台。清中叶北京海淀区的东岳庙戏楼，扩建后的后台有两个石槽子，跟我一块去调查的吴增彦老先生说，这是我们调查古戏楼发现的第一个厕所，说明后台已经有了倒脏水的地方和洗漱的地方。其实在山西运城盐池的池神庙三连台戏楼，重新拆建时已经发现了元代的一个石槽，里面有倒化妆水痕迹。如上所说，中国乡村里的神庙戏楼，戏班演员上台以后往往不再下来，就睡在后台，而且在后台乱写乱画。这是他们的生存状态。这都是传统戏楼在观念方面的局限。

另一方面的局限是砖木结构带来的局限。比如“官座”、“吃柱子”、“扔手巾把”、“蹭栏杆票”、“兔儿爷摊“、“倒座”，等等。在相当程度上是砖木结构的建筑带来的。北京大观园搞大观园游乐场的时候，项目负责人黄宗汉先生跟我说，他想在大观园里建一个传统戏楼，但是不要柱子。有些专家认为传统戏楼一定得要“台柱子”，否则就不是传统戏楼。能不能不要柱子呢？我说，传统戏楼的台柱子，实际上是砖木结构建筑带来的局限，可以不要柱子。我找了一个例子，比如天津广东会馆戏楼是清末的，就没有台柱子。梅兰芳第一次在上海新式舞台演出时，感觉到没有柱子特别宽敞豁亮。大观园后来建的戏台没用柱子。当然，传统戏楼的台柱也带来了的一些戏俗和戏曲文化，比如戏曲舞台上的帘帐等等，包括壁画。我在北京海淀区东岳庙戏楼的梁柱壁画上，居然发现有教堂，等等，可以借此考察它重修的时代。总之，戏楼的砖木结构建筑带来了种种局限，采光就不必说了。

关于声音问题，王季卿先生在发言中会讲这个问题。老百姓都说，戏台底下埋缸是帮助传声的，又说戏楼的鸡笼顶是帮助传声的，等等。我就不说这个了。民俗中的说法涉及到巧合还是科学的必然，需要研究。北京天坛有“回音壁”、“三音石”；山西运城普救寺塔的前面有“蛤蟆石”，敲打这块石头，在坡下听起来就像土坡里有一只“金蛤蟆”在“呱呱”地叫，现在是旅游的一个景点。

新式剧场的出现意味着“公众剧场”意识的崛起和专业化需求。古典戏场原来以“屏风”为隔，左上右下，后来衍化出戏台上的“出将”、“入相”，就是上场门和下场门。新式剧场发展为前后台，区分演员表演区和观众活动区。演员表演区包括后台的演职人员的沐浴间、化妆室、卫生间，还有前台的布景吊杆、天幕、附台、转台、升降台、光效、音效、字幕，等等。观众活动区包括观众休息区、服务区、疏散区、商业区等等。

现代剧场是多功能的文化娱乐场所。剧场本身用于多元文化、多元艺术的展示。北京的国家大剧院是带有标志性的剧场群，包括歌剧院、舞剧院、话剧院、小剧场等。民间也有形形色色的专业剧场普遍兴起，如环形剧场、小剧场、影视剧场，甚至包括影视屏幕、水幕等等，于是，也成为多功能的文化娱乐场所。北京有一个“繁星戏剧村”，呈现的便是多功能的小剧场群。

作为文化娱乐场所的多元多功能的剧场，是现代剧场的定位与走向。

就讲这么多。

我国古戏台（传统剧场）保护面临的问题及其对策

（吴开英　中国艺术研究院）

——根据录音整理（2013-1-23经发言者审定）

尊敬的王教授，各位专家，各位老师，大家好！

听了昨天和今天上午各位专家的发言，还有会议中间我和几位与会先生、老师交谈后，我想把发言的重点稍做调整，我提交论文题目是《我国古戏台保护面临的问题及其对策》，在此基础上再讲一讲当下我国古戏台研究需要寻找新的思路和新的定位这一问题。这两个问题都和我与周华斌先生、罗德胤先生等于2009年共同完成的国家社科基金项目“中国古戏台研究与保护”有关，所以我在这里先把这个课题的取得的新进展做一简要的介绍。

该书于2009年出版。这个课题在8个方面有新的进展。一个是以戏曲史为主线，以古戏台建筑艺术和古戏台保护、维修为重点，第一次对我国古戏台进行综合研究。第二是吸收了世界戏剧史领域认同的新的学术观念，将中国演剧场所的历史性研究与国际性剧场研究接轨。第三是从建筑学的角度对各种类型的古戏台建筑进行了系统全面的考察，对戏台的形成与发展过程以及不同时期的古戏台建筑特征进行了梳理和分析、比较，发现并归纳出我国古戏台建筑具有形象华丽和依附性强两个特征，并深入分析导致这两个特征的因素。第四对全国现存有代表性的古戏台进行实地考察和测绘，共绘制了200多幅建筑测绘图。这些图纸是非常珍贵的第一手研究成果，也是科研机构、高等院校进行古戏台研究和国家实施保护工作的基础资料。第五，采用科技手段对颐和园、德和园的大戏楼和湖广会馆两个剧场进行声学测试，并应用测试获得的科学数据分析其声学特征。第六，第一次将戏台的匾联艺术纳入到戏曲和戏台文化研究的范畴，从戏台匾联内容、形式、文化内涵等方面解释了戏台匾联深刻的历史文化价值，完成了我国著名戏曲理论家齐如山先生生前想做但终未做成的愿望，并由戏台匾联切入首次深入考证了我国匾联文化的历史渊源。第七，以我国古建筑保护维修的法律法规和技术规范为指导，第一次从理论与实践的接合上全面系统地总结了我国古戏台保护工作和科学修缮的经验，有针对性地提出了古戏台的修缮保护的基本方法和工程程序。第八，结合查证文献资料和对山西等重点地区进行拉网式调查，第一次比较全面准确地查清了我国现存的古戏台数量，并对各地保存古戏台好的做法，以及现存古戏台的状况进行了分析和描述，同时绘制整理了70座不同年代，不同类型古戏台共400多幅实测图，对在新形势下如何加强保护和开发利用提出了建议，为国家制定政策，实施保护，提供了科学依据。

令人欣慰的是这项成果推出之后，先是被评为当年社科基金优秀艺术成果，2010年获得了第三届中华优秀出版物奖，最近又被全国哲学社会科学规划办公室评审通过作为2013年国家社科基金中华学术外译项目，可以预见，明后年将有外译本把我国的古戏台向世界做非常充分的展示。

我今天演讲的主要内容，就是在我主持做完这个项目以后，根据所掌握大量情况的基础上所做的一个概括和提炼，在此提出来给各位专家做参考，若有不当之处，请批评指正。

第一个问题讲一讲我国古戏台(即传统剧场)保护面临的问题和对策。我国现有1万余座古戏台,建国初期文献资料记载是10万座,10万座到1万座,其损坏的数量和速度是相当惊人的。我们课题成果推出的时候,《中国文化报》一个记者叫汪建根,他又做了一些跟踪调查,调查成果在《中国文化报》上发表,结果跟我们提供的数字是一致,他说从建国以后到现在我国古戏台的损坏程度是十之八九,这就是从10万座到1万座,就是这个数目。我们在几个重点省市做调查,如山西省都说有2 000多座,事实上这个数字是虚夸的,现在准确的数字应该是1 000余座。陕西解放初期是2 000多座,我们去核实只有120余座,各省情况大同小异,大概就是这样的比例。边远的地区南方损失更多了,因为南方的建筑不便保存,维修的时候因为维修观念不同,追求大,追求新,所以大多都很随意拆掉了。

现在从全国情况来看,目前古戏台保护存在问题很多,概括讲主要是涉及到维修技术和管理方面的问题。维修技术在我们课题里面,我们请柴泽俊先生做了深入的分析,我这里不做介绍。不过维修方面实际上也属于管理范畴,因为管理不到位,管理水平低,自然维修就做不到位,所以这是一个问题的两个方面。

说到存在的主要问题上,我归纳了几个方面:

第一个问题是古戏台的保护工作在政府机构里没有明确的主管部门。这个跟古戏台独特的建筑形制有一定的关系,首先它是附属建筑,一些历史悠久的戏台所依附的主建筑没有了,单独留下一些戏台,或者在村庄的入口或者广场上,这部分古戏台是独立的。但是因为它小,它在建筑作为不可移动文物当中不引起人们注意。此外,长期以来由于古戏台依附的古建筑因为功用不同,它就牵扯到管理部门也不同。这些管理部门有哪些部门呢?有文化部门、文物部门、宗教部门、园林部门,还有建设部门等许许多多。总体上来看,凡是古戏台被列为省级以上文保单位,大部分的保护工作做得比较好。好的标志我们通过调查,了解有四个方面,一是有保护标志,二是有管理机构,三是有管理制度,四是有维修经费。浙江宁海文化局长徐培良这次也来出席研讨会,我们去他们那里做调研,发现保护工作做得非常到位,所以说宁海的古戏台整体保护就比较好,他们将全县范围10座有代表性古戏台作为古戏台群申请为国宝单位并获得成功,算是一种很独特的保护模式。不过从调查情况看,全国大量没有被列入文物保护单位以及产权属于属于私有的古戏台,其保护工作普遍比较差。

第二个问题是缺乏政策和制度保障。国家没有出台相关的法规和政策性文件,所以各地对属于私产和没有列为各地文物保护单位的古戏台以及所依附的古建筑被随意拆除、改建和出售的现象仍然经常发生。我们去江西乐平调查,当地博物馆余副馆长反映他们有四座古戏台(包括主建筑在内),以每座20万元出售,但购买者并非买这个地,也不是说要在里面居住,他看重的是里面的构件,谈妥后很快用车把这些古戏台建筑构件拉走,这样,记载着当地人民情感、历史的几百年建筑艺术瞬间就消失掉了。我还遇到一件很蹊跷的事情,国家2008年开奥运会的时候,有关机构组织国外的宾客参观一些北京民间建筑,其中有一家公司从南方买回来的完整祠堂,包括牌坊,里面还有戏台,就放在了海淀区四季青桥附近的一个地方,陪同参观的领导都引以为荣,认为这个事情做得好。殊不知,你把这个建筑从南方迁到这里,大量的历史信息已经丢失掉了,或者说是离开了特定的环境以后,这只是说比假古董要稍好一点,所以我看了以后心里有说不出的滋味。这是私人购买,准备做一会所,的确非常可惜,如果这种状况任其发展下去,将严重助长这种破坏古建筑的风气。规模这么大这么完整而且已经有两百多年的历史的建筑应该列为文物保护单位，至少是县一级文保单位，为什么当地政府没有管呢？关键是没有相关政策和制度作为依据。

昨天上午阮仪三教授讲到城市历史保护问题的时候也讲到这一点，法规不完备。这个不完备的问题不是说政府机关里没有意识到，我们意识到了，我们三番两次叫有关部门牵头起草文件，比如文化部牵头草拟而后让建设部会审一个法规，完全是可以的，为什么做不到？只能说是领导麻木不仁，不愿意做。

第三个问题是维修资金缺乏。目前各地乡村古戏台大都是依靠村民自发捐资修缮，无论是维修技术和资金保障都有很多困难和问题，很多古戏台因为年久失修而坍塌，亟待维修，没有资金来源，遇到刮风下雨和破坏性强的台风、地震等自然灾害只有倒塌。阮教授昨天讲历史城市保护的时候也提到了这个问题，与我们调查的结果相吻合。刚才说缺乏保护资金和人员参与，现在也没有资金来源，阮仪三是自己一家来做私募基金保护，这个境界是非常高难能可贵，可是诺大一个中国，我们不要说是古戏台，包括一些其他的历史城市保护的重点建筑，靠私人募捐做这其实是杯水车薪。我在组织开展古戏台这个项目的研究过程当中，我们做了四年，到现在又过去了四年，前前后后八年时间，因为那会儿我还在机关里面工作，我还有机会当面向有关领导，或者在有关会议上呼吁，或者向有关部门递交书面报告，令人遗憾的是都没有起作用。这实际上是政府的有关职能部门不重视，不作为，刚才王教授在香港茹先生发言之后讲人家建这么大的一个戏曲中心，请问我们国内哪个城市，哪个领导有这样的气派，这话问的好。

今天早餐时我和王教授在一起，他讲这次会议筹备很艰难，找不到上级的主管部门。这里面确有个体制问题。简单地说，我们这个会议召开层次很高，来自四面八方的专家学者共同探讨古戏台这种不可移动文物这种形制的建筑遗存，应该是很重要的。我们可以写一个公文到国家文物局、国家文化部，或者通过教育部有关部门转一个公文过去，就会找到接头的人，但确确实实要细分的话，真没有哪个部门非常对口管这件事情。

现在从国家的角度来看，要保护好这些戏台，我认为目前有几项工作是非常重要的。

第一，由文化部或者国家文物局牵头，会同相关的职能部门，包括宗教、建设、城乡建设部，组织专家就古戏台这一戏曲建筑文化遗存保护的特殊性、必要性和宏观管理的职能分工问题做专项调研，尽快确定主管部门，并着手制定尽快颁布古戏台保护条例，或者出台一个古戏台保护工作暂行办法。我在做课题的时候和文化部机关某个领导讲过，你们现在没有人手，我们课题组来帮你代拟文稿，行不行？代拟以后你们去会签，然后尽快颁布行不行？他说这个事情不完全归文化部门管。这不是推诿吗？昨天晚上 10 点钟，我看凤凰卫视一栏访谈节目，讲的是中国大陆如何实现真正意义上的现代化转型，所以我非常有感触。这个体制问题是多年积累下来的，但并非不是没有办法解决的，目前只有颁布古戏台保护和管理办法，才能够从根本上解决或者防止各种人为破坏现象的发生。如果没有这个尚方宝剑，一切都无从谈起。

第二，尽快建立保护古戏台的工作机制，加大保护古戏台的宣传力度。在上级主管部门明确之前可以在国家文物局相关的处室增加一项古戏台保护工作职能，对全国古戏台的保护工作进行宏观管理、检查和指导，对各地需要维修、迁移和拆除的古戏台开展评估鉴定，组织进行古戏台的学术研究等项目。或者授权中国历史文化遗产研究院，这是文物局下属的一个单位，或者授权中国艺术研究院戏曲研究所，或中国民族民间文化保护工程国家中心。也可以授权同济大学的培训中心，只要你授权了我们就能做，来具体承担刚才我讲到的宏观管理、评估鉴定，包括研讨会这些工作。同时由国家财政拨付专项工作经费，从组织和资金上保障各项保护工作落到实处。这个问题我非常有感慨。今年有一项经费2000多万元叫文化遗产保护出版基金，划拨到了文化艺术出版社。我以前说过，我们要设一个类似这样的工作机构，每年只要100万，你要把2 000万给我，我一年做多少工作？或者你2 000万元出版了我们古戏台的书没有？人家说你项目太小，排不上位置。

第三，从中央到地方，各级政府应该将古戏台保护与维修所需要的经费纳入年度的财政预算，为古戏台提供必要的资金保障，特别对于年代久远，有较高历史和科研价值的古戏台当地政府应给予充足的资金，包括正常维修，平时看护、管理的经费。对古戏台遗存较多的县和市确因城乡建设、民居改造等方面需要将将几座古戏台整体迁移，设立博览区，而当地经济又欠发达，那么上级政府或者中央政府有关部门应该予以关注,经过考察和审核,如果方案可行,应该在资金和技术上予以支持和帮助。乡村庙宇、祠堂中的古戏台以及一些独立的古戏台，因为多种原因许多没有列入文物保护范围，国家住房与城乡建设部实施的古城镇、古民居保护工作也覆盖很少，这些既不列入文物保护单位，又不在建设部确定的古城镇，古民居范围的古戏台以及所在的庙宇祠堂，其产权所有者没有能力维修的，现在大量被列为县一级文物保护单位也没有维修经费，我和嵊州同志在交换意见的时候也提到，一般维修不光是单项修古戏台，是整个建筑都要修，这个钱不少。现在国家财政的钱非常充足，我给大家举个简单的例子，我们原来设想做一个古戏台数据库，没有做成，后来中国文化科技研究所申请了一个文物地图，给了1 000万元，这个项目经费申请途径，是作为国家部委事业单位直接立项的，但是你给钱的时候轻重缓急应该可以区分，有没有价值是应该并且予以区分的。我觉得在某个意义上这个钱并没有用在刀刃上。

第四，民俗研究院所、戏曲博物馆和高校等研究机构应该加大工作力度，以带动和促进全社会保护研究古戏台的工作。

下面讲一下当下古戏台研究需要寻找新的思路和新的定位。这是我听到与会专家发言之后思考的一个问题。这里我们先了解一下最近这几十年来古戏台研究与保护的基本方式，这在我们课题中有一段概括性的话：从总体上看，由于古戏台研究涉及到戏曲、建筑、民俗、宗教、考古等多个学科，研究者大多难以兼备各个方面的专业能力，兼之研究者的着眼点和目的也各不相同，故而其研究往往侧重于某一方面或某一地域戏台，全面性、综合性开展研究有所欠缺。当然，无论从戏曲学还是建筑学的角度，对某一类型或者某一地域戏台研究也是非常必要的，但毕竟目前我们已经具备了可以以现有发现和研究成果为基础、为起点，集合多个相关学科有经验的专业人才联手进行综合研究的条件。

我提出来古戏台研究要寻找新的思路和新的定位，正是基于这种分析和判断。这个新思路是什么样的思路呢？我这里简单做一表述，供大家参考。我归纳了16个字：综合关照，全面兼顾；突破框框，研以致用。综合关照，全面兼顾就是研究要尽可能多地全方位思考问题，避免盲人摸象的现象，在这方面有许多研究者都做过很多的努力，也取得了丰硕的成果，在他们的著作里面已经有意识将宗教、民俗等等都纳入到研究的视野当中。突破框框，研以致用，就是要摆脱单纯学术研究的框框，在求真求实的基础上着力古戏台历史、艺术、科学价值的挖掘和利用，进行科学保护。我刚才看到会议印发的征求参考意见里面，就提到了传统剧场研究究竟有何实用价值和意见，这确实是我们将来研究当中需要重新确定的思路。新的定位，我这个地方主要是针对以下几种类型机构谈谈个人的一些看法。一个是专业研究机构，一个是教学机构，一个是管理部门。那么这个定位怎么表述呢？对专业研究的机构来讲（主要是艺术研究院、所），其定位应该是重点研究与一般研究相结合，与集体合作有计划开展研究为重点，尽可能地扩展研究广度和深度。对教学单位来讲，其定位应该是教学与科研相结合，以教学为重点，最大限度促进专业人才的成长。对管理部门来讲，其定位应该是研究与科学保护、合理利用相结合，以保护为重点，努力提高保护工作的质量与水平。

最后我建议，为了使这次研讨会达到一定的影响和促使国家有关部门重视，建议与会者联名发表一公开信，分别发给文化部、国家文物局，给国务院的分管领导，乃至给新一届的中央政治局常委。

谢谢大家。

比较视野中的中国传统戏场

（翁敏华　上海师范大学）

——根据录音整理（2013-1-23经发言者审定）

各位好！很高兴参加这样的会议。今天一来首先看到这幢楼前面有一条弹硌路，石块镶拼的路面，我感到非常欣喜。因为上海弹硌路这种形式现在也很少见，上师大原有一段，后来改建的时候我呼吁一定要保留下来，让我们有一个发思古之幽情的地方，但是最后没有保留下来。我看我们的古老的建筑形式，包括路面都是很有意义的。

我这次带来的题目是“比较视野中的中国传统戏场”。很惭愧，这其实不是一个研究成果，只是一个介绍而已。

我大概讲四点，第一点是“中国传统戏场形成与演变”。大家知道戏剧通行的定义里面其实包含了表演的场所，表演的场所是戏剧三大要素之一，是 Theatre 的来源之一，这个大家很清楚，来源就是希腊古语“thertron”，这指的就是希腊古剧的剧场。剧场是戏剧分类的一项标尺，室内剧、野外剧、广场剧、圆形剧场剧、中国伸出式舞台、日本的“座”的观众席，能乐的“桥廊”和屋顶下的屋顶式的剧场、歌舞伎的“花道”剧场，等等，还有现代从西方进来的“镜框式”舞台，当代的“小剧场剧”，都是按照戏场来分类的。

另外还有室内剧，就是到人家家里去演出，在中国叫“唱堂会”。

韩国戏剧也有几个定义，有一个定义就叫“强儿”，这是音译，如果写成汉字我估计就是剧场的“场”字。因为在我们古语里面，场就念“强”，因为我是宁波人，宁波话就是这样的。在韩国，听到他们管自己民族戏剧叫“强儿”，我马上联想到我们的古语。

日本的民族戏剧定义叫“芝居”，译作汉语就是坐在芝上面的观赏，“居”是坐的意思，“芝”是草坪的意思，“东芝”其实就是东边那块草坪的意思，所以“芝居”这一定义可以让我们看到传统的戏场及其观戏的画面。

中国传统演剧大概经历了这么几种形式：广场式演出、戏棚（乐棚）、露台演出、勾栏瓦舍演出、伸出式舞台演出、厅堂演出和园林演出这么几种形式。中国传统戏剧的很多性格，很大程度上都是与戏场的形式，比如闹热、写意、夸张的程式动作，浓重的面部扮相，灵活的时空调度、与观众的不隔绝表演等等，都和我们戏场的形式有这样那样的关系。如果和西方的戏场比较的话，在世界各个民族所创造的艺术样式中间，戏剧是最具有民族特征的艺术品类，而包含在戏剧中的种种内在和外在的民族特征又必须在比较中最有显见。中国戏曲可以说是东方戏剧的一个代表形式，与活跃在欧美各国的西方戏剧，主要是话剧，可做比较的题目很多。戏剧手段、戏剧观念，两者就有很大的区别。简而言之，东方戏剧不营造生活幻觉的，也就是说是写意的戏剧观，而后者营造生活幻觉，即写实的戏剧观。西方戏剧在它的发展过程中变化较大，但是写实的意味在这一百年里达到了登峰造极的地步，产生了幻觉主义、“三一律”、“第四堵墙”的理念等，而“第四堵墙”的理论就是剧场理论，建立在镜框式舞台的一种理论。

而中国三面开放的伸出式舞台，舞美工夫都是下在演员身上，将规定性情景“背”在演员身上，以演员的歌、白、模拟性动作来勾勒环境。当然12世纪到19世纪，在欧洲广大地区盛行的也是开放式舞台和广场演出，马车剧团的简单布景，也有“自报家门”式的不与台下分隔的表演。西方一百年来，也就是19世纪以后的欧洲舞台写实性布景流行起来，追求舞美历史的真实和地域季节的真实，达到了惊人的地步。当时他们的这种演出，比如像英国《仲夏夜之梦》，演的是莎士比亚的戏剧，和莎士比亚时代的莎士比亚戏剧表演就很不一样，大幕打开的时候映入观众眼帘是一片森林，就像这一《仲夏夜之梦》图像这样非常繁复的森林的感觉，森林的氛围浓绿浅翠，山岩和湖水掩映在森林里，草地上鲜花争奇斗艳，这些花甚至可以采到手里，更令人叹为观止的是林间的草丛中还有许多真的兔子在窜来窜去，所以当时欧洲舞台求实、写实登峰造极，真马也会牵到舞台上去，真兔子也会放到舞台上去。莫斯科艺术剧院演出的《凯撒大帝》大兴考据，派人专门到罗马城考察，增加舞台装置，把舞台处理成凯撒时代的罗马城的样子，他们就是追求历史的真实。但是任何国家民族，任何流派的戏剧说到底只能是一种虚拟，一种假设，西方戏剧也不能例外。即使让仲夏夜的森林里面跑出活的兔子，但是在处理哈姆雷特自杀的时候却不得不动假，以假死来演真死，所以东西方的戏剧这方面的区别就是：是否承认这一个假的本质。中国戏曲不仅承认作假，而且利用这一点为自己创造了绝对自由的艺术创作天地，当西方话剧在一味求真的道路上越走越狭窄，不得不高呼“Let play be play”、“打破第四面墙”的时候，回头一看，中国写意虚拟的戏曲艺术已发展到炉火纯青、无与伦比的地步。所以西方人后来不得不惊呼古老而新鲜的艺术是他们梦寐以求的梦想，将会给他们带来戏剧形式的革命，所以西方后来学了东方很多东西，特别是中国戏曲很多东西。

第三点谈谈与日本能乐戏场的比较。中日两国戏剧演艺从远古祭坛逐步走向剧坛，这两者是一样的。但是中国戏剧和日本戏剧还是有很大的不一样，似近而实远。中国戏剧其实也不是说把娱神名义完全取消掉，我们中国民间小戏、社戏依然打着娱神的旗号，或者以娱神的名义达到娱人的目的，但是作为古代戏剧样式，比如像昆曲等已经摆脱了娱神的原始状态，全然以娱人、表现人、给人以美感为己任。而日本的能乐和中国走不一样的道路，它就保留在娱神的层面，也就是说娱神还是他们的核心目标，将娱神的核心目标保留下来，中国戏曲特别是昆曲追求是“流丽悠远”，而能乐是“幽玄”美，同样是一个YOU，我们的“悠”充满了人间味，他们的“幽”则带有神鬼气。这样的戏剧观念、形态的区别首先表现在戏剧的存身空间，也就是戏场上。中国戏曲和日本能乐舞台都是伸出型的，开敞型的，但是两者又有很大的不一样。观众在下面都是几面围坐观看，演员除了正面有戏，也非常强调侧面和背面的戏，这一点我们梅兰芳先生就是非常强调他背上也有戏，要注重背上的戏，就是因为它是三面、多面的观众，这与西方戏剧镜框式强调第四堵墙很不一样。中国戏台在宋代甚至有观众四面围观的露台，演员与观众很少隔绝，具有融融洽洽的氛围，很像今天在世界各地十分流行的小剧场戏剧，一般中国戏台是三面观看，另外一面有着帷幕或者一堵墙，观众的出入口在元代的时候叫“鬼门道”或者“古门”，也就是说这些舞台上出现的都是做了鬼的人士，这一点请大家一定要非常关注。元代连剧作家和演员生平事迹记载也叫《录鬼簿》，非常强调这个鬼字。但是到了明清昆曲传奇剧的时代，演员的出入口改为“出将”、“入相”，这是一般中国人的最高理想，极具官本位色彩，我们上海三山会馆就是这样的。而日本能乐舞台与中国的伸出式舞台有一点点不一样，中国的伸出式舞台可大可小，所以没有规定的平方面积，但是日本的能乐舞台都是6平方米，而且都是桧木制造的，有一个四角翘起的亭顶，上面是剧场的屋顶，所以这个叫屋顶下的屋顶，它必须有亭柱，因为日本的能乐是戴着假面具，戴了假面具以后视野很狭窄，所以必须盯着走到第几根柱子的时候要停下来，这个柱子不能没有。相当于中国天幕的地方能乐舞台叫镜板，上面画有一棵苍松，舞台左侧有一条长“桥挂”，翻译成汉语就是桥廊，桥廊边上设有三棵松树，一棵比一棵小，渐远渐小，而桥廊的尽头是一方“扬幕”，扬幕里面是神圣的“镜间”，后台还有“乐屋”，这些都是客人们不能张望的地方，是神圣所在，这一点和中国闹哄哄的后台很不一样，比如中国看戏的时候可以到后台见见演员或者献花、谈话都可以，但是在日本能乐舞台是不行的。

这个和中国伸出式舞台最大的不同就是在舞台的左侧，这个地方刚才说了“乐屋”、“镜间”在日本的戏剧观念里，不仅仅是演员休息静心，集中精神，酝酿感觉的地方，而且主角戴上面具在那里要否定自己的肉身，比如我要去演能乐，戴上面具以后我就在后面精心否定自己的肉身，我就不是翁敏华了，如果我今天演的是杨贵妃，那就是杨贵妃的幽魂，这个时候段就是要否定生身来实现一个抽象，就是变身，有点像巫术里的附体，他们认为能乐出现的形象都是神鬼的幽魂，由人扮演，所以要在扮演前要有一个过渡来否定人的肉身，来突出精神领域的神圣元素，所以，从这一点来看，能乐舞台的“扬幕”有点类似于中国元代舞台的“鬼门”或谓“古门”，而能乐演员出了鬼门到达人间，还有一条很长的路要走，就是桥廊，“扬幕”加上“桥挂”，正好是中国的“鬼门道”的意思，这也是元代的一个术语。而且走法也是与人间的走法绝不相同，他要屏息静气，两个手贴近裤缝，脚上要穿着白足袋，以不能离开地板一丝一毫的步子缓缓地出来，运步极慢，表明他们都是从彼岸来的，或者从天上下凡来的。中国的戏曲舞台是三面观众，而能乐舞台可以说是两面半的观众，还有半面就是让“桥挂”占了。戏曲剧场的观众席是马蹄形的，而能乐的舞台是曲尺形的，戏曲舞台可大可小，比较自由。比如说京东大学的赤松先生曾经有篇论文介绍，昆曲剧曾经在能乐舞台表演没有障碍，而能乐即使到海外演出也必须要严格按照规制重新搭台，能乐剧不能在中国的昆曲舞台上演出。舞台形制和出场形式在中日古典戏剧的不同正是娱神还是娱人戏剧观不同造成。明清时代早已人化的戏曲，其出场形式也是人气十足。剧中角色无论是歌唱着出场，或者一个背身突然亮相，或者是奔跑着出场，翻着筋斗出场都让观众与自己是同类来接受，而不会想到他们原本都是从“鬼门”或者从另一个世界来的。

日本有两个国剧，除了能乐之外还有一个歌舞伎，歌舞伎舞台纵深处有一个双层台面，而且上层台面和下面完全可以纵向翻转 180 度，舞台正中央有一个圆形转盘，可以横向旋转 360 度，舞台上还有一个大台穴，一个小台穴，剧中人或道具可以从里面忽出忽进；正面舞台有两个花道伸到观众席，而花道上也有两个小穴，双花道，还可以根据剧情有的时候带一个“活步板”，横向跨过观众席，来表演空中飞人的场景，剧场的空中还设有若干个安全索道来表演空中飞人。能乐是祭祀戏剧，歌舞伎是市民戏剧，进入 20 世纪，日本工业发达了，所以歌舞伎剧场渐渐构造新奇，产生了机关布景，花样百出，营造了奇异幻变的效果，而中国戏曲的时空依然坚守着一桌两椅的概念。我们也有空中飞人的表演，但主要是靠水袖功来演绎，所以戏曲的剧场舞台是朴素的，听觉性的，农耕文化的。而歌舞伎舞台是花哨的，视觉性的，工业文明的。当然日本的机关布景对中国近代戏曲也有影响，比如说上海，海派京剧，特别是连台本戏也拥有机关布景，让观众在舞台瞬变中惊奇不已，这与上海当时工业化程度很高都有关系。

我的提要就是这些，但是我后面再增加一点关于现在的中日韩在新世纪前后的剧场状况和互相影响。想介绍一下东京小剧场，东京小剧场虽然出现得很早，在 1924 年就有“筑地小剧场”，但是真正兴旺发达是 20 个世纪 80 年代，这和日本经济的发达也有关系。韩国小剧场也很多，但是韩国到了最近几年觉得光是小剧场对于演员和导演来说有很大的局限，所以他们又造了大剧场，比如说他们的土月剧场就是一个大剧场。中国现在的状况是这样的，中国进入新世纪以后随着经济大发展，各地新建剧场剧院也很多，都和经济有关，跟日本20世纪80年代的很像。北京比如说以450亿元来建造和改造剧场，打造了国际演艺中心，北京有一个东城的天坛演艺区，还有西城的天桥演艺区，所以现在首都核心演艺区渐渐浮出水面。与北京有异有同的上海，主要以改造为主创造新型剧场，其中最典型就是文化广场，各位如果这次有机会应该去看看文化广场，文化广场果然是和我们中国的文化有关。我记得我读中学的时候，文化广场给我的印象最深就是专门斗“走资派”的地方，这和“文化大革命”有关。而现在我们时代不是文化大革命的时代，是文化大建设的时代，到了文化大建设时代又被成功转型为以演出音乐剧为主的“远东百老汇”，非常漂亮。而“下河迷仓”是民间演艺力量的结晶，是旧仓库改造的戏剧梦工厂，也是非常值得看的。还有一个值得一看就是宝钢大舞台，原来是上海第三钢铁工厂的一个车间，抬头可以看到有五层楼高的天花板上有硕大的行车铁轨还在，鼓风机还在，如今被改造成一个拥有3 500个座位，适合群众性演艺表演的场所，世博会期间这里几乎天天都演出，这两年改造为一个永久性的演艺剧场，这些都是非常成功的例证，所以东亚戏剧的同根异花，剧场建设形制方面也是这样的，这些成功经验应该属于东亚戏剧共同的文化资源。

我的发言就到这里，谢谢大家!

参加本次《中国传统戏场建筑研讨会》，我们的感触良多。

首先，这是一次跨学科的会议。以往对传统戏场的研究，往往是不同学科各自为政。建筑学从建筑结构角度，声学角度，古建筑保护角度等方面着手；人文学科的专家学者则着重于舞台历史、资料考证，舞台美术以及戏曲舞台所包含的文化内涵。这一次的跨学科会议，使得两种不同的传统戏场研究视角得以交叉，这种交叉让两个学科都获得了新的研究视角，拓宽了研究的可能性。

其次，这也是一次跨国家跨地区的会议，参与者来自美国和香港、台湾等不同国家和地区，内地的与会者，分别来自学术前沿的北京、上海和古戏台保护第一线的浙江、山西等地。不同地区的与会者带来的，是不同地区研究、保护和发展传统戏场的经验，开拓了我们的眼界，值得我们借鉴经验。古戏台保护工作者带来的第一手资料，有助于我们进一步了解目前古戏台保护的现状。

再次，这一次会议的与会者年龄横跨老中青三代，展现了不同年龄层研究者的不同研究风格，年轻学者也得以展现自己的研究成果。会议以圆桌会议的模式，让所有参会者都能够畅所欲言，是一次颇有成效的会议。

翁敏华　王之涵

二〇一二年十二月二十四日

瓦子与勾栏片议——在中日古代演剧空间文化比较之语境下

（麻国钧　中央戏剧学院）

——根据录音整理（2013-1-23经发言者审定）

尊敬的王季卿老师，您好，尊敬的研讨会主席，周先生好。

下面我给大家报告一个小的题目，这个题目就是瓦子与勾栏的问题。瓦子、勾栏在中国戏剧史上有重大的意义，主要是戏剧进入商业化，而戏剧如果不进入商业化，它的发展永远蜷缩在神庙剧场里面，那戏剧的发展就会受到一些阻碍，只有当戏剧变成一种商品的时候，那么这个戏剧就会大踏步地向前发展，所以从这个角度来说，这篇文章就不是小文章，对于讨论瓦子和勾栏的意义又很重要。

那么我首先说瓦子，我们各个戏剧史无不谈瓦子与勾栏，但是为什么宋代人叫瓦子，为什么把老百姓集合在一起吃喝玩乐看节目、看各种百戏，商卖、商买等等活动的场所叫瓦子，中国汉字好几万，为什么单独叫瓦子、瓦舍。我觉得这个瓦字是有来头，有的人在书上甚至说，所谓瓦子就是堆满了破砖烂瓦的地方，这种解释太过简单，也使得我们不能相信。我后来想，要是破解这个问题，在哪部古书可以找到关于瓦的问题呢？于是想到了宋代的《天工开物》，据说周代就有瓦，到了宋代制瓦技术已经非常完备。那瓦怎么制呢？掘地三尺，透过沙土层把黏土挖出来，合水用脚踹，踹好摔成长方形块，然后用铁线拉出一块薄薄的泥片，然后把这个东西敷在另外一个圆筒上。圆筒分成四个格，当它半干的时候拿出来晾一晾进行烧制，这就是瓦。老百姓一般用的是片瓦，片瓦是把一个圆的分成四片，这叫片瓦，分成三片也叫片瓦，对剖则是筒瓦。老百姓一般的房子分成四片，所以叫做片瓦。合在圆筒上的时候谓之瓦合，当这个土片儿拿下来的时候谓之瓦散，所以用瓦的合与散来解读白天的时候，大家都集中在一个场所，看完戏，吃喝完了，也买卖过了，各自散去叫做瓦散。古代的照明设备非常差，于是到了晚上除了松油火把之外没有电灯，于是到了晚上的时候大家就散去，就形如这个瓦从圆筒上拿下来。一聚一散谓之瓦合瓦散。这是我对为什么中国人从宋代开始叫瓦肆，而肆字也有四片的意思，之所以把游乐场所和商卖集合在一体的大的公共场合称为瓦子，可能来源于中国的制瓦工艺。这是第一个问题。

第二探讨勾栏的问题。我们现在人对于勾栏的理解过于拘泥了，认为勾栏是什么什么，其实在古人那里，勾栏泛指很多事项，甚至称为某些演员叫勾栏院。比如说在河里面，在水里面，或者在陆地上种了一片芍药，在河里种了莲花，在莲花或者芍药周围围上一圈栏杆也叫勾栏，芍药栏、荷栏等等。这种很普遍的，当它用在车上，比如古代用在帝王出行的路。孔子出游，孔子坐的车也有勾栏。还有汉代的陶楼，陶楼上面一定要有勾栏，就是栏杆，栏杆是为了安全起见，所以在陶楼前面或者四周有栏杆，这也叫勾栏。当车船用于演出的时候，勾栏在山车上，在旱船上。车船上如果是放勾栏的而又演出的话，那么一种演出场所就诞生了。

我们下面看一个图片，这个图片就是四面都有勾栏的，这是一种形态。还有这个是前面有勾栏的，这是山西广盛寺后面山上明代的塔，这个前面栏杆也叫勾栏。那我们现在从中国古代的图片中、实物中已经看不到山车上放的勾栏了，但是我们在邻居日本，可以看到大量山车上用勾栏的，这一个就是

《祇园祭》里面的山车大游行，40几座山车在街上游走。我去过，我看过，很多山车上都有勾栏，上面有演奏员，有的没有演奏员，有的放置木偶等等。我们再看这个，这是日本的《秩父夜祭》，里面的山车也都有勾栏，这一个山车不叫山车，叫屋台，这个屋台前面就是勾栏，在屋台上面演出歌舞伎。我们再看下一幅图片，这幅图片是比较典型的《高砂山》的屋台图，这是亭子式建筑，后台在这儿，前面用栏杆围起来不叫勾栏，日本人叫高栏，高和勾在日本发音差不多，所以叫高栏。这是舞台和后台的隔板，这是演员出入的地方。这是一个典型的日本山车图。

我们再看下面，这是第二种勾栏形式。我前面说的是车船上面用的勾栏，我把它作为勾栏形态的第一种。第二种就是露台上加上栏杆了，也叫勾栏，如山西出土的虞弘墓，演员们正在勾栏上演出。这个就是敦煌壁画，这也叫勾栏。这就是宋代乐书上面的，叫熊罴案，与熊罴案有关的在韩国《乐学轨范》中一个舞台图，这个台叫轮台，有意思的是这个轮台和我们宋代的熊罴案大同小异，而且轮台的底部是两个大箱子，当使用的时候把两个箱子对起来，上面围以勾栏就形成轮台，更有意思的是日本后来的敷舞台也是两大箱子拼接起来的，上面围以勾栏。

勾栏有单勾栏，有双勾栏。这是《营造法式》上的勾栏，大家都非常熟悉了，我就不再多说了。所谓的敷舞台就是两个大箱子，高起地面一尺多，是日本的古画上找到的。还有一个古画正在演出《兰陵王》，这个舞台就是敷舞台，没有安上勾栏。日本的所谓高勾栏大约是什么样呢？就是在敷舞台上，敷上日本地铺，实际上就是我们中国的红氍毹，就是一块地毯，地毯下面是一个浮舞台，浮舞台四角装上勾栏，敷舞台、地铺、勾栏这三部分组合起来叫高勾栏。这是《源氏物语》的插图，就是一座典型的高勾栏。所以我说，在一个顶上什么都没有的光秃秃的露台四周加上勾栏就是勾栏加露台式的舞台，即我们所说的第二种勾栏样态。

公元612年，伎乐从中国大陆传到了日本。伎乐输入日本一百年前后，舞乐分两条路，一个是从中国大陆直接传，一个是经过朝鲜半岛传到日本。舞乐所使用的戏台就是高勾栏，至今依然在使用，绝不变化，这是非常标准的舞乐舞台。《兰陵王》等不管从中国大陆传过去，还是从朝鲜半岛传过去的，在正常寺庙里面一定要用标准的勾栏样式，也就是说在露台之上加上勾栏。我们看这个，这是奈良春日大社的高舞台，建于水上的红色勾栏。这个则是大阪四天王寺，四天王寺在每年4月22号演出，这是我亲自拍的，为了拍平常没装饰的石舞台，我在第二次去日本的时候特意到了大阪四天王寺把这个图片拍了，这是我亲自拍的。这是不进行祭礼演出时光秃秃的石头舞台，这里都有洞，到时候会装饰成这个样子。然后在石舞台的延长部分两侧搭上勾栏，面对正面大殿，这边是乐屋以及演员备场的地方。舞台分别有三层高的两个台阶，供演员上下。这个图片是我国元代的，大家都清楚，这里不再啰嗦。以上是我谈的勾栏样式第二种，也就是说露台加勾栏式。

第三种就是扶栏为场。就是用帐子，这也叫勾栏，用帐子围起来，把舞台和观众席，甚至钟楼、神楼等等全圈在里面，这也是一种勾栏样式，可惜在中国大陆没有发现宋元明时期这种勾栏样式，但是日本的勾栏样式是不是继承下来，或者中国的勾栏样式传到日本，变成这样呢？这幅图片是斗鸡表演。日本有《四条河源游乐图》，是对四条河源那个游乐场所的一个形象化的描绘，它一共有六个版本，所反映的都是江户时代歌舞伎以及各种百戏等等，集中在那一带，就是四条河源，据说现在奈良的鸭川，就是江户时代的四条河源。四条河源周围遍布了茶屋，四条河源原来是茶屋，而女歌舞伎开始是在寺庙里演出，作为劝进演出，演出让大家掏钱给寺庙捐款，但是这个歌舞伎带有色情，寺庙毕竟不太适合。等到后来，鸭川这一带的四条河源原是茶屋，最后发展成歌舞伎演艺场，各种吃喝玩乐集中在这里，和宋代的瓦子没有区别。这幅图表现射垛，就是射箭。以上几幅图所反映的几种表演都在勾栏中。

以上就是我对瓦子以及勾栏三种样态的理解。

这里还有一个问题想和大家拿出来讨论。大家非常清楚，陶宗仪有一条“勾栏压”记载，说一位姓顾的人，头一天晚上做了一个梦，梦见城隍爷把42个人拘到城隍大堂，第二天醒了之后，他感觉很恐怖，因为城隍是管阴间的，他觉得是不是要死了？正巧勾栏演戏，他没去，在家里躲着，可是他的女儿去了，他女儿钻到勾栏里面看戏，等到后来听着勾栏里面响，于是很多人都要起来往外跑，突然之间，勾栏压了，棚䃮倒了，这个姓匡是被巅木压死了。当时一共死了42个人。我们如果把做梦的内容人抛开不谈，单说这件事情也未必是假的。这个勾栏倒了，压死了42个人，什么东西倒了能压死42个人呢？他说棚䃮压，那一定是有个顶棚的，另外巅木是最上面的木头，是棚上面的木头下来，从高空下落才把他砸死。另外䃮就是代表墙倒了，当然古代的墙里面还有木头，土墙即便倒了，也还有木头支持着，所以光是墙倒了，应该不会砸死42个人，所以说我认为元末明初勾栏是带棚的。有一个旁证材料，就是明代初年跟陶宗仪同时代差不多的汤式，他当时在北京时，教坊新建一个大勾栏，这个大勾栏建成之后，教坊请汤式写了一个《教坊新建勾栏求赞》，大家一定看了，十首北曲，一个套式，汤式套曲里面的文字我不念了，也可以为勾栏带棚做一个注脚，把这两个合在一起，我们认为在元末明初，中国带棚顶的、具有现代意义的剧场已经形成。

谢谢各位！

传统戏台空间形成的时空结构、运动模式及表述程式

（高琦华　浙江艺院）

——根据录音整理（2013-2-23 经发言者审定）

中国民族文化什么样的思维习惯或者审美心态，它生长出中国的戏台和戏曲体制，所以写了这样的东西。

从历史来看，中国戏曲有两个发生源：一个是上古时期的神殿祭仪，这是原初性的带有巫术性质的空间实践；一个则是秦汉以降遍及民间的各种娱神乐人的祭赛报社歌舞活动，属于一种继发性的“空间实践”。

我认为戏台也好，戏曲也好，如果从事物的发生来讲，它是从这个情况生长起来的，前者给中国戏曲提供了与神有关联的视域，中古时期广泛分布于民间的祭赛报社活动就是它的余响，而后者就是使中国戏曲在被驱逐出正统的神殿之外的同时而深深地扎根于民间土壤，并作为岁时节令的演剧而融入民众日常生活的节律当中。

我 PPT 上的题目一个是时空同化，一个是道器一体。时间和空间作为事物存在的形式和方式是须臾不离的，但是各自的个性当中。三维的空间相对独立，而时间的移位性却意味着它的动态变化，因此在戏剧艺术中时空在其构成性的结构及其运动变化规则如果不同，就会造成完全不同的戏剧形态和表述方法或者是审美形态。我们看西方戏剧从源头来看，西方戏剧现在也有往写意方面靠，但总的趋势还是一脉相传以空间展开戏剧情节的变化，时空是团快式的，纠缠结的。中国民族戏剧显示出在时间的移位性上展开变化的无穷展延性和开放性，前者的剧情展开被约束在一定的空间内，并有一种比较严格的均衡感和体量感。后者中国戏剧剧情在时间的纬度上平面化的铺演开来，在时间的展演中展示出行云流水般的变化。这种在时间纬度上展开的线索结构，决定了中国戏曲对空间的组织，不可能凝聚于某一时间和平面上来布局矛盾的纠葛和交缠，是在时间的移位性上以连贯串联事件的方式来展开情节线索与事件空间，这个结构要素就是中国戏曲的“出”。“出”既是中国戏剧的潜在戏曲结构，又是构成事件发生发展的情节线索，在没有任何装置的空戏台上创造性运用了“出”的手法，就是以人物的空场，暨以人物的上下场来结构时空。为什么中国戏曲会形成如此毫无拘束、自由自在的时空结构呢？其间充斥着怎样的中国人的审美体验与生命意识呢？我觉得这个与我们民族的思维方式有关系。我们中国历史重要特点是在迈进文明时代的过程中，并不像希腊审美那样比较彻底，由地缘政治取代了世族血缘政治，这个我就不展开了。因此无论是制度层面还是精神层面都带有世俗文化的遗存，表现在思维层面上就是向出名的官幕取向的表象思维朝精神微妙发展，形成了中国人独特的思维方式与审美方式，这是一种基于农业、宗法社会的农业生产周期与自然世俗往复变化，也就是时间的推演之上形成观念，因此我们中华先民在感受自然生生不息、无穷演化的同时，就不可能像《旧约全书》创世记与古印度梵河创世说那样为时间确定一个确切的空间边界，而只能把它看作是一个无穷变化着的开放过程。这里我就不举例了。

第二个就是虚实相生，游刃于虚。阿道夫曾经把自己的设计称为有节奏的空间，他所指的有节奏的空间就是说运用语言、声音、色彩、灯光、场景种种听觉与视觉性的语汇，以对比、交叉、递进、强弱、停顿、重复等等可衡量的变化形成情节的起伏跌荡，从而形成一种比较强烈的戏剧冲突，我们在西方戏剧里，尤其是经典戏剧比较多地看到这种以空间元素的外化心理节奏的模式。中国戏曲的舞台节奏在空台上更多是表现出时间纬度的线性特征。这个舞台节奏变化是由人物的心理活动而定的，有话则长，无话则短，与各生命体合一的一种节奏变化，看上去很随意，确实有机一体的，体现出心理活动实际意义上的一种持续性的持续，而不是具体某一事件行动方面的联系和延续。

第三个是和而不同，圆融浑成，构成戏剧的各种元素在空台怎么样圆融混成。戏剧的审美神态有繁复、单纯、离析和综合的不同，西方戏剧基于其文化传统分析的思辨眼光，使戏剧由它的母体最终演化成悲喜二幕。而中国戏曲刚刚相反，多种艺术元素和多种表现手段会综合融入到戏曲艺术舞台表演当中，经过长时期的磨炼，由宋元始而终至明中叶，在士大夫与民间社会，戏曲艺术因其众美兼备而获得社会各个阶层的喜爱，雄居于各表演艺术之巅，与诗文并列于世界艺术之林。这种综合圆融之美，给观众提供了极大的审美空间。这种圆融之美即便是在现代的戏曲舞台上也依然体现出它强烈的艺术个性。

我为什么要写这个题目呢？因为我前一段时间老是在看戏，戏曲的表演体制与当代剧场表演空间确实有不融合之处，有非常大的不融合。因为现在舞台很大，而戏曲在舞台表演实际上以生旦为主，舞台从过去来讲演区很小，不可能也不需要那么大，因为中国戏曲舞台体制主要以生旦两个“脚色”为主表演展开故事情节的发展，所以看着很别扭。我们现在浙江新剧场在舞美上创新，演员穿着十几米长的水袖，然后整个造型往大的发展，很高很高的冠，我看着看着就想起西方歌剧《俄狄浦斯王》，为了表现舞台上的雄伟壮大，演员戴这么大的手套，戴很大的冠，这是表演一种上古时期的神话。由此可见，作为戏曲表演以后逐渐剧场体制会影响到演剧体制。

就讲这些，我要感谢王老师组织这个会，我和他相识十几年，一个80多岁的老先生至今还在为中国的传统建筑文化日夜奔走，他这种对中华传统文化的热爱和责任感，值得我们后辈学习的。

中国神庙前后组合式戏台考论

（冯俊杰　山西师范大学、钱建华　天津师范大学）

——根据录音整理（2013-1-23 经钱建华审定）

各位老师，大家好，我叫钱建华，我来自天津示范大学音乐与影视学院，也是山西师范大学戏曲文物研究所的在读博士后。我先说一下昨天和今天上午的一些学习感受，自从三年前开始工作起就一直听到一个口号，就是提倡多学科的交叉性研究，当时一直都不以为然，听了昨天各位专家的讲座之后，我对这句话有了深刻的体验，尤其是我们传统剧场研究真的需要从各个学科，比如说物理学、建筑学、声学，还有艺术学、历史学、民俗学以及文化各个层面对它进行解读，这样的研究可能才是科学，全面的，而且是有意思的。

我主要负责这个课题的陈述部分，回答问题全部由我导师来负责，所以大家不要看我长得比较年轻，就不忍心向我提问，我导师在下面，大家可以尽情开炮。

刚才茹老师带给我们一种非常美的传统剧场的现代呈现，我们报告题目是“中国古代神庙前后组合式戏台考述"。

中国神庙的整体结构主要有三种第一种就是单体式，一种是组合式，一种是连台式。所谓的单体式就是宋金元时期的戏台，连台式比较少，有二连台、三连台，还有一些品字形戏台，都非常少。在这三种样式中，组合式是最为繁复，而且是最有意思的一个类型。这个组合式其中又分为四种，前后组合、左中右组合、上下组合、上下左右前后之复杂组合，那我们这个报告只针对前后组合式戏台加以论述。涉及三个方面的问题，一个是前后组合戏台的基本形制，然后是演变形制，最后是这种前后组合戏台的成就与缺憾共三部分。

看第一个问题，前后组合戏台基本形制主要有三种，第一种就是昨天大家谈得最多的凸字形戏台，也叫伸出式戏台，第二种是方形戏台，第三种是倒凸字形。我们看第一种，下面看到一些照片是按照现存从早到今的顺序。第一个就是现存最早的一个前后组合式凸字形戏台，来自山西襄垣县城隍庙戏台，这个戏台基本形制前台是十字歇山顶，后台是悬山顶建筑。这个戏台前台面阔 5.23 米，后台面阔 7.35 米，这样形成一个前小后大的凸字形前后组合式戏台，而这两个戏台的前后进深都在 5 米左右。这个戏台大家看到的样子是因为它后来做了学校，所以四周砌了墙，这是我们现存最早的一座明代前期的伸出式戏台。

第二张图片来自于山西运城三路里三官庙凸字形戏台，这个戏台建于 1553 年。它的建筑特点前台是歇山顶，山花向前，后台是硬山顶，这个戏台同样也是一个前后组合式凸字形戏台。我们来看这个戏台前台面阔 7 米多，后台面阔 10 米，也是一个前小后大的凸字形戏台。

这张照片是来自山西忻州东张村关帝庙凸字形戏台，这个建筑年代在 1581 年，戏台建筑性质特点是前台歇山卷棚顶，后台悬山顶，这戏台是明代中后期的，和我们刚才看的第一张最早的明代中前期戏台相比，这个戏台明显比第一个戏台有三个优点，第一就是后台比较宽阔，这样就为艺人的化妆、休息提供方便。第二这个戏台前台部分建有矮墙式的八字音壁，就是音效有很好的扩音效果。第三个优点，这个戏台的前台部分实现了歇山、卷棚两种顶制的合并，这样在形制上要美观得多。

这张图片就是清代前后组合式凸字形戏台，到了清代以后大家可以看到戏台美观装饰性要比明代强很多，它的建造年代是乾隆年间，前台是歇山卷棚顶，后台是歇山顶的组合。

再看最后一张图片，来自山东威海刘公岛城隍庙戏台，它的建成年代是清末，大家看到这张图片拍摄年代是20世纪20年代，这个戏台原来特征是歇山卷棚，后台是硬山顶组合，在1986年进行重修，重修之后将前台的歇山卷棚改为歇山顶，后台还是硬山顶，特点就是在前后台有一种连接方式，通过一个小山门实现前后台的连接式组合。

以上这些形制就是我们第一种凸字形戏台的基本形制。下面我们看倒凸字形戏台，所谓倒凸字形戏台就是前大后小，这种戏台在山西以及全国也是比较少的。

大家看到的这个戏台它来自山西交城县石侯村狐神庙，这个狐神就是我们山西春秋时期的一位先贤叫狐突。这座庙前台是五间硬山顶，后台是三间卷棚顶，所以就形成一个前大后小的倒凸字形戏台。

第二张图片来自山西临汾王曲村东岳庙倒凸字形戏台，这个戏台应该很有名。因为它的后台就是现存八个元代戏台之一，后台是单檐歇山顶，后台的形状是正方形，它的面阔和进深都是7.25米，前台这个建筑是清末加上去的卷棚顶建筑，前台面阔达到10.5米，所以也形成一个前大后小的组合建筑，这样就为我们清代戏曲演出场所提供了扩大的需求。这个戏台和比较相近的两座元代戏台比，就是附近的魏村牛王庙和东羊村东岳庙，这两座元代戏台在清代的时候都增建了前台，但是魏村和东羊村为了恢复元代戏台原貌，就把后增的清代前台拆掉了，王曲村保留了复修后的后台部分，也保留了前台部分，这让我们看到了包容式的戏台组合，也看到了明清以后神庙戏台在不断改革完善的过程。

最后一种就是方形的前后组合式戏台。这种戏台也是比较少的，大家看到这个戏台是山西阳曲县洛阳村草堂寺戏台，建筑年代是在明代嘉靖十二年，这座戏台特点前台是歇山顶，后台是硬山顶，它的建筑数据是这样的，前台部分面阔8.9米，进深3.9米，后台面阔也是8.9米，而进深是2.7米，这样就形成一个长方形戏台。这个建筑还有一个很重要的贡献，就是在前台部分有一个琉璃铭文，上面记载着八字音壁的时间，就是大明正德七年。以往专家们认为八字音墙是清代的产物，这个用文物告诉我们八字音墙在明代已经有了。

最后一张是来自山西右玉县杀虎口乡马营河村五圣庙戏台，这座戏台也是现存朔州地区最为典雅、雄伟的一座。戏台建筑形制前台歇山卷棚顶，后台是歇山顶，这种戏台面阔三间，一共9.5米，进深8.55米，基本上呈一个正方形。这个戏台建筑装饰比较华美，柱头是三彩单翘的，后台部分是一个五架椽，前二后三，由六架梁插进前台的柱子，前台是三架椽，前台四架梁插入后台的六架梁上面，这个建制比较简洁，也非常牢固。这种方形戏台较伸出式的凸字形戏台整体上显得比较呆板，所以也是比较少的原因。

这是第一个问题，关于凸字形戏台的三种基本形制。下面我们来看一下第二个问题，前后组合式戏台的演变。戏台的演变主要发生在明代中期到清代，至少有五种演变，第一种就是后台加高，第二种就是过街式建筑搭板戏台，第三种是过街式的鸳鸯台，第四种是前中后组合式剧场，第五种是复杂组合。

我们看一下第一种，昨天老师提到后台加高式的，这个来自山西忻州市忻府区莲寺沟村泰山庙戏台，此戏台最有特点的就是后台部分，戏台后台面阔7.8米，进深3.5米，后台柱子高达5.89米，据村里的老人说增建后台主要目的是起到扩音作用。

第二种大家看到是过街式搭板戏台，来自清徐县温李青村玉皇庙戏台。这个戏台在舞台的南北向有一个过街的长通道，在平时是用来走人的，到演出的时候在桥上搭板，同时安装格栅和敞门。它的形制也是卷棚顶前台，硬山顶后台。

看第三种，同样是过街式的，这种戏台称为鸳鸯台，就是两座背靠背的戏台，它们在演出的时候可以互为前后台。大家看到这个戏台建筑是这样的，北面是歇山卷棚顶，而南面是普通的悬山顶，这个鸳鸯台在演出的时候互为前后台。这个戏台从建筑到装潢和建筑的规格来看，当以北口为主，虽然这两个建筑斗栱都是双下昂五踩，但是北口戏台有比较繁复的雕饰，耍头雕作龙形，而南面台口雕饰比较简单，只有比较简单的大额，显得非常牢固。

下面我们来看第四种，这就是山西运城市舜帝陵清代戏台，它属于前中后组合式剧场。大家看这个戏台属于硬山顶，它的特点就是在硬山顶戏台前面有两座看棚，一个是南北向的卷棚顶看棚，再加一个东西向的卷棚顶看棚，这样形成一个连体建筑。可能用前后组合不太科学，因为这个戏台没有后台，只是将这个单体戏台隔成前后两段，在演出的时候这个戏台有一半做后台。这个戏台也是在形制中特别少的一种，这个戏台观演的时候有一定的规矩，就是桌椅板凳的观众问题。在第一座南北向的看棚里面，一般要摆放尧舜禹汤四位先贤的神像，为观看座位第一等座；后一座看棚中间摆放桌椅，供官员们使用，为二等席位；周围再摆上一些椅凳，给村子里德高望重的乡耆、社首们使用，算是三等席位。棚内其余空地则是散座，为普通男子看戏之所，至于妇女看戏就只好在棚外两侧选择地方了。

来看最后一种，前后上下左右复杂组合式戏台。大家看到这个戏台是山西长治市城隍庙戏台，建造年代是1555年。此台以歇山顶二道山门的二层为后台，在歇山顶前台底下是门洞，后台两侧都建有耳楼，整体为前后上下左右复杂式组合。这种戏台还有很多，比如说晋中介休市洪山镇源神庙戏台，建造年代稍微往后一点，是1590年，这个戏台也是歇山顶前台，附建于山门之后，山门二层为后台，两侧建的是攒尖顶的钟鼓楼，下面一共是五个窑洞，中间是用来进人的通道山门，旁边这四个是用来居住，为道士和居士所居住的房间。在全国来看还有很多，比如有一些简化版的复杂式，大家看到这两个就是简化版的复杂式组合，第一是山东的，第二是河南郑州的。这两个一个是江苏的，一个是南方浙江的，南北方的建筑特点比较明显，它们从整体结构来说就是一种上下前后左右复杂组合式。

最后一个问题关于前后组合式戏台的成就与缺憾。主要成就方面，第一是从中国建筑史的角度来看，这种前后组合式戏台为两三座建筑的组合提供了一种可能和经验，具体的组合方式有四种，第一种插入式，第二种融合式，第三种连体式，第四种包容式，我们分别来看。

第一种插入式，这个插入式大家看到的照片是山西阳曲蔓菁村三郎庙清代戏台，它的特点是前台歇山卷棚顶，后台是硬山顶，那么它的插入就是将前台的后檐插到后台的前檐当中，形成一个组合，这样前台的后檐就省略掉了，也省略掉一排柱子，但是这两座建筑他们的前后台梁架并没有改变。

第二种是融合式。大家看到这座古戏台来自于山西清徐县东梁泉村狐神庙清代戏台，它的建筑特点也是前台歇山卷棚，而后台是一个硬山顶，所谓的融合指的是前台的后檐与后台的前檐相融，或者是前台的歇山顶后檐两个翼角融入后台的前檐中。这种融合式的戏台多发生在前面说的平面是方形或者是长方形的戏台中，因为前后台的面阔都一样，这样可以使得前台的后檐和后台的前檐实现完全的融合。融合式组合与插入式组合的明显区别，即前者相连的两檐全面接触，不似后者那般深深地插入后台前檐的中部。融合式组合仅将前台后檐的边沿部分及两个翼角融进后台之前檐即可，故其梁架结构仍可见其相对独立性。

第三种为连体式的，大家看到这两座戏台是来自山西和河南的两座。我们看山西这座，这座戏台的这种连接式就是说前后台都保持相对的独立，而且这两座建筑的屋顶都是完整无缺的，山西的后台是完整的半坡顶。前面刚才看到山东威海刘公岛戏台就属于连接式，中间是用小拱门连接的。

第四种是包容式。包容式的戏台一般是指后一建筑将前一建筑的大半包在里面。大家看到这个是山西交城有名的戏台。这个戏台后台往往都比较高大，这样组合起来把前面戏台完全包容在里面，完全是两个建筑的融合，所以它各自保持独立，但是后台把前台包进来。

这是从中国建筑史的角度，另外这种前后组合的戏台从我们剧场史的角度来看，这种前后组合式后台无疑是剧场史上第一次改革，这次改革的意义首先非常注重实用，其次重视美观。

我们来看一下这种实用与美观的表现，首先有六个方面。第一个就是实现了化妆区和表演区的彻底隔离，与宋金元明显先进很多。第二，后台可以住人了，这样为戏班提供方便。第三就是八字音壁，这样扩音效果明显好于单体建筑。另外就是排水设施，也是方便戏班子和艺人居住的。第五个方面，与金元明初戏台相比，更合理地安排使用面积。大家看到这一组戏剧就是现存几座元代戏台，牛王庙戏台约为 56 平方米，东羊村东岳庙戏台约为 63.4 平方米，王曲村东岳庙戏台约为 53 平方米。翼城县武池村乔泽庙戏台面积最大，约为 87 平方米。石楼县殿山寺戏台最小，约为 27 平方米。我们前后组合式戏台虽然有两个戏台，刚才看到元代戏台是单体的，我们前后组合有两部分，但是他的组合面积并没有扩大，就拿第一张照片相比也只有 67.4 平方米，有的甚至比单体建筑还要小，也只有 58、59 平方米的样子，在这样小的区域内，或者和单体同等的建筑面积上能够实现合理的布局、分割起来，这样显得很科学。另外就是这种伸出式舞台为村民的观看提供了一种方便，这样子就可以刺激演员的表演，互动比较好一点，所以前后组合式戏台较单体三面戏台在这几个方面有很大的进步。最后，从审美来说，前后组合式戏台他的屋顶一般有歇山卷棚的组合或者连接，比仅仅是独立的元代建筑更有韵味，既雄壮又优美，高低错落，这个美感就是这样的。

它的缺憾昨天周先生的报告已经讲到了，至少有两方面的缺憾，从意识形态来说这种建筑体现了一种封建观念、尊卑观念还比如说有一些可以逃票什么的，另外从剧场本身来看，最大的问题是对观众的考虑，没有意识到为观众提供一些方便，清代两类主要的戏台组合方式，除了我们讲的前后组合之外，还有一种就是山门舞楼，这些问题在后面山门舞楼就很好解决了观众的问题，在山门舞楼两侧修建了两层看楼，包括妇女、儿童看戏都有一个固定的场所，前后组合式戏台没有解决这个问题，但我们从历史的进程来看，山门舞楼毕竟孕育于前后组合中最复杂的前后上下左右复杂组合中的，所以说到底前后组合式戏台在中国剧场史上带有着承前启后的作用。

最后谢谢大家，感谢大会的邀请，也感谢会务组的同学和老师这么多天来的忙碌，再次表示感谢！

中国传统戏场若干声学问题讨论

（王季卿　同济大学）

——根据录音整理（2013-3-11 经发言者审定）

各位先生，下午好！

请先让我谈一下我与传统戏场如何结的缘。我国素有听戏之说，这似乎比看戏更内行一些的说法。于是在戏园子能听得好否显得很重要。再说，中国戏曲很重视唱功，往往在戏曲表演中处于首位。早些年没有电子扩声设备，场内又可以喝茶，买东西，吃瓜子等，秩序不太安静。在这样环境下要能听好，很不简单。这引起我们注意，去考察传统戏场建筑有哪些特征，尤其在建筑声学方面。工作中也确实发现不少问题值得深入研究。

最早促使我开展这方面研究工作还有一个外来因素。20 世纪 90 年代后期，美国声学学会学术年会（每年二次，已有六七十年历史）正在组织有关声学考古专题的报告会，向我发来邀请。促使我选择了传统戏场建筑声学作为报告内容，会上引起与会者很大兴趣。三年后他们再次来邀请，我又整理了一些资料去介绍。此时，我也感到国内建筑史教材中，似乎对观演类建筑尚付阙如。又建筑声学方面著作中，虽有古希腊、罗马的露天剧场介绍，对中国传统戏场则几乎无话可说，未免有点遗憾。于是立志补缺去研究。

今天选了六个方面声学问题来谈。第一关于戏台，中国传统戏台是很有特色的。第二个问题，考虑到很多传统戏场是庭院式的，它们的声学特征非常特殊。第三关于听的要求，响度和清晰度这两项最基本内容又如何呢。第四，常说戏台底下设瓮有助声的效果，究竟怎么回事？第五，如果不用扩声设备，戏场建筑规模该多大。第六，中国传统戏曲的乐队位置曾有很多变化，从使用和声学效果来分析它们的利和弊。当然戏场声学问题可能还不止这些内容。

先谈第一个问题，关于戏台的声学效果和分析。

中国传统戏台大多是三面敞开的，而且伸入到观众席去。这是中国传统戏场一大特征。还有，演员在此演出常常说，在这里演唱“拢音”效果好，自我感受比较好。这又是怎么回事？研究一下传统戏台的声学特征，可能对今天的设计也会有所帮助。

我们知道传统戏台大都是亭式的，上面有一个顶“封”住。顶的花样很多。这里举一个实例：上海三山会馆。它的戏台顶很有特色，既有很好声学作用，也增加舞台建筑的艺术效果。从声学角度看，如果是平的顶，它的反射声是这样，如果是穹形的话对演员也很有帮助，并使声音反射到观众席去。我们也可以用一系列随时间变化的反射声图解，来表达戏台上发声后声传播情况。两类图分别说明平的顶对反射声会怎样，穹形的顶又会怎样。它们随着时间的变化，例如经过 5 毫秒、10 毫秒、15 毫秒、20 毫秒时声音传播在空间的变化。从一系列图片变化中可以看到，当这个顶是平的戏台上，声音反射已经下来时，穹顶戏台上声音还在向上传播。从这些图解可以知道声音随时间变化的传播情况。但是这里只说明一些现象。作为研究工作，还要有定量化资料分析来说明它们的声学效果。这里，应用音乐厅里描述乐队对舞台上感受所用的一个物理参量，称作“早期声支持度”作为衡量演员对自己发声感受到的支持程度。我们用它来说明传统戏台的拢音效果。“早期声支持度”是按两次测量结果来确定的。第一次测量它的直达声强（声源和接收点相距 1m 时，0~10ms 时段内的声音称作直达声），第二次测量是对来自戏台周围表面的早期反射声强，即 20~100ms 早期范围内的所有反射声。把这两个声音进行比较作为说明支持度的客观参量。这里必须说明，起支持度作用的只限于 100ms（即 0.1 秒）内早期到达的反射声，故通常称之为“早期”支持度。至于后期（100ms 以后）到达的反射声如果较强，容易给演唱者分辨为双重的回声，非但没有帮助，而且还会引起“回声”干扰。所以这里强调的是早期支持度。如果第二次接收到的早期反射声比较大，那就会感到支持度大。如果没有早期反射声到达，那就没有支持度。例如在露天演唱，声音发出去就没有一点“回响”反馈回来。戏台有了顶就会有早期声反射，早期反射声“比例”高，说明支持度高，也就是我们所谓的拢音效果好。正如图中 b 和 a 的比值高了。我们就用这一个参量来表示“拢音”效果。这里列出数学上的表示式。图中给出了我们测量过的七个亭式戏台的早期支持度。传统戏台比一般西方音乐厅舞台上的支持度高，一是因为戏台尺度比较小，二是因为戏台上面有穹顶，有点“聚集”反射声作用。

我们还利用计算机模拟戏台上声音发出后，反射到达声源点的早期支持度情况。这样，戏台每个位置上的早期支持度都可以计算出来。从而可以知道演员站在这个位置演唱时的支持度为多少，台上换个位置唱又是多少支持度。这样，我们大体上可以知道站在舞台各个位置的“拢音”效果。如果舞台的顶是穹形，除了穹顶正中的下面位置是四面对称的，戏台上其它位置测量时声源和接收点的相对位置改变，测得的支持度不同。例如接收点转过 90° 的四个方向，测得的早期支持度会有些出入。所以我们作模拟计算时，取四个方向的平均作为早期支持度。我们又取穹顶下正中 4m × 4m 范围内作为主要表演区考虑，来考察不同位置上它们的早期支持度。当然，不同高度和不同弧度的穹顶，拢音效果会有些变化。可以通过计算机模拟结果来作比较。

舞台声音反射给观众席的效果怎么样也需要考虑，这还需与大厅声学条件结合起来处理。在此就不展开了。

这里还有几个问题要考虑。国外音乐厅舞台尺度比较大，顶的高度亦有 8m、9m 或更大，而传统戏台比较小得多。音乐厅的早期声取的是 20~100ms，对于尺度小得多的亭式戏台，会漏掉一些 10~20ms 内的早期反射声。所以我们认为早期反射声可能要把这部分也包括在内。国外对小演播厅、排演厅内的早期声所取时段也认为要比 20ms 提前，但没有给出具体数值。第二个问题是对平的顶考虑，不是说一点没有“拢音”效果。只是穹顶可能更好一些。穹顶还有多种样式，它们的“拢音”效果有什么规律还要研究。至于评价它们的“早期声支持度”需要取声源 – 接收点四个方向的平均，这个问题在国际标准上没有提，因为音乐厅舞台周围反射面基本是平的，不必考虑声源 – 接收点位置变化。所以我们研究传统戏台的“拢音”问题，还得研究一下早期反射声的时间取值问题。后续研究还有很多工作要做。例如演员对不同早期声支持度有什么主观感觉，最佳范围是什么等等。此外，计算机模拟碰到圆弧形反射面比较麻烦，所以要做些舞台实物模型试验，尺度比例可能要做得大些，例如 1 : 5 的缩尺比例，测试技术上困难就小些，也就是说测量精度可提高。由于传统舞台尺寸本身不大，1 : 5 缩尺模型制造不会太困难。

第二个问题谈混响。

可能来自其他专业的学者对于“混响”一词不大清楚。先简单介绍一下。人在露天讲话，和到了一个房间里讲话，会感到声音有一个差别。这个差别就是因为房间里有很多反射声音，给你感觉声音有点“延续不断”，专业上对这种现象称之为混响。我们古代对此就有很多记述，提及对混响的感受，那时他们不称混响。“余音绕梁，三日不绝”，就是古人对“混响”的一种描述。实际上不会三天不绝的。如果真是三天的话，今天你们来开这个会，没有听到我的讲话，你明天来还能听到，后天来还能听到。“三天不绝”是艺术上的夸张其词，但至少也说明那时对于室内有一种混响的感受。这类记述在古书中还有很多，本报告文字稿中列出了一些，这里就不详细讲了。

一百多年前，有个物理学家赛宾提出来，在房间里当停止发声后一直到听不到的延续时间，这大约是衰减60分贝所需时间，以此定义为“混响时间”，写作T60。这是描述房间声学特性的第一个参量。我们测量了一些厅堂式传统戏场的混响时间。这里列举了三处的实测结果：北京湖广会馆，北京正乙祠，和天津广东会馆。它们的容积约3 000到5 000立方米，空场混响时间大概都在1秒左右。

传统戏场大量是庭院式的，那是一个无顶空间，它的声场和声学特征与封闭的、四面围蔽的空间不同。所以把庭院式戏场沿用T60(赛宾混响时间)，作为描述该空间的声学特性就不合适了，因为赛宾公式和T60只限于封闭空间，只限于扩散的声场，只限于低吸收的活跃空间，这是赛宾研究房间声学的前提。如果不在这个前提之下，T60就不适用了。因为庭院没有顶的，声音上去之后不会反射下来。从声音在不同空间中传播的动漫画中，可以观察到它们的3D空间的后果差异。为了方便比较，我们从平面图或是剖面图上的投影资料来观察它们的差异。这边是庭院空间，没有顶的。另外一边是封闭房间。大家可以看到，发声50毫秒以后已经出现这么大的区别。到了100毫秒以后区别更大了。从平面上（或者说从顶面上看）的投影资料来看，也可以看出它们不一样的情况。所以声音在庭院里和房间里比较相差很大。如果从侧立面来看，庭院中声音向上出去后情况就很不一样。100毫秒时已经和封闭空间大不一样，150毫秒时又有很大变化。可见两种空间的声场差别相当大。封闭空间（即如一般房间）和无顶庭院空间内的声场，它们的差别是很明显的。

刚才说的建筑声学中赛宾混响时间指标，它有三个适用性的前题条件，对庭院空间都不适用。空间内发出一个声音后，许多表面上都会产生反射声，因此封闭房间内反射声是很多的。如果空间没有了顶面（庭院中的顶面是敞开的），空间内的反射声就少掉很多。因为声音上去后没有再下来，只有墙面会出现多次反射。封闭房间情况就大不相同，声音是从四面八方来回反射。而庭院里是没有上面来的反射声，即使来自侧面的多次反射声也不一样，主要是这些反射声大多只限于水平方向了。

还有室内声学中的基本振动模式数量上有很大变化。有顶和无顶空间振动模式的数量几乎差了一倍，无顶空间中很多振动模式没有了。再说，一个有顶和另一个无顶空间作比较，按照赛宾混响时间公式的算法，在空间内具备相同吸收量时，应该都是1.2秒。但是无顶和有顶空间内的吸收量即使调整到相同，最后的混响效果肯定不一样。如果只从赛宾混响时间来看是一样的。这当然有问题。所以，它们由反射声引起的方向感肯定不一样。但是，今天大家用一些先进的直读式仪器，现场测量时，按一下钮健显示出一个“混响时间”读数，很方便。但是对于空间内声衰变细节一点不显示。于是在有顶和无顶两种空间内，同样得到譬如1.2秒混响时间，实际混响感肯定不一样。要知道经典赛宾混响时间仅仅适用于封闭空间的。这个问题常常被一些建筑声学家所忽视，国外有些声学家也常对这个问题不注意。因此都会用赛宾混响时间T60去量测庭院戏场和希腊、罗马露天剧场。那是不妥当的，会引起误导的。

为了弄清楚这个问题，我们做了一些主观试听评价实验。利用尺寸和形状相同的两个空间，一个有顶和另一个为无顶。改变空间内它们的表面吸声和扩散条件，使两种空间的衰变曲线差不多，也就是说让它们的“赛宾混响时间”接近。然后让大家用耳机去听同一段音乐选曲。这些音乐片断主要集中在中频。一共27名研究生参加试听，有14名男的，13名女的。年龄都是20多岁。将无反射环境（又称消声室）下录制的音乐片断通过电子设备将空间内不同反射声效果“卷积”成一段段试听样品，让试听人员作混响感成对比较判断。每位听测者可选A比B混响感强或反之的判断，也可认为两者混响感没有差别。

试听实验用的上述音乐片断，按照（a）通常单声道接收方式馈给耳机，（b）通过双声道拾音和还音方式馈给耳机试听。这里就有好几种房间条件作对比判断。有关细节这里不详谈了，可参考我们已发表的论文。下面介绍部分实验结果。

一个明显的例子是，由计算机模拟来调节无顶空间和有顶空间内的总吸声量相同，于是可得到近似相同的衰变率。如果单纯按赛宾混响时间T60来看，两者的混响感应该相同。再说常规混响时间T60是以单声通系统测量的。主观试听评价结果也说明两者的混响感无区别。当我们用人工头作立体声双声道接收并还音试听时，96.3%的听者认为有顶空间内的混响感强。两者的混响感差别明显。这说明，衰变过程中反射声的方向性因素对混响感也起作用。这个实验结果告诉我们，当空间是无顶时，其声场已远非扩散，反射声的空间分布主要集中在水平方向。传统的赛宾混响时间不能给出准确的混响感了。

我们还做了一些其它条件的主观对比实验，也说明传统混响时间不适用于评价无顶空间的混响感。这个问题不仅在国内未引起注意，在国外也存在。例如不少人曾去希腊、罗马露天剧场进赛宾混响时间测量，得到很短的T60，约在0.2~0.3秒左右。然亦有人测得1.8秒，还用计算机模拟得到相似高的结果。如此长的混响时间在一般封闭式厅堂中也算是比较长的了，一个无顶的露天剧场怎么会有如此长的混响效果呢？问题就出在赛宾混响时间不适用于无顶空间。

第三个问题谈谈响度和清晰度

戏园子里听戏响度很重要。但是为了避免评价戏园子响度效果与演唱者嗓音大小交织在一起而分不清房间的作用如何，我们希望用一个单纯描述房屋条件相关的物理参量来考核戏园子。否则，把演员嗓音大小这个不确定因素介入后，难以说明戏园子的“响度”作用是好是差。现在国际上都采用一个客观参量——“相对强感级”，来说明房间对声音能够起到多大“增益”效果，从而可在评价房屋响度效果时避开了不由音质设计者控制的声源变化因素。所谓房间“响度增益”的定义是：以离声源10m处声级作为参考基准（相当于10m处直达声的声级），大厅内各处测得的声级都与它作比较，是高了还是低了，所以称它为“相对强感级”。也就是说，演员在此演唱，房间对响度能起多大“提升”（声学术语中称“增益”）作用。这样避免了因声源强弱带来的响度评价问题，可以单纯地考核房间对响度所起作用的客观评价。

过去，在一些厅堂式传统戏场内听戏，听得好了才会喝彩。有些人坐在后排角落里，响度似无多大问题。庭院式戏场的响度就没有那么好。同样大小的两个空间，封闭空间内的强度比无顶空间内要高得多。图中显示这两种空间内强度方面的差别。无顶空间内声音普遍轻了，后部声级下降更多，而且声场更不均匀等等。我们在八座庭院式戏场中作过现场声学测量，它们随离声源距离的变化大致如图所示。显然比封闭空间内声场分布的下降量要大得多。两者的比较可以从图中看出。庭院周边墙高对音质也有一些影响，主要对混响感。一般来说，周边墙高度对响度变化的影响不大。

戏场音质不仅在响度方面，清晰度也很重要。这是听得好的两个方面。清晰度属于主观性的参量，通常以念 100 个字音，以听清楚的得分率来衡量。对音乐就不容易说清楚了。但可以用与之相对应的客观物理量——“明晰度”指标来说明。当听者只接收到直达声，没有来自周围反射声（混响声）的干扰，明晰度最高。房间里有时听不清，不是响度不够，而是因为有反射声的干扰。我们把这种干扰声占的比重大小，或者以直达声和混响声之比，称之为“明晰度”来衡量。日常生活中，人们常有这样的经验。在一座混响很大的厅堂中，两人离得很远讲话，就是听不清楚。因为房间反射声的强度比之直接传来的直达声大。当两人走近，直接声逐步提高，而房间反射声没有改变，清晰度却随着两人之间距离缩短而提高。也就是说直接声所占比重加大了，清晰度就提高。它通常把早期声和 80ms 以后到达的后期反射声之比取对数的值，用符号 C_{80} 表示，以 dB 计。我们对北京三个传统戏场明晰度 C_{80} 测量结果，表明这些戏场内的清晰度还是比较高的。

第四个问题舞台下设瓮助声之谜

瓮是一个口小体大的共鸣器。常有人说故宫戏楼下设置的瓮，有助声作用等等，在一些报刊和电视广播节目中，也经常作为古戏台建筑特色来介绍。经过考证，这个说法不正确。应该把这件事说说清楚。瓮在外界声音激发时，瓮颈部的空气团会引起振动，体大的瓮腔则犹如一个弹簧参予振动。所以，当瓮颈空气团受外界声波振动激发，在引起共振的频率时，会消耗能量，即所谓吸声作用。在某些场合，例如自由场，它在共振时会向外辐射该频率（段）的声音。这些现象在物理学上称为共振，通俗称“共鸣”。

这里出示一个试验结果。把大量牛奶瓶（也可视为一种“瓮”）放到实验室内，发现在“共鸣”频率时会消耗能量，即室内对频率（段）声音产生吸收作用。从图中可看出共振峯（声吸收峯）很尖锐。也就是说这个共振频率范围很窄。对其它频率是不起共振作用的。这就是瓮共鸣时的基本物理现象。

这里还要说明一点，如果外界是露天（没有反射声的自由场），由于瓮的颈口空气团振动，它会向外发声，发出该共振频率的声音。也就是说，对这个有限频带宽度的共振声音会起到一些加强作用。

设瓮助声之说，本身有很大局限性，一是它的共振频率宽度很有限，二是即使在露天，瓮口的“再辐射”能量不大，影响的范围有限得很。再说，歌唱声的频率范围很宽，其中某个频率得到瓮共振的加强，岂非要“走调”变得难听得很。

为了弄清楚戏台下设瓮助声之谜，我曾多次实地走访考察。1999 年 4 月去天津广东会馆时，一位管理员告诉我八十年代修缮时看到台下有瓮，且说一直留在那里。及至借灯在台下照遍，一无所见。他终于承认这是听说的。古宫大戏台有瓮助声之说，常见报刊杂志，电视广播中也常有介绍。2004 年 9 月我有机会把大戏台的地扳打开，进入台仓去实地考察，并拍了照片和测绘。说明过去的传说不确。

古代中国文献上对于瓮助声一事有不少说法，看来都是妄传，没有科学根据和实物佐证。有一本声学史作者提到说山西古戏台下常有助声之瓮。我和他交换看法，并对他书中照片提出质疑，可是他仍然认为山西确有不少。今天来了多位山西古戏台研究专家，向您们求证一下。

从建筑声学另一方面来分析，也说明它没有助声作用。台上演唱声要透过楼板才能传到台仓，声音的透射损失一般至少 10dB，即至少损失 90% 的能量。假定这个瓮能起作用的话，也只能把余下的十分之一能量加强。如果像古宫大戏台台仓周围墙厚近 2 米，也出不来啊！所以这些事情都是传说而已，或者说人们寄予一种愿望，没有科学根据。

国外同样有这样的传说。说古希腊、罗马露天剧场座位下有瓮，能起助声作用云云。经过旅游讲解员宣传，传得很厉害。1960年丹麦声学著名学者Bruel到北京做报告，他就否定了。2002年他又根据后续研究，再次著文否定这一传说。他还提到，这种不确传说，还一直影响到中世纪很多教堂里还设置这类东西，说是罗马流传下来的，实际上都没什么用处。

去年2011年9月，在希腊开了一次国际会议，专门讨论希腊罗马古戏场声学的研讨会，规模很大，三天一共报告了50多篇报告。其中有一个邀请报告，由当年（2003—2006）欧盟资助的大规模国际性联合研究古代剧场音质称之为ERATO项目主持人之一Rindel博士，他专门介绍了一些过去鲜为人知的历史事迹，并有力地澄清了不少流传甚广的不确之词。起源于Vitrivus所著《建筑十书》中提到古希腊、罗马露天剧场声学方面种种考虑。该书于纪元初写成，直到数百年后才被发现。原著系拉丁文，经多种文字转译，是否有“走样”之处也很难说。经他们仔细查考，Vitrivus是位罗马军中建筑师，他的生卒年份不详，但他一生没有设计过剧场，书中所绘的露天剧场也没有一座保留下来。所提到的一些声学问题不过是引用了早他三百多年的希腊音乐理论家和哲学家Aristovenux对乐理和乐器方面的考虑，把它们引申到剧场建筑中去。但两者有不可比喻之处，作者未察。这里不拟详谈，但有一点可以明确，即古代露天剧场座位下的瓮，究竟起什么声学作用，在那册名著中矛盾百出。再说目前保留下来的五十余座露天剧场中只是个例而已。《建筑十书》曾有中译本出版，它译自日文，日文版又译自德文版。不仅原著中存在一些问题，多次转译后，加上一些“隐晦”译文，令我无法卒读。

所以东方和西方对设瓮助声问题，都有误解和妄传。

由于时间关系，下面两个问题简单谈一下。好得报告全文已发给大家了。

第五个问题谈一下自然声演出空间限值有多大

这个问题的提出是出于传统戏场在不用扩声设备时的规模多大为宜。20世纪二三十年代上海建造的一些剧场规模大多在1 500~2 500座之间，也不是按传统方式建造的，听音效果并不十分理想，但是一些名角在此演唱可以获得良好反响，说明演唱功夫起着相当作用。如果建筑声学方面处理得好些，千把座容量应该可以达到全场满意的效果。保守一点考虑，即适合各种地方戏曲演出，五六百座的限值应该可以达到理想听音条件的。

这里举一个实例。就在这里开会的房屋－文远楼是1954年建成的。当年我参加设计的，有一座大讲堂，容座320个。建成后大班上课一直不用麦克风。讲课老师有的年老，或是声音较轻女教师，学生听课没有困难。对于有练唱功夫的演员来说，嗓子不同于一般讲课老师，再加上良好建筑声学设计，五六百座的剧场应该不成问题。

第六个问题乐队的位置

乐队的位置对演出效果很重要，其中有些问题值得探讨。从一些古画中得知，古代乐队都在舞台后部。这样布局使演员在台前演唱，接近观众，减少伴奏乐队压过演唱声的现象。而现代化剧场都在台唇之前设有一个很大乐池，可以容纳一个大乐队，但是容易形成演唱者与观众席之间的“音乐墙”，一些过响的打击乐器对前排听众干扰尤其严重。传统戏曲演出通常采用10人以下较小规模的伴奏乐队，设置在舞台下场口一侧。就是台侧位置也有多种变化。我们从各地传统戏台调查中，看到多种创新考虑。伴奏乐队位置的变迁当然还与演出总体效果（如与演唱者视听的配合，乐队规模的扩大等等）有关。

时间关系，这里就不展开讨论了。谢谢大家！

牛白琳：刚才王教授的报告让我们大开眼界，特别是我们搞文科的，搞剧场、戏曲史专业的，搞古剧场研究的没有这样的研究手段。我刚才要请教王先生，中国古代剧场的声学是古人凭经验得来的，一些有利于扩声的设施，比如戏台底下设一个空场。我问了冯俊杰老师，说在调查时好多老乡说底下要放缸。还有一个说法，就是后台特别高大对声音有帮助。例如忻州市忻府区泰山庙的戏台，后台很大，老乡认为也有扩音的效果。我们还关心戏台顶部是不是也有扩音效果。如果是天花平顶，对声音又有什么区别。我们感觉收获很大。我们再考虑一个问题，古人凭经验，他认为有一些设施是扩音的，也有它的文化价值在里面，我们科学的手段认识他的扩音效果，如果没有真实的扩音效果，从文化的角度我们对它做一些理解和评价。

台湾传统民居庭院戏场与其声学性能

（许晏堃　台湾建国科技大学、蔡金照　台湾国立大甲高级工业职业学校）

——根据录音整理（2013-3-11 经发言者审定）

首先非常感谢大家。

我焦点是放在台湾的传统民居，我必须先解释一下，其实合院在中国很有名，在中国是称为平面式戏场。为什么我会使用合院这个名词呢？因为我要做一个区别。

先介绍一下台湾曾经有的，现在还存在的传统戏台，然后再介绍台湾传统民居戏场概念，然后简单介绍里面的空间类型，说一下量测结果，再说一下电脑的模拟情况。

我先介绍一下台湾传统戏场概要。台湾戏场可以分四大类，第一是寺庙的戏台，这是最多，也是最早的。曾经还有官署戏台、民间宅邸与园林戏台，还有戏馆。

台湾寺庙受到日本统治的影响，大部分的寺庙戏台都不见了，所以大部分寺庙演戏的时候野台是最多的，固定的戏台其实比较少，所以在清朝开始都是以神庙的节庆活动为多，我小时候非常频繁看到这种演出。这是 1965 年到 1975 年的照片，拍摄者也不确定，这个地方正好是我的家乡台湾桃园县，和我小时候记忆差不多，就是由竹子和木头搭的野台戏，居民就在下面看戏，还有庙会活动，所以我们小时候对庙会活动非常兴奋，大家非常开心可以参加这样的活动。

固定的戏台，台湾的寺庙古戏台已经损毁消失，现在剩下来非常少，现在比较确定的鹿港龙山寺，戏亭比较特殊，和一般看到的戏台不一样，一般戏台具有高台的基本型态，它的形式特别特殊，舞台是演出时才使用木板铺设架高而成，平时则为凉亭与过道。还有宜兰协天庙戏台，这是标准形式的戏台，1995 年的时候被破坏，所以现在拆解保存，另立其它的地方重建。如清朝乾隆时期台湾知府蒋元枢《重修台郡各建筑图说》，1778 年的，还有一本《续修台湾县志》，它里面有记载相当多的台湾古戏台，例如台湾曾有台南大天后宫戏台，它现在不见了，只剩下一个水泥做的露台。台湾府城隍庙戏台也不见了，现在关帝庙戏台我没有看到，彰化元清观戏台我也没有看到，凤山城隍庙戏台也不见了，淡水福佑宫戏台现在有新的了，古戏台也不见了，所以只剩下鹿港龙山寺戏台和宜兰协天庙戏台是存在的。

鹿港龙山寺是明朝永历年间建立的，所以也有一段历史，它有机会迁建，于 1786 年迁移到目前位置，并历经多次修建与重建。曾经在 1999 年，因为台湾有经历过“9・12”大地震受损过。它的形制非常特殊，看照片就晓得了，它没有高台，所以平常来参拜的时候直接从亭子底下通过，在演戏的时候还要搭个木头的台子，非常特殊。因为社会环境改变的影响，他们现在不再搭这样的戏台，现在主要是以布袋戏（掌中戏）为主，因为他们会有自己的台子带过来演戏，现在戏班在台湾生存不是那么容易，而且费用比较高，现在寺庙都是请简单做布袋戏（掌中戏）来调整。这个天花叫八卦藻井，在台湾来说这样的亭他们叫三川殿，意思就是这个地方是让你进出寺庙，川流过的地方，所以这是非常特殊的戏台。庭院两边都有植树，所以是比较特殊的形态。

宜兰协天庙戏台建得比较晚，1804 年，一开始最早是用茅草屋，1867 年时，清朝镇台使刘明灯提督巡查宜兰，奏请要建协天庙，所以一开始建的时候就有戏台，1995 年戏台刚好计划到那个位置，所以 1995 年拆迁。它现在存放在市容所，等待以后有力量会重建。这个照片颜色不太对劲，因为这是早期的照片，这是黑白的照片，所以这个戏台是庙会时很重要的场所，这是复原的图片。

官署戏台我找到一个，在台湾台南道书鹤驯堂有一个可以观戏台，不过目前找不到了。

民间宅邸，因为清代时期戏曲十分流行，台湾会在私家园林兴建戏台，所以在台湾有一个雾峰林宅大花厅戏台、板桥林本源宅邸百花厅戏台、方鉴斋戏亭等。

再来是戏馆。台湾曾经出现过戏馆，这不是中国这边的戏馆，因为这是经过日本统治，建了不太一样风格的戏馆。一开始有台北淡水戏馆，后来称台湾新舞台，还有日本人在新竹也建了一个。这是我找到淡水戏馆，后来叫台湾新舞台，是 1905 年日本人荒井泰治募股集资的，形式不太一样，因为是日本统治时期，加入很多外来因素，非常特别。但是很可惜，在二次大战的时候被美军炸毁，后来没有重建过。它比较特别，因为这是台湾第一座上演戏曲的剧院，规模很大，里面的舞台跟戏台不一样，是类似于镜框式舞台。

之后介绍我的重点就是台湾传统民居的戏场。我要介绍两个戏场，第一个是在台中的雾峰，台北有一个板桥，分别在台湾的中部和北部，这是目前台湾两处园林宅邸。

雾峰林宅是台湾五大家族林氏家族于 18 世纪建造的园林，建筑群包括顶厝、下厝二大建筑群体及莱园三大建筑群体组成，属于台湾的国定古迹。其中下厝有个大花厅，是专门供供宴席使用的大宴会厅，具有形式完整之戏台。雾峰林宅曾于 1999 年因“9・21”大地震几近全部毁掉，目前已重建完成包含大花厅等部分建筑。它虽然倒了，但是部件没有损坏，砖石需要重建，木头都以原貌保留或者修复。我要介绍大花厅是在建筑群落中间，这个地方就是所谓的顶厝，另外一个是下厝，这里是莱园，周边都是佃农的田地部分。这是它的形制，主要有三个建筑群，上面是宫保第，祖先的牌位在这里，所以是比较重要的。旁边是大花厅，有一个完整的戏台，这是专门宴会的地方，二房厝是他们居住的地方。这是透视图，所以这是古戏台的部分。这是经过修复时的平面图，这黄色的部分是可以观戏的地方，当然这个里面的部分也是一样可以观戏，在这里可以摆上桌椅。我今年 9 月去的时候这边桌椅摆得非常齐，只是这个戏台后面的木头有些问题，现在踩下去会变形，所以目前没有开放，两边都有伴奏。这是它的照片，这是很久以前留下来的黑白照片，年代我不清楚，不过至少有超过四五十年以上，这是我今年拍的，大部分都是照原貌修复，不过有些地方因为时间久了，所以有些木头已经腐朽了，才更换过，不过大部分还是按照原貌修复。这是它旁边的厢房，正厅这里有摆上桌椅。

再来就是板桥林本源宅邸，特别说明一下，林本源不是一个人名，是板桥林氏家族的一个家号，这是林氏家族的一个总家号叫本源，所以不是人名，和雾峰的林氏家族是没有关系的，稍微晚一点，大概是 19 世纪中期盖的宅邸与园林，由三落大厝、五落大厝二大建筑群体及园林组成，目前属于台湾国定古迹。据林家后裔所称，他们宅邸里面曾经拥有 5 座戏台，目前我们看到现场只剩下两座，其中五落大厝全部被拆掉了，很重要的百花厅里面本来应该有形制完整的戏台，可是已经被拆光光了，目前只剩下园林，还有方鉴斋戏亭、来青阁的开轩一笑戏亭等。这是原本的剖视图，这是很大的民宅建筑群体，这个叫五落大厝，这个叫三落大厝，本来百花厅是在五落大厝旁边，所以这边空间有戏台。不过很可惜，这五落大厝和三落大厝全部都被拆光了，现在剩下园林的部分，现在有来青阁、开轩一笑亭和方鉴斋戏亭，它是水上戏台。这是它的后视图，这是水池，上面有戏台，是非常特别在水面上的。这是之前留存下来的百花厅戏台，现在已经找不到其他的资料了，只找到这一张照片，所以是形制比较完整的戏台。现在就剩下这两个，不久之前我去拍的，为什么确定这是演戏用的呢？因为这边有出将入相，所以确定了演戏的，这个是方鉴斋的戏亭，一样有出将入相两块匾，所以确定是演戏的。而且我们访问林家后裔，以前他们很小的时候家里长辈常常会邀请一些名角到这边演戏，所以不是跟外面的戏台一样，不是完整的戏班去演，是请名角进来的，所以戏台不大是他们的特点。

这里讲快一点，因为王老师的论文都有很详细的解释。合院式是属于庭院式戏场里面，这是因为其建筑形态的原因。我要提的民宅是有厢房的，跟一般的园林有差别，因为园林虽然都在庭院里面，可是没有很明确的建筑，在混响感上会有差异。还有一个特别的，在“9·12”大地震之后，台湾很多古建筑都要重建，所以他们找了很多传统工匠去修复，因为这样的因素可以接触工匠，还有接触到堪舆风水师，所以问他们藻井和水缸是怎么来的，我问到工匠和堪舆风水师，他们说藻井上面的雕刻和水有关的东西是因为戏台所在的位置都是属火的朱雀位，因为北玄武，南朱雀，东青龙，西白虎，注意这不能用在活人身上(注：意思是指阳宅，也就是正常人的住所。)，必须用在神明(或帝王)身上，一般人不可以这样用的，所以戏台必须做藻井、水缸及龙等属水的，意象是镇住五行之火。我请他把文献拿出来，他们有正在写，可是以前他们都是师徒口述，不能传出来的，必须发毒誓，这些文字资料不能传出来，所以都是师徒口述，他们现在已经比较开放了，所以现在正在写书籍，不过我来之前他们还没有写好。

我简单讲一下声学性，其实大部分问题王老师都讲得非常清楚，我来做一些补充。这是有关戏台上面的天花的影响，因为王老师已经解释很清楚了，我用这张图来加强说明一下。如果没有戏台的天花，这个彩色的部分只是表示天花的反射面的颜色而已，有颜色的地方代表声音有从天花板收回来，所以很明显，不管哪一种天花都会有把声音反射到观戏场的效果，这个非常重要，可以真的把声音反射到观戏场，提高听觉。露台就没有，因为露台是一片空白，没有反射的结果。

我再解释一下合院式的特点，因为建筑体旁边的厢房可以提供反射，所以王老师提得没有错，它的混响感和纯室内是不一样的，目前我还没有找到解决的方法，不知道用什么样的参数去描述这个事情，这是我下一步需要努力的，下面要把中国传统和开放的戏场用什么样的参数去描述混响感，这的确目前是个问题。如果没有厢房或者厢房矮的话没有办法提供足够的反射，所以声音的品质就没有那么好，所以为什么野台的要求不好，就是这个原因。

王老师请我一定要报告这个事情，所以耽误大家一段时间。我曾经做了一个缩尺模型，就是把一个戏台，包含旁边的厢房做了一个 1/16 的一个模型，这个是受尺寸的限制，做起来其实蛮大的，一种是全面简化的，另外一种是照实际的雕刻全部尽量重现，缩小之后很多细节很难制作，我尽量按照原本的样子做出来，像雕花的门和斗拱、八卦造形尽量做出来，至于鸡笼顶或圆形的穹隆太细致了，我时间有限，所以那个时候没有做，不过我做了露台、平顶天花、露明天花、八角覆斗加上藻井，试验结果就证明这些天花，不同的天花形式其实都是有效的，比露台效果更好。可是差别在这里，因为参数上不能完全表达，所以我们必须看调出来的能量图有差别的。如果是平板的话会出现能量上的明显高峰的地方，这代表某个地方会有明显的声音提供的现象。如果你做了藻井更加深一层效果，他把很强的效果打散，所以你在台上和台下听比较分散。例如你拿一个镜子直接照射阳光，反光很强烈，如果你用雾面的话，看起来光线就很柔和，所以藻井有这样的效果，所以比平板有更好的效果，是把很强的反射打消掉了，所以听起来比较柔顺，这是在参数上看不到的事情。

我今天报道到这里，很抱歉耽误了大家一点时间，谢谢！

清宫多层戏台及其技术设施

（俞　健　浙江舞台设计研究院）

——根据录音整理（2013-1-31 经发言者审定）

各位老师，各位专家，首先要感谢同济大学和王季卿教授给我们一个交流的机会。

我是从事现代剧场舞台技术和舞台工艺设计工作的，我之所以关注传统戏台，就像王季卿教授前面讲的，现在国内现代化的剧场建设了很多，想找找机会，有没有可能推动建一些既是我们国内的传统戏台，又是采用现代技术的剧场，就是想从这方面找一些机会，但是很遗憾，到目前为止没有找到。我讲的题目是清宫多层戏台及其技术设施，这是一种有向现代剧场发展倾向的传统戏台。

在我们国家传统戏台中间，多层戏台是一种比较特殊的戏台，我们国家的戏曲比较推崇写意，因此传统的戏台形式虽然也会有所变化，但绝大多数是单层的空台，适宜于写意的中国戏曲演出。曾有信息向我们提示，我们历史上可能出现过多层戏台，这是河南省博物院展出的出土汉代戏楼模型，就是一种多层结构的戏台。但是没有更多的多层戏台资料，这次讲的是在清宫中发展起来的多层戏台。

清代非常重视演戏，在清朝宫里戏台建筑、舞台技术、砌末有了空前的大发展，清代皇宫和皇家宫苑中的戏台很多，其中最引人注目的就是多层戏台，这是升平署的二层戏台，现在是一个中学的图书馆，外面围起来了。这是故宫漱芳斋的二层戏台，这是颐和园听鹂馆二层戏台，这是故宫的三层大戏台，这是颐和园的三层大戏台。

多层戏台是清宫中的标志性建筑，也可以说是我们国家发展舞台技术的先驱，在文化科技界的领导和朋友，国家文物局的童局长、故宫博物院陆寿龄研究员等的帮助下，我对这五个多层戏台前后进行过三次考察。

这些多层戏台有多个表演区，有多种舞台技术设施，可以演出写意和写实相结合的戏剧，是我们国家传统戏台中最复杂的戏台，在我们国家各式各样的古戏台中占有特殊的重要地位。

由于时间关系，多层戏台的基本情况就不讲了，资料上都能看到。这里要简单说一下我国有过的三层戏台的数量，有的说三层戏台有五座，应该是六座，故宫有两座，圆明园有两座，再加承德避暑山庄和颐和园各一座，实际上是六座。基本情况就不讲了，这是看戏的阅是楼，这里顺便提一下在颐和园的大戏台中陈列着西洋管风琴，据说当时演出中也用过，说明当时舞台技术已经受到了西方的影响。

下面稍微讲一下多层戏台的特点，第一个特点就是舞台面积比较大，两层戏台一层台的面积大都是 12 米见方，即 144 平方米，三层戏台寿台的面积有 14 米见方，即 196 平方米，还有更加大的，有的算到柱子，有的把外面也算了，多层戏台的舞台面积比一般传统戏台的舞台面积大得多，就是从现在演出的要求来看多层戏台的舞台也是比较大的。

第二个特点是多层戏台有多个表演区，二层戏台上下两层比较简单，三层戏台是一种独特的多表演区戏台。除了一层寿台是主要的表演区以外，二层禄台和三层福台前面都有表演区。在一层寿台的后面还有一排仙楼，高约 3.5 米，宽 2 米，在仙楼上的演员看起来正好在寿台演员的头顶上，所以叫仙楼，这就是故宫的仙楼。

二层禄台演出区的舞台面比寿台小得多，主要在前部和左右两边。这里要提一下，一层、二层之间有个夹层，禄台前左右三面都是活动盖板，就是说从舞台面的任何地方都可以进入夹层，通过夹层再下到一层的寿台，三层的福台用于演出的面积又要小一点，福台也有活动盖板，福台下面没有夹层，但是有天桥，左右前三面都连接到后台，作用和夹层差不多，都是演员转移的通道。三层表演区很多地方都是用格子门与后台隔开的，门的宽度可以保证演员扎靠起霸出场时畅通无阻，所以这些门都可以作为上下场门，很灵活。在仙楼背面的后台有一个与仙楼一样高的挑台，中间由六扇格子门隔开，也可以作为仙楼的上下场门用。

这个就是寿台的后台。仙楼正面向下有 4 座木楼梯与一层寿台相通，楼梯坡度下部很陡上部稍缓，仙楼上的演员还可以通过搭垛和左右二个角上的天井向上走，走到夹层里。这里要强调一下仙楼往上是先到夹层，再到禄台，这样可以做到四通八达。

三层戏台还有台仓，也就是有地下层，寿台的舞台面有很多活动的台板，相当于现代剧场的演员活门，移掉台板，装好活动楼梯，舞台面和台仓就通了，整个一层寿台下是一个大的台仓，台仓还一直延伸到后台区域，并有固定的楼梯通向后台台面。台仓有 1 人多高，设有通风采光口，白天可以引入自然光用作照明。寿台活动台板和台仓的设置，可以增加演出的效果和变化，可以用机械实现地下层到一层台面的升降，也可以任意设置活动楼梯作演员上下的通道，实现演员、砌末的突然出现和突然消失等效果。

福、禄、寿三层加上仙楼和台仑组成了一个多表演区的立体台。在各表演区之间有由楼梯、夹层、天桥、活动台板组成的四通八达的演员跑场通道。

需要时二层戏台和三层戏台周围的整个庭院也可以是表演区。

还有一个特点是舞台技术设施比较多，其中一个就是设置了升降机械，两层戏台和三层戏台都有。这是听鹂馆戏台的上面一层，现在升降机械虽然拆掉了，但还留有一些吊环。三层戏台的升降机械很完善，作为升降机的上下通道，三层戏台设了很多天井，一层戏台一共有七个天井，五个用来作升降通道，两个是用于演员走的。这是中间的天井，是凹在里面的，凹进去的四面就把夹层封住了，中间还有一个活板门，演员也可以通过这个门进出。

当时的升降机械是木结构的，由可以乘载演员或装运砌末的云兜、云勺、云椅、云板，作为驱动装置的绞车及滑轮、麻绳等组成。寿台演区中间的方形天井是升降装置的主要通道，与二层禄台相通。在二层禄台、三层福台设置了一套完整的升降机械。这个是装在三层的升降装置，3 组绞车都装有 9 个工作位的绞盘，27 个人同时转动绞车，升降负截可超过 1 千多斤，七、八个演员乘云板上下毫无问题，这就是三层台升降装置的情况。颐和园三层戏台正在维修，这是从下面看打开天井的情况。有文献记载，当时在操作前会先进行预演，预演的时候会在需要停的位置在长绳上做记号，保证升降位置的正确，拿现在的话来说升降机构可以做到定点定位。这是二层的后台，是升降装置通过时上下演员和装卸砌末的地方。三层装升降的机械，二层是上下用的通道。

据资料记载，承德避暑山庄清音阁大戏台形制和故宫大戏台不完全一样，它是在寿台、禄台的天花上各设有三口天井，每口间隔三米，两米见方。在故宫除了一层寿台有天井，在二层禄台也有天井。

下面台仓里还有水井，水井有喷水装置，水可以喷在寿台面上，从台面顺势流回到地下层，水也可以喷向庭院，也有回流的水道，都可循环往复，连续表演。这是颐和园台仓的水井，基本是原样的，只是在水井上装了一个现代的水泵，是现在消防用的，其他都是原样。

还有一些舞台设施，如带万向轮子的轮车，可以装扮成船或者是车等等，由于时间关系其他不讲了。

我还收集了一些演出情况，由于时间关系也不多讲了，三层戏台的演出，场面可以很大，还会充分应用多个演区和升降机等舞台技术设施。

下面有些地方简单提提，比如天井还有其他的用法，有的时候通过天井可以撒一点纸屑下来作为降雪。另外天井也可以下一些道具，或者火彩、烟火，表现空中的斗法，地井也有道具可以升出来。有很多布景都是大型的，有很多是铁木制作的，需要有工程处制作，很多已有一定的西方写实因素。现在故宫的库房里面还有一条两米多的船，写实化砌末，除了船、庙以外，还有山、石、树、林、桥、亭、城、楼，等等。还有写实化的绘画，软景、硬景都有，已受西方画的影响，已经讲究一山一水一草一木，必求逼真。还有一些帘幕的用法，因为中国的戏剧是公开捡场的，有些大型的东西先盖一盖，等需要的时候再揭开表现出来。

下面谈几点我对清宫多层戏台的看法。

第一，清宫多层戏台目前已经引起广泛重视，但是在戏曲界对多层戏台的舞台技术也有过不少非议，认为中国传统戏剧追求的是“空”的艺术，讲究虚中成像，强调虚拟，强调写意。他们认为对戏曲而言有一空台足矣，舞台技术的参与，写实性的强化，反而有碍戏曲的表演。写意与写实两种表现手段是一个大的题目，不准备展开讨论。我只想说表演与舞台是相辅相成的，而舞台形式会受到当时的经济技术水平的限制。所以我们现在看看世界历史上的情况，刚开始的时候古希腊剧场、古罗马剧场、莎士比亚剧场、印度梵剧剧场、中国传统戏台、日本能乐舞台上，演出的都是以写意为主的戏剧，这与当时的舞台条件密切相关。直到文艺复兴时代，随着科学技术水平的发展，在意大利出现了镜框式舞台剧场，才开始有以写实为主的戏剧，而镜框式舞台一出现就受到了欢迎，很快就在全世界成为了主流剧场，一直到现在，我想这不是偶然的。

戏曲并不仅仅是表演艺术，一直被公认为是综合艺术，戏曲要发展，在继续发扬我国写意传统的同时，应该要寻求新的手段，丰富表演形式。多层戏台在这方面进行了开创性的有益探索，当时见到过有多层戏台演出的，无论是大臣，还是外国使者，无不印象深刻，大加叹赏，有的写诗，有的记述，充分说明应用多种舞台技术的多层戏台的演出是很精彩的，多层戏台是非常成功的戏台。对多层戏台的非议，其实质是反对我国传统戏台有进一步的发展和创新，在世界上现在正从一个时期以一种剧场形式为主，向剧场多样性发展，在这样的大背景下，这种因循守旧，固步自封，我觉得是不太适宜的，只会把我们国家的戏曲固定在一个有限的相对窄的空间，会限制它的发展。

第二，不少文章都谈到，清宫多层戏台是在康雍乾盛世经济繁荣的背景下发展起来的，也体现了当时科学技术的发展程度，这些都是很有道理的。需要补充的是多层戏台的出现，还应当有受到了西方文化影响的因素。当时在圆明园的众多戏台中已经记载有西洋戏台，具体什么样没有看到，但肯定吸收了一些西方因素，演出中也已经有了参照西洋写实画画法的硬景、软景，已经用到了管风琴等等，可见西方戏剧文化对当时宫廷中的戏曲已经有一定的影响。在经济繁荣，技术发展，西方影响几个方面的共同作用下，戏曲出现了应用舞台技术，探索新的表现形式的需求，这应该是出现多层戏台的背景。虽然多层戏台上设置升降机械很有可能是受了西方影响，但是安装了大型升降机械的多层戏台，采用了中国传统的木结构建筑技术，多层戏台完完全全是中国式的传统戏台。既吸收西方文化，又结合中国的传统，这种戏台的发展和创新是难能可贵的。

第三，我觉得清宫多层戏台不仅使我国传统戏台达到了空前水平，与世界上各种类型的舞台比较也毫不逊色，并有其优势。莎士比亚剧场以有外台、内台、楼台、台仓等多个表演区著称，但是多层戏台的表演区比莎士比亚剧场更加多，更富有变化，而且在各表演区之间，有完整的四通八达的演员转移通道。从现代观点看，多层戏台有升降机械，它的台仑具有类似下空舞台的功能，可以说它兼有当前欧洲流行的机械舞台与北美流行的下空舞台的优点。当时的多层戏台上还可以有推着跑的车台，各种砌末，灯彩，软硬景，幕布，以及烟火、水法，等等，多层戏台表演力极其丰富多彩。

虽然多层戏台也不是十全十美的，由于二层禄台，特别是三层福台很高，观众看到的场面会受到限制；由于戏台面积大，空间开放，演员与观众距离较远，观众听的主要是直达声，声音效果不会很理想，因此在视听两方面都有一些缺陷。但无论如何我们应该充分肯定清宫多层戏台在我国剧场史上的重要地位。

第四，当前我们国内剧场建设方兴未艾，不少新建的剧场存在不少问题。不分青红皂白地互相盲目模仿，以至于很多剧场过于类同，缺乏特色，又往往会建有很多利用率极低的设备，而造成浪费，却很少有机会研究建设现代中国式的传统剧场。为此当前加强对清宫多层戏台的研究就显得特别重要，我们应当从中寻求启示，积极研究设计，既继承传统，又采用现代技术的中国式剧场。这可以以传统多层戏台为基础，应用现代舞台技术，改进多层戏台的不足。也可以以现代剧场为基础，吸收中国传统多层戏台的元素，总之，我们应该有继承并超越多层戏台的中国式剧场，并让它在我国和世界的现代化剧场中占有应有的地位，为我国的剧场建设添彩，为繁荣我国的文艺增光。

清代的多层戏台有不少出彩的亮点，但是民国之后，由于种种原因，没能与时俱进，未能在现代剧场群中占有一席之地，而彻底退出了历史舞台，成为了文物。这虽然自有其道理，但还是让人感到十分可惜和遗憾。现在应该是到了可以做一些补救工作的时候了，除了前面提到的应该加强对多层戏台的研究，积极研究设计继承并超越多层戏台的中国式剧场外，笔者认为至少有一个课题也应该提上议事日程。即应当呼吁选一至二个多层戏台，挑选一些原来的剧目，或加以改编，恢复演出，重现当年的盛况，让多层戏台成为活的文化遗产。

谢谢大家！

浙江嵊州古戏台建筑架构及特点

（王荣法　浙江省嵊州市文物管理处）

——根据录音整理（2013-1-24 经发言者审定）

各位老师，各位专家，我是嵊州市文物管理处的，来自最基层。我今天报告的题目是：嵊州古戏台建筑艺术。

嵊州古戏台，称作“万年台”，寓意历史长久、建筑牢固、千秋万代。嵊州是越剧的发源地，19世纪初嵊州出现了越剧，戏剧与戏台相生相伴，互为发展和繁荣。我们嵊州至今还保存了204座古戏台，从这些古戏台来看有庙台、祠台、街台、过路台、串台、草台等六种。

这是我们省级文保单位玉山公祠古戏台，这是玉山公祠古代戏台的俯视照，这是黄胜堂祠堂古戏台，这是龙王庙古戏台，这是炉峰庙古戏台，这是大王庙戏台正在演出的场景，这是陈侯庙戏台，也是正在演出，这是城隍庙古戏台。

下面我要讲的第一个问题是古戏台的空间架构。嵊州古戏台除了串台、草台以外其它都有依附性，都依附在祠堂、庙宇之中。但在总体设计上作为主体建筑，置戏台于主要位置，从前至后依次为门厅、戏台、正大殿、后大殿，左右设置为厢房。旧时视神明为救世主，所以在设计古戏台的时候以神为中心，尽最大可能地把握神明看戏时的最佳效果。我们知道，人观看一个物体，看得最清晰的角度称为最佳视角，最佳视角应该是90°为标准向下俯视0~30°以内，这样的视角效果能大大延长人的观看时间，能提高观看效果。我们在考察许多寺庙中发现，古人在建造戏台的时候，充分考虑到神的因素，在设计的时候很合理。这是我们炉峰庙古戏台，这是戏台，这是大殿，戏台上的演员在演戏；这是神像，神像的眼睛看过去，正好在演员的头顶，眼睛超过演员的头顶，俯视角度为6度，属于合理的范围之内。观众在戏坪上看戏也好，在大殿看戏也好，都挡不住神像的视线，这个设计角度充分考虑到神的因素。还有，这是看楼，看楼上面观众坐在上面看戏，演员在戏台上面演戏，这个角度也是在非常合理的范围之内。所以，戏台在建造的时候都考虑到神的因素，还有考虑到人的因素。另外在处理戏台的地域空间关系上也有一个梯度关系，山门、戏台、大殿也有一个层层向上的设计，象征步步登高。

第二个问题是古戏台的造型，我们先说古戏台造型上有两种，一种是硬山顶，这是马氏宗祠戏台，这是硬山顶的，硬山顶的特点是前面连着门厅，后面连着大殿。这个古戏台有一个特点，前面是二根铁艺台柱，我们本来想这应该是实心的，但是后来在维修中发现是空心的，厚度只有6个毫米，直径9公分。我们原来想，直径只有9公分大的铁柱怎么能够支撑沉重的屋盖，后来发现门厅到大殿之间一根梁12米长，是整根的，其实这个铁柱只起到一个辅助支撑的作用。使用铁柱的戏台在浙江其他地方没有发现过，全国其他地方有没有我不知道，至少我还没有发现过类似现象。

接下来是歇山顶，这是城隍庙戏台，歇山顶的架构与其他大殿歇山顶梁架结构是有所不同的，只要是在收山方面，我们一般大殿梁架结构踩步金与正心桁是平行放置的，但戏台大殿完全不一样，它是斜置的。戏台造型好与不好，美与不美关键取决于这收山，如果收山太大，会出现正脊短，屋盖大，造成比例失调。假如收山太小，会造成戗角短小，失去飘逸感。我们调查非常多的古戏台，一般踩步金置于正心桁十三分之五处，五架梁在踩步金上居中放置，这样的处理结果屋顶是比较美观的。

嵊州古戏台造型还有一个灰塑，这是嵊州的一个特色，灰塑在古戏台造型中起到了重要作用。这是马氏宗祠戏台，上面设计了五个瓦将军，是为五虎上将，这是关公、黄忠、赵云、张飞、马超五个将军，很有气势。这是龙吻造型，龙吻非常自然，有气势，这个龙头比较有威力，这个灰塑也比较有特点。灰塑艺术由来已久，出现比较早，在1700多年以前有了灰塑工艺。至唐宋时期，灰塑艺术已发展成熟，明清已十分盛行。与其它民间传统建筑工艺相比，嵊州灰塑特点鲜明，制作工艺复杂，它选用上乘的石灰、麻筋、桐油或骨膏等传统材料，将其反复捣固，经打样、选料、制灰、立架、挂壳、批灰、刻划、圆活、上色等工序成活。与砖、石、木雕工艺同时使用，相互辉映，相得益彰，对建筑物起到锦上添花的作用。

我讲的第三个问题是戏台装修艺术。装修一个是藻井，藻井装修有两种形态，一种是圆形的，还有一种是八卦形的，圆形的比较少，大多数都是八卦形的。（背景介绍）八卦形造型有五种，一种是叠涩式，第二种是螺旋式，第三种画作式，这幅图很有意思，这里面是一个八卦，中间是河图，外面一层是洛书，这是很少见的造型，这是古代留下的神秘图案，被认为是河洛文化的滥觞。第四种就是雕筑式，这是城隍庙的造型，上面是龙，下面是斗拱，全藻井都是用金描上去的，我们经过化验，含金量99.9%。第五种是混筑式，把雕筑式和画作式结合起来。这是黄胜堂戏台，这是湖清庙的藻井。

戏台装饰另一个是牛腿，牛腿和雀替是不一样的。这只牛腿很有特色，里面有一个历史典故，这个造型，鹿嘴含一朵仙草，为什么含仙草呢？我们当地有一个故事，有一个叫陈惠度外出去打猎，打到一只母鹿，母鹿怀孕了一只小鹿，他把母鹿打死掉了，母鹿带伤生下了小鹿，并且把它舔干，然后死去。看到这种情形他眼泪都流下来了，从此以后他从来不杀生，而且做了庙里的和尚。所以，这个牛腿造型比较有教育意义。这是玉山公祠戏台的牛腿，这只牛腿不但文物价值很高，经济价值也很高，戏台共有6只牛腿，有文物贩子为这6只牛腿出价90万元，但这是文物，是不可能卖的，哪怕900万元、9 000万元也不卖。这几只牛腿雕工非常精细，采用了浮雕、透雕、浑雕所有雕刻手法，这是人物和动物结合雕作的牛腿。

戏台装饰第三个是台前望柱，这两个是戏台前面狮子望柱，我们嵊州古戏台前面都有两根柱子，并且都雕着狮子，一只雄的，一只雌的，雄狮子抱了绣球，雌的抱了小狮子，都是这种造型，好似一对夫妻在相互倾情。

第四个问题是楹联艺术。有几种类型，第一个是反映戏曲感染力；第二个是反映舞台魅力；第三反映涉世警言；这是瞻山庙古戏台楹联，上联是："凡事莫当前看戏何如听戏好"，下联是："为人须顾后上台终有下台时"，上联是说拥挤在台前吵吵嚷嚷中看戏，还不如僻于一角安静之处听戏逍遥自在。下联是说在台上演戏哪怕演的是天皇老子，下台还是百姓一个。是说在演戏上，更是说在现实生活中，一语双关，言浅意深。第五反映怀古叙旧；第五是反映历史典故，这幅对联也很有特色，"静躁不同俯仰一世，少长咸集趣舍万殊。"这是从王羲之《兰亭集序》中"少长咸集"、"俯仰一世"、"虽趣舍万殊""静躁不同"、四句词里集句成对的，是对绍兴兰亭"曲觞流水"故事的传颂，更是对书圣王羲之的怀念之情。第六反映人生哲理。第七是反映事理。第八是反映处世。第九反映修身。

因时间关系，其他我不说了，谢谢大家！

清代太原府剧场功能初探

（牛白琳　山西财贸技术学院）

——根据录音整理（2013-2-19 经发言者审定）

昨天我没有自我介绍，有些人把我误解为薛老师，我是牛白琳，也是冯老师的学生，我们这次山西师范大学来了冯先生、车先生、我，还有上午发言钱建华老师，钱老师现在是冯先生的博士后。

我今天给大家汇报的题目是清代太原府剧场功能初探。

关于这个话题，首先交代一下清代时期太原府的情况。在清前期，雍正二年以前太原府的范围很大，包括了现在的忻州地区、晋中地区，还有阳泉市以及现在的太原市。在雍正二年以后，重新划了以后，太原府的行政区域缩减为十县一州，大致地域就是这样的。

我今天的汇报想探讨一下剧场的功能，功能主要是从剧场的平面布局，也就是说它的平面空间分配角度，从演的功能、观的功能和其他功能这三个方面来进行探讨。

关于演的功能，主要是要探讨在戏台上，就是作为剧场的主体戏台里面的空间分配方式。我们知道最晚在元代戏台上已经拿帐额分前后台，但当时还没有拿正式的建筑方面的设置来分前后台，只是拿帐额。据车先生研究，大概到了明代中期的时候开始拿正式的建筑设置隔断分前后台，大约明代晚期开始注重扩大后台的空间。我报告的是清代，但需要交代一下前面的背景。

我把这个演出功能分为两个，实际是三个，一个主区，即表演区，第二演出准备的空间，主要是后台和耳房，第三是安置乐队的空间。因为主区表演区不说了，重点说演出的准备空间，主要是后台，还有就是安置乐队的空间。

演出准备的空间，在明清之际，特别到了清代，它主要特点，我们一般印象就是从明到清，整个戏台平面应该是扩大的，但是我把太原府的戏台统计以后，大家听一下数据。现存太原府明代戏台是9座，平均面积是65.92平方米，但是到了清代，我考察了120多个地方，现存戏台考察过74个，有的地方没有戏台，但是有资料，这74座戏台平均面积是60.97平方米，就是说戏台的平面面积从明到清不但没有扩大，反而缩小了大约5平方米。但是一般人印象后代较之前代总是在扩大，而且在太原府的很多碑刻里面反映也是在扩大。比如阳曲县有一个乾隆十年的碑，另一通乾隆五十一年的一个碑里也记录了扩大，道光五年、道光二十年，等等，一直到清代晚期都有这样的记载。出现这种看似矛盾的情况的原因，可能一个就是清代在太原府戏台更加普及了。明代太原府戏台时间情况是这样的，明代已经比较多，现在已经有资料和现存的加起来是34个戏台，但是真正大普及，很小的乡村也建戏台是到了清代康乾年间，这是一个普及的时间。然后到了道光以后又重新改建和扩建，因为这个时候晋商进入发展的高潮期，而且晋商的核心区就是在太原府地区，因此对神庙，也包括神庙附设的剧场也有很大的影响，使剧场改扩建不仅仅漂亮，也扩大了。我们经过研究发现，他扩的主要对象并不是把戏台整体平面扩大，而主要是扩后台。扩后台还有一个问题需要注意，就是从元到明，戏台隔断的设置还有一个需要注意的问题。我们知道戏台的平面布局由元代的正方形到明代变成三间的矩形，这产生一个什么影响呢？可以使乐队向两侧移，因为原来的乐队是在前台的后部，和表演区混到一起，到两侧的时候，因为成了三间，给他提供了空间。还产生一个影响，使前后台的隔断可以向前台推进，把原来乐队的位置向前移动，因此要注意这个隔断设置，以及元代戏台向明代三间展开式的戏台变化对于戏台本身内部功能的影响。以此为基础，后台的空间是这样的。我统计了一下，明代可以完整看清楚后台的戏台是五座，后台平均面积是 23.36 平方米，但是到了清代 74 座全部有后台，平均面积达到 27.84 平方米，而且是在总面积减少的情况下，它在戏台总面积当中占的比例由明代 36% 增加到清代 46%，就是说后台占前台的比例增加了 10%。

他扩大后台主要方式有这么几个办法，一个就是在原戏台前增建新戏台，将原来明代的旧台做后台，这是一个办法。我们看一下，这是榆次城隍庙戏台。后面是明代乐楼，前面是清代增建的，没有具体增建记载的具体时间，经过我推测，可能是道光 28 年左右建起来的，就是把原来明代的作为一个后台。大家可以看一下，这个平面布局图可以看出来，改建以后这就是清代的台子，这是明代的台子一层，这就成了后台，这就是前台。这是明代的八字音壁，但稍微有一点缺点，就是安置乐队有点困难。另外现在这个台子要比明代台基稍微高一点，从后台通向前台的时候需要几个踏步，演员稍微不是太方便，这是改建的。另外一个例子就是水镜台，这个大家都知道，也使它的面积扩大很多，我这里数据都有，有机会看原文，这里不说了。

扩建的第二个办法就是把原来的台子推倒重新建一个更宽阔的戏台，这是第二个途径。最典型的例子就是阳曲县中兵村徘徊寺戏台，这是明代万历四十三年建好，四十四年立碑，到嘉庆年间碑里有记载，认为过分浅露，过分偏，而且十个人有九个人感叹太小了。这种背景之下，到嘉庆七年进行了改建，现在这个台子就是改建后的台子。改建以后，我们注意到它非常注意后台空间的布局，大家看一下，这是一个前后连体建筑，这个台子的后台总面积是 33 平方米，比前台多了 8.68 平方米，在改建的目的中有一个很重要的目的就是为了扩大后台面积，对演员的戏曲准备空间问题越来越重视。

第三个途径就是建组合式戏台，相信大家都很清楚了。上午冯先生里面都是组合式戏台，一个很大的好处，我们这次参会的罗德胤先生就说过，组合式戏台最大的好处就是让后台得到解放，确实这么一回事。我做了统计，在我考察的太原府清代 74 座戏台当中，组合式占到 28 座，组合式平均后台面积达到了 34.79 平方米，比平均面积高出了 6.95 平方米，而且这个平均面积实际上就已经包括了组合式的，我还没有来得及分开统计，不然这个数据会比非组合式更高。在明代时候，这个问题就不一样了，如果跟明代比较的话，明代后台进深最少只有 1.9 米，最深 2.83 米，明代有一个组合式戏台，就是上午冯老师举的东张村关帝庙戏台，达到了 3.3 米，就是组合式戏台对后台的优势从明到清都很明显。从太原府来看，整体上清代组合式戏台又比明代又大多了。

第四个途径是比较特殊的，就是把单体建筑隔断向前移，这也是扩大后台的一个办法。一般而言，在太原府我们发现很多前后的隔断居中设置，明代不会出现这种情况，一般要往后一点，但是清代很多都居中设置。其中有一个例子，比如太原县，现在属于晋源区的高家堡村真武庙戏台，大家看一下平面，居中设置，前后的面积一样，后台只是比前台少了一个墙体的面积，稍微小一点点，空间平均分配。还有好多例子，我就举一个说明白就行了。

第五种途径，它采取前后坡椽数不一样的办法，就是把戏台的后坡加椽，或者加一椽或者是让其中一椽加长，还是一个单体建筑。最明显是阳曲县下安村清凉寺戏台，大家一看就很明显了。这个戏台是卷棚顶，隔断设在后结桁位置，如果前后均匀的话，那么前台就比后台多出一罗锅椽，但是它从内部可以看到后面多加了一椽，前坡是两椽，后坡用了三椽，加了一椽，结果是使后台的面积达到

30.42平方米，大于前台28.08平方米，虽然隔断设在后结桁位置，因为加了一椽，后台反而比前台扩大了。还有一种把最后一椽加长，也加大了后台空间，这里因为时间关系，就不多说了。还有一个办法，这个不仅仅是扩大后台了，刚才说是扩大后台，是我们演员准备的一个空间就是后台，除了后台那几个途径以外，还有一个办法就是前台和后台左右建耳房。这是交城县天宁寺的戏台，大家看得很清楚，左右这两面建了耳房，它的后台不足够用，如果加上这两个耳房的话演出总面积就很充分了。这样的例子在太原府很多，包括交城县大营村戏台、交城县瓷窑村狐神庙戏台（音）、坡底村真武庙（音）戏台都是采取这种办法，通过两面建耳房，这个耳房有时候建在前台，有时候建在后台，像这个也是一个建耳房的戏台，这种用耳房进一步分割戏曲演出功能的办法可以使戏曲的准备功能更加专门化一些，但是怎样专门化我自己也不是很清楚。这是第一个重点，关于戏曲准备空间的一块，两个途径，一个扩大后台，二是建耳房。

第二个问题就是安置乐队空间的问题。刚才我已经讲了隔断和乐队的互动关系，其它地区我不是太清楚,但是到了太原府这一带,乐队向前台两侧移动是在清同治年间才实现的,我们有一本书叫《晋剧百年史话》,是根据20世纪80年代一位老人回忆写成的,他回忆中有一句话,说上路戏（音）文武场历来是文武一家坐在一起的,这是同治年间的事,手提马锣,声音尖细,戏班聚梨园（音）首创文武场面,文东武西,文场在舞台的左侧,即下场的一边,武场在舞台的右侧,即上场的一边,然后四弦二弦居中,也就是舞台正面的后面,这样的话还有拉胡胡与打板对面坐。这个文东武西改革以后,我们可以看到过渡形态,就是二弦和四弦还在表演区。但是改革以后,太原府安置乐队的空间大概出现这么几个问题。实际上乐队的移动太原府晚,其他地方不一定到同治年间才移的,所以我们希望关注与戏台之间互动关系。太原府安置乐队一般在什么地方呢? 一个办法就是在我们经常说的八字音壁斜出的两个部分,这是在搞田野调查的时候好多老人介绍的,这是一个途径。第二个途径就是设置专门的安置乐队的空间,这个大概最明显就是上午冯老师的片子里的图,就是交城县石侯村的戏台,这个戏台搞了五间,这两梢间在演出的时候拿幕布遮起来,安置乐队,实际上等于是乐队有了专门安置的地方,这就是为什么他采取倒凸字形这种形态的一个原因,实际上已经充分考虑到安置乐队,这算是专门的。

第三个途径，就是利用三间或者五间的次间，拿幕布遮起来。这一般是明间面阔足够用，然后次间专门用来安置乐队，然后演的时候拿幕布遮起来。这个我亲眼见过，在太原地区这种方式还比较普遍，在历史上也是这样的。老人们介绍，像这个过楼台子，榆次南张村老爷庙戏台，演出的时候就在这儿和侧面都专门挂幕布，专门放乐队，然后这儿搭板，从后面挂一个帘子，演员一掀帘从后面进来。原来侧面有个戏房，现在已经拆了，乐队就在这两侧。这种例子也很多，大家可以看一下平面图，就是采取这个办法，这个数据我这里也有，我不多说了。这里面需要探讨一个问题，好多时候我们三面观戏台、凸字形戏台当然很多，但是另一方面也有一部分，比如说戏台侧面就是三面观，就是空间很小，有的柱子很多，他要看三面观要“吃”柱子的这种情况，最起码在太原府用幕布遮起来，就是从正面看，就是一个镜框式的，不存在吃柱子的情况。最典型就是原平县张家庄石鼓祠戏台，这个最典型，这里没有上图片。

第二个大问题是关于观的功能，这个大家都很清楚，主要有这么几个地方。一个是戏场正面的空场，我论文里面还引了一段当时从碑文上看他对空场空间的重视，这里面这个碑文是阳曲县郭家堡村西林寺清代的碑，说原来他这个庙正殿和戏台离得太近了，大家看戏的时候太拥挤，后来到这个时间要改进，他这里把神棚向后移，戏台也向后移，目的就是把空场空出来，足够大家看戏，就是要解决规模狭隘，每年春祈秋赛，人员拥挤的这么一个弊端。另外这个空场有时候有意无意利用自然地形，比如太原府青龙镇龙王庙戏台前面就是一个缓破，还有太山寺的戏台前面也是一个缓坡，可以形成观众的错落有致。

第二个安置空间就是看楼和看厅。太原府实际没有发现现存的二层看楼，太原府整体上来讲，相比较晋东南来讲看厅设置是少的，我发现有记载的看厅是阳邑净信寺（音）道光六年修了看厅各三间，就是两面各三间。还有太谷县东里村李靖庙清光绪七年修了看厦，阳曲县北社五爷庙清光绪三年修了看棚三间，现在这三处都不存了，现在能看到是阳曲县大卜村，这是一个山门外的舞楼，和庙的山门中间就隔了这么宽的道路，这就是他的看场。人口再少也不够看，仔细一看才发现，他是正对戏台山门的两坡的中间设门，然后前坡空间是一个看厅，在山门左右两侧又设了一个单坡房，前面是空的，大家就坐到这三个看厅里面就可以看戏了。

这里就要讨论，我考虑为什么太原府这一带设看厅少的原因，也有可能现存少，历史上并不少。如果真少的话，我就属于这个府的人，我考虑少设的原因有这么两个，首先不是因为经济原因，因为太原府在清代是很有钱的，戏台、寺庙建的很漂亮，一个是该地区历史上是民族融合的核心地区，礼教相对松驰，在这一带的民歌当中可以反映出来。我小时候我们县的农村对戏场里面男女交往持相当宽容的态度，包括老人们都放任。第二方面可能是因为太原府山门外的戏台比较多，这样减少了女人进庙院看戏的冲突，这也是一个原因。

第三个途径就是利用山门、殿堂前廊、月台等等作为看场，像榆次城隍庙前面有空场，空场后面有月台，月台后面还有献殿，有盖顶的，也有露天的，有高的，有低的，也是很好的看场，也可以实现男女分离，还有尊老敬贵。因为设置了看厅主要目的是为了尊老敬贵和防男女之别，这个功能也可以达到，这是看的功能。这是大卜村，这是山门，山门是个短坡，这两面是看厅是单坡，这儿的人虚线画到这个地方，坐到这个应该可以看到。

然后说一下其他功能，除了演和观以外，还有一些辅助功能，一个功能就是它的戏房，戏房一般是供演员住的地方，这个戏房有专门设置的，就是另外单独的建筑，还有就是利用戏台的耳房和宽展的后台都可以做戏房，或者是用其他的厢房供演员居住用的戏房。二是供赶庙会存放车辆、马匹的车棚、马棚。我论文里面有一篇太谷县李靖庙的碑文，碑文里面详细记载了为什么要建马棚、车棚的原因，这个剧场比较完备，又有看厦三间，还有为优人栖止之所的戏房，另外还有为看戏的人提供的马棚、车棚，也就是专门停车的地方。马棚我也参观过，一般马棚里面马能吃草什么的，要根据马的特点来设置。

最后有一点结论，清代太原府剧场功能的完善，人们有一个逐渐认识并付诸实践的过程，需要演员、社首及纠首为代表的村民以及工匠之间的互动，还有需要不同地区之间的互相交流与影响，这也是为什么我们搞地域性研究的原因，地域既可以看到交流，又可以看到地域色彩。论者一般总将戏台空间扩大的原因归之于演出规模或者产生的需求，这确实有道理，但扩大的目的并不都是或者全部是服务于演出规模，完善功能也是剧场发展的基本动力。清代太原府剧场正沿着这样的轨迹发展。另外需要注意地域性的文化习俗对剧场的深刻影响，这是形成不同地域剧场特点的根源，也是地域性视角考察古代剧场的意义所在。

我的报告就到这里，谢谢大家！

论栏杆与宋代戏剧剧场

（王之涵　上海师范大学）

——根据录音整理（2013-1-29经发言者审定）

各位老师好，今天我的论文主题是栏杆与宋代戏剧剧场。

我现在站在这里的心情很惶恐，因为我看到了多位我曾有幸拜读过大作的专家学者，我现在的心情就像是一个刚学会扎马步的愣头青，到了华山论剑的现场。下面就简要介绍拙作，恳请各位专家批评指正。

东西方的舞台有很大的区别，很重要的一点在于一般西方圆形剧场，观众位于高处，表演者位于低处，舞台一览无余。而中国的传统舞台，一方面舞台本身处于高处，观众在低处，并且舞台有栏杆，会遮住观众的视线。根据现在可见的资料，宋代“勾栏”这个名词可以指栏杆，也可以指娱乐、歌舞表演场地。当然栏杆只是娱乐歌舞场地的一个组成部分，或者说是建筑结构的一部分，但是宋代却用这个结构建筑一部分来代指娱乐场所本身，可见栏杆当时在娱乐场所是很重要的，所以它才能成了一个指代的名词。

我今天的论文从三个方面来讨论栏杆在宋代戏剧剧场中的作用是如何奠定下来的。这三个方面一个是说戏剧自身的传承是宋代戏剧剧场栏杆使用的源头。第二个是宋代文人创作丰富了栏杆的审美意味，这是从精英文化阶层来说；另一个是民间俗信促进剧场栏杆的普及，这是从普通民众阶层来说，也就是说，从社会上层和社会下层这两个角度来分析栏杆为什么会在宋代成为一个固定的戏剧剧场结构。

首先我们说第一个，戏剧自身的传承和宋代剧场栏杆的关系。说到戏剧自身的传承，我们就要讨论在宋代之前，戏剧剧场有什么样的模式，宋代之前比较固定的戏剧演出场地有两种，一个是寺庙剧场，还有一种就是宫廷戏剧表演场地。我们先看一下宋代之前的寺庙剧场，宋代之前寺庙剧场最早的表演目的是娱神，所以宋代之前寺庙剧场形式其实是对于彼岸世界的模拟。在这种模拟中，栏杆是一个必不可少的环节，因为今天我们可以查到很多文献资料和图片都可以发现，在佛教文献和敦煌壁画中勾栏和栏循都经常被提及，在佛经所描绘的西方极乐世界画面中，勾栏与栏循是极乐世界建筑的一个组成部分。它往往以七宝或四宝装饰，围绕在水榭的周围。勾栏之内时常举行歌舞表演，实际上跟我们后来所说的勾栏表演非常文献。

除了文献资料以外，在敦煌壁画中有更直观的可以让我们了解到宋代以前戏台的情况，题目上的图片这幅图大家很清楚，就是非常著名的敦煌壁画药师经变佛寺图摹写，我们可以看到所有舞台表演空间，全部用栏杆进行区隔，这是摹写图，实际壁画当中有一些人表演和观看的。另外一幅图也是在敦煌壁画中的，这是另外一种当时的戏剧舞台，是上下两层，下面一层有人，上面一层有栏杆围绕，在里面有表演，这是上下两层结构的舞台。这是我们所说的寺庙剧场中的栏杆。

在宋代以前，戏剧剧场除了寺庙剧场以外，还有宫廷戏剧表演也会使用到栏杆。宋代宫廷戏剧表演场地同样有栏杆围绕，《东京梦华录》中有一段关于皇帝寿宴上的戏剧表演，皇帝寿宴有九盏御酒的饮酒过程，在每一盏御酒中间都要进行歌舞和戏剧表演，当时的表演场地在记录中明确提到，是在栏杆所划定的范围内，并且宫廷中的杂剧表演者还要利用栏杆作为表演的道具。在表演中奏乐和歌舞的“教坊乐部”，在带有栏杆的乐棚里进行表演。这些表演虽然是在宫廷内部进行的，但是根据历史记载，宋代的皇帝曾经将宫廷内部的这一套表演模式搬到了宫廷外，就是所谓的与民同乐，把宫廷内部的戏剧表演模式搬到了都城的闹市大街上，然后亲自到场观看。皇帝的这种行为会吸引大量的老百姓去观看，这种宣传效应是非常强大的，宫廷内部的表演模式会引起老百姓的模仿欲，这种模仿是全方位的，歌舞表演的内容以及戏剧表演的场地结构也会被模仿，也就是对于栏杆会进行复制。

现在我们来说一下宋代文人创作丰富了栏杆的审美意味。宋代文人创作在这里要说到两个方面，一方面是宋代的诗歌创作，还有一方面是宋代的绘画创作。

首先看诗歌创作，我们知道宋代文人的诗词中大量出现了栏杆的意象，比如像辛弃疾非常喜欢在他的诗词作品里面写到栏杆。实际上在我们国家很早就有登高的传统，但是随着宋代建筑业的发展，各种亭台楼阁遍布宋代的城市中，宋代的文人墨客借亭台楼阁的普及，写了大量关于登高的文学作品中，在这些作品当中往往有倚栏或者凭栏的场景出现。实际上，不倚栏和凭栏，赏景也可以继续，并不受到任何影响，但宋代文人却总爱写出栏杆的场景，这是为什么呢？我们认为和以前的文人相比，宋代的文人生活比较安逸富足，所以比较缺乏远离城市，跋山涉水的激情，所谓倚栏赏景实际上是诗人内心世界的展现，表现的是诗人和真实世界隔离的状态。诗人欣赏风景，但同时又和风景保持了一定的距离，并没有投入其中，诗人欣赏风景的目的也不是风景本身，而是借由欣赏风景来抒发心中的思绪。

宋代戏剧表演过程中，观众通过栏杆欣赏表演的模式，其实和宋代诗人通过栏杆欣赏风景的模式如出一辙。我们欣赏风景首先要登高，然后通过栏杆欣赏风景，我们观看戏剧的时候也要登高，观众登上看棚，然后通过栏杆欣赏戏曲。如果是表演者登高就是表演者登上表演的戏台戏楼，这个戏台戏楼是被栏杆所围绕的，隔开的是观众，所以不管是栏杆围绕起来的是表演者还是观众，总之中国的戏曲有一个特点，表演者和观众之间并不是一览无余的，是有着起到隔开空间作用的栏杆存在的。这种戏剧表演场地的设置是用来提醒观赏者，也提醒表演者，戏剧中的一切都是供人欣赏的风景，而不是真实的生活，观赏时不可过于投入而忘记真实的世界。西方戏剧学家布莱希特曾经提出一种戏曲的“间离效果”，在表演过程中演员在情感上与角色保持距离，观众同角色之间也保持距离，双方都不能过于投入戏剧情境之中，中国戏剧一直按照这样的模式来进行的。

这是我们刚才说宋代文人的诗歌创作对于栏杆审美意味的丰富，接下来说一下宋代文人绘画作品中的栏杆。栏杆当然是古代建筑中不可缺少的一个部分，也是构成空间层次的重要道具，建筑方面我当然不能在同济大学的各位专家面前说任何班门弄斧的话。我查阅了一下我们中国古代的绘画作品，有很多以庭园楼阁为主题的作品中都会有栏杆出现，栏杆在画面中是一个非常重要的组成部分，在这种庭院绘画中，庭院、栏杆、人物是非常常见的三个元素，三个元素之间的关系其实很类似于传统舞台上的舞台、栏杆和表演者的构图方式，我们所说的观众坐在观众席上看舞台的表演，其实和我们作为一个欣赏画的人去看绘画的画面有类似之处。我们看一下宋代绘画作品如何表现栏杆的。

这三幅作品都是宋代的庭院绘画作品，三幅作品中都有栏杆的元素。我们可以看一下，这三幅作品很有趣的一点是，他们的内容都是以孩子为主题，都是孩子在庭园中做游戏，这三幅作品中的孩子所做的游戏，其实都是在模拟古代的戏剧表演，或者说在模拟宋代勾栏瓦舍中的演出。这个孩子在玩悬丝傀儡，这个孩子在敲锣，这边有三个在玩皮影戏，这幅图还有孩子在模拟驯兽，模仿官员的造型，都是在模拟戏剧。我在想这种由栏杆围绕起来，有很多孩子进行戏剧、杂耍表演的活动，是不是某种意义上在模拟一个勾栏中的活动呢？当然这只是我的一个猜想，还有待进一步探索。

图 7 小庭婴戏图，栏杆位于画面的最前方，隔开了观画者和画面的主体部分。这幅图完全模拟了戏剧剧场的情况，如果这里是观众席的话，其实我们观众席就是隔着栏杆在看戏曲表演，所以这幅图的画面构成正好像一个古代戏曲舞台的形式。栏杆作为最早的中国古代戏曲舞台美术的一部分，他在实际的空间中和绘画作品中都是可以增加舞台的层次感，能够突出舞台的存在，可以集中观众的注意力，因此这些绘画的画面构图，很有可能与实际的舞台美术设计是互相影响的。

我们再来说最后一个大点，就是宋代民间俗信促进了剧场栏杆的普及。民间俗信就是民间一些民俗和信仰，我们看一下在宋代的民间民俗信仰中栏杆有着什么样的含义。

首先我为大家介绍一下栏杆供桌。我们都知道宋代是高足家具普及的时代，我曾经专门写过一篇文章，就是写高足家具和宋代戏曲的关系。在宋代的时候出现了一种栏杆供桌，大家可以看屏幕上的图片，栏杆供桌就是我们一般说的高脚桌，但是在周围会有一层栏杆，这就叫栏杆供桌，就是这个样子。其实这个也是高脚桌，只不过底下不是四个脚，是一个像桌墩子一样的东西。我们再看一下更生活化的资料，这个图片是甘肃宋元画像砖，这是一个生活场景，大家可以看到这个画面的背景中，同样是一个高脚桌，外面围有一圈栏杆，中间有瓶子和碗之类的东西。这是一幅墓室建筑装饰的画像砖。高脚桌如果周边有栏杆是无法在日常生活真的拿来使用的，这种桌子实际是放置贡品的，我们可以想像，在传统的佛经中对于极乐世界的描绘都有栏杆出现，栏杆出现在供桌上就是人们对于神的敬仰和崇拜的标志，作为日用生活使用的高脚桌只要围上了栏杆就成为进贡神的供桌，所以栏杆实际是一种划分人和神界的界限，同时又是沟通人与神之间的桥梁。

我们同样可以举其他的例子，大家看屏幕上图 11 是河南荥阳的一个北宋墓的石棺的杂剧图，图是画在石棺的两侧，实际描绘了墓主人的生活情景。比如说这边是墓主人在观看杂剧表演，这边有厨师在上菜，这边有侍从牵着马，这边有厨房里做菜烧火，这边描写了送葬的场景。这其实是描写了墓主人生老病死的一生，这样的绘画内容是墓葬壁画常见的。但是这里大家可以注意，在整个画面上贯穿了栏杆，这个栏杆不画并不影响画面内容的表达，实际上这里的栏杆是表现了这一切都是发生在彼岸世界的，要用栏杆把它和现实世界隔离开的意思。

在一个金代出土的石棺的棺前挡有一个戏台杂剧图，画面上是一个双层戏台，下面有一男一女在迎接墓主人，上面是有杂剧表演者，这幅图里的彼岸意味更加明显了，是从墓主人的视角看到的彼岸景象。

从这点我们可以看出，杂剧和栏杆这两个元素同样作为墓葬壁画的元素，栏杆是一种隔开彼岸世界的作用，同时戏剧的重要作用也是用于祭祀，所以通过以上分析我们可以复制出宋代对于戏剧表演彼岸的意味的理解。在宋代戏剧舞台上，表演者通过鬼门道上场，成为“鬼”，搬演一番鬼故事后，再次通过鬼门道走向人间，从鬼变回人。所有的表演都在舞台栏杆内进行，栏杆内是鬼（或神）的世界，观众必须隔着栏杆观看，方能体现阴阳两界的不同。

以上就是我很粗糙地介绍了一下我的论文内容，欢迎大家的批评指正，谢谢！

二十一世纪的戏曲中心

（茹国烈　香港西九文化区管理局）

——根据录音整理（2013-1-29 经发言者审定）

各位老师好，首先我要感谢王季卿教授给我的邀请，让我有机会能够在这里向大家分享我在香港的工作。其实自从大概两年前，我开始接手要发展一个戏曲中心的工作开始，我就希望能够收集很多，也看了很多关于传统戏台、传统剧场的一些书跟文献，这一次有机会碰到很多曾经在书本上看到的作者，实在是很难得的机会。

我首先讲的是，其实这两天大家讲的大部分古戏台都是比较古的文物，香港都没有，但是香港是一直有戏曲表演，其实到现在为止，几乎每一年香港戏曲演出有 1400 场左右，平均每一晚上有三场演出，其中超过 80% 是粤剧，大部分是广东粤剧，但是也有其他的戏曲，1400 场演出其实是蛮多了，香港只有 700 万人口的城市。我们做过一些统计，每一年戏曲吸引的观众量是 87 万人次，这一个数字在香港来讲比音乐、话剧、舞蹈都要大，如果作为表演艺术来讲，戏曲或者广东粤剧是香港最受欢迎的表演艺术。

那原因是什么呢？其中一个最大的原因，大概十九世纪到二十世纪中期香港大量城市化，有很多人口增长和商业活动，很多人们需要娱乐，所以有很多新的剧场建出来，是现代城市化的剧场，这些剧场大部分是由十九世纪末开始建设，例如太平戏院。最红火的时候大概是 1950 年到 1960 年，整个香港有 12 个这样的专为戏曲而建的商业剧场。20 世纪二三十年代，香港跟广州、澳门三地的粤剧非常红火，有很多不同戏班在三地不同的地方巡回演出，非常红火。那时候戏曲是香港地区大部分民众最大的娱乐。

另外一个东乐戏院，建于 1931 年，大概到五六十年代，因为电影的普及或者是电视的出现，很多新娱乐方式的出现，戏曲或者广东粤剧作为一个大众娱乐的功能慢慢被取代，所以很多这样的戏院在 60 年代慢慢被改做他用，东乐戏院便于 1961 年变成百货公司。

利舞台是香港最好的舞台，它建于 1927 年，在 1991 年改变成商场，其实在 80 年代之后已经变成一个电影院。

为什么在 60 年代以后香港戏院慢慢没落，而现在香港还有这么多戏曲演出呢？其中一个原因就是香港从过去 200 年当中，戏棚演出一直非常红火，没有中断。2011 年我们做了统计，该年全港建过 44 台戏棚，有不同的规模，有些比较大规模的戏棚，里面可以坐 1 000 人，还有更大的，也有一些比较小的，很多都是演一个周末，一个礼拜或者两个礼拜，然后再拆掉。这样的戏棚，不只是建表演区和舞台，而整个剧院建出来，所以完全能够抵挡风雨。我们的技术是完全没有用现代的机器，没有用现代的技术，十几个工人用三个星期的时间建设出来，基本都是人手建设而成。过去差不多 200 年当中，这样的戏棚没有断过，这样的演出作为求神之用，保佑地方太平的作用。通常戏棚是娱人、娱神的作用，但香港很多地方都保留这样的传统，戏棚的尖峰期是农历三月份天后诞，相等于台湾是马祖诞，所以很多乡村保留着这样的传统，非常多这样的神棚戏。还有农历 7 月份的盂兰节，也是蛮多这样戏棚的出现。这样大的戏棚塌下来压死几十个人是完全可以的。

神功戏的戏棚形态，有些比较大，有些比较小，有些在海边，还有一些依山而建，祠堂外面通常有很多不同的活动。戏棚内部是整个地板都建出来，所以凌空没有问题。戏棚舞台也是斜的，里面有一个完整的舞台，后面有预备的地方、化妆的地方，部分有一些现代的灯光，现代的音响，还有布幕，整个剧场都建出来。我觉得这是一个临时结构的形态，里面完全是用竹子、木头建出来，所有的物料都可以回收。虽然比较简单，但里面也是蛮好看的。

我觉得戏棚神功戏的演出也是其中一个原因，为什么现在香港粤剧和戏曲非常红火，为我们提供很多基础的观众。在这个背景之下，2009 年广东粤剧被宣布成为联合国非物质文化遗产其中一项，之后香港政府也开始重新建立一些专为粤剧和戏曲的剧场。例如油麻地戏院，以前是一个小的电影院，今年开放改为小型的粤剧演出场地，有 300 座位。另外一个是明年底开放 600 座位的高山剧场新翼。这个基础说明西九龙文化区为什么要建一个大型的戏曲中心。西九龙文化区大概的形态是这样的，里面会建 15 个表演空间，戏曲中心在东部，是整个西九龙文化区的开头部分，整个区里面有美术馆、歌剧院、大剧场、小剧场、流行音乐中心，也有酒店、办公楼、住宅。整个综合文化区，里面第一个要建出来的就是戏曲中心。我们希望戏曲中心里面有一个 1100 座位的主要表演场地、可作表演的茶馆 200 座位，还有 400 座位的剧场；里面还有一个比较大的教育空间，能够容纳 200 到 400 个学生同时上课。

戏曲中心主要目的是开拓观众，我们需要新一代的观众；然后是提升香港的戏曲素质；最后是促进交流，我们希望这是一个戏曲中心，而不是粤剧中心，所以我希望能够提高香港的戏曲种类，而且现代艺术的不同架构，这是我们的目标。

我们挑选了比较现代化的设计，这是本年十二月初才公布的设计，这个设计是两家设计师合作，一家在加拿大，一家是香港本地，两个主创主要建筑师都是香港出生，这是一个比较现代化的设计，他设计灵感是一个在开的珠帘或者是幕布，希望有一个新的形象。将来的戏曲中心，这是香港岛，我希望成为一个标志性的建筑，也希望成为西九龙的大门，也给香港戏曲和粤剧一个新的形象。中心的位置比较方便，靠近香港现在兴建的高铁站，将来如果大家坐高铁来香港，旁边就是戏曲中心，附近还有很多其他的交通，所以是非常方便的。旁边也是非常接近民众的地方。

中心的主要舞台在上层，有 1 100 个座位，大概是六楼，另外还有一整层的教育和彩排的空间；茶馆在低层，靠近公众空间；还有停车场以及其它商业空间。我们希望游人走进去的时候首先是一个广场，所以地面是一个大空间，从地面空间里面可以看到不同的功能，上面是舞台的底部，其实是 1 100 位主舞台的底部。我们希望里面能够形成一个比较大的公共空间的地方。主舞台旁边有空中花园，舞台的设计基本上是一个现代舞台，但我们也希望能够融入一些传统的表演跟观众的关系在里面。主舞台还有一个楼座。

各位老师这两天在讲不同的古代戏曲形态，其实为我们在设计整个中心的时候带来很大帮助。我们自己也常常在想，戏曲这个形态在过去这一百年里面大部分是完全接受了西方当代剧场的观演模式出来，如果现在香港在建立一个中心，其他地方也会建不同的戏曲剧场，我们能够吸收多一点各位老师对中国传统古戏台的一些研究，或者是吸收多一点戏曲表演者和研究者的意见，让我们在设计的时候能够找到融合当代，也能够融合传统适合于 21 世纪的戏场形态。未来六年当中，我们会小心设计内部的茶馆和剧场形象，因为能够在未来跟各位继续交流下去，从各位的研究当中能够吸收比较多的意见，能够帮助我们建出一个适合中国传统美学，又符合观众和演员关系的当代剧场出来。

谢谢！